Gustav Friedrich Klemm

Allgemeine Culturwissenschaft

Die materiellen Grundlagen menschlicher Cultur
Werkzeuge und Waffen

Elibron Classics
www.elibron.com

Elibron Classics series.

ISBN 1-4212-1893-3 (paperback)
ISBN 1-4212-1892-5 (hardcover)

This Elibron Classics Replica Edition is an unabridged facsimile of the edition published in 1854 by J. A. Romberg, Leipzig.

Allgemeine

Culturwissenschaft

von

Dr. Gustav Klemm,

Königl. sächs. Hofrath und Oberbibliothekar in Dresden.

Die materiellen Grundlagen menschlicher Cultur.

Werkzeuge und Waffen.

Leipzig,

J. A. Romberg's Verlag.

1854.

Werkzeuge und Waffen.

Von

Dr. Gustav Klemm,

Königl. sächs. Hofrath und Oberbibliothekar in Dresden.

Leipzig,

J. A. Romberg's Verlag.

1854.

Vorwort.

Die **allgemeine Culturwissenschaft** wird in fünf Bänden die materiellen Grundlagen der Cultur zur umfassenden Anschauung bringen. Der zweite Band, welcher sich bereits unter der Presse befindet, wird in wenigen Wochen ausgegeben, enthält die Einleitung zum ganzen Werke und eine Schilderung der menschlichen Nahrungsmittel, Speisen, Narcotica, Feuer, und ist als erster Band des Gesammtwerkes zu betrachten. Jeder Band bildet ein abgeschlossenes Ganze und wenn ich den vorliegenden, die Werkzeuge und Waffen enthaltenden, voraussende, so geschieht das, weil er ganz besonders geeignet ist, dem Leser von dem Inhalte und Zwecke des Werkes eine anschauliche Idee zu geben. Indem ich auf diese umfassende Einleitung verweise, bedarf es für den vorliegenden Band keiner weitern Einführung in das Publikum.

Der Verfasser.

Inhaltsverzeichniß.

Die Werkzeuge und Waffen.

Seite.

Vorwort. V
Einleitung. 1
Naturstoffe. 6
Vorbilder und Modelle. 8
Welches sind die ältesten Werkzeuge des Menschen? . . 16
Die Keule. 18
Das Messer. 27
Der Spieß. 31
Bogen und Pfeil. 40
Die Axt. 64
Die metallenen Werkzeuge. 89
Die Bronze. 91
Die metallene Axt. 95
Die eisernen Aexte. 113
Das Messer. 131
Die Scheere. 153
Messer und Dolch. 154
Messer und Dolch aus Eisen 158
Die Hiebwaffen. 179
Das zweischneidige Schwert. 240
Speer oder Spieß. 259
Schießwaffen. 283
Die Armbrust. 323
Das Feuergewehr. 339
Schild. 366
Die stechenden Werkzeuge. 381

Die Werkzeuge.

Die Werkzeuge sind eben sowohl wie das Feuer, die Kleidung, der Schmuck, den Menschen eigenthümlich. Keines, auch der höher organisirten Thiere fertigt sich Werkzeuge. Die Vögel bauen ihre Nester nur mit Schnabel und Krallen, die Biber sägen ihre Bauhölzer nur mit den Zähnen; Füchse, Dachse und Hamster graben ihre Höhlen mit den Füßen. Der Stock, an welchem der Bär versucht aufrecht zu gehen, ist ihm erst von seinem Lehrmeister, dem Menschen, in die Hand gegeben.

Den Menschen dagegen finden wir auch auf den niedrigsten Stufen seiner Entwickelung eben so wenig irgendwo ohne Werkzeuge, als ohne Feuer oder ohne Schmuck. Die Werkzeuge der passiven Menschenrasse entsprechen der Einfachheit ihrer Nahrung, Kleidung, Ruhestätten und übrigen Habe. Es sind Naturkörper, die sie nur wenig, ja zum Theil fast gar nicht verändern, um sie für ihre Zwecke zu benutzen. Der Stein, womit der Botocude in den Urwäldern Brasiliens die harte Schale der Palmnuß zerschlägt, um zu dem Kern zu gelangen, ist ein einfaches Geschiebe, ohne weitere Bearbeitung; dagegen giebt der Bewohner der Urwälder dem hartschaligen Schilfrohr, das ihm zur Messerklinge, oder dem Röhrenknochen, der ihm als Meisel dienen soll, schon durch Zuschleifen eine zweckmäßigere Gestalt.

Betrachten wir die Werkzeuge und Waffen der passiven Rasse auf den verschiedenen Stufen ihrer Entwickelung und fortschreitenden Ausbildung, so sehen wir zunächst, wie der Mensch zu Befriedigung seiner Bedürfnisse fortwährend aufmerksam die Erdoberfläche durchmustert und das ihm Brauchbare aufsucht. Wir sehen ihn dann das Gefundene anwenden, seinen Zwecken anpassen und aus der ursprünglichen Gestalt in eine andere umwandeln. Der Stock, der den Zweck hat, ein zur Nahrung erlesenes oder erlauertes Stück Wild zu erschlagen, wird ohne weitere Vorbereitung von einem Strauche abgebrochen und verwendet, dann aber, wenn er seinen Zweck erfüllt hat, weggeworfen. Nicht anders ist es mit dem Steingeschiebe, womit harte Fruchtschalen oder Markknochen zertrümmert werden sollen, namentlich da, wo sie in großer Anzahl über dem Erdboden angehäuft sich vorfinden und wo sie für den jeweiligen Gebrauch eben nur ausgewählt und aufgehoben werden dürfen.

Wo dieß jedoch nicht der Fall ist, wo die Erwerbung solcher Dinge Mühe macht, ist der Mensch zur sorgfältigern Bewahrung derselben genöthigt; es tritt sodann in den Stunden der Ruhe eine nähere Betrachtung derselben von Seiten ihres Besitzers ein, die nicht ohne wesentlichen Einfluß auf ihre weitere Ausbildung und allmälige Umgestaltung bleiben kann. Dem Steine z. B. wird aber schon durch den fortgesetzten Gebrauch eine Veränderung in seiner Gestalt zu Theil; der Besitzer bemerkt, daß durch Reibung die Oberfläche desselben verändert wird, daß er sich abnutzt. Dadurch kommt er zunächst auf den Gedanken, daß dieser harte Stein einer Veränderung fähig ist, so wie daß es in seiner Macht steht, denselben zu verändern. Und er wird nun, wenn das Bedürfniß es erfordert, eine derartige Veränderung mit demselben vornehmen, dabei aber wiederum auf neue Beobachtungen geleitet werden und somit den Kreis seiner Erfahrung immer mehr erweitern.

Fortgesetzte Beobachtung der Naturerzeugnisse bringt dem Menschen, wenn seine Aufmerksamkeit nur einmal angeregt und auf einen gewissen Punkt geleitet ist, fernere Anleitung zu zweckmäßiger Einrichtung seiner Bedürfnisse. Den Stein, womit der Sohn der Urwälder oder der geschiebereichen Seeküste seine Nüsse oder Markknochen zertrümmert, hält er unmittelbar in der Hand. Bald findet er ein Mittelglied zwischen dieser und dem Steinklopfer, wenn er sieht, wie die Bäume sich in dem Boden festhalten, wie sie mit ihren Wurzeln sich an Steine festklammernd diese umschließen. Er sieht, daß doch eigentlich die Baumwurzel nichts Anderes thut, als was er mit seiner Hand vornimmt, und daß er zur Schonung derselben das Holz in ähnlicher Art verwenden kann. Er faßt demnach, die Baumwurzel nachahmend, seinen Stein in einen hölzernen

Stiel. Wir werden sehen, daß diese Zusammensetzung zweier verschiedener Körper, diese Verbindung von Holz und Stein zu einem einzigen Werkzeuge, schon auf sehr niedern Culturstufen der passiven Rasse vorkommt. So giebt denn die Natur dem Menschen nicht blos die ersten Werkzeuge in die Hand, sondern sie gewährt ihm auch Anleitung zur zweckmäßigen Fortbildung derselben.

Diese Fortbildung der Werkzeuge aber hat die Vermehrung derselben zur Folge, wenn einmal die ersten Schritte geschehen sind. Der Mensch bemerkt, wie die ihm von der Vorsehung beigegebenen ursprünglichsten Schneidewerkzeuge, die Zähne, in seine Kinnladen eingesetzt sind, wie an Fischen, Amphibien und Säugethieren dieselbe Erscheinung sich wiederholt, und so befestigt er Zähne, Steinsplitter, Dornen an die Stange, die er seiner Beute, oder seinem Feinde zuschleudert, um sich derselben zu bemächtigen. Er bemerkt sodann, daß eine große Anzahl von Sträuchern und Bäumen elastische Ruthen bieten, und daß er mit Hilfe derselben seine aus Holz und Stein oder Zahn, Knochen, Rohr zusammengesetzten Pfeile in die Ferne schleudern kann, und er ist bald im Besitz des Bogens, den wir auch allerdings schon auf den niedrigsten Culturstufen der passiven Rasse antreffen, und zwar oft in sehr großer Vollkommenheit.

Die Werkzeuge begleiten den Menschen durch alle Culturstufen. Die Keule, das Messer, der Meisel, die Axt, der Speer, Bogen und Pfeil, die Nadel und Pfrieme, ja die Säge, die Sichel, sie treten ziemlich zugleich mit dem Menschen auf und begleiten denselben bis dahin, wo er sie zu Theilen der complicirten Maschinen anwendet.

Die Werkzeuge gehören demnach zu den wichtigsten Denkmalen der menschlichen Culturzustände und dienen zur Beurtheilung derselben. Sie müssen oft dazu dienen, die schriftlichen Denkmale zu vervollständigen, ja zu erklären. Es ist dieß namentlich der Fall bei den Völkern, welche die Sitte hatten, ihren verstorbenen Verwandten und Freunden die Werkzeuge mit ins Grab zu legen, deren sie sich während ihres Lebens auf Erden bedient hatten, und die sonst anderweite größere Denkmale, wie Gebäude, Kunstwerke nicht hinterlassen haben. Die Alterthumskunde der Germanen, Celten, Nordamerikaner und Aegypter beruht vorzugsweise auf den in den Gräbern derselben hinterlassenen Werkzeugen, Waffen und Geräthen. Wir ersehen aus diesen Ueberbleibseln, welches die Beschäftigung, die Lebensart dieser Völker war, wie sie ihren Lebensunterhalt erwarben, mit einem Wort, wir erhalten einen Ueberblick der materiellen Grundlagen ihrer Cultur, wie uns denn auch die Werkzeuge der noch lebenden Völker eine tiefere Einsicht in ihre Culturzustände gewähren. Dabei bietet sich unter anderem auch noch manche interessante Beobachtung dar.

Wir finden, daß die Werkzeuge der frühesten Culturstufen noch sehr roh und mangelhaft sind, wie z. B. die Holzspieße der Australier. Bald stellt sich das Bestreben ein, neben der Zweckmäßigkeit und Dauerhaftigkeit dem Werkzeuge auch ein gefälliges Ansehen zu geben und z. B. die Oberfläche mehr als nothwendig zu glätten, zu färben und durch Beigaben von Anhängseln, Federn, Troddeln aus Pflanzenfasern oder Thierhaaren, zu verzieren. Wir bemerken dieses Bestreben an den Harpunen der Grönländer, den Keulen der Arowaken, namentlich aber an den schönen Aexten, die Cook und seine Gefährten bei den Insulanern der Südsee antrafen. An diesen bemerken wir nicht allein ein überaus sauber und zierlich gelegtes Schnürwerk, sondern auch kunstreich, obschon nur mit Messern aus Stein und Muschelschalen ausgeschnitzte Stiele. Dagegen finden wir nach dem Eintritt der Metalle in den Kreis menschlicher Technik, also bei einem Fortschritt in der Anwendung von Material, Rückschritt in der Form, wie die plumpen Kupferklingen in thüringischen Gräbern und die rohen Eisenärte der Afrikaner zeigen. Nachdem aber die Schwierigkeiten überwunden, stellt sich alsbald das Bestreben nach schöner gefälliger Form wiederum ein, und die Metallarbeiten entwickeln jenen Formenreichthum, dem die größere Bildsamkeit des Stoffes nur Vorschub leistete.

Wir bemerken ferner, daß viele Völker mit sehr unvollkommenen Werkzeugen überaus künstliche und sorgfältig gearbeitete Gegenstände, wie Gefäße, ja Kunstwerke herstellen. Ich erinnere hier an die sauber geschnitzten Arbeiten der Neuseeländer, die in Stein und Holz gedrehten Gefäße der Orientalen, die aus Basalt und andern harten Steinarten wenigstens technisch vollendeten Statuen der Mexicaner und Peruaner, die Elfenbeinarbeiten der Chinesen, die allesammt mit den allereinfachsten Werkzeugen gearbeitet sind. Bei diesen Völkern ist jedoch das Werkzeug nichts, als der Diener der menschlichen Hand, die Hauptarbeit verrichtet diese, und Willenskraft und Freude an der Arbeit theilen ihr eine Fertigkeit und Geschicklichkeit mit, welche jene Hand nie zu erreichen im Stande ist, die nur die Dienerin oder Lenkerin des Werkzeugs ist und wo das Werkzeug die Hauptarbeit verrichten muß, wie es z. B. bei den Arbeiten mit den Maschinen der Fall ist. Im ersten Falle beherrscht die Hand das Werkzeug, im zweiten ist es aber umgekehrt. Um nur ein schlagendes Beispiel anzuführen, will ich den mit der Hand gesponnenen Garnfaden dem von der Maschine gelieferten gegenüberstellen. Die Hand faßt den Stoff, und indem sie denselben fortführt, bemerkt sie, ob derselbe nicht allein gleichmäßig im Umfang, sondern namentlich ob er auch gleichmäßig dicht sei. Sie kann also augenblicklich dem Mangel abhelfen, was die Maschine, die eben ohne Gefühl mechanisch fortarbeitet, zu bemerken und zu bessern nicht im Stande ist, wenn sie auch gar wohl einen gleichmäßig dicken Faden herstellen kann. Die Folge davon ist, daß dem von der Maschine gelieferten äußerlich sehr schönen Faden die Dauerhaftigkeit des von der Hand angefertigten abgeht.

Wenn wir uns nun zu den Werkzeugen wenden, welche der Mensch auf den verschiedenen Stufen seiner Entwickelung bei sich hat, so müssen wir zuvörderst einen Blick werfen auf diejenigen Naturkörper, welche demselben nicht allein den Stoff dazu geliefert haben, sondern auch diejenigen betrachten, die ihm durch ihre Gestalt, ihre Gliederung, ihre Verbindung mit andern Naturkörpern die Form gewährt und ihm als Vorbilder gedient haben. Wir bemerken dabei, daß die gütige Vorsehung zunächst durch die unmittelbare Darreichung der durchaus nothwendigen Mittel zur Befriedigung der Bedürfnisse des Hungers und Durstes, der Kleidung, der Ruhe, also durch Wasser, Nährpflanzen, durch Baumrinden und Thierfelle, durch natürliche Höhlen und Lagerstätten, freigebig gesorgt hat. Wir bemerken auch ferner, daß sie durch die Fülle von Gesteinen, Hölzern, festen Theilen der Thierkörper, wie Knochen, Zähnen, Gehörnen, ihm die Mittel in die Hand gab, die Stoffe für Nahrung, Kleidung, Wohnstätte u. s. w. sich zu erwerben. Wir bemerken, wie der Mensch nur eben aufmerken und zulangen durfte, um sich seine Bedürfnisse zu schaffen, und wie er eben durch die Natur von der Vorsehung dazu Anleitung und Material in unerschöpflichen Vorräthen erhalten hat.

Naturstoffe.

Naturkörper des Mineralreiches, welche dem Menschen Stoff zu Werkzeugen liefern, bieten zunächst die Gebirge auf allen Theilen der Erde dar, indem sie von der Atmosphäre allgemach zerklüftet werden und ihre festern Theile, die eben nicht in Sand zerfallen oder als Thonerde sich niedersetzen, in die niedern Gegenden dem Wasser zur Abführung überlassen.

Der Granit und Gneis sondert sich zu kleinern Trümmern ab und gelangt als Säule, Keil, Platte in die Tiefe. Die Basalte, Klingsteine, Diorite, die Porphyre und andere festere Felsarten bieten sich als brauchbares Material zu gröbern Werkzeugen, wie Klopfern, schweren Axtklingen, Pflugscharen dar. Die weichern Thon- und Sandsteine dienen hinwiederum zur Anschärfung und Abglättung der härtern Steine, wie sie das Quarz- und Kieselgeschlecht sehr reichlich liefert. Zu gleichem Zwecke wird wohl auch der Thonschiefer benutzt, aus dem außerdem z. B. die Bewohner der aleutischen Eilande Spitzen für ihre Harpunen herstellen.

Die Quarze, Chalcedone, Jaspis, Probirsteine, Kieselschiefer, Nephrite, Obsidiane und Feuersteine liefern ein treffliches und daher sehr benutztes Material zu Klingen für Messer, Pfeil- und Lanzenspitzen.

Die Steine bilden, neben den harten Theilen der thierischen Körper und in Verbindung mit den verschiedenen Hölzern, den wesentlichen Stoff zur Anfertigung der Werkzeuge, die wir vornehmlich bei den Volksstämmen der passiven Rasse finden. Die Benutzung der Metalle zu Werkzeugen, deren wesentlichen Stoff sie in unserem Europa seit Jahrtausenden ausmachen, scheint zuerst von der activen Rasse ausgegangen zu sein. Gold und Kupfer erscheinen häufig gediegen auf der Erdoberfläche, sie regen durch ihre Farbe zur Benutzung an. Das Gold ward — wie die Sage berichtet — im alten Spanien in unendlicher Fülle von den phönicischen Schiffern gefunden und gegen werthlose Dinge von den rohen Ureinwohnern eingetauscht. Im alten Mexico war es sehr häufig, eben so in Oberäthiopien, in neuerer Zeit wird es massenhaft in Sibirien, Californien und im Festlande von Australien gefunden. Es wird indessen mehr zum Schmuck als zu Werkzeugen benutzt.

Das Kupfer dagegen dürfte wohl unbestritten das erste

Metall sein, welches zur Herstellung von Werkzeugen angewendet wurde. Es ist gediegen über die ganze Erdoberfläche verbreitet. Es kommt selten anders als in unregelmäßiger Form vor. Es empfiehlt sich vor dem fast nur vererzt auftretenden Eisen durch seine leichtere Schmelzbarkeit, indem es nur 500° bedarf, während das Eisen erst bei 1000° R. in Fluß geräth.

Allerdings ist das Kupfer minder hart als das Eisen; allein wir finden, daß schon in sehr früher Zeit die Menschen es verstanden, durch Zusatz von Zinn demselben nicht allein einen sehr hohen Grad von Härte zu geben, sondern diese, unter dem Namen der Bronze bekannte Metallmischung gleich dem Stahl elastisch zu machen, wie wir an den antiken Dolchklingen und Schmucksachen bemerken.

Das Eisen, vererzt in überaus großer Menge in der Erdrinde vertheilt, muß zunächst von der Hülle befreit werden, in welche es eingeschlossen ist, bevor man dasselbe in Formen gießen oder mit dem Hammer bearbeiten kann. Die alten Aegypter scheinen dasselbe eben so wenig gewonnen und bearbeitet zu haben, wie die alten Bewohner von Mexico und Peru, obschon dieses nützliche Metall gegenwärtig sogar von den Kaffern und Negern aus den Erzen ausgeschmolzen und zu ihren Werkzeugen verarbeitet wird. Das Eisen hat den Verbrauch der Bronze zu Werkzeugen allgemein verdrängt.

Unter den Naturstoffen des Pflanzenreichs bieten vornehmlich die härtern Theile, die Hölzer, die harten Schalen der Schilfrohre, dann aber auch die fadenförmigen Pflanzenfasern dem Menschen Stoffe für seine Werkzeuge und Waffen. Die Keulen und Spieße sind oft ganz aus einem Stück Holz, während die Pfeile zum Beispiel oft aus Rohr und Holz zusammengesetzt sind, die mit Baumwollenfäden verbunden werden.

Auch das Thierreich gewährt ebenfalls in den härtern Theilen, wie Muschelschalen, Knochen, Zähnen, Krallen und Gehörnen Stoffe zu Werkzeugen und Waffen, welche der Mensch indessen meist mit Holz verbindet, um sie so bequemer zu handhaben. Zu Axt- und Messerklingen werden die Muschelschalen, namentlich in der Südsee, zu Nadeln und Pfriemen die Stacheln der Stachelschweine, zu Harpunen die Zähne der Wallrosse, zu Sägen die Zähne der Haifische in Holz gesetzt und benutzt.

Dieß würden diejenigen Naturkörper sein, welche die Menschen schon auf den niedern Stufen der Cultur für die Herstellung ihrer Werkzeuge benutzen, die ihnen als Stoff dazu dienen.

Bei weitem mannichfaltiger aber sind diejenigen Naturkörper, die zu gleichem Zweck der Mensch als seine

Vorbilder und Modelle

aus allen drei Reichen der Natur benutzt.

Zunächst liefert ihm das **Mineralreich** einen reichen Schatz zu allerlei Werkzeugen in den **Geschieben**, welche an den Ufern der Seen wie der Flüsse oft in außerordentlicher Anzahl aufgehäuft sind.

Diese Geschiebe aber bestehen aus denjenigen festen Theilen der von der Atmosphäre aufgelösten Gebirge, die weder zu Sand noch zu Thon geworden sind. Sie wurden durch die eigene Schwere, dann durch Regengüsse von der Höhe in die Tiefe an den Fuß der Gebirge, in die Rinnsale der fließenden Gewässer, oder in die See gebracht. Die kleinern liegen meist zu unterst und dienen den größern und nachfolgenden als Straße, auf welcher sie sich fortbewegen lassen. Oft finden sie auf ihrem Wege Hindernisse, sie werden aufgehalten und dienen den Nachfolgern zum Anhaltpunkt. Die abwärts und vorwärts drängenden Gerölle und Gewässer reiben sich an ihnen und werden auch hinwiederum gerieben, dadurch aber die Oberfläche beider verändert, abgeschliffen, geglättet, oft aber werden sie auch weiter mit fortgerissen und fernerweit abgeschliffen, bis sie dann auf dem Boden der Flüsse oder der See angelangen, wo nun eine gleichmäßigere Fortbildung derselben stattfindet und zwar in einer noch bestimmtern Richtung als vorher. Die Bewegung der Wässer in Bächen und Flüssen ist vornehmlich nur eine vorwärts strebende, und so finden wir denn auch in denselben meist geradlinige und scharfkantige Geschiebe, Platten von Quarzschiefer und Gneis, kantige Säulen von Basalt, Grünstein, Wacke, Porphyr, Kieselschiefer, Granit und andern festen Felsarten. Die platten= und säulenförmigen Absonderungen der Gneise und der Basalte, Kieselschiefer, Granite finden wir oft in den Flußbetten dicht beisammen liegen, ihrer Länge nach in der Richtung der Strömung. Die darüber hineilenden Wellen und die von denselben mit fortgerissenen größern und kleinern Steine und Sandmassen schleifen fortwährend an ihnen und geben denselben eine oft überaus regelmäßige scharfkantige Gestalt. Ich habe deren an dem Ufer der

Elbe im Königreiche Sachsen, dann in der Leipziger Ebene gefunden, die wie durch menschliche Absicht und Kräfte zugearbeitet erscheinen. Die weichern Steinarten, namentlich die Kalksteine, wie ich sie z. B. am Lech bei Augsburg, in der Isar bei München, am Arno bei Florenz gesammelt, zeigen mehr abgerundete Formen, wie Keile und Walzen.

Die Geschiebe, welche wir an der Seeküste finden, oder in solchen Binnenländern, die wie das sächsische Elbthal zwischen Königstein und Meißen längere Zeit einen See in sich gehabt haben, enthalten meist abgerundete und zwar vorzugsweise solche Geschiebe, die der Eiform nahe kommen, sämmtlich aber mehr oder minder plattgedrückt sind, eine Erscheinung, die in der stets kreisenden Bewegung der geschlossenen Seen bedingt ist.

An der Küste von Capri finden wir Millionen von kleinen eiförmig abgerundeten Geschieben aus weißem Marmor; der Strand von Rügen, Helgoland und Havre de Grace bietet zahllose eiförmige Feuersteine, an der Insel Gottland sind Massen von eiförmigen Quarzen, Graniten und Feuersteinen angehäuft. Eine der großartigsten Anhäufungen von Geschieben in mehr oder minder plattgedrückter Eiform bildet den heiligen Damm von Dobberan im Großherzogthum Mecklenburg. Er dehnt sich als Düne eine Wegsstunde lang hin und ist bei einer Höhe von 10—15 Fuß wohl hundert Fuß breit. Man findet hier alle Felsarten aus dem Wassergebiete der Ostsee vertreten, Granit, Syenit, Quarz, Achat, Jaspis, Feuerstein, Porphyr und andere Gesteinsarten.

Aehnliche Ablagerungen von Geschieben befinden sich an allen Küsten der größern Flüsse und der See. Das ist denn das wichtige Material, welches die Vorsehung dem Menschen für seine Werkzeuge darreichte und was demselben zugleich auch als Modell dient, wenn er sich eines andern Stoffes für diesen Zweck bemächtigen gelernt hat. Beachtenswerth ist, daß diese Geschiebe, und zwar die von der vollendetsten Form, meist die Größe haben, welche für die menschlichen Werkzeuge die geeignetste ist und in der sie auch noch gegenwärtig für den Handgebrauch in Metall ausgeführt werden.

Betrachten wir die Formen der Geschiebe, so finden wir, und zwar vorzugsweise in den Flüssen, zunächst die vierkantige Säule, theils ganz gerade, gleichmäßig und glatt, theils aber auch in der Grundfläche mehr oder minder verschoben. Am scharfkantigsten erscheint der Granit, Quarz und Kieselschiefer, mehr oder minder abgestumpft, abgerundet, abgeplattet Basalt, Porphyr, Kalkstein. Bisweilen und zwar nicht selten kommt der Kieselschiefer als vierkantige Säule vor, welche an dem einen Ende abgeschärft ist, so daß sie die Gestalt einer Meisel- oder Axtklinge angenommen hat. Oft findet eine solche Abschärfung an beiden Enden statt, oft ist diese Schärfe abgerundet und nimmt die Form der heutigen amerikanischen Axt an, zumal wenn die Säule mehr abgeplattet ist und an dem einen Ende sich verjüngt hat. Nicht minder bemerkenswerth sind zwei andere Formen, von denen die eine noch heut zu Tage unter den Werkzeugen der Schmiede erscheint, während die andere offenbar das Modell zur rhombischen Pfeilspitze ist. Gerade diese letztere Form kommt in mannichfachen Abwandelungen auch im Elbthale vorzüglich häufig vor, doch habe ich sie auch, wenngleich mehr abgestumpft, gar oft im Flußbette des Arno bei Florenz gefunden.

Fig. 1—5.

Das Prisma, die Säule mit dreiseitiger Grundfläche, erscheint häufig von Granit, Wacke und Basalt. Auch hier kommen an einem Ende oder an beiden mehrfache Abschärfungen vor; öfter fand ich im Prießnitzthale bei Dresden Granitgeschiebe von dieser Form, die zum Theil noch wenig abgeschliffen waren. Gar häufig erscheinen Prismen, deren Länge den Durchmesser ihrer Grundfläche nicht erreicht. Auch bei dieser Form kommen die mannichfaltigsten Abwandelungen vor, wie folgende Figuren nach Exemplaren meiner Sammlung zeigen.

Fig. 6—9.

Ja wir können wohl sagen, daß so ziemlich sämmtliche von den Cristallographen festgestellten Formen an den Geschieben mit größerer oder minderer Regelmäßigkeit sich wiederfinden, daß jedoch aber vorzugsweise die Formen der Säule, des Eies, der Platte und des Hakens Stoff und Modell zu Werkzeugen dargeboten haben.

Die Geschiebeplatten treten als Viereck, Dreieck, Eirund, mehr in die Länge oder in die Breite gehend, besonders in Gneis, Quarz= und Thonschiefer, Nephrit und Jaspis, Klingstein und Wacke sehr häufig auf und wurden in den Inseln der Südsee, wie im alteuropäischen Norden und Amerika als Beilklingen sehr häufig benutzt, was zumal von den größern mit 6—10 Zoll Längendurchmesser gilt. So befindet sich in meiner Sammlung unter Nr. 4369 eine Klinge aus braunrothem geflammtem Jaspis von 8 Zoll Länge und 4 Zoll Breite, die noch nicht ganz die Stärke eines Zolles erreicht. Sie ist offenbar aus einem von der See abgeglätteten Geschiebe gefertigt, das nur geringer Nachhilfe bedurfte, um als Axtklinge seinem Finder nützlich zu werden. An der Ostküste von Neuseeland fanden frühere Reisende ein großes Lager von klingenförmigen Nephritgeschieben, die von den Insulanern fleißig zu ihren Aexten benutzt wurden.

Fig. 10—12.

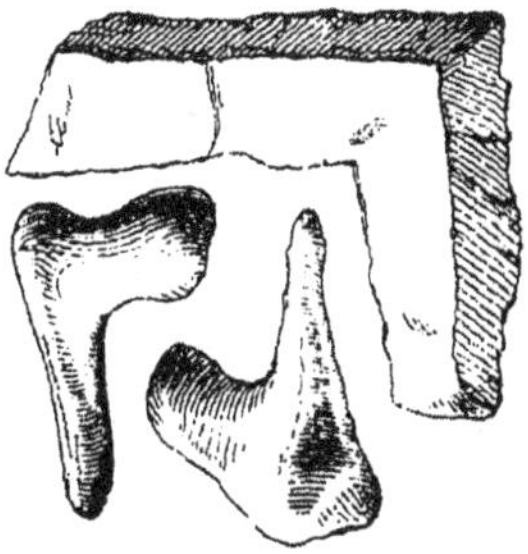

In einem Granitbruche an der Radeberger Straße bei Dresden fand ich im Jahre 1847 eine Form, die bis dahin von mir noch nicht bemerkt war, bei fortgesetzter Aufmerksamkeit fand ich unter den zahlreichen Geschieben des Elbthals diese Form nicht blos in Granit, sondern auch in Jaspis, Quarz und andern Gesteinen sehr oft und in den mannichfaltigsten Abwandelungen. Ja sie ward späterhin von meinem Freunde Herrn Eduard Freiherrn von Ketelhodt am Ufer von Helgoland und Rügen im Feuerstein in vielen Exemplaren gefunden, wie sie denn auch als Angelhaken unter den nordischen Alterthümern in den Gräbern mehrfach vorkommt.

So hätten wir denn die Grundformen des Keils, des Meisels, der Axt= und Beilklinge, so wie des Hakens unter den Geschieben nachgewiesen.

Demnächst kommen auch durchbohrte oder mit einem Loch versehene Steine an den Fluß= und Seeufern vor, und zwar vorzugsweise im Süßwasserquarz und im Feuerstein. Die Durchbohrungen im Süßwasserquarz rühren von Holztheilen, Aesten und Rohrstücken her, die derselbe bei seiner Erhärtung in sich hatte und die späterhin sich auflösten. Die im Feuerstein verdanken in ähnlicher Weise weichern, später zersetzten Einschlüssen ihr Dasein.

Fig. 13—15.

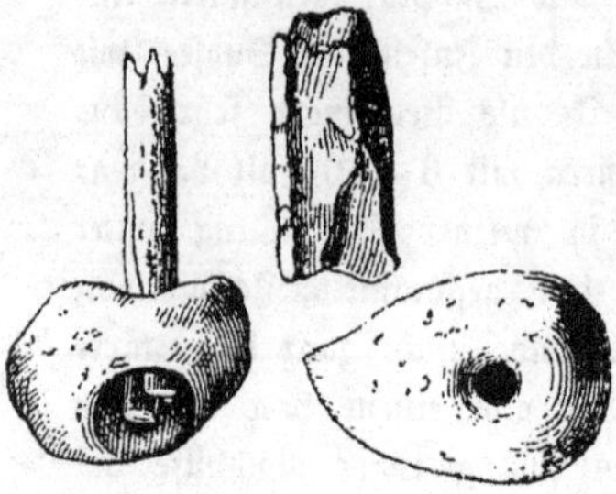

Derartig durchbohrte Feuersteine sind namentlich an den Küsten von Helgoland und Rügen so häufig und so groß, daß sie von den Einwohnern als Netzbeschwerer, Senkesteine, ja als Anker benutzt werden. Der bereits von mir dankbar erwähnte Freund fand auf Rügen einen über drei Zoll im Durchmesser haltenden (Nr. 3933 m. S.), natürlich durchbohrten Feuerstein, den einer der Insulaner durch Einfügung eines Holzstieles zum Hammer sich umgestaltet hatte.

Die von mir bis jetzt erwähnten Geschiebe, welche durch Stoff und Form Anlaß zu Werkzeugen gaben, bedürfen meist nur geringer Nachhilfe, um zu diesem Zwecke verwendet zu werden. Sie wirken durch ihre äußere Form. Andere dagegen, wie namentlich der Basalt, die säulenförmig sich absondernden Klingsteine, vornehmlich aber Kiesel- und Thonschiefer, Gneise, wirken durch ihr Gefüge, ihren innern Bau. Sie belehren den Menschen, daß diese harten Massen sich mit leichter Mühe trennen, spalten, theilen lassen, wenn er den Fingerzeigen der Natur folgt. Sie wecken und schärfen seine Aufmerksamkeit, und dieß um so mehr, da diese stumme Belehrung eine häufig wiederkehrende und fortgesetzte ist.

So bemerkt denn auch der Mensch gar bald, daß unter anderem der so häufig vorkommende Feuerstein, der immer nur als gestaltlose, knollige Masse gefunden wird, gar leicht sich in kleine schalenartige Splitter zertrennen läßt, die auf der Unterseite platt, auf der Rückseite mit einem Grat versehen, an den Kanten aber überaus scharf sind. Diese Steinsplitter, die von 1—5 Zoll Länge sich leicht von dem Stücke abschälen lassen, bieten brauchbare Schneidewerkzeuge dar, die wir denn auch unter den Alterthümern im ganzen nördlichen Europa, Asien und Amerika in großer Anzahl finden. In Mittelamerika vertritt der Obsidian die Stelle des Feuersteins und dort finden wir Obsidianmesser ganz von der Form der feuersteinernen.

Das Pflanzenreich bietet dem Menschen ebenfalls reiche Vorbilder und Modelle zu seinen Werkzeugen dar. Vor allem giebt der Baum in seinen Aesten dem Menschen den

Haken, mit dem er den fruchttragenden Zweig, der für seinen hakenförmig gebogenen Finger zu hoch hängt, zu sich herabzieht. An jedem holzige Aeste austreibenden Baum findet sich das Modell zum Haken, wie ihn z. B. der Gänsehirt auf den altägyptischen Denkmalen bereits vor Jahrtausenden und noch heute sein College in der Gegend von Oschatz und Großenhain führt, wie der Landwirth ihn benutzt, um sein Körbchen daran an den Baum zu hängen, dessen Früchte er sammeln will, und womit die Völker der Vorzeit, so wie die Slawen noch heute die Ackerkrume öffnen, um derselben die Getreidesamenkörner anzuvertrauen. Der Haken giebt das Modell zur Axt, zur Hacke, zum Hammer u. s. w. Demnächst bietet der Baum das Modell zu der Gabel mit zwei, drei oder mehrern Spitzen dar, die wir in den Händen des Fischers zum Harpuniren, des Landwirths und mancher Handwerker antreffen.

Fig. 16—17.

Der aus der Wurzel gerade aufwachsende Baum zeigt oft in der Gegend, wo er der Wurzel entsteigt, einen Knollen, eine Anschwellung, und wir finden darin den Anfang des mit einem Knopfe bewehrten Stockes, der Keule, welche unter die frühesten Jagdwaffen gehört.

Fig. 18.

Nächstdem bieten sich in den Spitzen der Dornensträucher Europas, der afrikanischen Mimosen und der nordamerikanischen Akazien, besonders der Gleditschia, dann aber auch der Enden der Agavenblätter, Modelle zu allerlei Pfriemen und Nadeln dar.

Die steifen Blätter mancher Schilfarten und Liliaceen, so wie die hartschaltgen Rinden mancher Grasarten dienen als Stoff und Modell zu allerlei Messern, aus denen später Schwerter und Dolche in ihren mannichfaltigen Gestalten erwachsen.

Aus dem Thierreiche erhält der Mensch nicht minder Vorbilder für mancherlei Werkzeuge und Waffen, da die Vorsehung die Thiere selbst mit denjenigen Instrumenten versehen hat, die sie theils zur Gewinnung ihres Lebensunterhaltes, theils zur Abwehr ihrer Feinde nöthig haben. Die Zangen und Scheeren mancher Insecten, wie der Hirschkäfer und Krebse, die Stachel der Bienen und anderer fliegender Insecten, kann der Mensch nicht als fertige Werkzeuge ihnen ab- und zu seinem Gebrauch nehmen, wohl aber sind sie geeignet, seine Aufmerksamkeit anzuregen und ihn zur Herstellung ähnlicher Werkzeuge im Großen zu veranlassen.

Unter den Fischen finden sich mehrere, deren Waffen, namentlich deren Zähne zur Herstellung der Säge geführt haben. Die Krallen und die Schnäbel der Vögel haben zur zweckmäßigern Gestaltung der mancherlei Spitzhacken Anleitung gegeben, während die Federn derselben nicht blos auf die Beflügelung des Pfeiles leiteten, sondern auch den zweckmäßigsten Stoff dazu hergaben.

Von den Säugethieren erhält der Mensch Unterricht in der Handhabung der Stoßwaffen, der Stoßzähne und Gehörne, die er ihnen dann abnimmt, um sie für seinen Gebrauch zu verwenden. Die Polarvölker benutzen die Stoßzähne der Wallrosse zur Anfertigung ihrer Harpunen, wozu das Treibholz den Schaft liefert. Die eigenen Schneidezähne geben dem Menschen die besten Modelle zu den meiselartigen Instrumenten, und die der größern Nagethiere zu Schaufeln und Schabewerkzeugen. Die Schulterblätter der Phoken wurden Vorbild zu den kurzen Keulen der Neuseeländer, und die der Bären benutzen die Itälmenen in Kamdschatka zu Sicheln zum Grasschneiden (Oken Thierr. IV, 1675). Aus den Röhrenknochen fertigen die Botocuden Meisel und die Tungusen und Buschmänner Pfeilspitzen.

Es bleibt uns noch übrig nachzuweisen, wie der Mensch darauf geführt wird, zwei verschiedene Stoffe, wie Holz und Stein, Holz und Knochen zu einem Werkzeuge zusammen zu verbinden und welche Vorbilder ihm die Vorsehung in der Natur dargereicht hat.

Blicken wir zunächst auf die Wurzeln, namentlich der Sträucher und Bäume in unsern Wäldern, besonders an den Flußufern. Wir bemerken hier, wie die Wurzel bei dem Bestreben, den Baum möglichst fest an den Boden zu binden, senkrecht oder seitwärts in den Boden eindringt und darin so lange gerade fortgeht, bis sie auf ein Hinderniß, eine feste Erdschicht, einen Stein trifft;

Fig. 19.

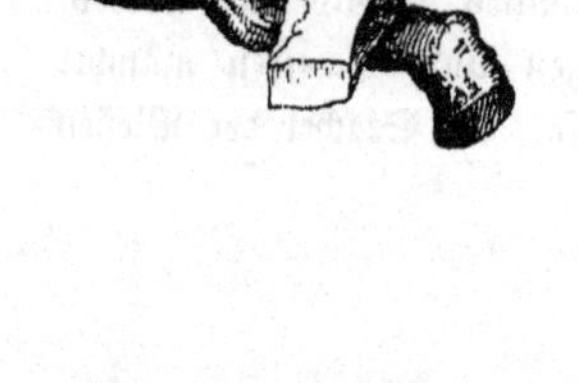

sie ist genöthigt anzuhalten und nebenher einen anderweiten Weg zu suchen; um dieß zu bewerkstelligen, muß sie sich oft theilen und den Stein, der sie aufhielt, umspannen. Sie thut dasselbe, was der Mensch mit seiner Hand thut, sie faßt einen fremden

Fig. 20.

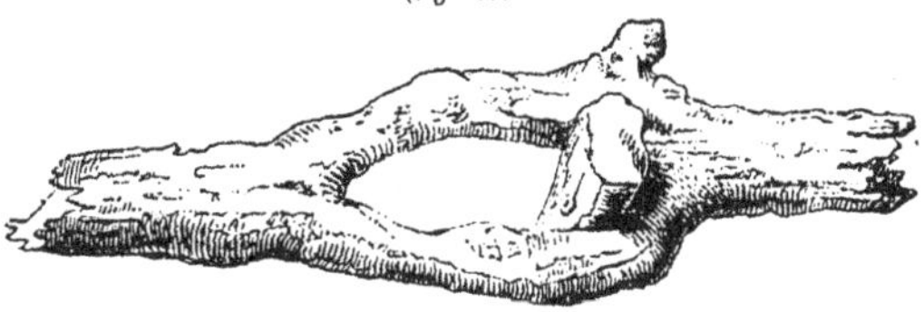

Körper und hält ihn fest. Solche Wurzeln, namentlich von Erlen und Kiefern, kann man im Frühjahre, wenn die Gewässer das Ufer entblößt haben, in den mannichfaltigsten Formen sehen. Ich besitze deren, welche auf den Stein treffend in drei, ja vier Zweige sich trennten und den Stein so fest in sich halten, daß nur sehr wenig von seiner Oberfläche sichtbar geblieben ist.

Fig. 21.

Ein Stück Granit aus dem Schwarzathal in Thüringen, das ich der Güte des Herrn Prof. B. Cotta in Freiberg verdanke, ist von einer Buche sehr sauber eingeschlossen worden.

Dieselbe Erscheinung wiederholt sich auch im Großen, wo ganze Felsenblöcke von den Wurzeln der Nadelholzbäume förmlich umschlungen erscheinen.

Wir sehen also in der Natur eine Anleitung zu Befestigung der steinernen Klinge in den hölzernen Stiel.

Eine anderweite Anleitung zu Befestigung von Spitzen aus Knochen, Zahn, Horn oder Stein in einen hölzernen Stiel oder Griff bieten die in den Kinnladen der Fische, Amphibien, Säugethiere und Menschen befindlichen Zähne dar. In den Kinnladen ist eine Vertiefung, in welche der Zahn paßt, den sodann das Zahnfleisch noch fester mit seiner Stelle verbindet. Die meisten Bogen und Pfeil führenden Völker von Amerika und Asien lassen die Spitzen aus Holz, Knochen, Stein in den Holzschaft ein und umwickeln sodann die Stelle, wo das geschehen ist, mit Fäden, die mit Pflanzen- oder Thierleim haltbar gemacht werden.

Fig. 22.

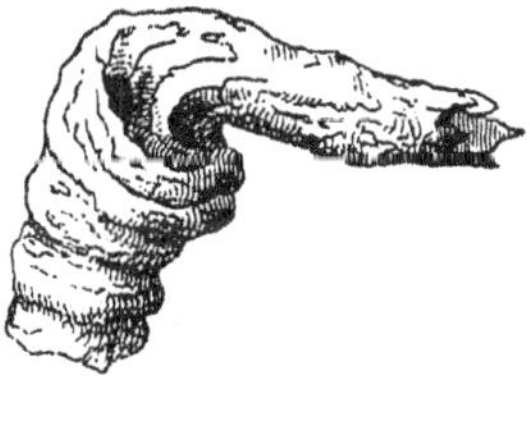

Eine noch festere Verbindung findet vermittelst der Einschraubung statt, und auch dafür finden wir in der Natur das Vorbild in denjenigen Wurzeln, die klüftige Felsen oder Mauern zu durchdringen das Bestreben haben. Das hier abgebildete Exemplar, das ich der

Güte des verewigten Generallieutenants von Miltitz verdanke (Nr. 2963 m. S.), stammt von einem Hartriegel, der in die Klostermauer von Altenzelle eingedrungen war.

Die Schraubenform erscheint übrigens bei den Schnecken mehrfach und dürfte auch eben deshalb nicht ohne Einfluß auf die Entwickelung der Werkzeuge geblieben sein.

Mit diesen Stoffen, mit diesen Vorbildern ist der Mensch in allen Zonen von der Vorsehung ausgestattet worden, und zwar unter jedem Himmelsstrich mit denjenigen, welche für seine Bedürfnisse die angemessensten sind. Steingeschiebe sind über die ganze Erde verbreitet, Knochen und Zähne größerer Thiere liefert ein jedes Clima, und der Polarzone, in welcher größere, Holz gewährende Sträucher und Bäume nicht wachsen, führt dieses Material der Seestrom im Treibholze zu. Und so sehen wir denn den Menschen, auch da, wo er auf den niedrigsten Stufen der Cultur sich vorfindet, immer und überall mit Werkzeugen umgeben, die seinem Clima angemessen sind.

Ehe wir uns der Betrachtung der einzelnen Werkzeuge hingeben, müssen wir die Frage erörtern:

Welches sind die ältesten Werkzeuge des Menschen?

Die Beantwortung derselben wird dadurch ermöglicht, daß wir diejenigen Culturzustände aufsuchen, die als die uranfänglichen und ältesten angesehen werden können. Ich habe in meiner Culturgeschichte (I, 229) die Anfänge menschlicher Cultur in den Urwäldern von Südamerika passiver Rasse, namentlich bei den Botocudos, Camacans und andern vorzugsweise von der Jagd lebenden Stämmen, bei den Buschmännern in Südafrika, dann bei den vom Fischfang lebenden Strandbewohnern von Neuholland oder Australien, bei den ehemaligen Californiern, Kaliuschen und den Pescheräh nachgewiesen. Es sind dieß familienweise beisammenlebende Stämme, die fast ausschließlich von thierischer Kost leben und deren Erwerbsthätigkeit sich lediglich auf Jagd und Fischfang beschränkt.

Betrachten wir die armselige Habe dieser Leute, so finden wir als Werkzeuge bei ihnen nur die **Keule** aus Holz, den **Klopfer** aus Stein, die Anfänge von **Messer** und **Meisel**, den **Speer**, oder an dessen Stelle auch **Bogen** und **Pfeil**, Werkzeuge, die sie nur aus Steinen, Holz, Thierzähnen und Fischgräten und Dornenstacheln anfertigen. Dieselben Werkzeuge führen auch, allerdings in verbesserter Gestalt, die sogenannten wilden Indianer von Amerika, deren wesentliche Beschäftigung die Jagd ist, dann, allerdings in besonderer Vollkommenheit und mit der Fischangel vermehrt, die Bewohner der Polarzone. Bei diesen Jäger= und Fischervölkern erscheinen bereits Metalltheile an den Werkzeugen, die sie jedoch erst von den asiatischen oder europäischen Völkern activer Rasse erhalten haben.

Jagd und Fischfang sind die ältesten Beschäftigungen der Menschen; die nächste Culturstufe bildet das Hirtenleben, das wiederum anderweite Werkzeuge ins Dasein ruft, die früher vorhandenen aber für seine Zwecke umgestaltet.

Der Feld= und Ackerbau, der zum Theil bereits zeitweilig von den Jäger= wie von den Hirtenstämmen betrieben wird, wirkt ebenfalls umgestaltend auf die frühern Culturstufen entstammenden Werkzeuge, bringt aber auch ganz neue hervor. Die Axt, welche namentlich der Fischer zum Bau seiner Fahrzeuge, der Hirt zur Herstellung seiner Zelte braucht, wird von dem Feldbauer allgemach in den Haken verwandelt, aus welchem der Pflug entsteht; auch Spaten und Schaufel gehören den Zuständen des Ackerbauers an. Das Messer, was Jäger, Fischer und Hirt kennen, gestaltet der Landmann zu Sichel und Sense um, nachdem der Hirt aus demselben bereits die Scheere gebildet.

Das seßhafte Leben, welches der Landbau begründet, bringt allgemach eine Trennung der Arbeiten hervor. Es bilden sich um die Nationalheiligthümer, um die Sitze der Fürsten größere Ortschaften, in denen sich diejenigen Leute sammeln, die sich nicht mit Landbau beschäftigen. Die Priester, die Hofbeamten, die Krieger bilden einen vom Landmann abgesonderten Stand; zur Herstellung der Gebäude, zur Anfertigung der Waffen, der Kleider, der Geräthe, Werkzeuge u. s. w. finden sich Leute, die ausschließlich dem einen Geschäfte sich hingeben, mit einem Wort, es bilden sich die Handwerke, deren jedes die vorgefundenen Werkzeuge für seine Zwecke sich umgestaltet. Der Lederarbeiter giebt z. B. dem Messer eine andere Form als der Schiffbauer oder der Fleischer und Koch. Je mehr nun die Handwerke sich gliedern, eine desto größere Mannichfaltigkeit stellt sich auch in den Werkzeugen ein, zumal seit dem Zeitpunkt, wo der Mensch die bei weitem bildsamern Metalle kennen lernt; die Metalle aber, denen Jäger und Hirt wohl begegnet sind, erkannte erst der den Boden öffnende Landmann. Die Gewinnung der Metalle fesselt den Menschen aber eben so sehr an den Boden als Ackerbau, und zwar an einen Boden, der dem Fleiße des Landmanns keinen Spielraum darbietet. Der Bergmann aber konnte von dem Landmanne die meisten seiner Werkzeuge, die Hacke, den Spaten, annehmen. In seiner Hand veränderte sich abermals ihre ursprüngliche Gestalt, wie es nun eben seine Zwecke erforderten. Und so haben denn Jäger, Fischer, Hirten, Ackerbauer, Bergleute, Handwerker, Krieger, Schiffer allesammt dazu beigetragen, die Gestalt der Werkzeuge für ihre Zwecke zu verändern und umzubilden und ihr das Wesen ihrer Beschäftigung aufzudrücken, so daß auch diese Werkzeuge das Symbol Derer wurden, die sich damit beschäftigten.

Schon auf den frühern Culturstufen eines mehr seßhaften Lebens, wie es zum Theil in der Polarzone bei Grönländern und Eskimos während der Wintermonate stattfindet, stellt sich das Bestreben ein, der menschlichen Kraft bei der Arbeit eine Unterstützung zu gewähren. Es geschieht dieß bei der Gewältigung schwerer Körper durch den Hebel, so wie durch die Walze, welche wir schon bei den Eskimos mit einer Schnur umschlungen, als Drillbohrer, antreffen. Das Feuerzeug der amerikanischen und südseeischen Indianer, der Südafrikaner, so wie der Polarvölker dürfte der Vorläufer dieses Instruments sein; die Drehbank der Kalmyken aber ist eine weitere Ausbildung desselben. Später tritt das Rad auf, dessen früheste Beweger Menschen- und Thierkraft waren, auf welche die Wasser- und weiterhin die Dampfkraft folgte, bis diejenigen Naturkräfte gefaßt und gezähmt sein werden, deren Dasein die Wissenschaft unserer Tage nachgewiesen hat. — Wenn es gilt, eine Genealogie der menschlichen Werkzeuge herzustellen, so darf man nur die Aufeinanderfolge der Culturstufen festhalten, die ich in der Culturgeschichte nachgewiesen habe. Und wir betrachten, uns möglichst an diese Aufeinanderfolge haltend, nunmehr die Werkzeuge im Einzelnen. Wir werden dabei mehrfach die Bemerkung machen, daß wir alle die Werkzeuge, die wir auf den niedrigsten Stufen der Cultur antreffen, auch in den Händen der schon höher civilisirten Menschen wiederfinden, wenn auch ihre Gestalt auf dem Wege durch die verschiedenen Mittelstufen der Cultur gar mannichfache Abwandelungen erfahren hat.

Die Keule

beginnt die Reihe der Werkzeuge, mit denen der Mensch seine Beute erlegt, mit der er sich seiner Haut wehrt.

In allen Ländern, wo Sträucher und Bäume wachsen, legt sich der starke Ast oder der schwache Baumstamm, den der Sturm vom Stamme oder aus dem Boden gerissen, dem Menschen als ein Werkzeug zu Füßen, dessen Anwendung sich ihm sofort kundthut, wenn er dasselbe mit der Hand umfaßt und fast unwillkührlich aufhebt. Die *Keule*, sie mag nun walzenförmig, an allen Theilen gleich dick, oder an dem einen Ende stärker, oder gar mit einem Ueberrest der Wurzel oder des Stammes verstärkt sein, findet sich in allen Theilen der Erde.

Fig. 18.

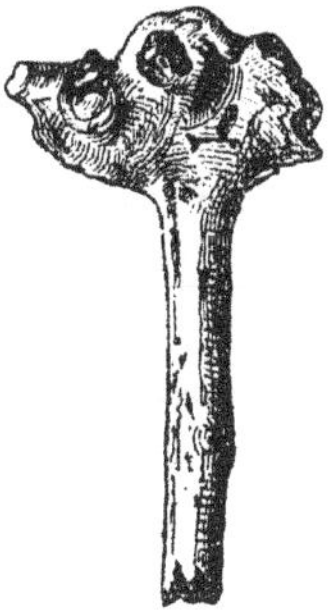

Die wilden Ureinwohner Australiens, deren letzte Sprossen bald von der Erde verschwunden sein werden, führen derartige Keulen, in deren Gestaltung sie eine gewisse Fertigkeit entfalten, und die sie sowohl zum Schlagen, als wie zum Fortschleudern anwenden. Unter den Keulen der Australier, welche sie aus den Trümmern der festen Hölzer auflesen, die ihnen die See ans Land wirft und welche sie nach den Opossums schleudern, sind die beiden ersten der nebenstehenden, in der Länge von 18—20 Zoll, die gewöhnlichsten; an einigen Exemplaren bemerkte man Anfänge von Verzierungen.

Fig. 23 — 25.

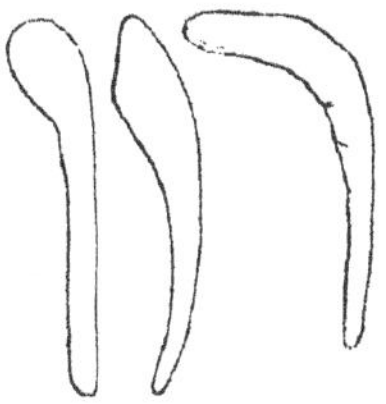

Eine, wie es scheint, allen Australiern eigenthümliche keulenartige, aber nur zum Schleudern bestimmte Waffe ist das *sichelförmige*, *Bomerang* genannte Wurfinstrument, das ebenfalls aus Holz gefertigt ist und die Eigenthümlichkeit besitzt, daß es, flach abgeworfen, in einer kreisenden Bewegung emporsteigend an die Stelle zurückkehrt, von welcher aus dasselbe fortgeschleudert wurde. Das Werkzeug ist dünn und glatt und ist in den letztern Jahren öfter nach Europa gebracht und zur Belustigung angewandt worden.

Die Keule findet sich ferner bei allen afrikanischen Völkern, bei den Negern, wie bei den Kaffern, Nubiern und Aethiopiern. Betrachten wir zuerst die *Keule von Benguela* an der Küste von Guinea.

Fig. 26 — 29.

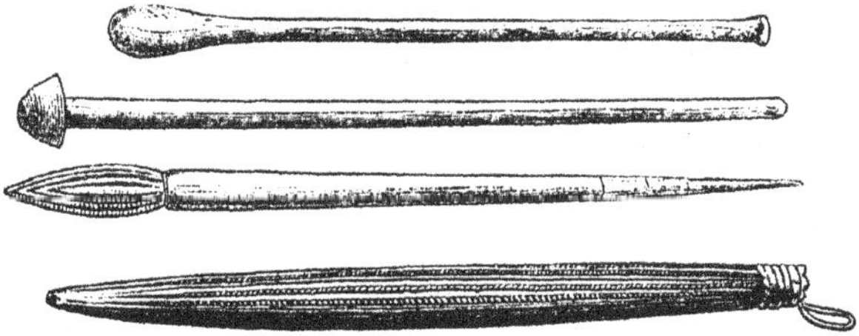

Sie besteht aus schwerem, dunkelbraunrothen Holze und ist 24¼ Zoll lang, der birnenförmige, 2 Zoll starke Knopf geht allgemach in den Stiel über, dessen oberes Ende ⅝ Zoll dick ist. Sie ist glatt und sauber gearbeitet, der Knopf aber ganz fein gerieft. Sie wurde im Jahre 1842 von Herrn D. Tams mitgebracht (s. dessen Reise in Afrika, Nr. 1604 m. S.).

Weiter ausgebildet erscheint die Keule der Betjuanen, Kirri genannt, die sowohl zum Schlagen, als auch zum Auspariren und Wegschlagen der Wurfspieße des Feindes dient. Sie ist länger als die von Benguela, nämlich fast 29 Zoll, von denen 1½ Zoll auf den 2½ Zoll im Durchmesser haltenden Knopf kommen, der wie bei der vorigen Keule mit dem Griff aus einem Stücke geschnitten ist. Das Holz ist minder schwer, obschon sehr dicht.

Minder sauber gearbeitet ist die Keule der Elliabs, einer unterm 6.° n. Br. in Oberäthiopien lebenden Völkerschaft.

Diese vom französischen Ingenieur Herrn Arnaud mitgebrachte Keule ist 28 Zoll lang, aus hellbraunem, harten Holze. Der langgezogene Knopf ist 2 Zoll dick, am obern Ende ist, 5 Zoll von der Spitze, der Stiel ein wenig mit Einschnitten versehen, damit die Hand ihn sicherer halten könne (Nr. 2261 m. S.).

Einfacher, jedoch aus sehr schwerem, schwarzbraunem Holze sind die Keulen der Bari (4° n. Br.) in Oberäthiopien, die sich durch treffliche Politur auszeichnen und am obern Ende mit Riemen umschnürt sind, damit sie der Hand minder leicht entgleiten können. Das abgebildete Exemplar (Nr. 2260 m. S.) ist gerieft. Die größte Dicke beträgt 2 Zoll, die Länge 27 Zoll. Ein zweites Exemplar ist glatt und um 4 Zoll länger als das erste, jedoch noch sorgfältiger geschliffen und das Leder am obern Ende außerdem noch mit Fäden überwunden. Ein drittes Exemplar ist durchgängig von oben bis unten mit Längsriefen versehen.

Wir wenden uns zu einer Form der Keule, welche in den Inseln der Südsee häufig auftritt, wo diese Waffe überhaupt zu den mannichfaltigsten Formen sich entwickelt hat. Wir heben jetzt die kurze Keule mit dem großen scharfkantigen Knopfe aus, die aus hellbraunem Holze gefertigt ist.

Das ganze Instrument ist 27 Zoll lang, der Knopf fast 5 Zoll und das obere Ende 1½ Zoll im Durchmesser und das Ganze sehr schwer, übrigens trefflich polirt (Nr. 1961 m. S.).

Von derselben Form, nur bedeutend länger, nämlich die eine 36, die andere 39 Zoll lang, sind zwei andere Keulen (Nr. 1962 und 1963 m. S.), welche ebenfalls aus der Südsee stammen und da, wo der Schaft aus dem Knopf heraussteigt, mit mehrern Reihen eingeschnittener Ornamente («««) umringelt sind. Beide sind überdem da, wo die Hand sie zu fassen pflegt, mit buntgemaltem Papiermaulbeerstoff umwunden und dieser mit zierlichen Schleifen aus Palmbastfasern geschmückt. An der einen sind außerdem noch Troddeln von Cocosfasern angebracht.

Fig. 30. 31.

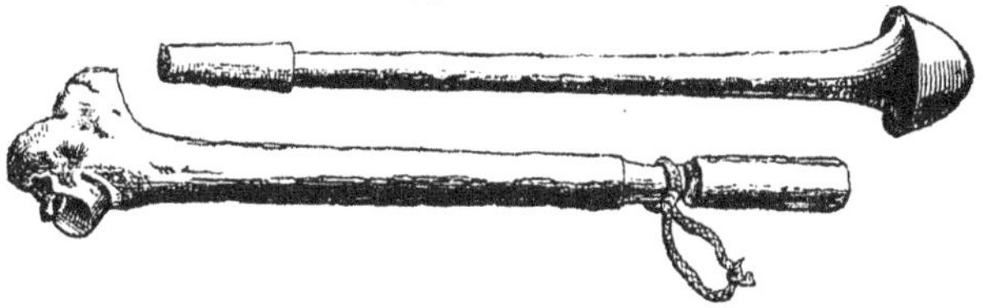

Eine eigenthümliche Form stammt eben dorther, die Länge ist 28 Zoll, der Durchmesser des Knopfes ist über 6 Zoll, um den Handgriff ist eine aus Pflanzenfasern geflochtene, rothgefärbte Baumwollenschnur geflochten. Das harte, gelbbraune Holz ist trefflich polirt.

In diese Reihe gehören nun auch noch mehrere kurze Keulen von 16—23 Zoll Länge aus hartem schwarzbraunem Holze, deren fast kugelförmiger Knopf 3½ Zoll Durchmesser hält. Die Stelle, wo die Hand ruht, ist mit einem eingeschnitzten Ornament umgeben, das von Schlangenlinien gebildet wird, die zwischen geraden Linien hinlaufen (Nr. 4149 m. S.). An andern, etwas längern Exemplaren ist der Knopf sauber ausgeschnitzt.

Fig. 32. 33.

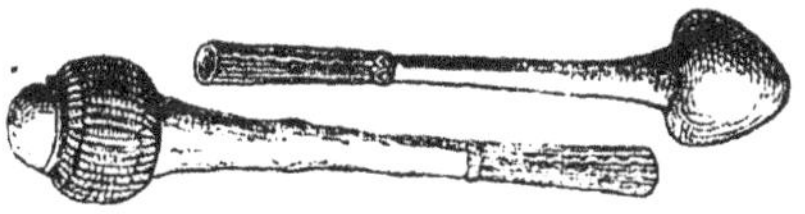

Endlich ist nun auch noch eine Keule (Fig. 34) zu nennen, deren oberes Ende mit zwei Knäufen geschmückt, deren Knopf aber überaus regelmäßig und fleißig ausgeführt ist. Sie besteht aus hellbraunem, schweren Holze und ist 44 Zoll lang und fast 2 Zoll dick (Nr. 1959).

Sämmtliche bis hierher erwähnte Keulen haben gerade, runde, walzenförmige Stiele, die in einen birnen- oder kugelförmigen Knopf anschwellen; es sind Formen, die namentlich auf Neucaledonien vorkommen.

Wir wenden uns zu denen, deren Stiel sich spatenartig verlängert, eine Form, die sowohl auf den freundschaftlichen

Fig. 34. 35. Inseln, als auch unter den alten brasilischen Ureinwohnern und den Caraiben vorkommt.

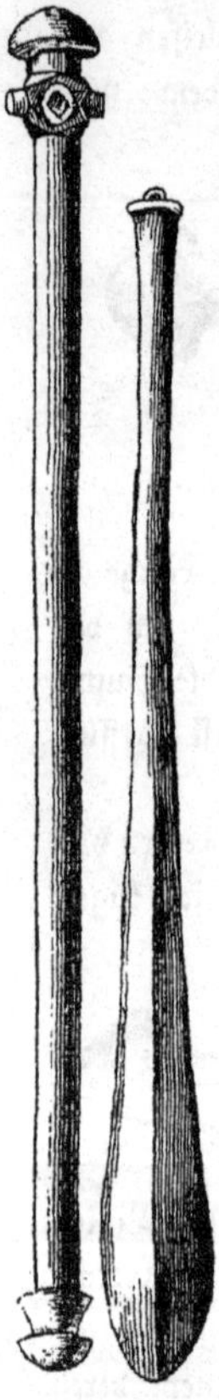

Eine der einfachsten Keulen dieser Form stammt aus den freundschaftlichen Inseln (Nr 4381 m. S.). Sie ist 44 Zoll lang, die größte Breite 3 Zoll bei 1¼ Zoll Dicke; sie ist aus festem, dunkelrothen Holze geschnitzt und überaus sauber und glatt gearbeitet; oben am Griffende ist eine Oese ausgearbeitet, durch welche der Faden gezogen werden kann, an welchem ihr Besitzer sie aufhängen konnte. Diese Keule stammt aus den Freundschaftsinseln und ist das Hauptstück der Bewaffnung ihrer Einwohner. Sie ist vortrefflich geeignet, um Knochen und Schädel zu zerschmettern.

Fig. 36.

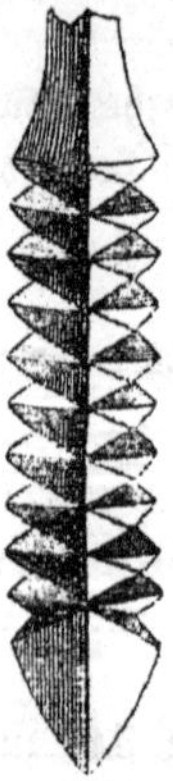

Diese Form ist aber auch noch weiter ausgebildet, indem man den untern breiten Theil an den Seiten zackig ausgearbeitet hat, so daß jede der beiden scharfen Kanten eine grobe Säge bildet. Das eine Exemplar meiner Sammlung (Nr. 3717), aus dunkelrothem, schweren Holze, ist 49 Zoll lang, unten 4½ Zoll breit und hat neun freistehende Zacken an jeder Seite. An dem Obertheile ist, wie am vorhergehenden und an dem folgenden, eine Oese zur Befestigung einer Schnur angebracht.

Noch länger, nämlich 4 Fuß 3 Zoll lang, ist eine ebenfalls aus den freundschaftlichen Inseln stammende Keule Fig. 37, aus dunkelrothem, harten Holze, die am untern Ende 4 Zoll breit und 2 Zoll dick ist, am obern aber die Oese für die Schnur hat. Das breite Ende ist gewissermaßen mit vier Bünden, die aber aus dem Holze geschnitzt sind, umgeben; der erste Bund besteht aus 8, der zweite aus 7, der dritte aus 6 und der vierte aus 4 kräftig vortretenden Rändern, die ganz geeignet sind, die Knochen und Schädel der Gegner kräftig zu fassen und zu zertrümmern (Nr. 1284 m. S.).

Fig. 37. 38.

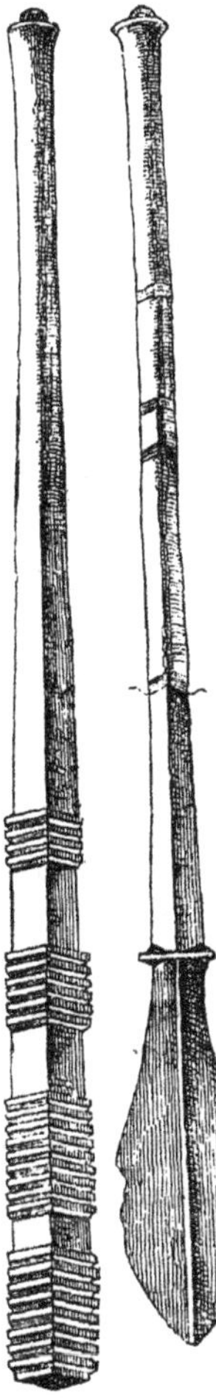

Fig. 39.

Der Form des Ruders nähern sich diejenigen Keulen, die wir sowohl in der Südsee, als in den Abbildungen der Ureinwohner Brasiliens bei den ältern Reisenden finden, mit denen Verbrechern oder Feinden der Schädel gespalten wurde. Der Griff war meist mit Bünden verziert. Sie vertraten bei diesen Völkern, denen die Metalle unbekannt oder wenigstens nicht so leicht zugänglich waren, die Stelle der Schwerter.

In der Südsee kommen Keulen vor, welche der Schwertform sich noch mehr nähern. Zwei Exemplare meiner Sammlung haben 40—44 Zoll Länge bei 3—4 Zoll Breite, der Querdurchmesser verjüngt sich nach unten bis auf einen halben Zoll und die Schneiden sind ziemlich scharf, das obere Ende ist ausgeschnitzt.

Das eine Exemplar (Nr. 1286 m. S.) ist aus lichtbraunem geflammten Holze, 2 Ellen 3 Zoll lang. Das was man am Schwert die Klinge nennen würde, ist mit rother Farbe bemalt, der Griff schwarz, mit Linienverzierungen und an den Seiten mit Zacken versehen, die abwechselnd roth und schwarz bemalt sind. Der Griff endet in ein ovales Ornament, das ein Menschenantlitz nachahmt und mit schwarzer und rother Farbe erhöht ist. Eine andere (Nr. 1285 m. S.) ist einfacher, nur 4 Fuß lang, aber 5 Zoll breit.

Dieselbe Form, nur bedeutend kürzer, kommt noch jetzt bei den Arowaken von Surinam vor. Ein Exemplar meiner Sammlung (Nr. 1291) ist aus dunkelrothem, schweren Holze, 29 Zoll lang, 4 Zoll breit und fast 2 Zoll dick. Die Keule endet oben in eine Spitze, unten aber wird der Schlag durch ein eckiges Ornament nachdrücklicher gemacht. Der Stiel ist mit sauberem Flechtwerk aus schwarzem und gelbem Rohr geschmackvoll in jenem Style verziert, den wir an den architektonischen Denkmalen der alten vor-

Fig. 40.

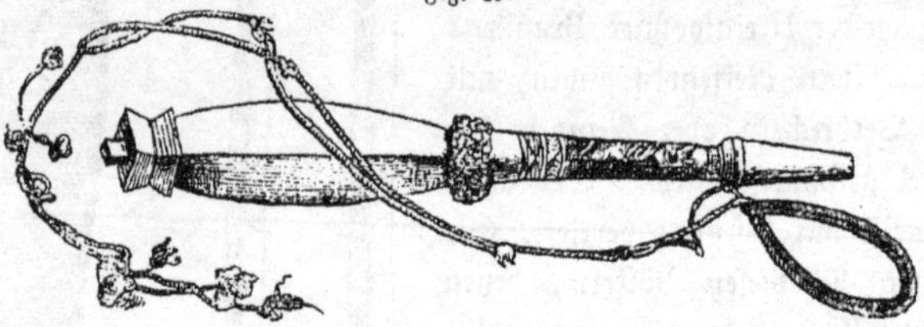

christlichen amerikanischen Culturvölker bemerken. Unterhalb desselben ist ein aus ursprünglich wohl grüner Baumwolle geflochtener Kranz, weiter oben der lange, aus weißer Baumwolle sauber gedrehte Ring, an welchem die Keule um den Unterarm gehängt ward und daran eine 4 Fuß lange Baumwollenschnur, die mit grünbaumwollenen Flocken geschmückt ist.

Fig. 41.

Wir wenden uns zu der vierkantigen Keule mit rhombischer Grundfläche am untern Ende und rundem Stiel. Eine solche aus schwerem, rothbraunem Holze, oben mit der Oese (Nr. 1287 m. S.) stammt von der Markesasinsel Nukahiwa. Sie ist 37 Zoll lang, unten 5½ Zoll breit und 3½ Zoll dick, von einer Ecke zur andern querüber gemessen. Sie ist ganz mit Schnitzwerk bedeckt, das mit ungemeinem Fleiß und großer Gleichmäßigkeit ausgeführt ist; dabei ist zu beachten, daß alle diese Verzierungen nur mit Messern aus Stein oder Muschelschalen gefertigt sind.

Kleiner aber ebenfalls sehr scharfkantig sind die Keulen, deren sich die Indianer an den Gränzen des britischen Guiana bedienen. Sie sind durchgängig vierkantig, aus sehr schwerem Holze, 16—18 Zoll lang, am starken Unterrande 3—4 Zoll breit und 2 Zoll dick. Die breiten Flächen sind theils glatt, theils mit feineingeritzten grotesken Menschenfiguren bedeckt, die an neuen Exemplaren oft mit weißer Farbe ausgefüllt sind. Der Mitteltheil oder der Handgriff ist entweder mit zierlichem Geflecht, wie die oben erwähnte Arowakenkeule, oder auch mit weißen Baumwollenfäden umwunden, oben und unten aber mit einem Kranze aus Baumwolle geschmückt und mit dem Baumwollenring für die Handwurzel versehen. Das hier abgebildete Exemplar meiner Sammlung, (Nr. 4057) aus lichtbraunem Holze, ist 17½ Zoll lang. Das königl. historische Museum zu Dresden verdankt der Güte des berühmten Reisenden Herrn Robert von Schomburg eine schöne Sammlung derartiger Keulen.

Fig. 42.

Wir kommen nun zu einer Keulenform, welche der Insel Neuseeland vorzugsweise anzugehören scheint, doch aber auch auf den Freundschaftsinseln von Labillardière angetroffen wurde. Es ist die gekrümmte Keule von mehr als 3 Fuß Länge.

Fig. 43—45.

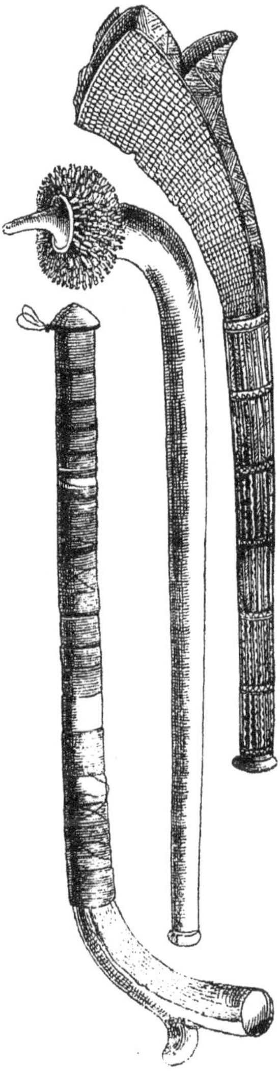

Die erste derselben Fig. 45 (Nr. 1288 m. S.) ist aus verhältnißmäßig leichtem, dunkelbraunem Holze, gerade durch von Spitze zu Spitze gemessen 3 Fuß 6 Zoll lang, am breitesten Theile 6 Zoll im Durchmesser bei 2 Zoll Dicke. Die Oberfläche ist ganz mit Schnitzwerk bedeckt, welches sehr regelmäßig ausgeführt ist.

Eine zweite (Nr. 1676), Fig. 43, aus hartem und schwerem braunen Holze, hat 1 Zoll weniger im Durchmesser, die Dicke beträgt weit über 2 Zoll. Diese Waffe ist bis an die Biegung ganz mit baumwollenen, hier und da blauschwarz gefärbten Fäden umschnürt. Der untere Theil ist im Innern rauh gearbeitet und hat daher ein hornartiges Ansehen.

Diese Keulen haben am äußern Unterrande eine hakenartig emporstehende, aus dem Ganzen geschnitzte Spitze und erinnern in ihrer ganzen Gestalt an die Luntengewehre, welche die Westeuropäer des 16. Jahrhunderts führten. Nun ist bekannt, daß alljährlich die

Spanier von Lima nach Goa einige Schiffe absegeln ließen, welche auf ihrem Cours nothwendig die zahlreichen Inselgruppen der Südsee berührten. Es ist nicht unwahrscheinlich, daß die Bewohner derselben bei der Schiffmannschaft, wenn sie um Wasser oder Lebensmittel einzunehmen anlegten, jene Gewehre kennen lernten, vielleicht auch bei vorkommenden Streitigkeiten das Gewicht derselben fühlten und so auf den Gedanken geführt wurden, ihre Form wenigstens bei Herstellung ihrer Keulen anzuwenden. Die Aehnlichkeit ist so auffallend, die Form im Bereiche der Südsee vorkommenden Naturkörpern so fremd, daß eine anderweite Genealogie dieser Keulenart eine nicht denkbare ist.

Abweichend davon, aber an die Morgensterne des Abendlandes erinnernd, ist die Keule von Neuseeland (Nr. 1675 m. S.). Vorliegendes Exemplar, Fig. 44, ist aus schwerem, harten, glattpolirten, dunkelrothen Holze, 3 Fuß 5 Zoll lang und unten mit einem seltsamen, dem Igel gleichenden Stachelknopfe versehen, aus welchem eine rüsselartige Spitze 4 Zoll lang hervorstarrt, die, wie sämmtliche Stacheln aus dem Ganzen geschnitzt ist.

Anklänge an diese Formen finden wir bei den Keulen der nordamerikanischen Indianer; wir sehen Keulen, in welche eine breite Dolchklinge eingesetzt ist, andere sind mit einer großen Kugel belastet, andere auf einer Seite sägenartig ausgezackt, an andern ist der Knopf in der Form eines menschlichen Kopfes ausgeschnitzt. Diese Indianer verzieren ihre Keulen oft mit Federbüschen (s. m. C. G. II, 135 und Ethnological researches respecting the red man of America. Th. II p. 73. 74.).

Dieses sind denn die eigenthümlichsten Formen der Keulen der passiven Rasse, die aus einem Stücke Holz gefertigt sind.

Wir finden nächstdem aber auch Keulen aus Thierknochen und aus Stein, erstere namentlich in Neuseeland, letztere aus Corallenfelsen bei den Bewohnern der neuen Hebriden. Sie sind 1½ Fuß lang, 2 Zoll dick und werden nicht blos zum Schlagen, sondern auch zum Werfen gebraucht (Forster's R. II. 221).

Fig. 46.

Die nebenstehende Figur zeigt uns eine Keule aus dunkelbraunem Jaspis von 12½ Zoll Länge und 3½ Zoll Breite, die sich durch treffliche Arbeit und Politur auszeichnet. Das Loch zum Einhängen des Tragefadens ist ganz sauber ausgebohrt. Sie stammt von den alten Peruanern, die bekanntlich große Meister in der Bearbeitung der härtesten Steinarten waren. Die Seiten dieses gewichtigen Waffenstücks haben eine ziemlich scharfe Schneide.

Wir wenden uns nun zur Betrachtung des Messers, wie solches bei den passiven Nationen der Erde vorkommt, und dessen Entstehung aus den Steinsplittern und Rohrschalen, zum Theil auch aus Muschelschalen ich bereits oben angedeutet habe.

Das Messer

hat ursprünglich den Zweck, festere Gegenstände, namentlich Haut, Fleischtheile, Pflanzenfasern zu trennen, wenn die Nägel der Menschen, welche übrigens, wie die Reisenden bemerken, auf den niedern Culturstufen durch Abnagen immer kurz gehalten wurden, oder die Zähne nicht ausreichten. Lichtenstein (Reisen in Südafrika I, 230) bemerkt, daß die Buschmänner jeden Bissen, den sie zum Munde führen und den sie mit den Zähnen festhalten, dicht vor den Lippen mit dem Messer abschneiden; auch die Eskimos haben diese Sitte, bei deren Ausübung sie durch die stumpfe Form ihrer Nasen durchaus gefördert werden.

Buschmänner wie Eskimos haben jedoch, da sie seit langer Zeit mit den Europäern im Verkehr stehen, gegenwärtig eiserne Messer, die sie von diesen erhalten und höchstens auf die ihnen bequeme Art fassen. Eben so fand Prinz Neuwied bei den Bewohnern der südamerikanischen Urwälder eiserne Messerklingen, die aber hier nicht in Betracht kommen.

Indessen sind uns in den Grabstätten des europäischen und asiatischen Nordens, ja in Aegypten, so wie in den Städtetrümmern der altamerikanischen Culturvölker noch genug jener uranfänglichen steinernen Messerklingen erhalten, daß wir es wohl wagen dürfen, sie an dieser Stelle einer genauern und nähern Betrachtung zu unterwerfen. Sie treten in so großer Menge auf, daß kein Zweifel ist, jene Klingen haben einem allgemein üblichen Werkzeuge angehört.

Wir müssen diese Steinmesser aber auch deßhalb an dieser Stelle unserer Betrachtung einfügen, weil ohne dieselben die Herstellung des Pfeiles, des Spießes nicht zu denken ist, ja weil sie in gewisser Hinsicht die Vorläufer der Art sind, wie wir bald sehen werden.

Ich erwähnte oben die in dem Gefüge oder innern Bau des Feuersteins und Obsidians begründete leichte Theilbarkeit dieser Steinarten, welcher das Steinmesser seinen Ursprung verdankt.

Man hat mehrmals, namentlich auf der Insel Rügen und bei dem Städtchen Golßen in der Niederlausitz, Stätten gefunden, wo man Massen von Feuersteintrümmern neben halb und ganz gelungenen Feuersteinmessern antraf. Die vollendeten Messer aus Feuerstein sind schalig gekrümmt und 2 — 4 und mehr Zoll lang, überschreiten aber selten die Breite eines Zolls. Jene Stätten aber waren offenbar Werkstätten der Leute, welche diese Messer in größerer Menge für den Handel anfertigten.

Fig. 47—49.

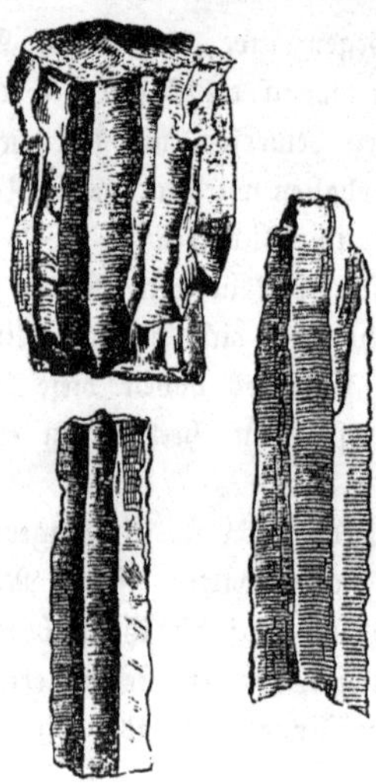

Nächstdem hat man Messer von ganz gleicher Gestalt von 3 — 6 Zoll Länge in Mexico gefunden, wo jedoch der Feuerstein durch den Obsidian vertreten wird. Dort fand man auch Stücke Obsidian, von welchen derartige schalenförmige Messer abgespellt worden sind.

Es entsteht nun die Frage, wie wurden jene Steine für den Handgebrauch gefaßt? Denn, daß sie gefaßt waren, versteht sich wohl von selbst. Nun wissen wir aus den altmexicanischen Bildern, daß man diese Obsidianklingen nicht blos als Messer faßte, sondern sie auch zur Herstellung von Schwertern anwendete. Dieses altmexicanische Schwert bestand aus einem hölzernen Stabe von 3½ Fuß Länge und 4 Zoll Breite, der an jeder Seite mit Obsidianklingen bewehrt war. Diese Klingen waren überaus scharf, 3 Zoll lang, 2 Zoll breit und mit Harz im Holze befestigt. Das Schwert hatte weder Parirstange noch Spitze und war blos zum Hiebe bestimmt; die meisten derselben hatten auf jeder Seite drei Klingen. Der Soldat trug es in der Weise, wie die Arowaken ihre Keulen an einem baumwollnen Ringe um die Handwurzel. Es war sehr scharf, doch waren nur die ersten Hiebe gefährlich, die Klingen sprangen leicht, wenn sie auf Knochen oder Metall trafen, brachen aus, wurden stumpf und schartig (s. m. C. G. V, 81).

Fig. 50.

Vielleicht wurden die im nördlichen Europa und Asien gefundenen schalenförmigen Klingen in Griffe gefaßt und in der Weise unserer Messer gehandhabt. Der Feuerstein tritt meist, wo er ein mal vorhanden, auf altem Seegrund, in zahlreichen Stücken auf, und das mithin nicht eben kostbare Material ladet zu weitern Versuchen ein. So finden wir denn auch die Feuersteinwerkzeuge in den angegebenen Gebieten nicht allein in großer Anzahl, sondern auch in großer Mannichfaltigkeit der Form, unter denen die nebenstehende, Fig. 51, die gewöhnlichste ist, die wir in Deutschland und Scandinavien finden. Die Klingen kommen in der Länge von 5 — 8 Zoll vor, bei einer Breite von gegen einem Zoll, in allen Nüancen der Farben. Manche davon dienen als Messer und Dolche, während andere als Spitzen für Lanzen, Wurfspeere und Pfeile benutzt wurden, wo wir sie dann näher betrachten.

Fig. 51—53.

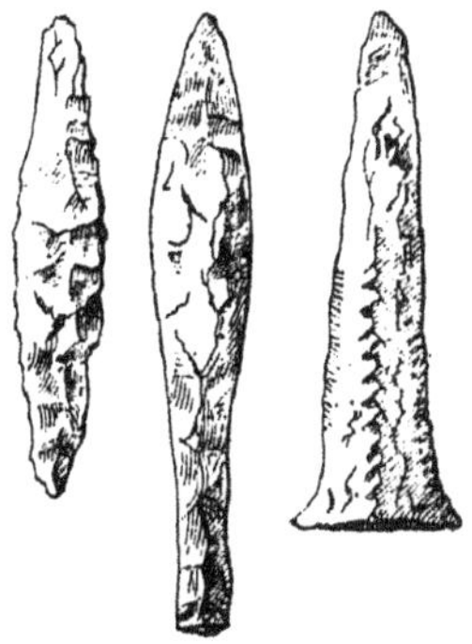

Dagegen wurden andere auch ohne Fassung benutzt, wie z. B. die Klinge Fig. 52 (Nr. 1367 m. S.), die aus Dänemark stammt. Die Klinge endet in einen Stiel, mit dem sie 7½ Zoll lang ist. Die Schneide ist fein gearbeitet. Man hat nun auch mehrfach größere Messer gefunden, an denen der Griff noch deutlicher ausgearbeitet ist, so wie andere, an denen die Form desselben abweicht. Hierher gehört die obenstehende Abbildung eines Feuersteinmessers (Nr. 1496 m. S.). Es ist aus hellgrauem Feuerstein, 6½ Zoll lang, 2 Zoll breit und ⅝ Zoll dick. Die Klinge geht von oben herab drei Zoll ganz glatt, von da erhebt sich in der Mitte ein Grat, der überaus sorgfältig ausgeschlagen ist. Aehnliche Verzierung ist an den Seiten und unten angebracht. So endet dann die Klinge in einen bequemen Griff, an welchem sich nach Beseitigung des Nothwendigen endlich auch das Ornament einstellt.

Endlich treffen wir noch eine andere Form des Messers an; es ist dieß das Messer mit gekrümmter Schneide, die von 3—6 Zoll Länge und 1—1½ Zoll Breite vorkommen, während ihre Dicke kaum die eines Drittelzolls erreicht. Auf Rügen sind deren von 3 — 4 Zoll Breite und verhältnißmäßiger Länge gefunden worden. In Japan dagegen kamen dergleichen vor, die an der einen Spitze eine Art Angriff hatten, der dazu diente, sie in einen hölzernen Stiel zu befestigen.

Fig. 54. 55.

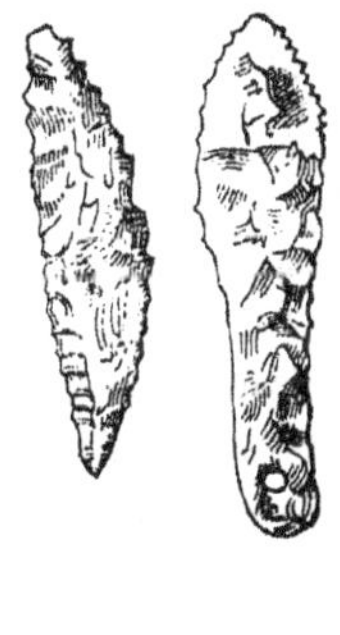

Fig. 56.

Ueber den Gebrauch dieser häufig wiederkehrenden Klingen aus Feuerstein kann kaum ein Zweifel obwalten, wenn wir die Geräthschaften und Werkzeuge der heutigen Polarvölker durchgehen, die allerdings schon seit länger als anderthalb Jahrhunderten die steinernen Werkzeuge mit metallenen vertauscht haben. Jene Steinklingen gehörten Völkern an, die in einem Clima wohnten, das Leder- und Pelzkleider wenigstens während der Winterzeit erfordert. Um Leder zuzuschneiden bedarf es besonderer Vorsicht, und so finden wir denn bei allen Lederarbeitern noch heute Messer, die eine halbmondförmige Schneide haben, mit der das festliegende Leder zerschnitten wird. Es hat bei den Grönländern die nebenstehende Gestalt, das Eisen ist mit einem Griff aus Holz bewehrt.

Fig. 57.

In alter Zeit bevor die Grönländer Eisensachen von den Europäern erhielten, bedienten sie sich kleiner Instrumente aus Chalcedon, Hornstein und Jaspis, die theils zum Schneiden, theils aber auch wohl zum Reinschaben der Innenseite der Haut dienten, die sie gerben wollten. Sie sind hierneben in natürlicher Größe abgebildet (Nr. 4431 m. S.).

Fig. 58.

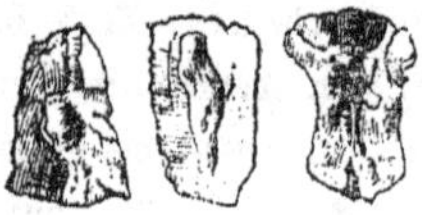

Es bleibt uns nun noch übrig, einen Blick auf die Messerklingen aus Rohrschale zu werfen, die namentlich in den Südseeinseln gebräuchlich waren, bevor dort das Eisen durch die Europäer bekannt geworden. In den Pelew- und den Freundschaftsinseln fanden Keate, Labillardière und Langsdorff Messer aus gespaltenem und geschliffenem Bambusrohre, mit denen die Einwohner ihre Speisen zerschnitten, ihre Haare und Bärte schoren und sie so handhabten, wie wir unsere Metallmesser (s. m. C. G. IV, 296). Aehnliche Messer fand Prinz Max von Wied bei den Botocuden und Puri (C. G. I, 267).

Die besten Messer der Pelewinseln bestanden (nach Keate 410) aus großen Stücken von Perlmuscheln, die dünn geschliffen und außen etwas polirt waren. Die schlechtern wurden aus der Schale der Miesmuschel gemacht, die gemeinsten waren die aus Bambu. Wir werden übrigens die Klingen aus Bambu in anderer Verbindung bald näher kennen lernen.

Der Spieß

ist dasjenige Werkzeug des Jägers und Fischers, so wie Dessen, der irgend einen Feind von sich abhalten will, das wir bereits auf den niedrigsten Culturstufen antreffen, das aber auch den Menschen bis auf die höchsten bis jetzt erreichten begleitet. Der Spieß ist der verlängerte Stock, der in der Hand des Menschen die mannichfaltigsten Formen angenommen hat, wie er denn von 5—20 und mehr Fuß Länge vorkommt, je nachdem er zum Werfen oder nur zum Stechen eingerichtet ist. Als Wurfspieß wird er theils mit der Hand allein, theils mit Hilfe des Wurfbrettes fortgeschleudert. Manche Völker kennen den Gebrauch des Spießes gar nicht, bei andern, wie bei den Betjuanen und Kaffern ist er die einzige Waffe.

Den Spieß finden wir bereits bei den australischen Ureinwohnern als Hauptwaffe. Sehr roh sind die Speere der Bewohner von Vandiemensland. Sie bestehen nur aus einer einfachen Stange vom Theebaum, deren Spitze im Feuer gehärtet oder mit einer Muschel bewehrt ist. Diese Spieße haben ein sehr wüstes Ansehen und sind nicht sorgfältiger gearbeitet als unsere Bohnenstangen und Weinpfähle. Besser sind die der Westaustralier, namentlich der Bewohner des Königgeorgsundes, die bereits aus zwei Theilen, dem Schaft und der Spitze, bestehen. Letztere ist aus Holz und mit Harz an die Stange befestigt. In die Spitze ist sägenartig eine Reihe von scharfen Steinen oder auch nur die Schwanzstachel eines Rochen eingesetzt. An der Ostküste hat der Speer eine Länge von 12 Fuß; der Schaft ist aus dem leichten Halme des Grasbaums gemacht, die mit Harz eingeklebte Spitze ist aus Holz und diese mit kleinen Klingen von Muscheln, Quarz, Knochen, Zähnen und andern harten Stoffen besetzt, die mit Gummi eingeklebt sind und theilweise Widerhaken bilden.

Dieser Spieß wurde von den Ureinwohnern — mit Ausnahme von Vandiemensland — nicht als Stoßwaffe, sondern als Geschoß gehandhabt, und dazu bediente man sich eines Werkzeugs, welches wir in der Polarzone wiederfinden, nämlich des Wurfstockes oder Wurfbrettes. Ein englischer Berichterstatter (White S. 62) giebt darüber die beste Auskunft. Das Instrument besteht aus einem 3 Fuß langen Stock, an dessen oberem Ende ein kleiner Pflock oder Haken mit Harz befestigt ist. Der Werfende faßt nun den Speer der Spitze möglichst nahe mit der ausgestreckten linken Hand, die Finger nach oben gerichtet. Mit der rechten Hand bringt er das mit dem Haken versehene Ende des Wurfstockes an den Fuß des Speeres, der für diesen Zweck mit einer Vertiefung versehen ist, und schleudert denselben nun so dem Ziele zu. Beim Abwerfen wird ein Fuß zurückgesetzt. Die dem Haken entgegengesetzte Seite des Wurfstockes ist mit einer Muschel geziert, was jedoch nicht bei allen vorkommt.

Fig. 59.

Ein Wurfbrett meiner Sammlung (Nr. 1540) hat nebenstehende Gestalt. Es ist 28½ Zoll lang, 3 Zoll breit und ¼ dick, es ist ein hartes Holz, dessen Oberfläche uneben und roh gelassen ist. Der Haken, ebenfalls Holzstoff, ist in die knopfartige Erhöhung eingekerbt.

Dieser Wurfspeer ist eine gefährliche Waffe in der geübten Hand des Ureinwohners. Ein Engländer sah einen Einwohner von Port-Jackson mit dem Wurfbrett einen Speer nach einem 276 Fuß entfernten Ziele werfen. Den Capitän Philipp traf ein solcher Speer auf 30 Schritt Entfernung so kraftvoll in die rechte Schulter, daß die Wunde einige Zoll tief war. Auf eine Entfernung von 40 Schritt treffen die Eingeborenen stets ganz sicher. Auf den übrigen Inseln der Südsee trafen die Reisenden ebenfalls Speere, die ganz ohne Metallbewehrung waren; die Spitzen waren in den Schaft gelassen, aus Holz, an welchem Widerhaken und sägenartige Schneiden angebracht waren. Besonders merkwürdig sind die der Markesasinseln. Die Speere haben Holzspitzen, an denen drei, wohl auch vier Seiten mit einer Reihe von Haifischzähnen besetzt sind, die eine sägenartige Schneide haben. Wir kommen später auf dieses Werkzeug zurück.

Den Spieß finden wir bei den Bewohnern der amerikanischen Urwälder nicht; wohl aber führen die berittenen Indianer von Südamerika denselben. Die Cocamas fertigen Lanzen aus dem dünnen Rohre Guachi, das sie an den Flußufern sammeln und sauber bemalen. Der Schaft ist 9 Spannen lang, die Spitze 2 Fuß und aus Chontaholz gefertigt. Sie schleudern diese Waffe, ohne Wurfbrett, funfzig Fuß mit großer Sicherheit. Die andern Südamerikaner fertigen ihre Lanzen aus hartem Holze. Die Yquitos umflechten sie oben gar sauber mit schwarz und weißem Bejuto und fassen sie mit Ringen von den schönen Federn der heimischen Vögel ein. Als Spitze dient ein auf zwei Seiten zugeschliffener Knochen.

Die Encabellados dagegen machen die Spitze aus zweischneidig geschliffenen Chingamarohr, was einen Fuß Länge hat. Die Tieunas machen den Schaft aus rothem, die Spitze aus schwarzem harten Holze.

Die Nordamerikaner bewehren ihre Lanzen, die 8—10 Fuß Länge haben, wo möglich mit metallenen Spitzen, wozu sie europäische Messerklingen anwenden und verzieren dieselben mit Federn auf das mannichfaltigste, wie wir aus dem Atlas zur nordamerikanischen Reise des Prinzen Maximilian von Wied ersehen. Bei den Sakis fand derselbe Lanzen, deren Spitzen von einer langen Degenklinge gebildet wurden. Die Stange war mit rothem Tuch überzogen und mit vielen schwarzen, in einer langen Reihe oder bündelförmig daranhängenden Adlerfedern verziert. Sie führten diese Lanze unausgesetzt in der Hand und trennten sich nie von derselben.

Auch die Südamerikaner, namentlich die Abiponer, haben von den Europäern das Eisen angenommen. Der Schaft wird aus dem stahlharten, purpurfarbenen Netergeholze gemacht, dessen Stamm sie spalten und mit einem Steine überaus sorgfältig abrunden und glätten. Um die Stange gerade zu machen, wird sie am Feuer öfter erhitzt und dann zwischen zwei Pfähle rechts und links gebogen. Sie ist gemeiniglich 10—12 Fuß lang und wird an beiden Enden zugespitzt; Diejenigen, welche Eisen erlangen können, machen die Spitze aus diesem Material, Andere ersetzen dasselbe durch Hirschhorn. Die Waffe wird stets sehr glänzend und sauber erhalten (s. m. C. G. II, 134).

Die Kaffern und Neger haben seit ihrer Bekanntschaft mit den Europäern durchgängig metallene Lanzenspitzen, deren Betrachtung wir daher aufsparen müssen.

Die Polarvölker dagegen führen noch da, wo das Feuergewehr nicht schon heimisch geworden, ihre vorzugsweise aus Treibholz, Knochen und Zähnen gefertigten Wurfgeschosse, die durchgängig zweckmäßig und sauber gearbeitet sind. Sie haben diese Wurfgeschosse von verschiedener Größe, je nach dem Gebrauch, den sie davon machen, so daß der Speer, der zum Vogelfang gebraucht wird, anders eingerichtet ist als der, womit die Seehunde erlegt werden.

Alle diese Geschosse bestehen aus dem Schaft von Treibholz, und zwar meist aus Tannen= oder Fichtenholz, und der Spitze, die vorzugsweise aus Knochen gearbeitet und mit kleinen Eisenstückchen bewehrt ist. Die Knochenspitzen sind in den Schaft eingesteckt und mit einem Riemen dergestalt verbunden, daß, wenn die Spitze im Körper des Seehundes sitzt, sie aus dem Schafte ausgleiten kann und dennoch mit demselben zusammenbleibt, so daß derselbe nicht verloren geht. Im Allgemeinen sind die Waffen sämmtlicher Völker, die an der Polarsee wohnen, dieselben, doch finden im Einzelnen Abweichungen statt. Alle führen das Wurfbrett.

Die Jagdwaffen der Grönländer hat uns David Cranz (Historie von Grönland, Barby 1765, Th. I, S. 194) ausführlich beschrieben und durch eine Tafel erläutert. Nach Cranz brauchen die Grönländer hauptsächlich fünf Geschosse: „1) den Erneinek oder Harpunenpfeil. Der Schaft ist 1 Klafter lang und 1½ Zoll dick. Vorn steckt darinnen ein beweglicher beinerner Stift, 1 Spanne lang, und auf demselben die knöcherne Harpune, die eine gute halbe Spanne lang, mit Widerhaken und mit einer zollbreiten eisernen Spitze versehen ist. Am hintern Ende des Schaftes sind zwei Federn von Wallfischknochen, 1 Spanne lang und 2 Finger breit, wie eine Weberschütze gestaltet, damit der

Fig. 60.

Wurf desto gerader und sicherer vor sich gehe. Zwischen denselben wird das Wurfbrett, 1 Elle lang, unten 1 und oben 4 Daumen breit befestigt, an beiden Seiten mit einer Kerbe, um es mit dem Daumen und Vorderfinger fest zu umfassen. An der Harpune hängt ein Riemen, ungefähr 8 Klaftern lang, welcher erst vermittelst eines beinernen Ringes an einen Stift in der Mitte des Schaftes befestigt wird und dann vorn auf dem Kojak oder Boot in einem beinernen Ring aufgerollt liegt und endlich an die hinter dem Grönländer liegende Blase oder aufgeblasenen Seehundschlauch befestigt ist. Dieser Pfeil verdient viele Aufmerksamkeit, er kann aber nicht wohl beschrieben werden. Er muß nicht aus einem Stücke bestehen, sonst würde er von dem Seehund gleich zerschlagen. Die Harpune muß also vom Schaft abfahren können, und damit dieses desto leichter und ohne zu zerbrechen vor sich gehe, muß der beinerne Stift, auf welchem sie steckt und der mit zwei Riemen zu beiden Seiten am Schaft befestigt ist, zugleich mit aus dem Schaft fahren, welcher auf dem Wasser liegen bleibt, indem der Seehund mit der Harpune und Blase unters Wasser geht. Das Wurfbrett, welches unten und oben mit einem beinernen Stiftchen festgemacht wird und das der Grönländer beim Werfen in der Hand behält, muß dem Wurf einen desto größern Nachdruck geben. Aus so vielen Stücken besteht dieser Pfeil, der so wohl ausgesonnen ist, daß nichts übrig bleibt. 2) Angovigak, die große Lanze, die 2½ Ellen lang und vorn ebenfalls mit einem beweglichen beinernen Stift und einem spitzen Eisen, aber ohne Widerhaken, versehen ist, damit er gleich wieder aus der Haut des Seehundes herausfahre. 3) Kapot, die kleine Lanze, die mit einer befestigten langen Degenspitze versehen ist. Diese drei Pfeile braucht der Grönländer zu seinem Seehundsfang mit der Blase.

Zur Klopfjagd braucht er nur 4) den Agligak oder Werfpfeil, 2½ Ellen lang, vorn mit einem schuhlangen, runden und fingersdicken Eisen, statt der Widerhaken zweimal eingehakt, versehen, welches ebenfalls aus dem Schaft herausfährt, durch einen Riemen aber an der Mitte desselben hängen bleibt. Hinterwärts ist an einem Knochen ein aufgeblasener Schlund von einem Seehunde oder großen Fische befestigt, damit der Seehund sich daran abmatte und sich nicht verliere, wie er denn auf der Klopfjagd mehr als einen Pfeil in den Leib bekommt. In diese Blase haben sie eine beinerne Röhre mit einem Pflock oder Stöpsel befestigt, damit sie dieselbe nach Belieben aufblasen oder schlaff machen können.

Zum Vogelfang brauchen sie 5) den Nuguit oder Vogelpfeil, 1 Klafter lang, vorn mit einem schuhlangen, runden, stumpfen und nur einmal eingehakten Eisen, welches im Holz feststeckt, versehen. Weil aber der Seevogel durch Tauchen oder in die Höhe und auf die Seite fahren dem Wurf ausweichen kann, so haben sie in der Mitte des Schaftes drei, Manche auch vier Beinfedern, 1 Spanne lang und dreimal als Widerhaken eingeschnitten, mit Fischbein befestigt, damit der Vogel, wenn er auswiche, von einem derselben getroffen werde. Auch zu diesem und dem vorhergehenden Pfeile brauchen Manche ein Wurfbrett, um desto stärker werfen zu können."

So weit David Cranz, dessen Beschreibung, wie bereits erwähnt, durch eine Tafel erläutert ist.

Aehnlich sind auch die Geschosse der Aleuten, die gleichermaßen mit einem Wurfbrette fortgeschleudert werden (Sarytschew. II, 160). Die Eskimos, welche Mackenzie, Beechey, Parry und Franklin besuchten, hatten ähnliche Waffen; die Schäfte bestanden aus Treibholz, die Spitzen aus Knochen oder Narwalzahn.

Parry (2. voyage, 507) fand bei den Eskimos zum Seehundfang eine Waffe, die sie Donak nannten und die aus einem leichten Stabe von Holz, 4 Fuß lang, bestand, an dem einen Ende war die Spitze eines Narwalzahns 10—18 Zoll lang mit Stiften und Bändern befestigt, an dem andern saß eine kleinere Spitze. Um das Abgehen der Spitze und das Zerbrechen des Holzes zu vermeiden, wird die ganze Länge des Holzes mit einem steifen Lederstreifen versehen, dessen Ende in eine Höhlung des Knochens geht. An diesen Stab wird ein anderes Instrument befestigt, welches Siatko genannt ist. Es besteht aus einem 3 Zoll langen Knochen, der an dem einen Ende eine eiserne Spitze hat und am andern ausgehöhlt ist, um das Ende des Stabes Donak aufnehmen zu können. Durch dieses Instrument ist die Leine Allek gesichert, welche 4—6 Faden lang jeder Schiffer hinter sich führt und die aus Leder geschnitten ist. Der Siatko wird, wenn er nicht gebraucht wird, in einer ledernen Scheide aufbewahrt. Sobald der Jäger einen Seehund erblickt, nimmt er den Siatko hervor und steckt ihn auf die Spitze des Speeres, die Leine wird angezogen und um die Mitte des Stabes gewunden. Ist das Thier getroffen, so trennt sich der Siatko vom Stabe.

Ich lasse nun die Beschreibung der wichtigsten dieser Jagdwaffen nach den in meiner Sammlung befindlichen Exemplaren folgen.

Zunächst betrachten wir die lange Harpune der Grönländer. Der Schaft besteht aus Nadelholz, er ist 1 Elle lang, in der Mitte 2 Zoll dick, am untern Ende dünner; das obere Ende ist im Durchmesser etwas abgeplattet und mit einem Rande von Knochen und einem halben Zoll Höhe versehen, unterhalb dieses Randes ist der Schaft durchbohrt. In diesen Rand ist eine Knochenspitze von 5½ Zoll Länge und fast Zollbreite eingesetzt. Diese Knochenspitze ist dreimal durchbohrt und durch Riemen, die auch durch das Loch im Schafte gehen, an diesem befestigt, in der Weise der Figur 61. In der Mitte des Schaftes ist auf jeder Seite ein Stift aus Knochen eingelassen, welcher den Zweck hat, den Speer auf dem Wurfbrette festzuhalten (Nr. 2655 m. S.).

Der von Cranz beschriebene Agligak besteht aus einem Stabe von Treibholz von 45 Zoll Länge und 1 Zoll Dicke, das obere Ende desselben ist mit schmalem Band aus Fischbein fest umwunden, damit die eingesteckte Spitze oben nicht zerspringen könne. Diese Spitze besteht aus einem 18 Zoll langen, einen halben Zoll im Durchmesser haltenden Knochen, der unten, wo er im Schafte

Fig. 61—63.

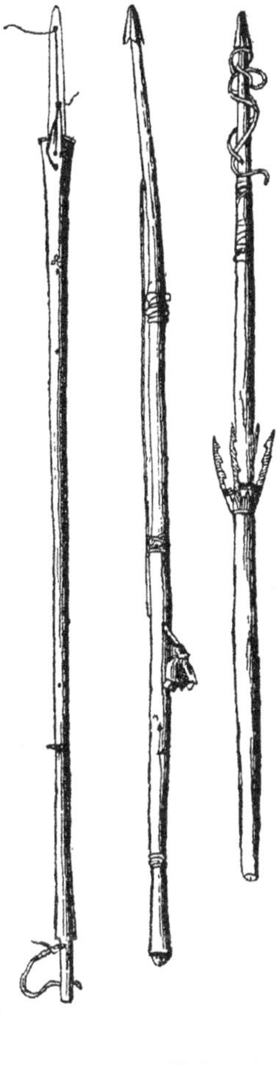

ist, so wie oben, wo er eine kleine flache Eisenklinge von $1\frac{1}{2}$ Zoll Länge und einem halben Zoll Breite in sich hat, durch eine Niete festgehalten wird. Die Knochenspitze ist in $3\frac{1}{2}$ Zoll Entfernung vom Schafte, so wie dieser in 22 Zoll Entfernung von dem Orte, wo die Spitze in demselben sitzt, zweimal durchbohrt und beide Theile durch diese Löcher mit einem Riemen verbunden, dessen Ende ein Knochenstück hält, an welchem die Luftblase befestigt ist (Nr. 2656 m. S.).

Der Nuguit genannte Vogelpfeil, besteht aus einem hölzernen zollstarken Schafte von $46\frac{1}{2}$ Zoll Länge, auf welchem eine 12 Zoll lange, mit einer kleinen Eisenklinge bewehrte Knochenspitze eingesteckt ist. Der Holzschaft ist wie der vorige am obern Ende mit Fischbein und Darmfaden umschnürt. In der Mitte des Schaftes sind vier Widerhaken aus Knochen angebracht, deren jeder 6 Zoll lang ist und auf der Innenseite vier sägenartige Spitzen an sich trägt. Da wo sie in den Schaft eingesetzt sind, ist dieser mit Darmsaiten umwunden. Außerdem aber ist jeder dieser Widerhaken mit demselben Stoff umschnürt und mit dem Schaft sowohl, als mit seinen Nachbarn verbunden, so daß er sehr fest ansitzt.

Die Schäfte sind durchgängig aus weichem Nadelholz, das, weil es auf der See von der sibirischen Küste nach der Ostküste von Amerika angetrieben ist, auf dem weiten Wege an mehrern Stellen von den Pholaden angebohrt worden ist. Diese Bohrlöcher sind von den fleißigen Grönländern immer mit genau passenden Stiftchen von Knochen ausgefüllt, so daß sie mit dem sauber glattgeschabten Stamme eine einzige glatte Fläche bilden.

Nicht minder sauber sind auch die Spitzen aus Knochen oder Wallroß- und Narwalzahn gearbeitet, besonders diejenigen kleinen Spitzen, welche auf den beinernen Schaft aufgesetzt sind, der in den

Fig. 64—67.

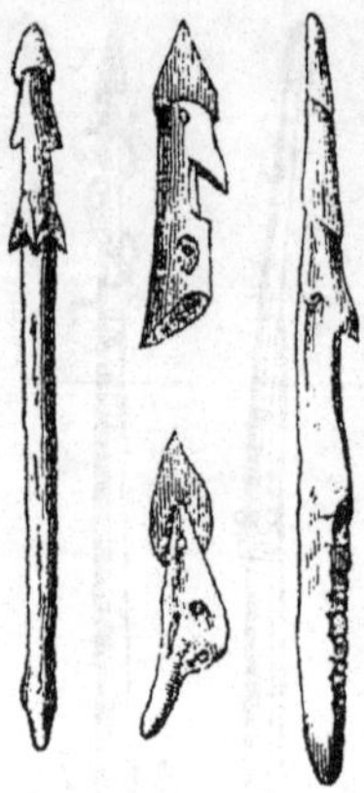

hölzernen gesteckt wird. Die nebenstehende Aufsatzspitze (Nr. 4413 m. S.) ist, und zwar der knöcherne Theil, 3 Zoll, die Eisenklinge 2 Zoll lang. Diese kleinen Aufsatzspitzen hat man mehrfach unter den Alterthümern von Grönland, auch in den Grabstätten der alten, dort angesiedelten Isländer und Norweger gefunden, wo dann freilich das Eisen meist durch den Rost zerstört ist.

Hierher gehört nun auch die Spitze einer großen Lanze (Nr. 1433 m. S.). Sie besteht aus einem Stück Wallroßzahn, welches 20 Zoll Länge und 1 Zoll Durchmesser hat. Vier Zoll vom untern Ende sind zwei Löcher durch den Zahn gebohrt, für die Riemen, welche denselben mit dem Holzschaft verbinden sollten. Vier Zoll vom obern Ende sind drei und darüber, und weiter oben zwei Widerhaken aus der Knochenmasse herausgeschnitzt, während die Spitze mit der kleinen Eisenklinge bewehrt und mit einer Niete verbunden ist. Unter den grönländischen Alterthümern kommen auch noch andere Formen der Spitze vor, von denen ich nur die eine erwähnen will, die einen aus dem Knochen geschnitzten Widerhaken zeigt, der in eine Schraube endigt (Nr. 4404 m. S.). Sie ist 8 Zoll lang und stammt jedenfalls aus der Zeit, wo die Grönländer das Eisen noch nicht kannten und daher genöthigt waren, die knöchernen Werkzeuge möglichst zweckmäßig einzurichten. Die schraubenförmige Spitze hatte den Zweck, das Geschoß in der Haut des getroffenen Thieres möglichst festzuhalten und dasselbe leichter zu erlangen. Als Modell diente jedenfalls der Zahn des Narwal.

Jedenfalls waren damals auch größere Geschosse vorhanden, die anstatt wie jetzt mit Eisen, mit steinernen Spitzen bewehrt wurden.

Endlich ist noch eine Auffatzspitze zu beschreiben, die gleichermaßen mit der Eisenklinge bewehrt und vernietet ist, aber einen Widerhaken bildet. Der trefflich polirte Knochen ist 3½ Zoll lang und 1 Zoll breit.

Das Wurfbrett, womit die meisten dieser Geschosse in der Polarzone in die Ferne geschleudert werden, ist bei den Ostamerikanern ein anderes, wie bei den Ostasiaten.

Das grönländische Wurfbrett hat 26½ Zoll Länge, über 3 Zoll Breite und besteht aus weichem Nadelholze. Der breitere Obertheil ist oben mit einem Rande von Knochen versehen, der genau an die Form des Holzes sich anschließt und mit sechs knöchernen Stiften befestigt ist. Oben ist an jeder Seite ein Einschnitt für die Hand, in der Mitte läuft eine Rinne für den Schaft und an der Spitze ist, wie bei den Australiern, ein Widerlager eingesetzt, an welches das untere Ende des Schaftes sich anlegt. Unter dem Knochenrande ist es durchbohrt, um es anhängen zu können (Nr. 174 m. S.).

Fig. 68—70.

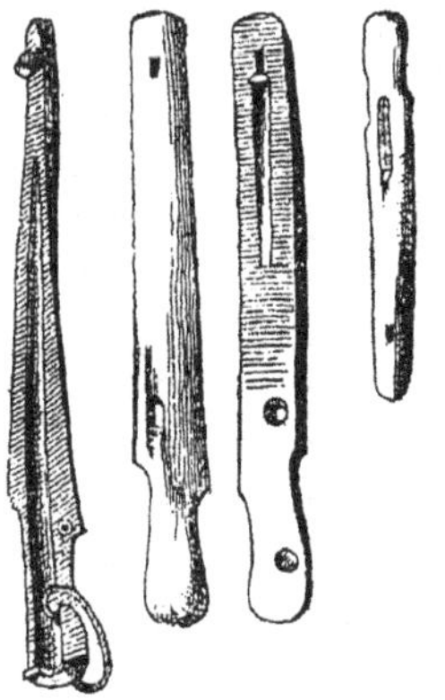

Das Wurfbrett der Aleuten ist kleiner, es unterscheidet sich von dem grönländischen dadurch, daß es kein Widerlager hat, sondern an dessen Stelle eine Vertiefung, in welche der am Schafte befindliche Stift eingelegt wird, an welchem das Werkzeug fortgeschleudert wird. Die mir vorliegenden Exemplare sind bedeutend kleiner, als das grönländische, nämlich nur 12 und 19 Zoll.

Die bis jetzt von uns betrachteten Speere waren nur mit einer einzigen Spitze bewehrt. Wir finden aber auch, besonders zum Fischfang und zum Erlegen größerer in der See lebender Säugethiere, große Speere mit mehrern Spitzen, und zwar im Süden wie im Norden.

Zunächst ist zu erwähnen der große Fischspeer, den die Bewohner der freundschaftlichen Inseln aus einem Rohre anfertigen (Forster Bemerk. S. 400), dann aber die große Fischharpune mit vier Spitzen, deren sich die Australier und Fidschiinsulaner bedienen. Das Exemplar, was vor mir liegt (Nr. 3128 m. S., Fig. 71) hat einen mehr als zollstarken Stiel von 8 Fuß 6 Zoll Länge, an den vier Spitzen aus hartem, schwarzen Holze angefügt sind, deren jede 39 Zoll lang ist. Diese Spitzen sind mit gut gedrehten Pflanzenfasern gar dauerhaft mit dem Schafte verbunden (s. C. G. I. 311).

Noch interessanter ist eine Harpune der Bewohner der Behringstraße, deren Schaft aus dem Blattstiele eines Palmenblatts von 1½ Zoll Durchmesser besteht, der 10 Fuß Länge hat, Fig. 72. Dieser Schaft, dessen Heimath jedenfalls eine der Inseln der Südsee ist, ward von der Seeströmung nach Norden geführt und fand dort

Fig. 71. 72.

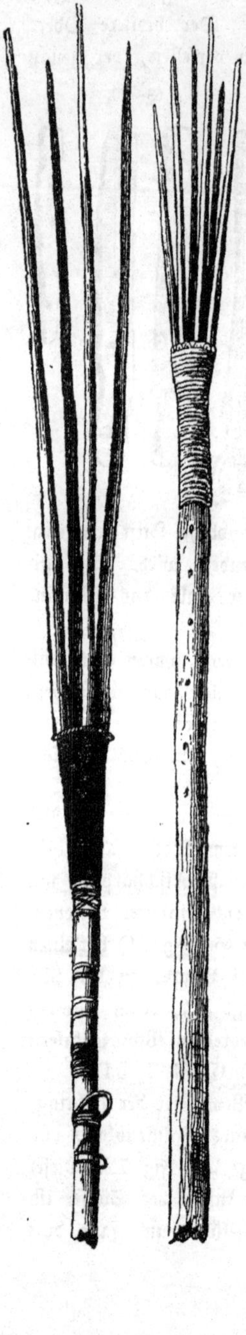

als nutzbares Material willkommene Aufnahme. An denselben sind sieben 12—15 Zoll lange Spitzen von hartem Holz mit Pflanzenrinde überaus dauerhaft angeschnürt und zwar so, daß die eine in der Mitte und die sechs übrigen ringsumher angebracht sind.

Wir bemerken ähnliche Harpunen auf den ägyptischen Denkmalen in den Händen der Fischer (Rosellini, monumenti civili Taf. 25) und auch bei den nordamerikanischen Indianern, werden sie auch später bei den europäischen See- und Flußfischern wiederfinden.

Bogen und Pfeil

müssen wir in Betracht der Lanze und des Wurfspeeres als einen Fortschritt annehmen, der aber bereits längst vor der Benutzung der Metalle stattgefunden hat, wie die vielen, noch jetzt üblichen Pfeile mit hölzernen, steinernen und andern nichtmetallenen Spitzen zeigen.

Der Speer wird mit der Hand geworfen oder aber durch das Wurfbrett fortgeschleudert. Der Pfeil ist der verkleinerte Speer, den man mit dem Bogen in die Ferne bringt. Bogen und Pfeil aber finden wir auf den niedrigsten Culturstufen, bei Waldindiern, Buschmännern, den alten Californiern, wie auf den Mittelstufen der Cultur bei Jäger- und Fischerstämmen, die noch keine festen Sitze haben, bei den Hirtenvölkern und in den hochcultivirten Staaten von Mexico, Aegypten und China, wie bei Griechen und Römern. Ja im Orient war selbst das Feuergewehr nicht im Stande, Bogen und Pfeil ganz zu verdrängen, so wie er in Europa, namentlich in England, sich noch als Spielwaffe bis heute erhalten hat. Bogen und Pfeil ist ursprünglich die Jagdwaffe für Thiere, die den Angriffen des Menschen nicht Stand halten, wie Vögel und schwimmende Thiere, dann aber auch für solche, denen der Mensch nicht gern persönlich zu nahe kommt. Dann wird er Kriegswaffe und fällt sodann, wenn sich Heere bilden und gliedern, den leichten Truppen anheim. Allgemach bildet sich aus dem Bogen die Armbrust, die in vergrößertem Maßstabe sich zum Geschütz erweitert und sodann eine eigene Heeresabtheilung zur Bedienung erhält.

In welcher Weise die Menschen darauf kamen, einen elastischen Holzstab zu biegen und von einem Ende zum andern eine Schnur, die Sehne, zu spannen und mit Hilfe derselben einen spitzigen Schaft fortzuschleudern, läßt sich nicht nachweisen. Genug, daß wir Bogen und Pfeil bereits auf den niedrigsten Culturstufen und zwar in den abgelegensten Gegenden antreffen.

Der Bogen ist gemeiniglich aus härterem und stärkerem Holz als der Pfeil, auch länger als derselbe. Der Pfeil besteht aus mehrern Theilen, dem Schaft, der Spitze und der Befiederung. Der Schaft ist oft aus Rohr, in welches eine Spitze aus hartem Holze eingesetzt ist, die theils so geschnitzt ist, daß Widerhaken hervorstehen, theils wiederum aus anderweitem Stoffe, Rohrschale, Knochen, Stein oder Metall besteht. Um den Pfeil bei seinem Wege durch die Luft in der gewünschten Richtung zu erhalten, wird das der Spitze entgegengesetzte Ende mit Federn besetzt, die entweder nur angebunden oder auch festgeleimt sind. Die in einer Gegend vorkommenden Naturkörper, Steinarten, Pflanzen und Thiere haben den größten Einfluß auf die Entwickelung des Pfeiles wie des Bogens geübt; auch haben alle Zeitalter und alle Völker an der Vervollkommnung desselben gearbeitet.

Der Zweck des Pfeiles ist, die erzielte Beute möglichst bald wehrlos und fluchtunfähig zu machen, in den meisten Fällen sie aber baldmöglich zu tödten. Für diesen Zweck wendet der Mensch und zwar vorzugsweise auf den niedern Culturstufen das Gift an, dessen Wirkung er durch den Biß von Schlangen und die Verwundung mit gewissen Pflanzentheilen aus Erfahrung kennen gelernt hat. Das Pfeilgift der Südafrikaner, Amerikaner und der wilden Stämme von Borneo und Sumatra ist überaus schnellwirkend.

Wir wenden uns nun zur nähern Betrachtung der Pfeile und Bogen und beginnen mit denen, deren Spitzen aus Pflanzenstoffen gefertigt sind.

Fig. 73—77.

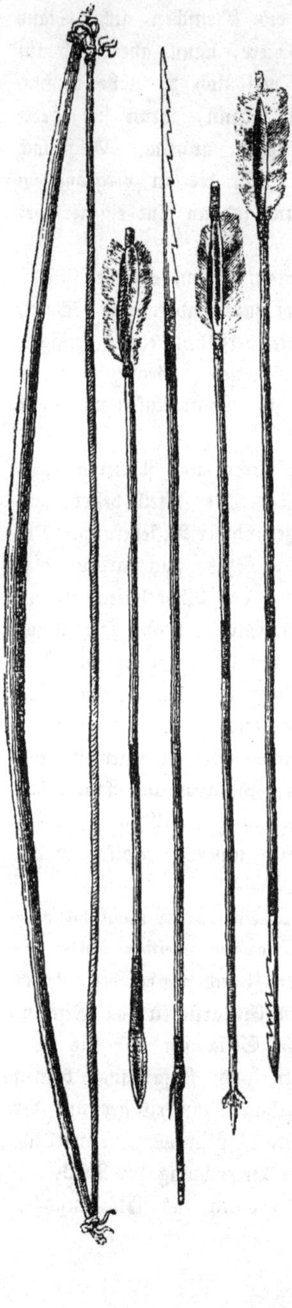

Die Bogen und Pfeile der in den amerikanischen Urwäldern hausenden Indianer zeichnen sich durch ihre besondere Länge aus. Fig. 73—76.

Die Bogen derselben sind aus hartem und festem Holze geschnitzt, sehr sauber abgeglättet und 6—8 Fuß lang, die Sehne derselben besteht aus Pflanzenfasern, bei den Puri und Coroaden aus Bromelienfäden und ist niemals straff angespannt.

Der Bogen der Botocuden besteht aus dem dunkelrothen, harten Holze einer Bignonie, hat in der Mitte, wo er am stärksten ist, 1 Zoll Durchmesser und verjüngt sich nach den Enden. Von Spitze zu Spitze der Sehne entlang gemessen beträgt die Linie 7 Fuß 4½ Zoll, in der Mitte hat der Bogen 2½ Zoll Abstand von der Sehne. Die Sehne ist gedreht und hat fast einen Viertelzoll Dicke, sie ist um die Enden mehrfach festgeschlungen.

Dazu haben die Botocuden, wie die übrigen Waldindier, dreierlei Arten von Pfeilen, den für große Thiere mit einer Rohrklinge, den mit der sägenförmigen Holz=, und zur Jagd der kleinen Thiere den mit der quirlförmigen Spitze (s. Reise des Prinzen Maximilian von Wied in Südamerika. II, 27).

Die erstere Art, Uagicke Corum genannt, besteht aus einem Schaft von hellbraunem Rohr von 3½ Fuß Länge, auf welchen eine Spitze aus hartem, dunkelbraunem Holze gesteckt ist. An der Stelle der Verbindung ist der Schaft 2 Zoll lang, mit dunkelbraunem Band aus Schlingpflanzen umwickelt. An diese ist mit dicht aufgeschnürten feinen Baumwollenfäden eine Klinge aus Taguarussarohr von 6—8 Zoll Länge und siebenachtel Zoll Breite befestigt. Die Verbindung ist durch Harz dauerhafter gemacht. Das Rohr wird am Feuer gehärtet, geschabt und zugeschnitten, so daß es an den Rändern scharf wie ein Messer und vorn spitzig wie eine Nadel wird. Die Außenseite der hellbraunen Spitze ist glatt, die innere lichter und rauher. An dem untern Ende des Schaftes sind zwei Raubvogelfedern von 8—9 Zoll Länge, oben und unten in der Weise wie die Rohrklinge durch Umschnürung mit Baumwollenfäden, befestigt. Von ihnen ist das Ende, welches leicht eingekerbt ist, noch einen Zoll entfernt. Die Baumwollenfäden sind theilweise mit Orleans roth gefärbt (Nr. 1638—41 m. S.).

Der Pfeil der Botocuden mit dem Widerhaken (Nr. 1841 m. S.) besteht aus einem 5 Fuß 5 Zoll langen Schaft von hellbraunem, fünfachtel Zoll starkem Rohr, in welches oben eine dünnere Spitze von 20 Zoll Länge und hellbraunem Holze eingesetzt ist, die an der einen Seite 11 Widerhaken hat. Der Schaft ist an der Verbindungsstelle 8 Zoll lang mit Band von einer Schlingpflanze umwickelt. Mit gleichem Stoff ist er unten 14 Zoll lang umwickelt und damit werden zwei Raubvogelfedern, wie am vorigen Pfeile, festgehalten. Mit diesem Pfeile werden größere und kleinere Thiere erlegt, auch wird er gegen Menschen angewendet. Die damit beigebrachten Wunden sind sehr gefährlich. Er heißt Uagicke Rigmeran. Ein anderes Exemplar meiner Sammlung hat eine Spitze aus dunkelrothem Holze.

Der Botocudenpfeil mit der quirlförmigen Spitze — Uagicke Baccannumock — (Nr. 1641 m. S.) hat einen gleichen, doch dünnern, 5 Fuß 5 Zoll langen Schaft von Rohr. Die 6 Zoll lange Spitze aus weicherem Holz ragt zwei Zoll über die vier seitlich abstehenden vier Nebenspitzen hervor. An der Verbindungsstelle, dann aber auch in der Mitte ist der Schaft 3½ Zoll lang mit Schlingpflanzenband umwickelt. Am untern Ende sind wie am Rohrpfeil zwei Raubvogelfedern mit Baumwollenfäden angebunden.

Der Pfeil der Chunchosindianer in den peruanischen Urwäldern, Fig. 77 (Nr. 4624 m. S.), den ich der Güte des Herrn Hüttendirectors von Dürrfeld in Cera di Pasco verdanke, ist davon verschieden. Der gelbe Rohrschaft ist 4 Fuß 5 Zoll lang, er trägt eine Spitze von 10 Zoll Länge aus dunkelbraunem, harten Holze mit fünf Widerhaken an der einen Seite. Die Verbindungsstelle ist mit wenigen feinen Baumwollenfäden kaum einen halben Zoll lang umwickelt. Am andern Ende sind zwei blauschwarze Rabenfedern mit wenig baumwollenen Fäden oben und unten angebunden und an dieser Stelle der Schaft mit dunkelbraunrothem Pflanzensaft bestrichen. Von den Federn ist die schmale Seite abgerissen und die breite der Länge nach ein wenig verschnitten, während die Federn an den Botocudenpfeilen gar nicht verändert sind. Das Schaftende ist nicht eingekerbt.

Der Bogen, dessen sich die Chunchos bedienen, ist sehr flach, nur 4 Fuß 9 Zoll lang und 1 Zoll breit, $^1/_4$ Zoll dick, nur wenig gekrümmt.

Prinz Max von Wied (R. in S.-A. I, 376 und II, 216) unterscheidet ihn von dem der andern Waldindier dadurch, daß an seiner Vorderseite eine tiefe Furche der Länge nach eingeschnitten ist, worin, während der Schütze schießt, ein anderer Pfeil zu einem zweiten Schusse bereit liegen kann. Die Sehne ist ebenfalls von Bromelienfäden gedreht. Der Camacanbogen meiner Sammlung (Nr. 1839) ist längs der Sehne von Spitze zu Spitze 6 Fuß 9 Zoll lang, die Mitte des nur wenig gekrümmten schwarzen Holzes steht nur 1½ Zoll von der Sehne ab.

Einen Köcher führen die Waldindier nicht, woran die große Länge ihrer Pfeile Ursache ist und der Umstand, daß er gemeiniglich nur 4—5 Pfeile mit sich nimmt, die er in der Hand trägt. Um das linke Handgelenk tragen die Schützen eine Schnur, um die Hand gegen den Schlag der zurückschnellenden Bogensehne zu wahren (Prinz M. v. Wied II, 27).

Wenn sich der Waldindier zum Schusse fertig macht, so legt er den Pfeil immer auf die linke Seite des Bogens und hält denselben mit dem linken Zeigefinger fest, während die beiden ersten Finger der rechten Hand sich mit der Sehne zurückziehen, wobei die andern Finger der rechten Hand ebenfalls helfend eingreifen. Der Pfeil fährt dann lautlos aus dem Dickicht heraus und verfehlt niemals sein Ziel. Die Frau, die den Waldindier stets begleitet, muß die verschossenen Pfeile aufsuchen und ihm wiederbringen. Zum Erlegen der Fische haben sie kleinere Bogen und Pfeile. Die eingeborenen Bewohner von Guiana, namentlich die Arowaken, führen ebenfalls große Bogen und Pfeile, die jedoch von den bisher beschriebenen mannichfach abweichen; auch benutzen sie Eisen zur Bewehrung ihrer Pfeile, das sie durch die europäischen Colonisten erhalten.

Der Bogen der Arowaken (Nr. 3815 m. S.) ist 7 Fuß lang und in der Mitte zolldick, die Außenseite ist platt gearbeitet, so daß zwei scharfe Kanten entstehen. Der Schaft ist an zwei Stellen mit Schnur von Pflanzenfasern umwickelt, von der die Bogensehne sodann die Fortsetzung bildet. An einem andern Exemplar ist der Schaft sogar an fünf Stellen in einer Länge von 5—9 Zoll umwickelt. Die Sehne wird nur zum Gebrauche straff gespannt, für gewöhnlich hängt sie schlaff daran.

Fig. 78—81.

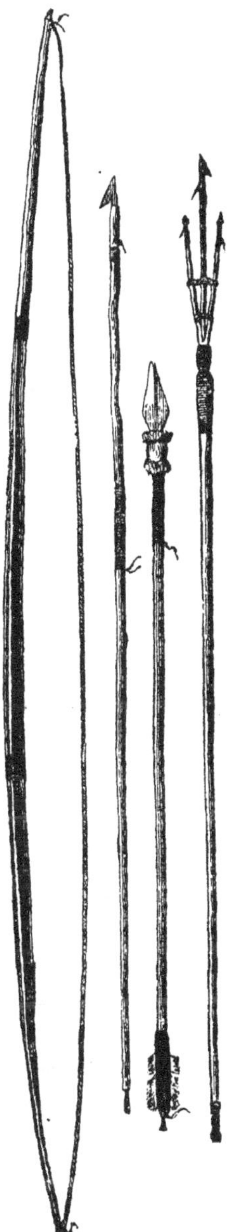

Die Pfeile der Arowaken unterscheiden sich von denen der Urwaldindianer schon dadurch, daß sie nicht befiedert sind, obschon sie sonst aus demselben Rohre bestehen wie jene. Sie haben nach den Berichten der Reisenden mehrere Arten, je nach dem Zwecke, den sie damit zu erreichen streben.

Der eine Pfeil (Nr. 3816 m. S.) hat einen Schaft von 3 Fuß 10 Zoll Länge, auf welchen eine 17 Zoll lange Spitze aus dunkelbraunem harten Holz gesteckt ist, die an der einen Seite sieben Widerhaken hat. Der Schaft ist an der Verbindungsstelle, so wie am untern eingekerbten Ende mit Baumwollenfäden zolllang fest umwickelt und eingekerbt.

Ein zweiter ist im Schafte 3 Fuß 20 Zoll, er trägt eine Spitze von 16 Zoll Länge, die dreiseitig geschnitzt ist und an zwei Seiten vier, an einer drei Widerhaken hat. Sie ist von unten herauf in schwarzer Farbe mit doppelten Zickzacklinien bemalt, die oft zu Rauten zusammenstoßen. Oberes und unteres Ende des Schaftes sind mit Baumwollenfäden umwunden. (Nr. 3817 m. S.)

Noch länger ist ein Exemplar (Nr. 1422 m. S.), nämlich der gelbe Rohrschaft hat 4 Fuß 2 Zoll Länge, auf demselben sitzt eine Spitze von knotigem, harten, dunkelrothem Holze von 26 Zoll Länge, in dessen Ende eine 2 Zoll lange, einen Viertelzoll breite Eisenklinge eingelassen ist. An dieser Stelle ist die Spitze mit Fäden umwunden, wie denn auch der Schaft oben umwunden ist. Er ist gekerbt.

Zwei andere Exemplare (1423, 3819 m. S.) sind minder lang, aber aus demselben Stoff; in die knotige Holzspitze ist oben eine einen Widerhaken bildende Eisenklinge eingesteckt, und vier Zoll tiefer sitzt eine einzelne Eisenspitze auf der entgegengesetzten Seite, die gleichermaßen einen Widerhaken bildet, Fig. 79. Hier ist das Holz dicht und sorgsam mit dünnen Pflanzenfäden umwunden. Ein drittes Exemplar hat einen Schaft, der nur 26 Zoll lang ist.

Die Arowaken führen demnächst aber auch Pfeile von derselben Construction, deren Holz mit saubern, Flechtwerk nachahmenden Schnitzereien versehen ist und in deren Spitze förmliche rautenförmige Eisenklingen eingesetzt sind, deren Seiten widerhakig ausgezackt sind.

Ein anderer Arowakenpfeil, Fig. 80, ist mit einer ziemlich schweren Spitze von Eisen versehen. Der Rohrschaft ist fast 4 Fuß lang und am untern Ende mit zwei halben schwarzen Federn bewehrt, die überaus zierlich mit Baumwollenfäden festgebunden sind und die letzten sieben Zoll des Schaftes einnehmen. Am obern Ende ist eine kugelförmige Wulst angebracht, die zu oberst und unterst Fransen aus bunter Baumwolle hat, aus welcher dann die 6 Zoll lange und 1½ Zoll breite Eisenspitze hervorragt (Nr. 1424 m. S.). Ein anderes Exemplar hat einen Schaft von 4 Fuß 4 Zoll Länge und eine Eisenspitze von 7½ Zoll Länge und 1⅜ Zoll Breite, aber nicht jene Wulst, sondern an deren Stelle einen würfelartigen Kranz unter der Eisenspitze (Nr. 3820 m. S.). Die Arowaken wenden diesen Pfeil an, wenn sie die tödtliche Stelle bestimmt zu treffen hoffen; der Knopf soll das allzu tiefe Eindringen des Eisens verhindern (Quandt, Nachr. v. Surinam. S. 228).

Hierher gehört endlich der dreizackige Pfeil der Arowaken, Fig. 81. Ein Exemplar meiner Sammlung (Nr. 3821) hat einen Schaft von 4 Fuß 7 Zoll Länge, der unten 1 Zoll lang und oben, wo die Spitzen eingesetzt sind, 5½ Zoll lang mit Baumwollenfäden umwickelt ist. Diese drei Spitzen bestehen aus dunkelrothem, harten Holze, die mittelste ist 16, die beiden seitlichen jede

10 Zoll lang, sie sind von unten zwei Zoll lang mit feinen Baumwollenfäden umschnürt, über welche noch ein dickerer Faden vierzehnmal in der Spirale gewunden ist. Einen Zoll weiter nach unten werden die drei Holzspitzen durch sechs und abermals drei Zoll weiter durch drei stärkere Baumwollenfäden am Auseinanderweichen verhindert. Die mittelste Spitze wird durch einen eisernen Widerhaken gekrönt, jede der Seitenspitzen durch eine zolllange, schmale (ein Viertelzoll) Eisenklinge. Unter derselben ist ein kleiner eiserner Widerhaken angebracht. An den Stellen, wo das Metall in der Holzspitze sitzt, ist letztere mit Baumwollenfäden umwunden.

Endlich haben die Arowaken auch noch Pfeile, die anstatt einer durchbohrenden Spitze mit einem hölzernen Knopfe bewehrt sind, mit denen sie Thiere schießen, die sie nur betäuben und dann lebendig fangen wollen.

Wir finden nun aber auch noch in Borneo und auf Sumatra bei den wilden Stämmen Pfeile, die mit Spitzen aus Rohr und aus Holz bewehrt sind.

Fig. 82.

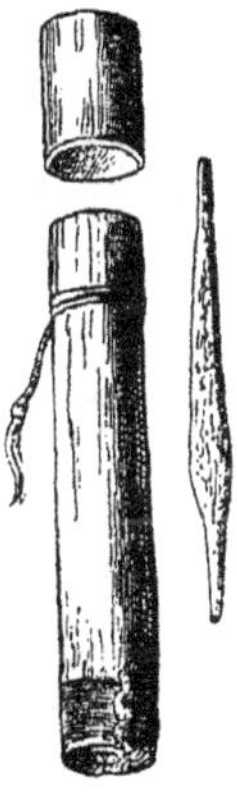

Hierher gehört z. B. der Giftpfeil aus den Paggeinseln, dessen Schaft aus einer Palmblattrippe besteht und 25½ Zoll lang ist; er ist unten wie oben, wo die Holzspitze eingesetzt ist, mit Fäden von Pflanzen umwickelt. Die Holzspitze ist 12 Zoll lang und pfriemenförmig gebildet. In Sumatra ist diese Spitze dagegen aus Rohr, dreiachtel Zoll breit und gegen 5 Zoll lang, über und über dick mit braunem Gift bestrichen. Die Spitzen werden in einem Futteral aufbewahrt, das aus Bambu besteht und geschlossen 7¼ Zoll lang ist (Nr. 4375 m. S.).

Pfeile, die mit Knochen bewehrt sind, finden wir in der Polarzone, in Südafrika und in Südamerika.

Die einfachsten sind die von Südafrika; sie bestehen aus einem unten und oben mit Pflanzenfasern umschnürten dünnen Rohrhalm von gegen zwei Fuß Länge, in welchen ein an beiden Enden zugespitzter Knochen eingelassen ist. Sie werden mit höchst einfachen, kleinen, kaum 3—4 Fuß langen Bogen aus gelbbraunem Holze geschossen und in Köchern aufbewahrt, die zum Theil aus den Schäften der Aloe gemacht und mit ledernen Tragriemen versehen sind.

Die berühmten Giftpfeile der Buschmänner sind diese, die sie

Fig. 83—86.

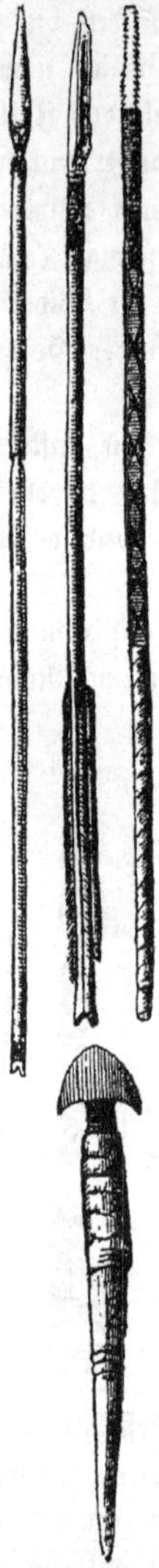

zum Erlegen der Thiere mit Gift ganz dicht bestreichen. Diejenigen Pfeile aber, die sie gegen die Menschen gebrauchen, sind außerdem mit einem kleinen dreiseitigen Blättchen von Eisen bewehrt. Eine besonders boshafte Einrichtung des Pfeils besteht darin, daß die Knochenspitze an einer Stelle gewöhnlich einen Zoll lang durchgesägt ist, damit sie gleich abknicke und in der Wunde stecken bleibe, wenn sie etwa auf einen Knochen stieße. Damit dieß auch bei der Verwundung weicher Theile wenigstens bei dem Versuche des Herausziehens erfolge, befindet sich dicht neben der eingesägten Stelle halb nach hinten gerichtet ein widerhakendes Federblättchen, das bei unvorsichtiger Handhabung des eingedrungenen Pfeils das Abbrechen der Spitze in der innersten Wunde bewirkt, wo dann gar keine Hilfe mehr möglich ist, weil gleich nachher Alles darüber hinschwillt (vgl. Lichtenstein R. in S.-A. II, 321. Sparmann S. 182).

In ähnlicher Weise, indessen niemals vergiftet, waren die Pfeile, welche die Grönländer führten, ehe denselben das Feuergewehr bekannt wurde. Von dieser Art ist eine 8 Zoll lange, einen Viertelzoll dicke Pfeilspitze aus Knochen, die oben mit einem Widerhaken versehen und in welche, ganz in der Art der Harpunen, eine ganz kleine Eisenklinge eingesetzt war. Sie stammt aus einem altgrönländischen Grabe zu Jacobshavn (Nr. 4403 m. S.). Schon Cranz, dessen Historie von Grönland im Jahre 1765 erschien, bemerkt, daß bereits zu seiner Zeit keine solchen Pfeile mehr gefunden worden und daß sie hinten mit zwei Rabenfedern beschwingt waren. Der Schaft bestand aus Holz. Die Eskimos führten dagegen noch in neuerer Zeit Bogen und Pfeile. Letztere sind 20—30 Zoll lang; zwei Drittel davon ist abgerundetes Fichtenholz, das übrige Knochen, der durch eine Hohlung mit dem Holze verbunden wird und mit einer Spitze von Eisen oder Schiefer versehen ist. Am andern Ende sind zwei Federn angebracht. Auf 20 Yards treffen die Eskimos mit großer Sicherheit, auf größere Ferne ist der Schuß nicht mehr so sicher.

Die Eskimos an der Westküste von Amerika, welche Beechey besuchte, üben das Pfeilschießen sehr fleißig und sicher. Ihre Pfeile hatten Knochenspitzen, die mit einem Stück Jaspis bewehrt waren.

Die Bogen der Polarvölker unterscheiden sich schon durch das Material von denen der andern. Die der ehemaligen Grönländer bestanden aus zartem Tannenholz, eine Klafter lang, und waren, um sie dauerhafter zu machen, mit Fischbein oder Sehnen umwunden. Die Bogen, welche Beechey bei den Eskimos der Sarythschewinsel sah, waren aus Fichtentreibholz, sehr dünn, mit Fischbeinstückchen belegt, die mit dünner Schnur umwickelt waren.

Die Bogen der westlichen Eskimos sind besser als die der östlichen, da es hier das Treibholz in solcher Fülle giebt, daß sie unter verschiedenen Baumarten die Wahl haben. Um einen Bogen zu fertigen, wird das dazu bestimmte Holz in Späne eingewickelt, die man in Wasser geweicht hat und über dem Feuer erwärmt. Darauf pflöckt man den Bogen in der Gestalt an den Boden, die er auch ferner behalten soll, und läßt ihn trocknen. Diese Bogen wollen sehr geschickt behandelt sein, da die Sehne leicht ausgleitet und er, sich auf die falsche Seite biegend, dann leicht zerbricht (vgl. m. C. G. II, 281).

Ehedem hatten auch diejenigen Polarvölker, die jetzt allgemein das Eisen kennen, ja wie die Tungusen selbst trefflich zu bearbeiten verstehen, Pfeile, die mit Rennthierknochen bewehrt waren. In einzelnen Exemplaren werden sie wohl auch noch heute angefertigt.

Zwei solcher Pfeile (Fig. 84 u. 85) kamen mit einer Anzahl tungusischer und samojedischer Sachen in meine Sammlung (Nr. 3635 f.). Der tannenhölzerne Schaft des einen hat 28, die dreischneidige, ziemlich schwere Knochenspitze 7 Zoll Länge. Wo sie im Schafte sitzt, ist dieser 2 Zoll lang mit Bindfaden umwickelt. Am untern Ende sind drei Riefen eingeschnitten, in welche drei 7 Zoll lange, einen Drittelzoll breite Raubvogelfedern eingeleimt sind. Der Pfeilschaft ist unten gekerbt und darüber mit Faden umwickelt und roth bemalt.

Endlich ist noch ein Pfeil zu erwähnen, der jedenfalls den südamerikanischen Tropenländern angehört, der aber nur in Bruchstücken in meine Sammlung gelangte. Das vorhandene Schaftstück besteht aus starkem, gelbem Rohr, an dessen unteres, jedoch mit einer Sehnenkerbe nicht versehenes Ende zwei 10 Zoll lange Federhälften, die einer Geierart und die blaue und rothe eines Arras, ganz eigenthümlich befestigt sind. Dieser Theil des Schaftes ist nämlich mit braunem Pflanzensaft überstrichen und an diesen sind die beiden mehr als zollbreiten Federhälften mit ganz feinen Pflanzenfäden angebunden.

Die dazu gehörende Spitze aus schwarzbraunem Holze ist 18 Zoll lang und oben eingekerbt, in diese ist der an beiden Seiten gezahnte Stachel eines Rochen eingesetzt, mit Harz festgeklebt und durch Umwindung mit feinen Pflanzenfasern ziemlich fest gehalten (Nr. 1304 m. S.).

Die Pfeile mit steinernen Spitzen sind zweierlei Art; die einfachere ist die, an denen die Spitze unmittelbar in das Holz gesetzt ist, die andere, wo zwischen dem hölzernen Schaft und der Steinspitze ein Mittelglied sich befindet.

Von erster Art waren jedenfalls die Pfeile der in Pardel- und Löwenfelle gekleideten Aethiopier im Heere des Xerres, die aus Rohrschäften bestanden, woran anstatt des Eisens ein scharfer Stein befestigt war (Herodot VII, 69). Von dieser Art waren ferner die Pfeile der Ureinwohner Californiens. An den vor mir liegenden Exemplaren aus einem harten, gelbbraunen Rohr von 2 Fuß 7½ Zoll Länge befindet sich an der Spitze ein lanzenförmiges schwarzes Stückchen Feuerstein, was ziemlich platt und mit thierischer Blase umhüllt und festgehalten ist. Es überdeckt die Fäden, mit denen Stein und Rohr verbunden sind. Am untern mit der Sehnenkerbe versehenen Ende sind drei 4 Zoll lange schmalgeschnittene Federhälften angeleimt und an den Enden mit Fäden festgebunden. Dieser Theil des Schaftes ist hellroth (Nr. 4424 m. S.).

Fig. 87.

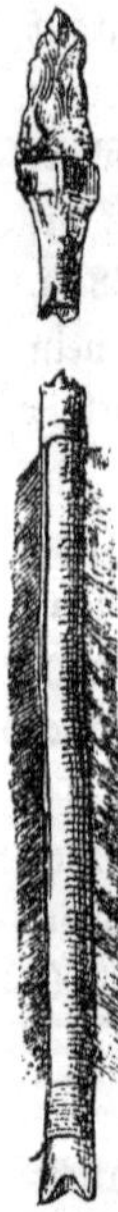

Im nördlichen Europa, Amerika und Asien, in Mexico, ja in Griechenland, namentlich auf dem Schlachtfelde von Marathon werden derartige mehr oder minder ausgebildete Pfeilspitzen aus Feuerstein, Jaspis, Obsidian, Quarz in ziemlicher Anzahl gefunden, wie denn deren auch im nördlichen Deutschland mehrfach vorgekommen sind. Diejenigen, welche unmittelbar ins Holz eingesetzt und durch Pflanzensaft und Umwickelung mit Thier- oder Pflanzenfäden daran befestigt wurden, haben einen spitzigen Zapfen. Die Form ist rautenförmig oder aber halblanzenförmig nach unten in zwei Widerhaken endigend und mithin an der Grundfläche drei Spitzen bildend. Die Länge ist von 1 bis zu 2 Zoll, die Oberfläche muschelig, die Kanten scharf, wenn auch oft sägenartig und schartig.

Fig. 88. 89.

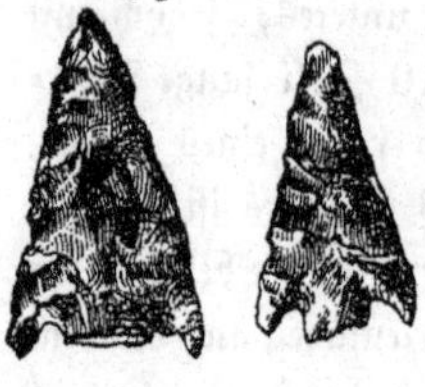

Fig. 90—92.

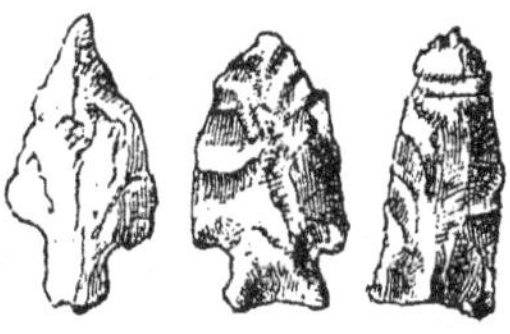

Diejenigen Spitzen, welche in eine Holz- oder Knochenspitze gesetzt wurden, haben entweder gar keinen Zapfen, wie diejenigen, welche in den alten Gräbern von Grönland gefunden wurden, oder aber der Zapfen ist mehr breit.

Die erstere Art, die altgrönländischen Pfeilspitzen, bestehen aus braunem Feuerstein (Nr. 4432) oder aus milchblauem Chalcedon (Nr. 4433). Die Länge beträgt $1\frac{1}{2}$ Zoll, die Breite drei- bis siebenachtel Zoll. Die Oberfläche zeigt Muschelgefüge, die Schneiden sind scharf.

Die andere Art mit breitem Zapfen ist zum Theil nicht allein breiter, sondern auch dicker.

Ueber die Art und Weise der Befestigung an Holz oder Knochen gewährt das Exemplar einer oben erwähnten Harpunenspitze meiner Sammlung belehrende Auskunft. Diese von der westamerikanischen Polarküste stammende große Pfeilspitze ist aus grauem Thonschiefer, $1\frac{1}{2}$ Zoll breit und 3 Zoll lang und ziemlich scharf geschliffen; sie ist an einen fast 15 Zoll langen platten, sechsachtel Zoll breiten, auf der einen Seite zu acht Widerhaken ausgekerbten Schaft von weichem Holze befestigt. Auf der einen Seite liegt der Stiel $1\frac{3}{4}$ Zoll lang an der Steinspitze an und ist hier mit Harz fester an dieselbe geklebt, während der Zapfen neunmal spiralförmig mit schmalem Pflanzenband angeschnürt ist. Um die Spitze gegen Verletzungen während des Transportes oder in der Ruhe zu schützen, ist eine Art Zwinge, die aus zwei klingenförmigen schmalen und 4 Zoll langen Hölzchen besteht und die ebenfalls mit Pflanzenband zusammengehalten werden, vorhanden (Nr. 1832 m. S.).

Fig. 93.

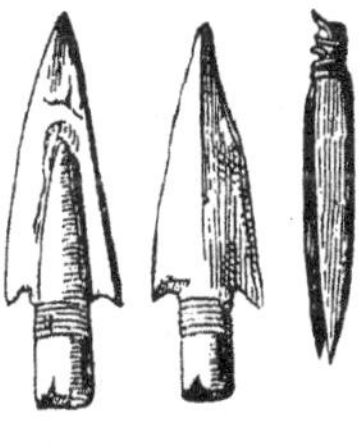

Solche kleine Pfeilklingen findet man häufig in den Museen von Leyden, Copenhagen, Schwerin, Halle, Berlin u. s. w., wo überhaupt Steinsachen aufbewahrt werden. Man hat überdem auch in Amerika ganze Arbeitstätten solcher Steinspitzen gefunden, unter denen die von Eaton in Pennsylvanien die interessanteste sein dürfte, über die uns ein Bericht in der Copenhagener antiquar. Zeitschrift (1843—45, S. 34) vorliegt. Unter den Exemplaren dieses Fundes, welche ich der Güte des Herrn Etatsraths Rafn in Copenhagen verdanke (Nr. 2751—2807), sehen wir alle möglichen festern

Steinarten vertreten, gelben Hornstein, rothen Jaspis, grauen, braunen und schwarzen Feuerstein, hellgrauen Süßwasserquarz, schwarzen Kieselschiefer u. s. w. Wir sehen darunter Stücke, die nur zur Probe angeschlagen, dann vom Arbeiter weggeworfen wurden, andere mißrathene, die indessen schon die Gestalt verrathen, die ihnen gegeben werden sollte, halbfertige und solche, die der Vollendung nahe so zerbrachen, daß sie nicht weiterer Ausarbeitung verlohnten.

Endlich fanden sich in den Südseeinseln Pfeile, die anstatt der Steine mit Muschelschalen bewehrt waren.

Der Pfeil wird aber nicht allein mit dem Bogen in die Ferne bewegt; wir finden, und zwar schon auf sehr niedern Culturstufen, als Mittel seiner Fortbewegung das Blaserohr. Für dasselbe nimmt der Pfeil dann eine andere Gestalt an.

Das Blaserohr, zu welchem die hartschaligen Halme der großen Gräser der Tropenländer mannichfachen Anlaß geben, finden wir in Sumatra und den Pagge= und andern benachbarten Inseln bei den wilden Ureinwohnern. Die Blaserohre derselben sind 6—8 Fuß lang, der Pfeil (Nr. 4003 m. S.) ist 7—8 Zoll lang und aus hartem Holz, an dem starken Ende von der Dicke einer Rabenfeder und hier in ein einen Viertelszoll starkes und 1 Zoll langes Stückchen Pflanzenmark eingelassen. Die Spitze ist 2—3 Zoll lang in Gift getaucht.

Im Königl. historischen Museum zu Dresden wird ein Köcher aus Bamburohr aufbewahrt, den der bekannte W. C. v. Klengel im Jahre 1687 seinem Kurfürsten übergab. Der Köcher ist 15 Zoll lang und mit Pflanzenfasern überflochten, die einen 12 Zoll langen Henkel befestigen, mit welchem derselbe in den Gürtel gehängt werden konnte. Dazu gehört ein Deckel zum Abnehmen und das lange Blaserohr; die 13 Pfeile sind jeder 13 Zoll lang mit kleiner, lanzettförmig zugeschnitzter Spitze an dem einen und einer Markwalze am andern Ende. Dieses Schießzeug stammt aus Borneo.

Die Blaserohre kommen auch bei den Südamerikanern vor. Die Maiongkons und Guinaus in Guiana fertigen Blaseröhre aus einem 15 — 16 Fuß langen Rohr, welches sehr gerade wächst und ohne besondere Vorbereitung benutzt werden kann (Schomburg R. in Guiana. 51). Besonders berühmte Blaserohrschützen sind die Macusis, die für ihre Blaserohre besondere Holzfutterale fertigen (Schomburg im Ausland. 1843, Nr. 102).

Die Indier in Mainas fertigen ihre minder langen Blaserohre aus zwei ganz gleichen Stücken Chontaholz, die sie mit einem Schweinszahn aushöhlen und mit der rauhen Zunge eines Fisches abhobeln. Andere Nationen haben kürzere Blaserohre und führen die dazu gehörigen Pfeile in besondern Köchern bei sich.

Die Pfeile der Amerikaner, die für das Blaserohr bestimmt sind, gleichen in Gestalt und Länge denen der südasiatischen Insulaner, nur bedienen sie sich anstatt des angesteckten Markes eines Flockens von loser Baumwolle, die sie an das untere Ende des kleinen Pfeils winden.

Bei den afrikanischen Völkern kommt meines Wissens das Blaserohr nicht vor. Wohl aber treffen wir dasselbe in den Händen der westeuropäischen Jugend, die damit allerlei Ergötzlichkeit und Unfug treibt, und mit Bolzen sowohl als mit Kugeln aus weichem Lehm Sperlinge und mißliebige Personen neckt.

Die Pfeile, die im tropischen Asien und Amerika aus Blaserohren geschossen werden, sind durchgängig vergiftet. Doch giebt es auch unter den Pfeilen, die mit dem Bogen geschossen werden, in den genannten Landstrichen, so wie in Südafrika vergiftete. Wir müssen daher dem Pfeilgift hier unsere Betrachtung zuwenden.

Der Mensch bemerkt schon auf den niedrigsten Stufen, daß der Biß gewisser Thiere, namentlich mehrerer Schlangenarten, dann der Stich einiger Insecten, der Saft mehrerer Pflanzen schmerzliche, schnellen Tod bringende Wunden verursacht. Der Gedanke liegt nahe, diese Gifte für seine Zwecke anzuwenden, sie sich zu verschaffen und zu beliebigem Gebrauche zuzubereiten. Die Amerikaner verwenden die kleinen Pfeile zum Erlegen der kleinern in den Baumästen hausenden Thiere, namentlich der Affen. Sie schneiden die vom Gift berührte Stelle aus dem Fleische und verzehren dann das Uebrige ohne Schaden. Die Buschmänner erlegen ihre Jagdthiere mit den vergifteten Knochenpfeilen und verwenden die kostbaren eisernen nur gegen ihre menschlichen Feinde. In früherer Zeit sollen auch manche Bewohner der Südseeinseln vergiftete Pfeile geführt haben (Forsters R. II, 186), neuere Reisende leugnen jedoch diesen Gebrauch ab. Auch die alten Schriftsteller reden von den vergifteten Geschossen, ohne jedoch auf nähere Beschreibung derselben einzugehen oder die Bereitungsart des Giftstoffes mitzutheilen. In der Odyssee (I, 261) wird erzählt, daß Odysseus nach

Ephyre gereist, um sich Pfeilgift zu holen; Ilus gab ihm aber das Gift nicht, weil er die unsterblichen Götter gefürchtet. Bei Scythen und Parthern war Pfeilgift in Anwendung (s. Horaz I, Od. 22. 3). Im christlichen Europa kommen vergiftete Pfeile nicht vor, obschon man von vergifteten Dolchen italienischer Bravi mehrfach gesprochen hat. Die eigentliche Heimath der Giftwaffen ist die tropische Zone.

Das Gift, welches die wilden Bewohner des indischen Archipelagus für ihre Blaserohrbolzen anwenden, ist vom Upasbaume entnommen, das sie auf nicht erwähnte Art zubereiten. Die amerikanischen Indianer der Tropenzone, die Stämme von Paraguai, Brasilien, Peru, am Orinoco und in Mexico, Arowaken und Caraiben vergiften die kleinen Bolzen, wie auch die großen Pfeile. Die Mischung der Ingredienzen ist sehr mannichfaltig; die Indianer in Mainas mischen das Gift aus dreißig verschiedenen Wurzeln und Rinden unter genauer Beachtung vieler Umstände und Vorschriften. Das Gift wirkt sofort, wie dasselbe mit dem Blute in Berührung kommt (s. C. G. II, 16, dazu Lenz' Schlangenkunde. S. 99, und der Naturforscher. XIX, 129).

Das Gift, dessen die Buschmänner sich bedienen, ist vornehmlich aus dem giftigen Safte bereitet, der über den Giftzähnen der Schlangen sich befindet. Es hat eine bräunliche Farbe, ist im frischen wirksamen Zustande von der Consistenz des Wachses und klebrig, wird aber bald trocken und hart. Sie setzen das Gift aus mehrern Stoffen zusammen, deren schädliche Wirkung ihnen bekannt ist. Das Schlangengift ist allerdings der wesentlich wirkende Bestandtheil, da dieses aber zu flüchtig und dünnflüssig ist, so mischen sie es mit dem giftigen Safte großer Euphorbien, der eingedickt die Wachsconsistenz bekommt. Außerdem wird der Giftmasse sehr oft noch der ausgepreßte Saft einer Zwiebel, Haemanthus toxicarius, zugesetzt, der ihr eine scharf alcalische, die Blutmasse schnell zersetzende Kraft giebt (s. C. G. I, 345, und Meyer Reisen in Südafrika. S. 147).

Zu den ältesten uranfänglichen Geschossen gehört der **Stein, der mit der Hand fortgeschleudert wird**, und den der moderne Europäer als zweckmäßiges Mittel benutzt, wenn ihm weiter nichts zur Hand ist, um lästigen Hausthieren seinen Zorn fühlen zu lassen.

Wir finden aber schon auf den untersten Culturstufen den Stein in Verbindung mit einem Werkzeuge, mit der **Schleuder**,

Fig. 94.

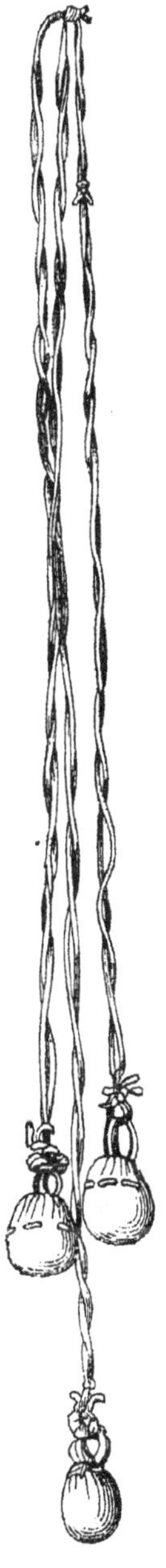

welche denselben bei weitem sicherer und wirksamer seinem Ziele zuführt.

Die Schleuder besteht aus zwei Riemen, die ein Stück Leder fassen, in welches der abzuwerfende, meist aus einem eiförmigen Geschiebe bestehende Stein gelegt wird. Der Werfende schwingt die Schleuder nun einigemal um den Kopf und setzt dann durch einen plötzlichen Ruck den Stein in Bewegung. Die Pescheräh haben solche Schleudern, deren Riemen aus Fischdärmen zusammengedreht sind. Gewöhnlich bedienen sie sich dieser Schleudern als Leibgürtel.

Sehr gewöhnlich ist die Schleuder auch in den Südseeinseln. Man fertigt die Schnuren derselben aus den rothen Fäden, die im Innern der Cocosnuß vorhanden, und aus einer andern nesselartigen Pflanze. Dieses Strickwerk ist überaus sauber. Die Schleudersteine der Neucaledonier bestehen aus einem ziemlich harten Speckstein und werden in einem Säckchen am Gürtel getragen. Sie sind eiförmig und glatt und werden vor dem Gebrauche mit Speichel benetzt. Sie treffen weithin mit großer Sicherheit (Langsdorff I, 149, Labillardière II, 202, Forster R. II, 304).

Eine anderweite Ausbildung der Schleuder finden wir in den Bolas oder Wurfkugeln der Bewohner der Pampas. Diese Waffe besteht in drei steinernen faustgroßen Kugeln, die mit Leder überzogen sind und an drei mit einander verbundenen Riemen hängen. Die Abiponer nennen diese Waffe Noaharharancate. — Der Schütze faßt die kleinste Kugel mit der Hand, schwingt das Ganze einigemal kräftig um den Kopf und läßt es sodann fahren, wo es dann auf 100 Schritt ziemlich sicher trifft und sich als Fessel um die Füße des Thieres oder des Menschen schlingt, den er gejagt hat. Die Europäer und Neger, die in den Pampas wohnen, haben die Bolas von den Ureinwohnern angenommen. Das Exemplar der Bolas meiner Sammlung (Nr. 2286) besteht aus zwei größern, nicht ganz regelmäßigen Kugeln von 3 Zoll Durchmesser und einer etwas kleinern. Jede derselben ist mit Leder überlegt, das oben wie die Oeffnung eines Geldbeutels zusammengezogen ist, übrigens fest am Steine anliegt. Die beiden größern hängen jede an einem 3½ Fuß langen Doppelriemen, der Riemen aber, an welchem die kleinere Kugel in derselben Weise befestigt ist, hat 4½ Fuß Länge. Alle drei Riemen sind oben zusammengeknüpft.

Außer diesen hat man in den Pampas noch eine andere Art, die verlorene Bola, die bedeutend kleiner ist und aus Kupfer oder Blei besteht. Sie ist ebenfalls an einen 3 Fuß langen Strick oder Riemen gefaßt und wird 150 Schritt mit Sicherheit geschleudert (Azara II, 46).

Eine weitere Ausbildung dieses Geschosses ist der Kugelbogen, der jedoch nur in Südamerika bei den Guarani, Abiponern und einigen brasilischen Stämmen, und zwar meist in der Hand der heranwachsenden Jugend gefunden wird. Dieser Bogen ist aus sehr elastischem Holze, 3 Fuß lang und stark gebogen, die Sehne wird von einem 1½ Zoll breiten gewebten Bande gemacht oder von zwei parallel 1 Zoll neben einander laufenden Schnüren gebildet, die in der Mitte durch ein Fadennetz verbunden sind. In dieses werden die aus gefärbtem Thon 1 Zoll im Durchmesser haltenden Kugeln gelegt, die der Schütze in einem Beutel vorräthig bei sich trägt. Auf 30—40 Schritt Entfernung werden mit diesen Kugeln Vögel und kleines Wild getödtet (Dobrizhofer II, 489, Azara II, 67, Pr. Max v. Wied I, 76, Rengger 126).

Bogen und Pfeil, Harpune und Lanze werden vorzugsweise zur Erlegung der Landthiere gebraucht, von Wasserthieren werden nur die größern damit erlegt. Die kleinern Wasserbewohner, namentlich die Fische, werden überall meist mit dem Angelhaken oder in Netzen gefangen.

Den Angelhaken treffen wir in allen den Theilen der Erde, wo der Mensch seinen wesentlichen Nahrungsstoff aus Flüssen oder aus der See sich sammeln muß. Die Waldindier kennen den Angelhaken nicht, und die Fische, welche sie verzehren, erlegen sie mit Bogen und Pfeil. Auch die Indianer von Surinam verwenden zum Fischfang vorzüglich den dreizackigen Pfeil.

Die Ureinwohner der Küste von Neuholland ziehen ihren wesentlichen Lebensunterhalt aus der See. Muscheln und schalenlose Seethiere fangen sie untertauchend mit den Händen; große Fische werden mit dem Speere oder der Fischgabel erlegt, und zwar immer von den Männern. Die Fischangel dagegen finden wir hier in den Händen der Frauen, die bei dieser Beschäftigung theils am Ufer, theils in den Canots sitzen. Die Schnüre, an denen die Fischangeln befestigt sind, werden aus den zähen Rindenfasern verschiedener Bäume gefertigt, welche zwischen zwei Steinen mürbe geklopft und zu Faden gedreht werden.

Das Material zu den Angeln liefert ihnen, so wie sämmtlichen Insulanern der Südseeinseln, die See vorzugsweise in den Muschelschalen. Die Seeanwohner der Polarzone müssen sich mit Holz, Knochen und Stein behelfen, die sie mit Weidenrinde und Seekohl überaus geschickt zu einem sinnreich eingerichteten Werkzeuge zusammensetzen.

Betrachten wir zunächst die Fischangeln der Südseevölker, die im Wesentlichen aus den Muschelschalen, Schildkrötenschalen, Knochen und Holz gefertigt werden und sich durchgängig durch schön gearbeitete Schnuren auszeichnen.

Fig. 95.

Von der Insel Nukahiwa stammt ein Angelhaken, den ich der Güte des Herrn Hofrath Tilesius verdanke (Nr. 3926 m. S.). Er ist ganz aus der Schale einer Muschel geschnitten und 1½ Zoll lang. Die eine Seite zeigt noch die bräunliche Hautseite der Muschel, während die andere im schönsten Perlmutterglanze sich darstellt. Die Schnur ist vortrefflich gedreht und überaus genau und scharf am Haken verknüpft.

Fig. 96.

Mehr zusammengesetzt sind zwei andere südseeische Haken meiner Sammlung (Nr. 1794 und 4376). Grundlage des Ganzen bildet ein starkes Stück Perlmutter, dessen Gestalt mit einem Fisch Aehnlichkeit hat. Am ersten Exemplar ist es 1 Zoll lang, dreiviertel Zoll breit und über einen halben Zoll dick, oben durchbohrt, um die Angelschnur hindurchführen zu können, und am untern, dünnen Ende mit einem 1⅝ Zoll langen Zahn oder Knochenstück von gekrümmter Gestalt mit dünner Schnur aus Pflanzenfäden scharf angeschnürt; auf jeder Seite steht abwärts ein Büschel kastanienbrauner Haare hervor. Das zweite Exemplar hat im Wesentlichen dieselbe Construction, ist aber etwas länger und unterscheidet sich durch die Befestigung des gekrümmten Zahnes am Schafte, die so einfach, wie zweckmäßig ist. Der daran befindliche Haarbüschel ist hellblond.

In den freundschaftlichen Inseln benutzt man auch die Schildkrötenschale zur Herstellung der Fischangeln. Eine derselben (Nr. 1508 m. S.) besteht aus einem 3½ Zoll langen, halbzollbreiten Schaft von Fischgestalt, der am obern dicken Ende zweimal durchbohrt ist. Der eigentliche Haken ist 1½ Zoll lang und aus Schildkrötenschale. Er ist zweimal durchbohrt und durch feine Pflanzenfasern an den Schaft gebunden, die sodann mit der durch ein oberes Loch gezogenen 6 Fuß 9 Zoll langen, schön gedrehten Leine in Verbindung stehen (ähnliche bei Labillardière, Atl., Taf. 32, F. 29). Ein zweites Exemplar aus gleichem Stoff und von derselben Form ist bedeutend kleiner, nur 1½ Zoll lang. An demselben befindet sich eine an 15 Fuß lange Angelschnur, die vortrefflich aus lichtbraunrothen, harten Binsenfasern platt geflochten ist (Nr. 2661). Es stammt von der Insel Timor und war früher in der Röding'schen Sammlung (Nr. 979).

Fig. 97.

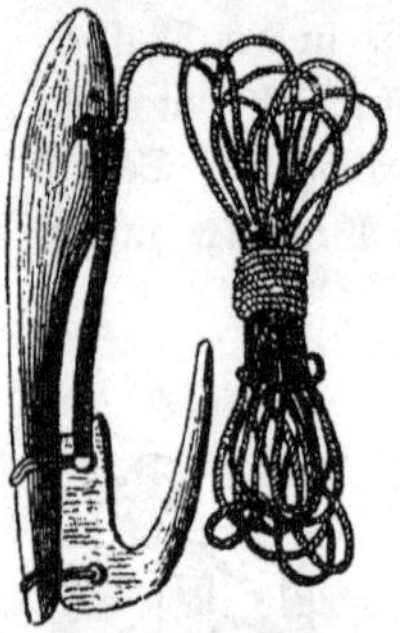

Bei weitem künstlicher und mit bewunderungswürdiger Sauberkeit gearbeitet sind die Angelhaken der Insel Otaheiti, an denen der Schaft aus einem Mittelstück von Knochen oder Holz besteht, dessen Rückseite mit Perlmutter belegt ist, während auf der Vorderseite ein Haken von Perlmutter angebunden ist. Man hatte sie von verschiedener Größe. Der kleinste meiner Sammlung ist nur 3 Zoll lang, und alle drei denselben bildenden Stoffe, Knochen, Perlmutter und Schildkrötenschale, sind unter sich durch Schnüre fest mit einander verbunden (Nr. 1434 m. S.).

Der größere (Nr. 2262) besteht aus einem Kern von Knochen, 6½ Zoll lang, 1 Zoll breit und siebenachtel Zoll dick, hinten platt, vorn abgerundet. An die flache Rückseite des Knochens sind zwei einen Achtelzoll starke Perlmutterschalen dergestalt dicht und genau durch Löcher verschnürt, daß sie mit demselben ein innigverbundenes Ganzes bilden. Der an der Vorderseite des Knochens sitzende Haken ist 2½ Zoll lang, seine Spitze ist 1¼ Zoll vom Knochen entfernt. Er hat, und auch dadurch ist er von dem vorhergehenden verschieden, einen nach innen gekehrten Widerhaken, besteht aber aus zwei der Länge nach getrennten Stücken, die durch Schnüre unter sich und mit dem Schafte dicht verbunden sind. Un-

Fig. 98.

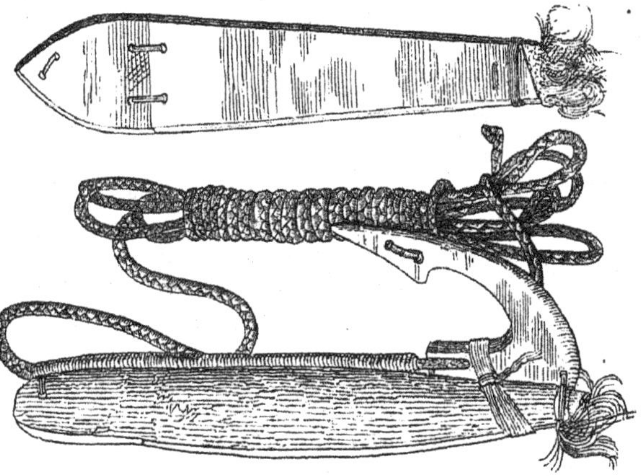

ten an der Rückseite ist ein Büschel desjenigen Pflanzenfaserstoffs angebracht, aus welchem die Verbindungsschnüre, so wie die Leine selbst geflochten worden. (Er stammt aus der Röding'schen Sammlung, Nr. 983.) Die Leine ist einen Viertelzoll dick, 7 Fuß 7 Zoll lang und platt geflochten.

Von derselben Größe ist ein zweites Exemplar (Nr. 2956 m. S.), der Kern des Schaftes besteht aus Holz, die Rückendecke aus einem Stück violetter Perlmutter und der Haken aus einem einzigen Stück Schildkrötenschale.

Fig. 99.

Bei weitem einfacher ist ein, aus Neuseeland stammender Angelhaken (Nr. 1843 m. S.), ein Geschenk Sr. Durchl. des Prinzen Maximilian von Wied. Der gekrümmte hölzerne Schaft ist 4, der angesetzte und mit Faden angeschnürte Zahn 2 Zoll lang und steht 1 Zoll vom Schafte ab.

Die Reisenden, wie Cook, Forster, Lapeyrouse, Labillardière, Keate, Dumont d'Urville fanden derartige Fischangeln auf allen Inseln der Südsee; sie bemerken, daß man auch anstatt der Haare und Pflanzenfäden Federn an die Angel befestige, um ihnen das Ansehen von Fliegfischen und andern Thieren zu geben und so die beutegierigen Raubfische zu täuschen. Die englischen Fischereifreunde haben diese Methode aufgefaßt und angenommen und danach die aus Draht und Federn zusammengesetzten Flys oder fliegenartigen Angeln gebildet, mit denen sie so geschickt die Gebirgsbäche auszufischen verstehen, indem sie dieselben, je nach Tagesstunde und Jahreszeit, mit andern Insectenbildern versehen und über und in den Wellen spielen lassen (vgl. C. G. IV, 267).

Alle diese südseeischen Angelwerkzeuge haben jenen eleganten, erfreuenden Charakter, den auch die übrigen Gewerbserzeugnisse ihrer Verfertiger an sich tragen und wozu schon die schönen farbigen Stoffe der geflammten Schildkrötenschale und der glänzenden Perlmutter beitragen.

Einen düstern, ernsten Anblick gewähren dagegen die **Angelwerkzeuge der nördlichen Seeanwohner**, deren Hauptmaterial Knochen und Stein bildet. Auch sie sind Abbilder des rauhen, düstern Nordens, der monatlangen Nächte, der dunkeln Felsen, die nur im Winter mit hellem Schnee bedeckt sind, im Sommer aber nur an ihrem Fuße mit belebendem Grün bekränzt werden.

Die knöchernen Angelhaken der Polarvölker bestehen meist aus zwei über einander gelegten und mit Fäden von Seekohl oder Thiersehne dicht an einander geschnürten Stücken. Das eine bildet den Schaft, das andere die mit einem Widerhaken versehene Spitze. Das vorliegende Exemplar (Nr. 2663 m. S.) besteht aus einem gekrümmten Knochen, der von Spitze zu Spitze 6 Zoll mißt, und

Fig. 100.

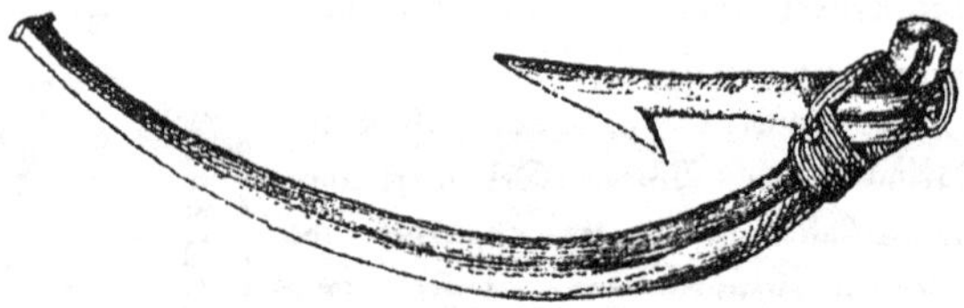

der Spitze von 4 Zoll Länge. Die Verbindung ist so zierlich als dauerhaft.

Steinerne Fischangeln, zu denen die oben S. 11 erwähnten natürlichen Feuersteinhaken Anlaß gegeben haben dürften, hat man auch in altscandinavischer Erde unter den Alterthümern gefunden (Worsaae, Dänemarks Vorzeit. S. 15). Bei den heutigen Polarvölkern finden wir den Stein immer in Verbindung mit Knochen. Von dieser Art ist auch ein Angelhaken aus einem altgrönländischen Grabe (Nr. 4400 m. S.). Der gekrümmte Schaft hat von Spitze zu Spitze im Durchmesser 4½ Zoll. Der mit Fischbeinfäden daran gebundene Feuersteinhaken 2⅛ Zoll Länge. Oben ist der Schaft mit geflochtenen Pflanzenfäden umwunden.

Fig. 101.

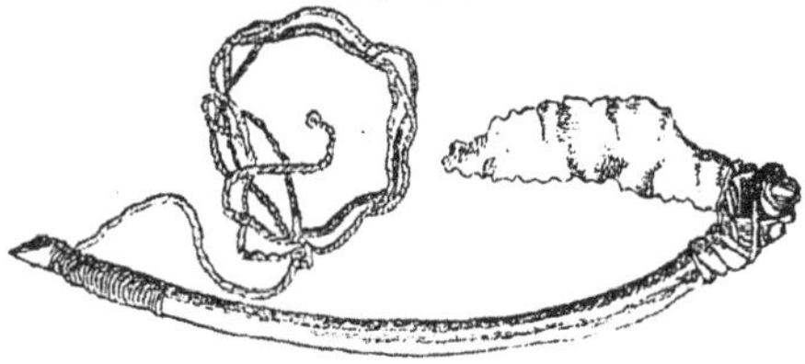

Nächstdem findet man bei den Aleuten Angelhaken von ganz eigenthümlicher Gestalt. Sie bestehen aus einem sehr stark gekrümmten festen Holze; an die eine der Spitzen desselben ist mit Rindenband ein spitziger Knochen befestigt, an der andern aber die Leine angeschnürt. Ich besitze deren von 3½—6½ Zoll Länge und verhältnißmäßiger Stärke (Nr. 2208 und 3616). Der eine dieser Angelhaken hat anstatt der beinernen eine eiserne Spitze (Nr. 2209), er ist der kleinste von allen. Aehnliche Formen kommen auch bei den nordamerikanischen Indianern vor (s. Schoolcraft's Information. Vol. III, p. 35).

Fig. 102.

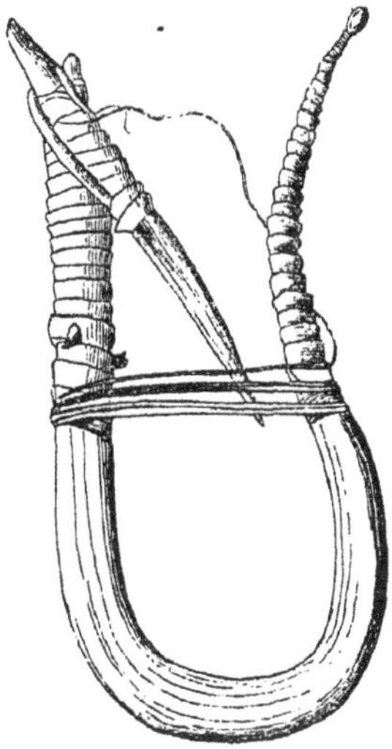

Ueber alle Zonen verbreitet ist der Gebrauch der Fischernetze, die aus geeigneten Pflanzenfäden geknüpft und auf mannichfaltige Weise angewendet werden. Man hat sie von allen Größen, man stellt sie vermittelst angebundener durchbohrter Steine (s. o. S. 12) aufrecht im Wasser, bildet daraus Scheidewände, Dämme und Gassen in den Gewässern, oder man befestigt sie an Bügel und läßt sie als Sack herabhängen, mit welchem man die Fische aus dem Wasser herausschöpft. Eine nähere Betrachtung ist hier nicht nothwendig, da die Fischernetze sich bis in den gegenwärtigen Zeitabschnitt herein in ziemlich ursprünglicher Gestalt erhalten haben (s. C. G. II, 292; IV, 267).

Wohl aber müssen wir uns nun zu den stechenden Werkzeugen begeben. Wenn es gilt, Felle zu Kleidern oder Schuhen zusammenzufügen, und zwar mittelst Fäden von Thiersehne, so muß zunächst die Stelle, durch welche der Faden gezogen wird, durchbohrt werden, und dazu wendet man spitze Dornen, gespitzte harte Hölzer oder Knochen und Fischgräten an. So entsteht die älteste Nadel, Ahle oder Pfrieme; derartige Instrumente sind häufig in den Gräbern der Urbewohner Deutschlands und Scandinaviens gefunden worden (s. m. Handb. d. Germ. Alterthumsk. S. 61). Auch die Polarvölker hatten ehedem derartige Nadeln und Pfriemen aus Knochen, die gegenwärtig jedoch allgemein durch eiserne chinesische oder europäische, mit dem Oehr versehene, verdrängt sind.

Ein schon mehr zusammengesetztes Werkzeug, den Bohrer mit lanzettförmiger oder pyramidaler Spitze, finden wir ebenfalls bei den meisten Polarvölkern. Die nächste Veranlassung gab wohl das Feuerzeug, das wir im ersten Bande beschreiben. Den Drillbohrer fand Ellis bei den Eskimos, Steller bei den Kamdschadalen und neuere Reisende bei den Tungusen und nordamerikanischen Indianern. Wir werden denselben weiter unten näher betrachten. Die Südseeinsulaner durchbohren ihre Hölzer, Perlmutter, Knochen u. dergl. mit einem Haifischzahn, den sie in einen hölzernen Stiel fassen und mit der Hand auf dem zu bohrenden Gegenstande rasch umdrehen, oder mit einem langen Geschiebe von grünem Nephrit,

Fig. 103.

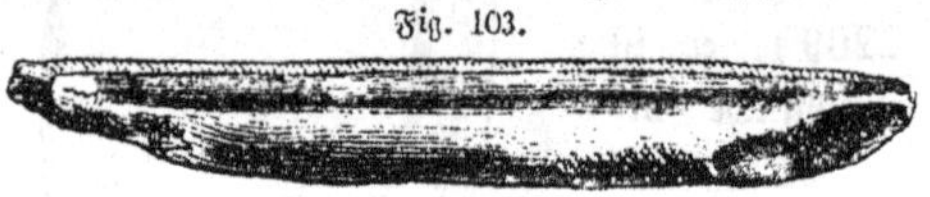

das spitz zugeschliffen wurde. Es ist 5½ Zoll lang und hat einen halben Zoll im Durchmesser.

Als Feile und Raspel wenden die Südseevölker Corallenfels und eine Haifischhaut an, die sie über ein Stück Holz ziehen.

Endlich haben sie auch eine Art Säge, die auf ganz eigenthümliche Art gebildet ist, und wozu die Waffe des Sägefisches offenbar als Modell gedient hat.

Die Säge der Markesas- und anderer Südseeinsulaner besteht aus einem flachen Stück harten Holzes, das auf beiden Seiten in der Mitte einen emporstehenden Grat hat, von wo aus es sich nach den Seiten abflacht. In jede Seite sind nun mehr oder weniger Haifischzähne eingesetzt, deren untere Fläche durchbohrt ist. Vermittelst straff angezogener Schnüre werden sie im Holze festgehalten. Man bedient sich dieser Sägen zum Zerlegen von großen Fischen und menschlichen Leichen, aber auch als Waffe und zwar als Schwert, wie als dreizackigen Speer.

Ein Exemplar m. S. (Nr. 1829) besteht aus einem 15 Zoll

Fig. 104.

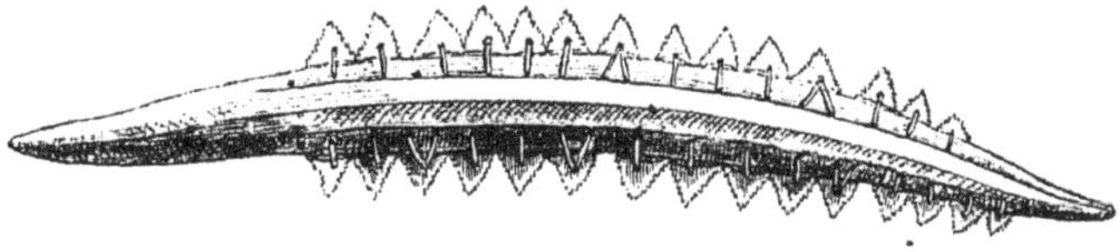

langen, 1½ Zoll breiten, zolldicken, nur wenig gekrümmten Holze, das in der Mitte einen Grat hat und in dessen concave Seite 15, in dessen convexe 14 Haifischzähne eingesetzt sind. Die schmalen Längsseiten sind durchbohrt, eben so ist jeder der Zähne durchbohrt und durch zusammengedrehte Pflanzenfasern mit dem Holze verbunden. Am Griff, zunächst den Zähnen, ist ein Loch für ein Tragband angebracht. Ein zweites Exemplar (Nr. 4421) ist 3 Fuß 1 Zoll lang und hat auf der concaven Seite 46, auf der andern 42 Zähne, der Handgriff endet in einen Knopf. Ein drittes (Nr. 2083) ist 2 Fuß 9 Zoll lang, gerade, es hat auf einer Seite 42, auf der andern 40 Zähne und endet ebenfalls in einen besondern Handgriff, an welchem ein aus Cocosfasern gedrehter Strick befestigt ist, um die Waffe ans Handgelenk zu hängen.

Die Harpunen mit Haifischzähnen bestehen aus einem Stiel von Holz und 5 — 6 Fuß Länge, der oft mit Stroh umwunden ist und in welchen ein Dreizack eingesetzt ist. Der mit Zähnen bewehrte Dreizack wird von einem 2 — 3 Fuß langen Mittelstücke gebildet, das in eine Spitze endet und an dessen Seiten zwei mit Zähnen bewehrte Arme fest angebunden sind.

Ein Dreizack (Nr. 4422) scheint in der bloßen Hand und ohne einen vermittelnden Schaft oder Stab geführt worden zu sein, indem er, wie Nr. 2083, einen besondern Handgriff hat. Das runde, in eine kegelförmige Spitze zulaufende Mittelstück ist 3 Fuß 3 Zoll lang und trägt drei Reihen Zähne, die aber nicht in eine in das Holz geschnittene Rinne eingesetzt, sondern auf eine ganz besondere Weise am Schafte befestigt sind. Man hat nämlich vier Doppelreihen ganz dünner Stäbchen, je von 26½ Zoll Länge, auf die rauhgearbeitete Oberfläche des runden, zollstarken Schaftes aufgelegt und zwischen jede zwei Stäbchen 52 Zähne aufrecht mit ihrer Basis gestellt und sie mit drei aus Pflanzenfasern gedrehten Schnuren, welche durch jeden der vier durchbohrten Zähne gezogen sind, verbunden. Nahe dem Griffe sind zwei hier sich kreuzende, etwas gekrümmte platte Arme, der eine von 14, der andere von 16 Zoll

Länge festgebunden. Jeder der Arme trägt zwei Reihen Zähne, die, ebenfalls durchbohrt und zwischen zwei Stäbchen sitzend, mit diesen durch Schnüre am Holze festgehalten werden. Der eine Arm hat 23, der andere 24 Zähne an jeder Seite. Der Handgriff ist 6 Zoll lang und durchaus nicht zum Aufstecken auf einen Stab geeignet. Oberhalb desselben sind die Arme durch dünne Schnüre

Fig. 105.

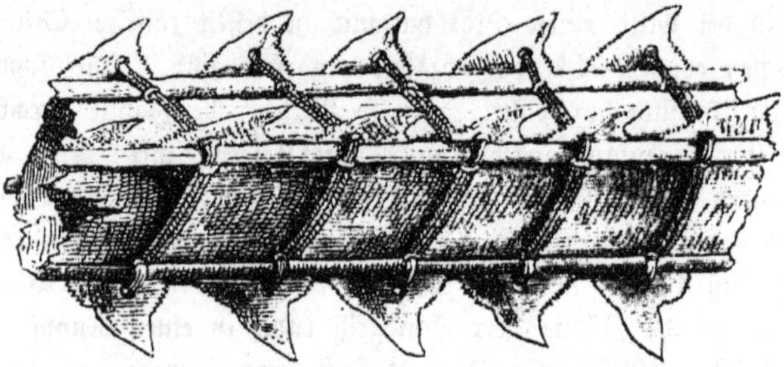

sehr dauerhaft am Schafte befestigt. Sämmtliche Zähne sind mit den Spitzen aufwärts gerichtet.

Der zweite Dreizack (Nr. 2004 m. S.) ist ähnlich construirt, das gerade, unten spitzig endende Mittelstück ist rund, 2 Fuß 9 Zoll lang, hat aber nur zwei Reihen Zähne, je 27, von denen 11 die Spitzen nach oben, 16 aber nach unten haben; der kürzere obere Arm von 11 Zoll Länge hat zweimal 14 durchweg nach oben gerichtete Zähne, der untere dagegen zweimal 10, die nach unten und zweimal 7, die nach oben gewendet sind. Der Stiel von 12½ Zoll Länge ist mit starken Strohblättern belegt, die von 15 Doppelschnüren umschnürt sind.

Außer diesen Sägen kommen unter den Alterthümern Klingen vor, die so schartig sind, daß sie wohl als Säge gedient haben mögen.

Die Axt

ist nun dasjenige Werkzeug, welches ich als die Blüthe der Werkzeuge bezeichnen möchte, die vor der Benutzung der Metalle sich vorfinden.

Die Gestalt der Axt ist dem Haken nachgebildet, wie wir denn auch in der That Haken finden werden, welche zu Aexten benutzt worden sind, nur ist dieser Haken an seinem kürzern Theile mit Knochen, Stein oder einem andern Stoffe bewehrt, der härter als das Holz ist.

Die Axt ist aus den einfachen, platten und keilförmigen Geschieben erwachsen, die wir oben kennen lernten und die an vielen Punkten der Erde in großer Anzahl auftreten. Wir finden nun unter den Alterthümern aller Continente solche Steinklingen, welche offenbare Spuren an sich tragen, daß sie in den Händen der Menschen bereits gewesen und von diesen Abänderungen in ihrer Gestalt erlitten haben. Es sind dieß jene meisel- oder keilförmigen Klingen aus Basalt, Wacke, Klingstein, Grünstein, Granit, Syenit, Porphyr und andern Gesteinen, so wie auch in der tropischen Zone aus Nephrit. Wir finden sie von 2 bis zu 12 und mehr Zoll Länge, von 1—3 Zoll Breite und von einem halben bis zu 2 Zoll Dicke, in allen Verhältnissen der Breite zur Länge und Dicke mit schmalen und breiten, spitzigen und abgestumpften Enden. Man hat die meisten derselben früher als Meisel bezeichnet, womit die alten Germanen, Celten oder Slawen den Opferthieren das Fell von den Muskeln abgestoßen. Dann hat man sie durchweg als Cultusgegenstände betrachtet und mit dem Gotte Thor in Verbindung gebracht, weil der abergläubige norddeutsche Bauer sie Donnerkeile nannte und überzeugt war, daß in sein Haus der Blitzstrahl niemals einschlage, wenn er einen solchen Donnerkeil in demselben aufbewahre. Wahrscheinlich dachte er dabei, daß der Blitz niemals an einem und demselben Orte zweimal einschlage und daß er das Haus, worin solch ein Stein sich befinde, als ein bereits von ihm getroffenes ansehen werde. Der Glaube an den Donnerkeil findet sich in den Urwäldern von Amerika (s. C. G. I, 276), bei den Negern (das. III, 359), bei den Galliern (das. VIII, 52), den Chinesen (das. VI, 406), den Finnen (Rüh's Finnland S. 303), Etrusken (Winkelmann, Gesch. d. K. I, 87).

Der oberdeutsche Landmann schreibt dem Donnerkeile auch eine gewisse Heilkraft in Krankheiten des Viehes zu, namentlich wenn die Kühe die Milch versagen (s. m. Handb. d. germ. Alterthumsk. S. 154 ff.; Grimm, D. Mythol. 122; Preusker's Blicke in die vaterl. Vorzeit I, 162).

Bevor wir die aus Stein und Holz zu einem nützlichen Werkzeuge zusammengesetzte Axt näher betrachten, mag die Beschreibung einiger ausgezeichneter Klingen stattfinden, die sich in meiner Sammlung befinden.

Nr. 1214, aus schwarzgrünem Serpentin, 2 Zoll breit, 2 Zoll

lang, dreiachtel Zoll dick, scharf zugeschliffen, ist durch den Gebrauch abgeführt. Sie stammt aus der Gegend von Weißensee in Thüringen und ich verdanke dieselbe der Güte des Herrn Pastors Leitzmann in Tunzenhausen. (Fig. 106.)

Fig. 106—110.

Derartige kleine Klingen, die nicht selten vorkommen, waren wahrscheinlich in einem längern Knochen oder in den kurzen Arm eines Hakens dergestalt eingefügt, daß sie bequem zu kleinern Holzarbeiten gehandhabt werden konnten, wie etwa Fig. 126.

Nr. 1268, aus schwarzem Basalt, an der Schneide 1½ Zoll breit, 2½ Zoll lang, einen halben Zoll dick, sorgfältig gearbeitet und bei Wittenberg gefunden. (Fig. 107.)

Nr. 2476, aus grauer Wacke, 3 Zoll lang, ¾ Zoll breit, einen Viertelzoll dick, aus Thüringen. (Fig. 108.)

Nr. 2423, aus hellgrauer Wacke, 4 Zoll lang, 2 Zoll breit, einen halben Zoll dick, eben daher. (Fig. 109.)

Nr. 2495, aus hellgraugrünem, dichten, feinkörnigem Grünstein, 5¼ Zoll lang, 1¼ Zoll breit, dreiviertel Zoll dick, sehr gut und scharfkantig geschliffen, auf beiden Seiten mit Schneiden versehen. (Fig. 110.)

Nr. 1155, aus hellgrüngrauem Grünsteinschiefer, 7 Zoll lang, an der Schneide 2½ Zoll, oben nur 1¼ Zoll breit, 1 Zoll dick, etwas an den Seitenkanten abgerundet. Aus der Umgegend von Leipzig. (Fig. 111.)

Fig. 111—114.

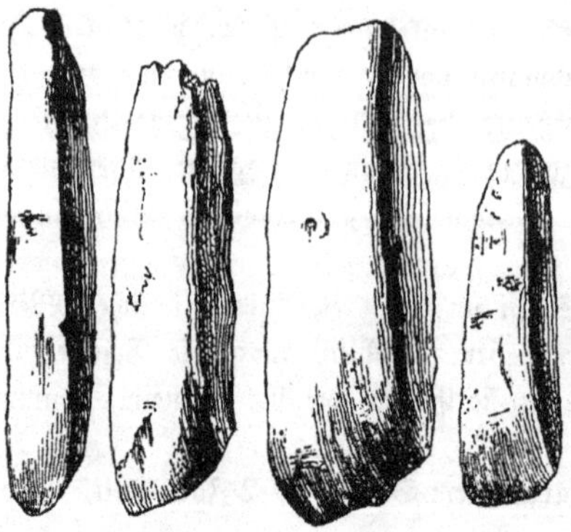

Nr. 2445, aus schwarzem Kieselschiefer, 8 Zoll lang, unten 1½ Zoll, oben 1 Zoll breit, fast zolldick, aus Thüringen, sehr uneben und nicht an allen Stellen geschliffen, eine Erscheinung, die an den aus diesem harten Gestein gefertigten Werkzeugen öfter vorkommt. (Fig. 112.)

Nr. 1355, aus bräunlich grauer Wacke, 8 Zoll lang, 3 Zoll breit an der Schneide, oben 2½ Zoll, über 2 Zoll dick, trefflich geschliffen, oben aber durch den Gebrauch verletzt, stammt aus Dänemark. (Fig. 113.)

Nr. 2110, aus dunkelaschfarbener Wacke, 5½ Zoll lang, an der Schneide 1¾ Zoll, oben 4 Zoll breit, siebenachtel Zoll dick, die untere Seite ist ziemlich platt, die obere abgerundet, von Zwenkau bei Leipzig, Geschenk des Herrn Oberstlieutenants Raabe. (Fig. 114.)

Derartige Klingen werden sehr häufig in der norddeutschen und scandinavischen Erde gefunden, und wir sehen sie in den Museen von Dresden, Halle, Berlin, Schwerin, Breslau, Copenhagen, in den schwedischen Sammlungen in ziemlicher Anzahl (s. Lisch, Friderico Francisceum XXIX; von Eßtorff, heidn. Alterth. der Gegend von Uelzen. Tf. 5 und 6).

Die hier mitgetheilten Formen kommen nächstdem gar häufig und in allen Größen auch in Feuerstein vor, der zu diesem Zwecke zugehauen und dann mehr oder minder sorgfältig an den Seiten, besonders aber an der Schneide zugeschliffen ist, wobei dann die Kanten in der Regel bei weitem schärfer sind, als an den aus andern Steinen zubereiteten Klingen.

An diese Formen schließen sich nun auch Klingen aus der Südsee und aus Südamerika an. Zunächst drei Stück aus schwarzem Basalt, aus der Südsee.

Fig. 115—117.

Nr. 4371 ist 6 Zoll lang, an der Schneide 2¼ Zoll, oben 1¼ Zoll breit, dreiviertel Zoll dick, oben und auf allen Seiten durch den Gebrauch beschädigt, sonst sehr scharfkantig gearbeitet.

Nr. 4372 ist 7 Zoll lang, an der Spitze 2, oben 1½ Zoll breit, 1 Zoll dick, scharfkantig und trefflich polirt, oben abgerundet. (Fig. 116.)

Nr. 4373 ist 7 Zoll lang, an der Schneide 2½ Zoll, oben 1¾ Zoll breit, dreiviertel Zoll dick, sehr genau geschliffen, alle Ecken aber etwas abgerundet. (Fig. 117.)

Es folgen ähnliche Formen in Nephrit aus meiner Sammlung:

Nr. 1413, Klinge 6 Zoll lang, an der Schneide 1½ Zoll, oben dreiviertel Zoll breit und auf der einen Seite durch den Gebrauch ausgebrochen, beide breite Flächen trefflich geschliffen, die Schneide scharf, die Seiten noch in der natürlichen Form, wie sie durch gegenseitige Reibung mit andern Geschieben abgeflächt worden. Aus Neuseeland.

Fig. 118—123.

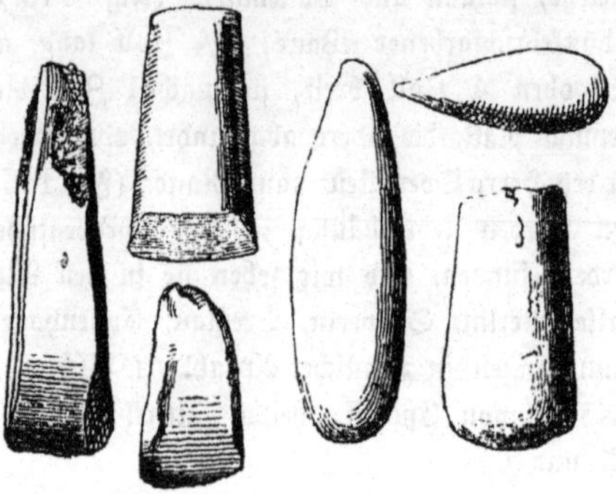

Nr. 2087, Klinge von 4 Zoll Länge, an der Schneide 2 Zoll, oben $1^1/_2$ Zoll Breite und 1 Zoll Dicke, aus lauchgrünem dunkelgrün geflammtem Nephrit, auf den breiten Flächen und der Schneide trefflich geschliffen, an beiden Seiten in derselben natürlichen Form wie die vorige. Aus Neuseeland. (Fig. 119.)

Nr. 4368, desgleichen aus dunkelgrasgrünem, noch dunkler geflecktem Nephrit, 3 Zoll lang, an der Schneide $1^1/_2$, oben 1 Zoll breit, aber ausgebrochen, einen halben Zoll dick. An den wohl geschliffenen Seitenflächen sind noch Spuren der natürlichen Abreibungsfläche vorhanden. Aus Neuseeland, an dessen Ostküste ein großes Geschiebelager von Nephrit vorkommen soll. (Fig. 120.)

Nr. 4370, aus lichtgraugrünem Nephrit, oben mit bräunlichen Flecken, $5^3/_4$ Zoll lang, an der breitesten Stelle 2, an der dicksten 1 Zoll im Durchmesser, oben spitzig, unten mit abgerundeter scharfer Schneide, an der einen Seite unregelmäßiger Vertiefung, aus den Caraibeninseln (war früher in der Sammlung des Oberstlieutenants C. H. Sommer in Copenhagen, Nr. 1809). Fig. 121.

Nr. 7, hellgrün, $3^1/_2$ Zoll lang, an der Schneide 2 Zoll, oben $1^1/_2$ Zoll breit und 1 Zoll dick, aus dem tropischen Amerika, Geschenk meines Collegen, des Hofraths Falkenstein. (Fig. 122.)

Nr. 1315, dunkelgrün, $3^1/_2$ Zoll lang, $1^1/_4$ Zoll breit, einen halben Zoll dick, aus dem Süden der Vereinigten Staaten, Geschenk des Herrn Oemler in Savannah in Georgien. (Fig. 123.)

Fig. 124.

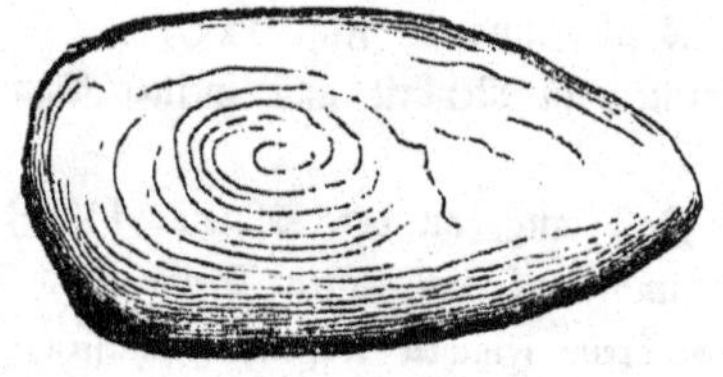

Daran schließt sich eine durch Schönheit der Farbe und Größe sich auszeichnende Klinge von dunkel- und hellbraunroth geflammtem Jaspis von 8 Zoll Länge, 4 Zoll Breite und einem halben Zoll Durchmesser. Sie stammt aus den Fidschiinseln (C. H. Sommer's Collection, Nr. 1635).

Fragen wir nun, in welcher Weise waren diese steinernen Klingen an ihrem Stiele befestigt, so finden wir die Antwort in den Werkzeugen, welche die europäischen Reisenden bei den Bewohnern der Südseeinseln und in Amerika fanden.

J. R. Forster berichtet (in s. Reise um die Welt. I, 228), daß die Bewohner von Otahiti ihre Werkzeuge aus Nephrit herbeibrachten. Darunter sah man flache, scharfgeschliffene Klingen, die als Aexte dienten; andere kleinere waren als Meisel in hölzerne Griffe gefaßt. Aehnliche steinerne Aexte fanden die Missionarien in Mainas (von Murr, Missionsr. S. 34), womit die Einwohner dicke Bäume fällten.

Wir sehen an den bis jetzt mitgetheilten Klingen, welche gerade die am häufigsten vorkommende Form haben, durchaus keine Vorrichtung in dem Steine, mit einziger Ausnahme, daß sie nach oben zu, das heißt an der der Schneide entgegengesetzten Seite, immer sehr verjüngt und abgestumpft erscheinen, wodurch eine Befestigung in einen hölzernen Stiel wohl möglich wird.

Dieß würde auf mehrfache Weise stattfinden können, einmal durch Einstecken in ein im Stiele angebrachtes Loch, in der Weise, wie die Betjuanen und sämmtliche Neger ihre Axtklingen befestigen, dann aber durch Aufbinden der Klinge auf ein hakenförmiges Holz.

Unter den japanischen Alterthümern fand Herr von Siebold folgende Art der geschäfteten Steinaxt (Nippon II, C. 13). Der Stein wurde auf das Holz aufgelegt und festgeschnürt.

Fig. 125 a und b.

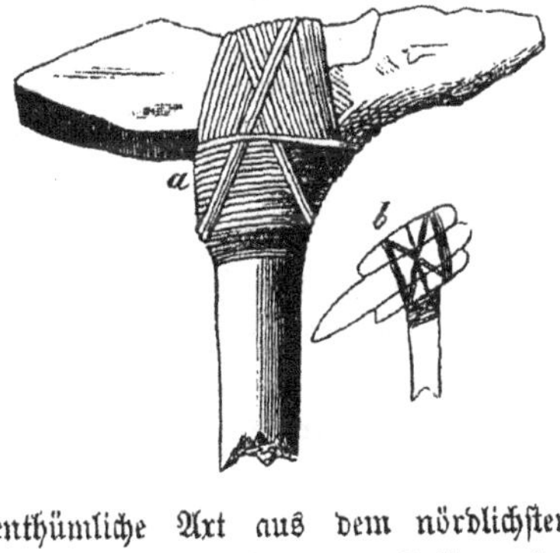

Zwei andere Arten der Aufschnürung auf einen Holzstiel kommen in den alten italienischen Gemälden vor, auf die Herr Geh. Rath Dr. Neigebaur erst kürzlich meine Aufmerksamkeit zu lenken die Güte hatte (T. Z. 73).

Es befindet sich in dem Königl. historischen Museum zu Dresden eine ganz eigenthümliche Art aus dem nördlichsten Amerika, die uns erwünschten Aufschluß über die Fassung der kleinen Steinklingen gewährt. Dieses Werkzeug besteht aus drei

Fig. 126.

Theilen, dem aus dunkelbraunem Holze gefertigten Stiel von 13 Zoll Länge, auf welchem ein abgerundeter 7 Zoll langer Thierzahn mit Lederriemen festgebunden ist, aus dessen Ende eine kleine Eisenklinge von 1½ Zoll Breite 1 Zoll lang hervorragt.

Endlich ist ein Axtstiel zu erwähnen, der im Jahre 1847 zu Stedten bei Schraplau gefunden und in der Sammlung des thüringisch-sächsischen Vereins zu Halle niedergelegt wurde, und dessen Zeichnung ich der Güte des Herrn Dr. Zacher daselbst verdanke. In die schnabelartige Oeffnung war der ebenfalls an Ort und Stelle gefundene Stein eingesetzt und unfehlbar durch Umschnürung mit Fäden oder Bändern darin festgehalten.

Fig. 127.

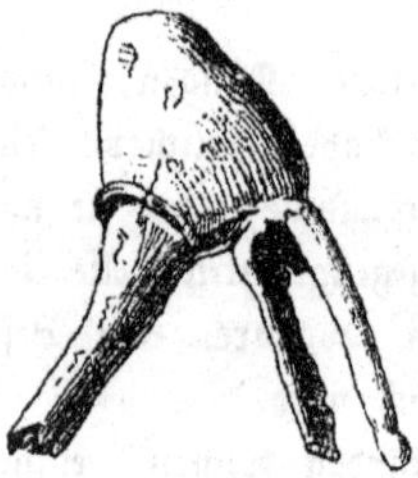

Wir finden nun aber in der Südsee, in Nordamerika, in den nordeuropäischen Gräbern Steine, an denen sich Vorrichtungen finden, welche ihre Befestigung in einen Stiel wesentlich erleichterten.

Zunächst verdient ein brauner wackenartiger Stein unsere Aufmerksamkeit, den ich der Fürsorge Sr. Durchl. des Prinzen Maximilian von Wied verdanke und der von den alten Ureinwohnern Pennsylvaniens, den Delawaren oder Lennapeeindianern, geführt wurde (Nr. 3886 m. S.), Fig. 128. Er ist 7 Zoll lang, 4 Zoll breit und 3 Zoll dick. An den canadischen Seen wurden vor mehrern Jahren gleiche Steine gefunden, womit die alten Indianer anstehendes gediegenes Kupfer von seiner Lagerstätte abzuarbeiten versucht hatten.

Man hat nun auch in Australien (White's Bericht C. G. I, 308) und in den Urwäldern (Spix und Martius R., Atlas, Taf. 34, 7) derartige Beile gefunden; um die in der Mitte des Steines rings um ihn herumlaufende Rinne ist ein Stiel gelegt, der mit Schnüren oder Bändern in der nebenstehenden Weise befestigt ist. (Fig. 129.)

Diese Form findet sich demnächst auf Teneriffa unter den Alterthümern der Guanchen. Man nennt diese Klingen aus braunem, harten Lavaschiefer Tabonas (s. Bory de St.-Vincent Essais sur les îles fortunées. S. 75). Sie kommt auch am Harze vor

(Lehmann, Alterth. v. Welbsleben. S. 75; vgl. Prinz Max. v. Wied, R. in N.-A. I, 416).

Endlich wird auch wohl der Stein mit Harz in den Stiel eingeklebt, und hierhin gehört denn jene nordamerikanische Kriegsart, die sich meines Wissens in dieser Weise nur bei den Bewohnern

Fig. 128—130.

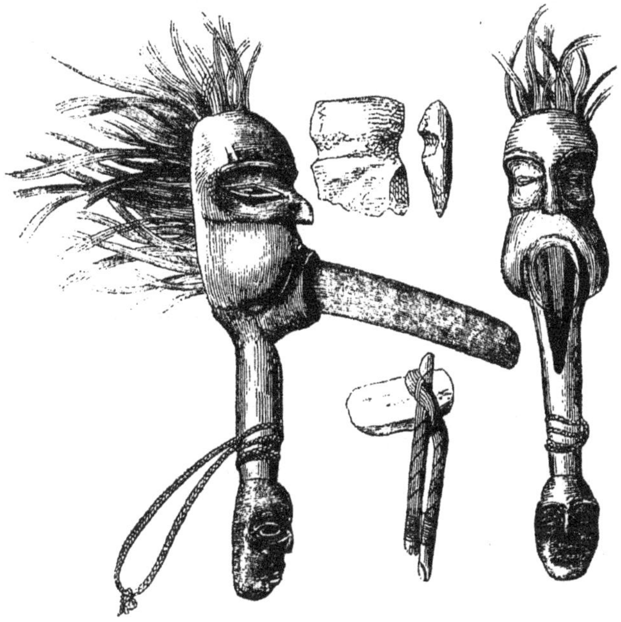

des Nootka-Sundes vorfindet. Diese Waffe beschreibt Forster (Cook's 3. Reise. III, 71). Sie besteht aus einem 6—8 Zoll langen Stein, der an einem Ende zugespitzt und am andern in einen hölzernen Griff eingelassen ist, welcher den Kopf und Hals eines Menschen vorstellen soll, so daß der Stein in dem Munde befestigt ist, und gleichsam eine ungeheure große Zunge abbildet. Um die Aehnlichkeit noch auffallender zu machen, ist das Instrument mit Menschenhaaren verziert. Es heißt Taawisch oder Tsuskiah. Zuerst wurde dasselbe abgebildet von Pennant (Arctische Zoologie. D. v. Zimmermann. I, 182). Diese und andere Steininstrumente waren bei den Anwohnern des Nootka-Sundes in großer Anzahl vorhanden. Das Exemplar (Nr. 2284 m. S.) zeigt einen menschlichen Kopf, dessen Hals in einen Stiel übergeht, der als das Gesicht eines verschiedenen Menschen endet. Der Schädel des größern Kopfes ist mit schwarzen Menschenhaaren besetzt. Er zeigt die große Nase und die langgedehnten Augen der amerikanischen passiven Rasse. Die Farbe des harten Holzes ist hellbraun, seine Länge beträgt 14 Zoll. Der viereckige Grünstein, der zungenartig aus dem Munde hervorragt, hat abgerundete Kanten und eine mit dem Stiel parallel laufende Schneide. An den Griff ist eine trefflich geflochtene Schnur aus rothbraunen harten Pflanzenfasern befestigt, um die Waffe am Handgelenk zu halten.

Klingen, die, wenn auch nicht in dem Material doch in der Form mit dieser nordamerikanischen überein kommen, sind, doch nur vorzugsweise in Feuerstein, unter den nordeuropäischen Alterthümern ebenfalls aufgetreten. Ich werde weiter unten darauf zurück kommen.

Eine anderweite Ausbildung der einfachen Steinklinge besteht darin, daß man dieselbe am obern Ende zu einem Zapfen ausarbeitet, der sodann in ein im Holzstiel eigens dafür zubereitetes Bett eingelegt und hierin befestigt wird. Ich finde folgende Formen, von denen a und b aus der Südsee, c aber aus Mecklenburg stammen. Die Form a findet sich auch unter den norddeutschen Alterthümern, wenn auch nicht gerade sehr häufig, in der Länge von 8 — 10 Zoll.

Die ersten beiden Klingen haben für uns namentlich in sofern ganz besondern Werth, als noch die Stiele vollständig und wohlerhalten mit den Binden vorhanden sind, mit denen sie im Holze befestigt wurden. Sie sind mit noch zwei andern Exemplaren nachstehend zusammengestellt.

Nr. 1298 ist eine aus der Südsee stammende Axt für den gewöhnlichen Handgebrauch zum Fällen der Bäume, zur Bearbeitung des Bau= und Schiffsholzes. Der aus hartem, hellbraunem

Fig. 131. 132.

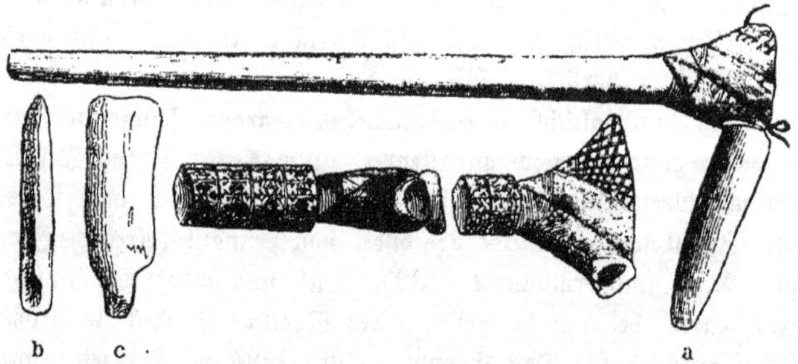

Holze gefertigte und glatt polirte Stiel ist bis ans Geflecht gerade und von 24 Zoll Länge, und seine Fortsetzung unter demselben bis an die Ecke hat 4½ Zoll. Der Stiel hat unten 1, oben am Geflecht fast 2 Zoll Durchmesser. Der Stein, ein sauber geschliffener Basalt, ist bis ans Geflecht 7½ Zoll lang, hat oben 1½, unten an der Schneide 1¼ Zoll Durchmesser, in der Breite und am Geflecht, wo er fast dreieckig im Grundriß, 1¾ Zoll Dicke. Er steckt 2½ Zoll in dem Holze, das genau nach seiner Form ausgehöhlt ist. Die festere Verbindung ist zunächst durch ein Stück Fell hergestellt, welches zwischen der obern Seite des Steins und den aus harten, glatten, hellbraunen Pflanzenfasern geflochtenen platten Schnüren liegt, durch welche die Klinge in dem Schafte festgehalten wird.

Die Construction dieser Steinärte sehen wir ganz genau an einem zweiten Exemplar (Nr. 1947 m. S.), dessen Stiel mit einigem Schnitzwerk versehen und das 33 Zoll lang ist. Wir ersehen daraus, daß die für den Stein bereitete Lagerstätte nach oben offen ist und ganz genau nach dem Zapfen des Steins gearbeitet wurde, und daß das Stück Haut, welches als Decke dient, über die Holzränder herabreicht. Die ganze, aus dem Stiel heraustretende Abtheilung, welche man das Haus des Steins nennen könnte, ist 5 Zoll lang, 4 Zoll hoch und oben 1, unten 2 Zoll breit. Das Innere zeigt Spuren von einer Masse, wohl Pflanzenharz, womit Stein und Holz verbunden waren; auch ist letzteres im Innern rauh gearbeitet, um den Stein desto fester zu halten. Das Flechtwerk, eben so gefärbt und beschaffen wie das am vorhergehenden Exemplar, ist mit bewundernswürdiger Genauigkeit gearbeitet.

Es folgen nunmehr zwei Prachtärte, deren Klingen genau in derselben Weise gefaßt sind wie die vorigen, deren Schäfte jedoch noch mehr ausgearbeitet sind.

Die erste (Nr. 2086 m. S.) hat in ganzer Höhe 2 Fuß 7 Zoll. Der Schaft, aus einem lichten, künstlich krapproth gefärbten, minder harten Holze, ist rund. Er hat bis da, wo das Flechtwerk beginnt, 2 Fuß 3½ Zoll Höhe, an der Basis 5½ Zoll Durchmesser, er verjüngt sich 2 Fuß 2 Zoll anwachsend zu 3 Zoll Durchmesser, und geht hier in eine kuppelartige Abrundung über, aus welcher das Gehäuse des Steins in ovaler Grundfläche von 2—2½ Zoll Durchmesser emporwächst. Der Schaft ist von unten herauf 5½ Zoll lang hohl und hier durchbrochen. Die ganze Außenseite desselben ist mit einem sehr genau gearbeiteten Schnitzwerke bedeckt, dessen umstehende Abbildung eine nähere

Fig. 133. 134.

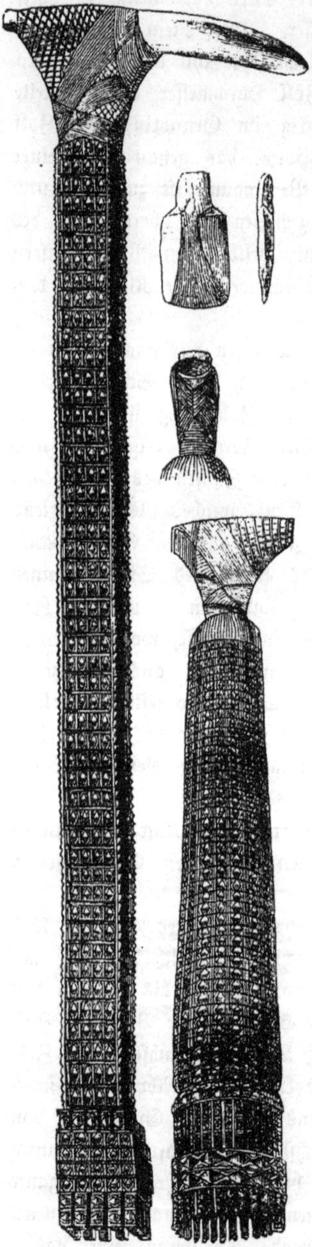

Beschreibung überflüssig macht. Das Gehäuse des Steins ist 4 Zoll hoch, 6 Zoll lang, am hintern Ende 1, am vordern 2 Zoll breit und durch ein Stück Haut, wie die vorigen, oben unter dem Flechtwerke geschlossen. Das Flechtwerk ist überaus sauber und regelmäßig. Die Steinklinge aus Basalt ist mit dem Zapfen 6 Zoll lang, wovon mehr als ein Zoll auf den Zapfen kommt; die Dicke des unregelmäßig ovalen Zapfens ist 1 — 1½ Zoll. Die Oberseite der Klinge ist ganz platt, die untere Seite dagegen bildet am Zapfen einen Grat, der nach der Schneide hin sich in zwei, eine dreieckige Fläche einschließende Grate verzweigt.

Noch ansehnlicher und eben so schön gearbeitet ist (Nr. 1299 m. S.) das folgende Exemplar. Der Stiel ist vierkantig, bis zum Ansatz des Steingehäuses 4 Fuß 1½ Zoll lang, von unten 1½ Zoll hohlgearbeitet. Die etwas hervortretende Socke hat an jeder Seite 3½ Zoll, der Schaft 2½ Zoll Breite. Der Schaft ist ganz mit demselben Ornament wie der vorige bedeckt. Die Kanten sind jedoch unterarbeitet und durchsichtig. Das Steingehäuse, wie an der vorigen Axt construirt, ist 7 Zoll hoch, 7 Zoll lang, hinten 1¼ Zoll, da, wo es den Stein berührt, 1¾ Zoll breit. Die Klinge hat gleichfalls die Gestalt der vorigen und sitzt mit einem 1½ Zoll breiten und 1 Zoll dicken Zapfen im Holze, das Freistehende ist 7 Zoll lang, oben 3¼ Zoll, unten 4¼ Zoll breit. Das Flechtwerk ist reich und zierlich.

An allen diesen Aexten steht die Schneide der Klinge nicht parallel mit dem Schafte, sondern horizontal, wie bei den Schlichteäxten der Schiffszimmerleute und den Hacken der Weinbauern. Es ist dieß eine Form, die auch die große Mehrzahl der im nördlichen Europa und Asien gefundenen Steinklingen zeigt und die wir noch jetzt an den eisernen Aexten der Kalmyken wiederfinden.

Bei den meisten amerikanischen Axtklingen aus Stein, so wie an den noch vorhandenen Steinäxten der Ureinwohner finden wir die auch im Nootka-Sunde übliche Art der Klingenstellung.

Fig. 135.

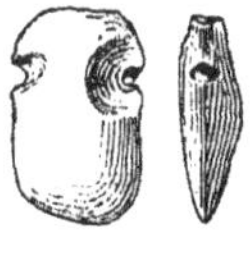

Ich erhielt drei Axtklingen aus graubrauner Wacke aus dem Nachlasse des in Surinam verstorbenen Dr. Deutschbein (Nr. 4104—6), die dort von den Negersclaven als Fetische benutzt werden. Eine ähnliche Form fand sich unter den von Herrn John Mitchel Kemble (VII, 3) gezeichneten Alterthümern. Das Kaiserl. Antiken-Cabinet in Wien besitzt in der Streitaxt Montezuma's II. ein trefflich erhaltenes Exemplar einer solchen im Schaft eingebundenen Steinaxt, Fig. 136. Zwei andere amerikanische Steinäxte werden im Königl. historischen Museum zu Dresden aufbewahrt, und ich habe sie bereits in meiner Culturgeschichte (Th. II, S. 62, Taf. VI a. b.) beschrieben und abgebildet.

Fig. 136.

Diese Steinäxte wurden von den Urbewohnern der Continente und Inseln aller Zonen zu jeder eben vorkommenden Arbeit benutzt — eben so wie die Südafrikaner noch heute mit ihren eisernen Aexten sowohl Bäume fällen und Holz hacken, als den Boden bearbeiten. Auf den Anfangsstufen der Cultur sind weder die Beschäftigungen und Arbeiten, noch die dazu erforderlichen Werkzeuge gesondert und gegliedert.

Daß diese Gliederung bereits in einem Zeitalter stattgefunden habe, wo die Metalle noch nicht allgemein bekannt und benutzt waren, zeigen eine Menge steinerner Werkzeuge, die offenbar zu einem besondern Zwecke angefertigt und gebraucht wurden, die aber ebenfalls aus der Axtform sich herausgebildet haben, und die wir demnächst näher zu betrachten haben.

Ich bemerke im Voraus, daß manche dieser Werkzeuge wohl auch als Meisel geführt worden sein mögen, namentlich jene schmalen und hohl ausgeschliffenen kleinen Klingen aus Feuerstein. Indessen habe ich unter den Werkzeugen, welche noch jetzt in den Urwäldern bei den Eskimos gefunden werden, nur wenige angetroffen, welche wirklich als Meisel im Gebrauche sind. In der Südsee finden wir einzelne kleine Nephritmeisel.

Ich lasse die Beschreibung einiger meiselförmigen Klingen folgen.

Nr. 4877 (m. S.) ist aus weißgrauem Feuerstein, $5^3/_4$ Zoll lang, vierkantig, je zu dreiviertel Zoll Breite. Die Klinge verjüngt sich nach oben und endet stumpf, nach unten bildet sie eine scharfe Schneide. Diese Form ist in mehrern Exemplaren in meinem Museum vertreten.

Fig. 137—139.

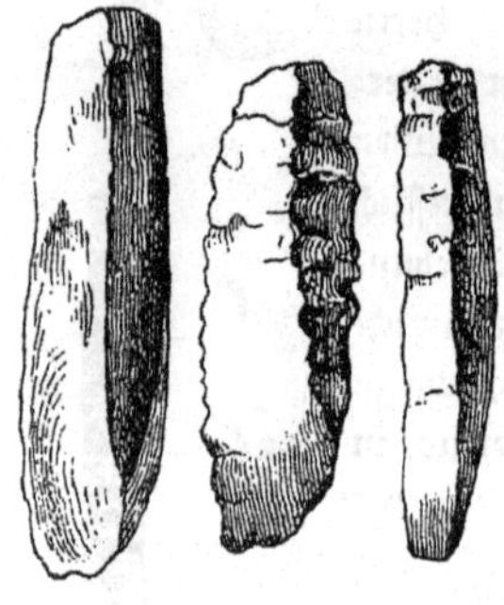

Die Form des Hohlmeisels zeigt eine Klinge aus roh zugehauenem, noch nicht polirtem, völlig weißem Feuerstein (Nr. 3172 m. S.), die ich der Güte des K. S. Hauptmanns, Herrn Baron von Bernewitz verdanke, der dieselbe bei Frösle in Schleswig gefunden. Sie ist $5^1/_2$ Zoll lang, an der Schneide 2 Zoll, am abgestumpften Oberende 1 Zoll breit, und 1 Zoll im stärksten Durchmesser.

Nr. 1360, Hohlmeiselklinge aus gelbem, gräulich und schwärzlich geflecktem Feuerstein, überall trefflich polirt, nur stellenweise durch den Gebrauch ausgesprungen, $6^3/_4$ Zoll lang, 1 Zoll dick, an der Schneide 2, am abgestumpften Oberende 1 Zoll breit, stammt aus Dänemark. In der Sammlung sind noch mehrere Exemplare, größer wie kleiner, zum Theil durch den Gebrauch an der Schneide sehr beschädigt. Die Form ist gerade nicht selten, als Meisel oder Axt gefaßt dient sie an der Seeküste für die Schiffbauer als schätzbares Werkzeug.

Wir finden nun auch in den Ländern um die Ostsee, wo der Feuerstein sehr häufig gefunden wird, ganz große keilförmige Klingen, über deren Bestimmung kaum ein Zweifel obwalten kann, wenn wir ähnliche Formen noch im Zusammenhange mit dem Schafte und in der Hand der Menschen anderwärts finden.

Die eine dieser Klingen (Nr. 4314 m. S.) ist aus grauem Feuerstein, 11½ Zoll lang, in der größten Breite 4 Zoll, in der größten Dicke 2 Zoll stark, am obern Ende abgestumpft, mit offenbarer Spur von Bruch, am untern mit halbrunder Schneide, roh zugehauen, an den Rändern genarbt oder gekerbt, um für die Fassung mehr Festigkeit zu gewinnen. Sie stammt aus Dänemark.

Fig. 140. 141.

Ganz ähnliche, nur in den Maßen abweichende, sind mehr in meiner Sammlung vertreten, sowohl länger als kürzer.

Diese großen Keilklingen kommen aber auch glatt geschliffen vor, wie z. B. Nr. 1357 (m. S.), mit 14 Zoll Länge, unten 4, oben 3 Zoll Breite, und mehr als Zollstärke. Die beiden breiten Flächen des bräunlich grauen Feuersteins sind nach den Seitenflächen hin abgerundet, letztere sind scharfkantig und nur einen halben Zoll breit. Die Klinge stammt ebenfalls aus Dänemark.

Das Königl. historische Museum zu Dresden besitzt eine große Klinge aus schönem, hellgrünem Nephrit, sie ist 16 Zoll lang, an der breitesten Stelle 4 Zoll und ziemlich zolldick. Sie stammt aus Mexico.

Fragen wir nun nach dem Gebrauche dieser kolossalen Klingen, so müssen wir annehmen, daß sie Werkzeugen angehörten, deren Bestimmung war, größere Massen zu bewältigen. Die Südseeinsulaner haben für das Fällen der Bäume nur ihre Axt mit den mittelgroßen Klingen. Auch sind die Werkzeuge für Bearbeitung der Balken zum Haus= und Schiffbau nur von mittlerer Größe, 6—8 Zoll, ein Maß, welches auch die Kriegskeulen der Amerikaner nicht überschreiten.

Wohl aber finden wir auf Neuseeland für die Bearbeitung

Fig. 142.

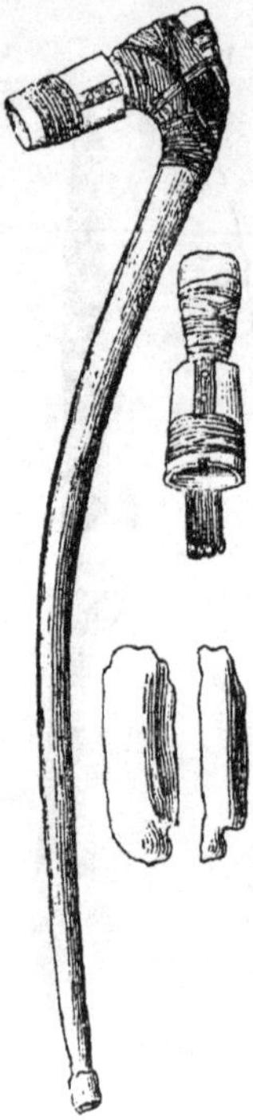

des Bodens ein ganz ähnliches Werkzeug noch heutiges Tags, das freilich mit der Zuführung eiserner Werkzeuge durch die Europäer bald außer Gebrauch kommen dürfte. Der Pflug, den auf den niedern und mittlern Culturstufen noch die menschliche Muskelkraft in Bewegung setzte, mag ursprünglich in einem hölzernen Haken bestehen, wie ihn Cook, Forster und Labillardière, in einigen Inseln der Südsee antrafen. Die Betjuanen dagegen bearbeiten ihr Feld mit der Art von Eisen. Der vor mir stehende neuseeländische Pflug (Nr. 2088 m. S.) dagegen besteht aus drei Theilen, dem Schaft aus festem Rohr, der Klinge aus einem schweren Knochen und der Kapsel, die beide Theile verbindet. Der Schaft ist ein wenig gekrümmt und 4 Fuß 8½ Zoll lang, 1½ Zoll im Durchmesser, rothbraun von Farbe. Er ist mit einer aus Holz gefertigten, 12 Zoll langen und 4 Zoll breiten Kapsel mehrfach durch Pflanzenschnüre verbunden, in welcher eine 12 Zoll lange, 3½ Zoll breite und 1½ Zoll dicke Klinge aus wohlpolirtem, scheinbar fossilem Zahn eingesetzt und durch Keilchen festgehalten ist. Das Gewicht desselben beträgt 4 Pfund.

In Neucaledonien gruben die Einwohner ein sumpfiges Feld um, um Yams oder Arumwurzeln zu pflanzen. Es waren meist Weiber. Sie bedienten sich dazu einer Hacke von Holz, die in einen langen, krummen, spitzigen Schnabel endigte. Dieselben Insulaner gebrauchten aber auch dasselbe Instrument als Waffe (s. Forster's Reisen. II, 332).

Diese Form des Pfluges finden wir auch auf den ägyptischen Denkmalen wieder, wo er hin und wieder von Menschen, meist aber von Stieren bewegt vorkommt und dann in allen Theilen größer erscheint. Es ist dieselbe Form ferner bei den alten Italienern, bei den Slawen und theilweise sogar noch heute in Deutschland als der mecklenburgische Haken vorhanden.

Wir werden gar bald demselben abermals in Stein begegnen, indem wir uns zu den

gebohrten Klingen

wenden, die übrigens nur der antiken Erdhälfte eigenthümlich zu sein scheinen. Unter den amerikanischen und südseeischen Werkzeugen sind mir bis jetzt wohl Keulenstiele, Ohrgehänge und Figuren aus Stein vorgekommen, welche durch ein durchgebohrtes Loch zum Anhängen zubereitet worden, niemals aber Axtklingen von Stein, die in den europäischen Museen so häufig und in so mannichfaltiger Form wiederkehren.

Wir haben oben die Gesteinarten kennen gelernt, welche zuweilen von der Natur, mit einem Loch versehen, dem Menschen unter die Hand kommen und von demselben zu Werkzeugen, wie Senksteinen, Hämmern, umgewandelt werden.

Hier begegnet uns nun eine große Mannichfaltigkeit von Formen; wir finden Axtklingen, deren Schneide mit dem Schafte parallel geht, dann andere, die wie die südseeischen Klingen horizontal eingestellt sind; wir finden Aexte mit einer, wie mit zwei Schneiden, dann platte, abgerundete, eckige, facettirte oder auch nur an der Schneide zugeschliffene. Die Größe schwankt zwischen 3 und 12 Zoll. Hier sind wiederum alle diejenigen Gesteine vertreten, die wir in den als Axtklingen benutzten ungebohrten Geschieben bemerkt haben, weil diese gebohrten Aexte durchgängig ursprünglich Geschiebe waren und nur durch Anbohren und Zuschleifen in Das umgewandelt wurden, was sie noch sind. Sehr harte Steinarten, wie Probirsteine, sind meist nur wenig polirt und zeigen dann oft große Partien der ehemals rauhen Oberfläche. Indessen finden wir doch auch und gerade in diesen sehr harten Steinarten überaus künstlich durchgeführte Formen. Den Feuerstein habe ich bis jetzt noch nicht zu durchbohrten Klingen verwendet gefunden.

Ehe wir weiter schreiten zur nähern Betrachtung dieser Werkzeuge, müssen wir noch fragen: in welcher Weise und mit welchen Hilfsmitteln wurden diese zum Theil überaus harten Klingen durchbohrt? Man hat unfertige oder angefangene Durchbohrungen gefunden; aus dem kreisrunden Loch stand ein Kern hervor, der Gutsmuths auf die Frage führte: Wie durchbohrte der alte Germane seine Streitaxt? (S. Morgenblatt 1832, Nr. 253.) Er sprach die Ansicht aus, daß dieß mittelst eines metallenen Cylinders geschehen sei, den die Alten nach Art der zahnlosen Steinschneidesägen mit Schmirgel anwendeten. Er fand eine Unterstützung seiner Ansicht in der großen Regelmäßigkeit der Löcher, der Glätte ihrer Innenseite und in eingedrückten Windungen, die er als Spuren eben jenes Cylinders betrachtete. Im Jahre 1840 erhielt ich durch die Güte meines verewigten Freundes, Herrn Oberhofgerichtsraths von Zehmen, einen bei Weißig, unweit Camenz, gefundenen bronzenen Cylinder von 5 Zoll Länge und dreiviertel Zoll Durchmesser, der ganz mit edlem, dunkelgrünem Roste bedeckt ist, und von mir lange Zeit als das Instrument angesehen wurde, womit alle Steinärte gebohrt worden (Nr. 1220 m. S.).

Fig. 143—147.

Fortgesetzte Beobachtung belehrte mich jedoch, daß neben dieser doch auch andere Methoden stattgefunden haben könnten. Eine auf zwei Seiten angebohrte Steinart meiner Sammlung (Nr. 4313) zeigt deutlich, daß bei diesem Exemplar wenigstens durchaus nicht an einen cylindrischen Bohrer zu denken ist, daß vielmehr die beiden konischen Löcher mit einem festen Körper allgemach mühsam genug zu Stande gebracht worden sind.

Noch ist zu bemerken, daß bei der großen Mehrzahl dieser gebohrten Aerte das Loch nicht senkrecht hindurchgeht, sondern meist etwas geneigt angebracht ist, so daß die Klinge mit dem Stiel einen spitzen Winkel bildete, in der Weise, wie es mit den ungebohrten geschäfteten Steinklingen der Fall war.

Abbildungen solcher Steinkeile habe ich in meinem Handb. der germ. Alterthumsk. S. 161, nachgewiesen. Nachzutragen ist: Fr. Lisch, das Friderico Franciseeum, von Estorff, heidn. Alterth. der Gegend von Uelzen. Hamm 1846. Fol.; G. W. A. Oldenburg und J. P. E. Greverus, Wildeshausen in alterthüml. Hinsicht. Oldenburg 1837. 8.

Ich gehe nun zur Beschreibung der wichtigsten Formen über. Fig. 144. Klinge aus grüngrauer Wacke, gebildet aus einem Geschiebe, dessen Seitenflächen nur oben geglättet, 8 Zoll lang, 3 Zoll breit und 2 Zoll dick, die der Schneide entgegengesetzte Seite ist abgestumpft, das Loch hat über 1 Zoll im Durchmesser. Gefunden bei Möckern unweit Rötha, und mir verehrt vom Finder Herrn Fr. Teichmann (Nr. 36 m. S.).

Dagegen ist das nächste Exemplar aus grauer Wacke desto sorgfältiger gearbeitet. Es ist 5 Zoll lang, 2¼ Zoll breit und 2 Zoll dick, der obere Theil ist abgerundet, doch sieht man, daß es von Haus aus ein wohlgebildetes Geschiebe gewesen. Es stammt aus Dänemark (Nr. 4879 m. S.). Fig. 145.

Ein Exemplar aus schwarzem Kieselschiefer, 6 Zoll lang, 2 Zoll breit und 1 Zoll dick, ist nur auf den Seitenflächen und an der Spitze ordentlich abgeschliffen, die breiten Flächen so wie das obere breite und stumpfe Ende sind fast roh gelassen, die eine Seite ist höher als die andere. Dagegen ist das Loch überaus genau und scharf eingebohrt. Es stammt aus Thüringen (Nr. 245 m. S.). Fig. 146.

Ganz eigenthümlich ist das folgende Stück aus feinkörnigem, rothgrauen Granit. Es ist 4½ Zoll lang, 2 Zoll dick und eben so breit, überall sorgfältig geschliffen, doch mit rauher Oberfläche. Das Loch hat 1¼ Zoll Durchmesser, so daß die Seitenwände an der dünnsten Stelle kaum einen halben Zoll Stärke darbieten. Es stammt aus Dänemark (Nr. 1579 m. S.). Fig. 147.

Fig. 148—151.

148 149

150 151

Durch seine Form, saubern Schliff und Farbe zeichnet sich ein auf dem Normannstein bei Treffurt gefundenes Exemplar aus dunkelgrünem, edlen Serpentin aus, der an der Schneide tiefrothe Flecken zeigt. Es ist 4½ Zoll lang, 2 Zoll breit, an der Schneide fast 2 Zoll dick, während das abgestumpfte Ende eine Fläche von 1 Quadratzoll darbietet. Bei allen Steinärten ist das Loch entweder in der Mitte, oder mehr oder minder entfernt von der Schneide. Hier aber ist dasselbe von der Schneide nur 1½, von dem flachen Oberende aber 2 Zoll entfernt. Wahrscheinlich rührt dies daher, daß diese Art ursprünglich bei weitem länger gewesen, daß aber die Schneide, durch den Gebrauch abgestumpft, immer wieder nachgeschliffen wurde und so das Ganze immer kürzer geworden ist. Geschenk des Herrn Hofraths Dr. Tilesius von Tilenau (Nr. 8 m. S.). Fig. 148.

Steinaxt von 5 Zoll Länge und siebenachtel Zoll Dicke. In der Mitte 2½ Zoll breit, am breiten Oberende von eiförmiger Gestalt 1½ und siebenachtel Zoll im Durchmesser, im Loch Spuren des bohrenden Instruments. Der Stoff ist grünlichgrauer, sehr dichter Grünstein. Sie stammt aus Dänemark (Nr. 1378 m. S.). Fig. 149.

Ein tüchtiges Werkzeug ist Nr. 244 m. S., aus schwarzem Basalt, 5½ Zoll lang, in der Mitte über das Loch 2½ Zoll breit. Das Oberende bildet eine viereckige gleichseitige Fläche von 1½ Zoll Durchmesser. Die größte Dicke an der Schneide beträgt 2½ Zoll. Das Ganze ist ursprünglich scharfkantig und überall glatt polirt, doch mehrfach auf den Oberflächen durch Verwitterung verändert. Thüringen. (Fig. 151.)

Eine selten vorkommende Form ist die dreieckige (Nr. 258 m. S.), Fig. 150. Diese Axt aus Grünstein ward i. J. 1833 bei Glesine unweit Eilenburg gefunden. Der Längendurchmesser über das Loch beträgt 5½ Zoll auf der glatten oder untern Fläche, der Querdurchmesser an der obern abgerundeten Fläche, welche die Basis des Dreiecks bildet, 3 Zoll. Die Unterseite ist ganz platt, die obere aber, an der Schneide am höchsten und 1¼ Zoll dick, fällt von dem Loche an im Halbkreis abwärts, so daß das breite Oberende eine Art zweite Schneide bildet, die jedoch in der natürlichen Form des Geschiebes begründet war.

Minder selten und fast in jeder größern Sammlung vorkommend sind die schlanken Axtklingen aus Grünstein oder Kieselschiefer, deren Flächen mehrfach facettirt sind.

Fig. 152. 153. 154.

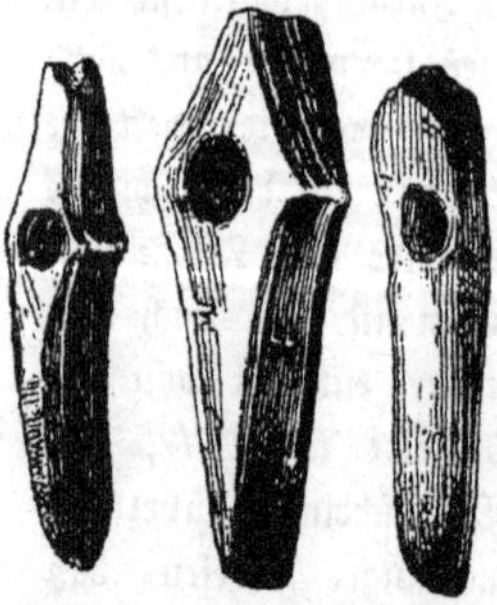

Das eine Exemplar (Nr. 1722 m. S.) aus Grünstein, von Zwenkau bei Leipzig, kam durch Herrn Oberstlieutenant Raabe in meine Sammlung. Es ist 6 Zoll lang, an der breitesten Stelle, über das Loch gemessen, 2 Zoll breit und von 1—1½ Zoll dick. Die Schneide ist eiförmig zugerundet und das Ganze sehr sauber eckig geschliffen. Das Loch zeigt Spuren des Bohrwerkzeugs. (Fig. 152).

Ein zweites Exemplar (Fig. 153), das ich der Güte des Herrn Oberst von Gutbier verdanke und das aus der Umgegend von Zwickau in Sachsen stammt (Nr. 3796 m. S.), ist aus schwarzem Kieselschieser, 6½ Zoll lang, über das Loch gemessen 3 Zoll breit und 1½ Zoll dick. Alle Theile der Oberfläche sind schön geschliffen, das Loch scharf eingesetzt und vollkommen glatt.

Eine seltenere Form dagegen bietet eine aus Dänemark stammende Grünsteinaxt dar, welche die Form einer gekrümmten Walze hat, die auf dem untern Ende in eine abgerundete Schneide, am obern in eine Fläche endigt, und 1 Zoll im Mitteldurchmesser hat. Das Loch von zweidrittel Zoll Durchmesser zeigt Spuren des Bohrwerkzeugs (Nr. 1382 m. S.). Fig. 154.

Fig. 155—158.

156 155

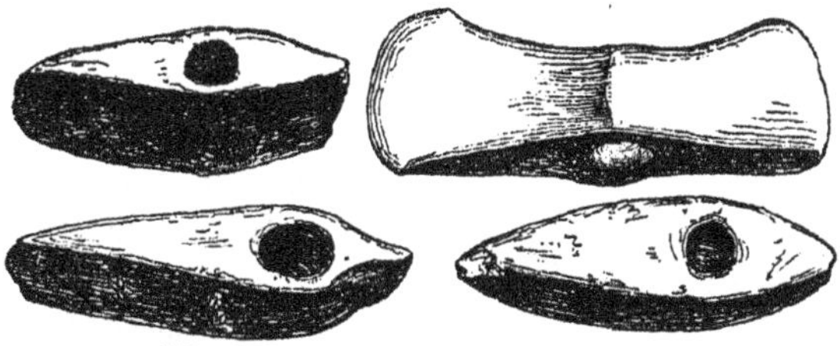

158 157

Das folgende Exemplar, Fig. 155 (Nr. 1383 m. S.), aus gelblichgrauer, dichter Wacke, 7 Zoll lang, an der Schneide 2½, in der Mitte längs durch das Loch 1½ und am wenig stumpfen Oberende 2 Zoll dick, quer über das Loch 1 Zoll im Durchmesser, ist überaus sauber und sorgsam gearbeitet, die Kanten sind scharf, die Fläche zwischen Schneide und Oberende zierlich hohl ausgeschliffen. Das Loch zeigt Spuren des Bohrers, die Seitenwände des Lochs sind kaum einen Viertelzoll dick. Das Ganze ist offenbar Nachahmung einer metallenen Axtklinge.

Die meisten Steinäxte sind durch die breite Fläche gebohrt, so daß zu den beiden Seiten des Lochs noch so viel Steinmasse übrig ist, um der Haltbarkeit des Werkzeugs keinen Eintrag zu thun. Auch hat die Mehrzahl derselben nur eine Schneide.

Wir finden hier Ausnahmen, zunächst eine Axt mit zwei Schneiden aus hellgrauem Grünstein (Nr. 1375 m. S.) aus Dänemark, Fig. 156. Die Länge beträgt 5¼ Zoll, die Breite quer über das Loch 1½ Zoll, die Dicke dagegen über 2 Zoll. Ein zweites Exemplar (Nr. 4676 m. S.) ist 4 Zoll lang, sonst in Dicke und Breite dem vorigen gleich. Es ist aus schwarzem Basalt und stammt aus Norwegen.

Eine ebenfalls zweischneidige Axt aus lichtem Grünstein, im Jahre 1842 bei Bischofswerda gefunden und mir verehrt vom Herrn Rittmeister von Zehmen aus Weißig, ist 3½ Zoll lang, 2 Zoll breit und 1¼ Zoll dick (Nr. 1524 m. S.). Fig. 157.

Die nächstfolgende Form (Nr. 1929 m. S.) kommt in Dänemark und dem nördlichsten Deutschland ziemlich häufig vor. Dieses Exemplar, Fig. 158, aus grünem, weißgefleckten Porphyr, ward bei Lübbenau in der Erde beim Steinegraben gefunden und mir im Jahre 1844 vom Herrn Pastor Nicolai in Dörpt verehrt. Das Ganze ist 6½ Zoll lang, 2½ Zoll breit und 1½ Zoll dick. Das Loch hat 1 Zoll Durchmesser und ist ganz glatt und von der obern Schneide 1½, von der untern 4 Zoll entfernt, mithin ebenfalls nicht in der Mitte durchbohrt.

Letzteres ist der Fall mit einer 9½ Zoll langen, zweischneidigen Axt der Großherzogl. Sammlung zu Schwerin (Lisch, Friderico Francisc. Taf. 29) und einem Exemplare der Sammlung zu Hannover, welche gewissermaßen den Uebergang zu einer seltener vorkommenden Form bilden.

Fig. 159.

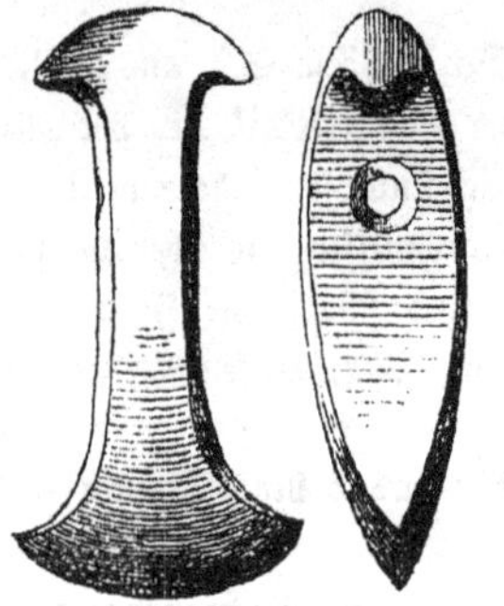

Es folgt eine trefflich gearbeitete Axt aus schwarzem Basalt mit zwei frei vorstehenden, halbmondförmigen Schneiden. Sie stammt aus Schweden (Nr. 4701 m. S.). Der Längendurchmesser ist 7½ Zoll, die größte Breite 2½ Zoll, die geringste Dicke 1 Zoll. Die obere Schneide hat 3½, die untere $3\frac{3}{5}$ Zoll Durchmesser, das Loch 1 Zoll. Die Arbeit ist vortrefflich. Aehnliche, doch kleinere Aexte finden sich in der Sammlung von Schwerin (Lisch, Mus. Frid. Franc. XXVIII, 2) und Copenhagen.

Fig. 160.

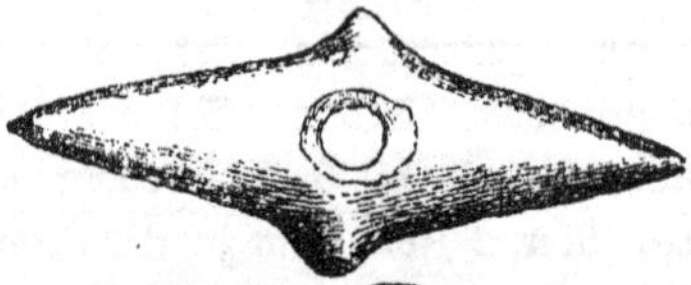

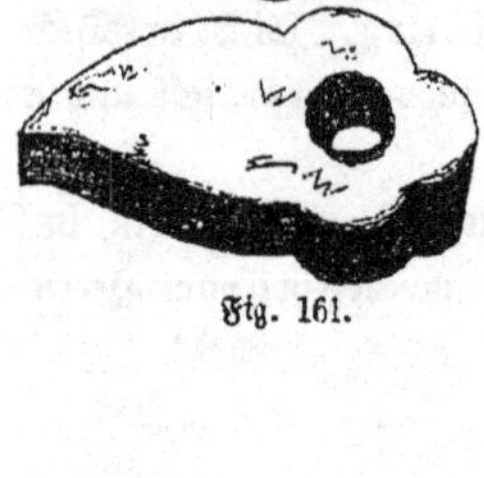

Fig. 161.

Noch ungewöhnlicher ist eine aus braunem Stein gefertigte, vierspitzige Axt, die sich in der Sammlung des Herrn Barons von Westrenen van Tiellandt im Haag befand. Sie ist 6 Zoll breit und 10½ Zoll lang. Die Stärke ist in der vor mir liegenden Zeichnung nicht angegeben (vergl. Hist.-antiqu. Mittheilungen der Königl. Gesellsch. f. nord. Alterthumsk. Copenh. 1835, S. 78, Fig. 36).

Eine ähnliche Form theilte Herr Justitiar Jasperson in Oestergarde unter den übrigen in Schleswig gefundenen Steinsachen in Kruse's Deutschen Alterth. Bd. 3, Heft 1, S. 41, mit. (Fig. 161.)

Fig. 162.

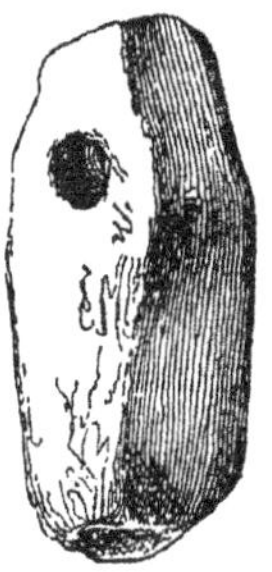

Selten sind auch die Hämmer von Stein. Im Jahre 1820 wurde im Küchwalde bei Chemnitz ein solcher aus Basalt gefunden und in der Bibliothek des Lyceums niedergelegt. Er ist 6 Zoll lang, über das Loch gemessen 2½ Zoll breit, und wo er am stärksten, 2½ Zoll dick. Beide Enden sind abgestumpft und bilden vierseitige Flächen. Ein Hammer aus gelbem Kiesel, aber mit runder Grundfläche, 3 Zoll lang, befindet sich in der Sammlung der Deutschen Gesellschaft zu Leipzig.

Es sind nun auch die durch besondere Größe ausgezeichneten Exemplare zu erwähnen, die zum Theil in der ursprünglichen Geschiebeform belassen und nur an den, der Schneide zulaufenden Seitenflächen polirt sind. Ein solcher, nur an der Schneide ein wenig abgeschliffener Steinkeil, den ich der Güte des verewigten Geh. Reg.-R. Lepsius in Naumburg verdanke, wiegt 5½ Pfund, ist 12½ Zoll lang,

Fig. 163.

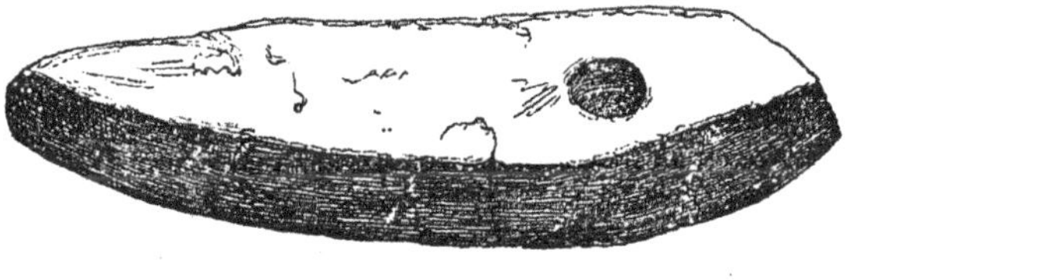

3½ Zoll breit und 2 Zoll dick, sehr rauh, aus Grünstein und mit einem konischen Loch von 1 — 1½ Zoll Durchmesser versehen (Nr. 1623 m. S.).

Ein zweiter von Werwelin bei Delitzsch, aus gleichem lichtern Stoff, ist an den Seiten rundum geschliffen, 12 Zoll lang, 3 Zoll dick und eben so viel breit. Er wiegt 6½ Pfund (Nr. 283 m. S.).

Ein dritter, Geschenk des Herrn von Bosse, stammt von Diera bei Meißen, besteht aus dunkelgrünem Klingstein und ist auf allen Seiten vortrefflich geschliffen, 10½ Zoll lang, 3 Zoll breit, 2 Zoll dick. Das konische Loch hat 1¼ — 1½ Zoll Durchmesser. Eben so sorgfältig geschliffen ist ein bei Teuditz, unfern Halle gefundener mir vom verewigten Herrn Berghauptmann Freiesleben übergebener Steinkeil von 12 Zoll Länge, 3 Zoll Breite und 2¼ Zoll Dicke, aus Grauwacke.

Diese großen Werkzeuge, die sich in der Form den noch auf der Küste Mabar zum Garten= und Feldbau verwendeten Hacken nähern, dienten jedenfalls zu ähnlichen landwirthschaftlichen Zwecken.

Endlich muß noch ein steinernes Werkzeug erwähnt werden; es ist dieß der Klopfer, der noch jetzt in Island zum Klopfen des Fleisches, zum Einrammen von Pfählen, zum Schmieden und zu andern ähnlichen Zwecken verwendet wird. Das vorliegende Exemplar brachte mir Herr Cand. Conrad Gislason im August 1846 zu. Dieser kolossale Hammer ist aus porösem Basalt, in Form einer sehr plattgedrückten Kugel von 9 Zoll Durchmesser und 3½ Zoll Dicke, durch welche ein viereckiges Loch von 1¾ Zoll Durchmesser gearbeitet ist, worinnen der 21 Zoll lange hölzerne Stiel festsitzt. Das Gewicht beträgt 14 Pfund (Nr. 2233 m. S.).

Fig. 164.

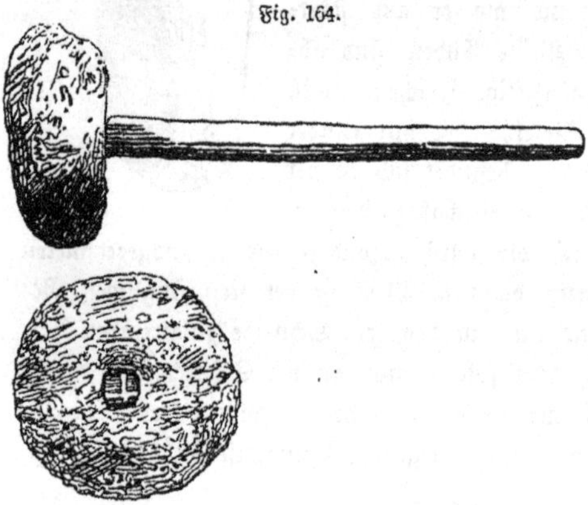

Aehnliche, aber allerdings bei weitem kleinere und auf der Oberfläche ganz glatt gearbeitete runde Hämmer, mit rundem Loch, kommen in den Sammlungen von Schwerin (Lisch, Friderico Francisc.), Lund, Breslau (Büsching, Schles. Alterth.) u. s. w. vor.

Dieß wären denn die vornehmsten Werkzeuge der Menschen, die sie, schon vor der Benutzung der Metalle, aus Knochen, Stein und andern harten Naturstoffen anfertigten. Es sind eigentliche Handwerkszeuge, da es vornehmlich die Hand ist, die sie bewegt, und die bewegten lenkt und leitet.

Dazu gehören aber auch noch die Schleifsteine, auf denen die Arbeitenden ihre Werkzeuge schärfen. Man nimmt zu den Schleifsteinen harte, feinkörnige Gesteine, und ihre Anwendung ist wohl ziemlich gleichzeitig mit der Entstehung schneidender Werkzeuge. Man hat auf Rügen mehrere platte Steine gefunden, an denen man Spuren fand, die darauf hindeuteten, daß sie als Schleifsteine ge=

dient haben. An der Ostseeküste in Kurland, wie in Dänemark, kamen unter den Alterthümern mehrmals Feuersteine vor, die man wohl als Webschiffe bezeichnet hat, denen sie allerdings der Form nach gleichen. Der um das ganze Oval laufende vertiefte Rand würde zur Aufnahme des Fadens gedient haben. Indessen war die älteste Weberei nicht die mit dem Schiff, sondern der Faden wurde mit einer Art Nadel durch den Aufzug geführt, wie wir noch auf den ägyptischen Denkmalen sehen. Dagegen hat man aber Steine dieser Form gefunden, die mit einem metallenen Reifen um den ausgeschliffenen Rand belegt waren, an denen ein kleiner Ring befestigt war, um sie am Gürtel tragen zu können. Außerdem findet sich fast an allen diesen plattovalen Steinen auf der einen Seite eine schiefgehende Vertiefung und diese hat darauf geführt, sie als Schärf- und Wetzsteine für Steinwaffen zu erklären. Das nebenstehend abgebildete Instrument ist aus dunkelgraubraunem Feuerstein, 3½ Zoll lang, 1¾ Zoll breit und 1½ Zoll dick. Es stammt aus Dänemark (Nr. 1361 m. S.). S. Lisch, Jahrb. des mecklenb. Vereins. 1846, S. 350.

Fig. 165.

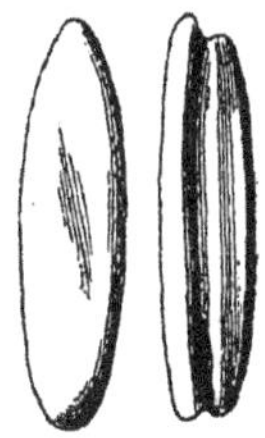

In den Gräbern der Umgegend von Herzberg und Schlieben hat man öfter Schleifsteine für kleinere Instrumente gefunden, die aus grauem, dichten Thonschiefer bestanden und ganz Größe und Farbe derjenigen hatten, die wir heute für dieselben Zwecke benutzen. Der eine derselben ist durchbohrt, mithin zum Anhängen bestimmt.

Zum Oeffnen hartschaliger Nüsse, zum Zertrümmern der Mark enthaltenden Knochen dienen die meist faustgroßen Geschiebe, die in den Hütten der Bewohner der Urwälder, wie in den Resten der vaterländischen Opfer- und Wohnstätten vorkommen.

Regelmäßiger und Spuren des Gebrauchs an sich tragend sind diejenigen Geschiebe, mit denen man Pflanzenstoffe zerrieben hat.

Von dieser Art ist ein platter runder Kieselschiefer von 2 Zoll Durchmesser und einem halben Zoll Dicke, womit die Indianer von Colomb in Georgien den Ocher klar reiben, mit dem sie sich zu bemalen pflegen (Nr. 4378 m. S.).

Die rundlichen Granitgeschiebe von 3—4 Zoll Durchmesser mit einer platten Grundfläche, die in den Trümmern des Burgwalles bei Schlieben vorkommen, dienten wohl um Getreidekörner zu zermalmen, oder aber um solche vaterländische Gewürzpflanzen

Fig. 166.

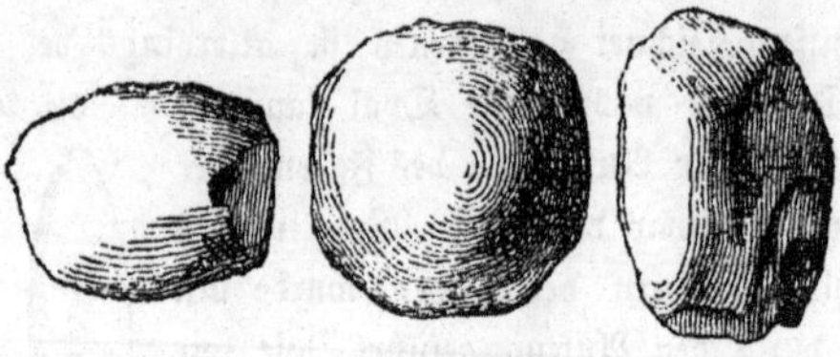

zu zerquetschen, die zu Speisen und Getränken angewendet wurden (Nr. 44, 372 ff. m. S.).

Häufig finden wir aber auch neben den Stein- und Bronzesachen wirkliche Handmühlen aus Granit und Porphyr, d. h. zwei auf einander mehr oder minder ausgehöhlte Steine, zwischen denen die Getreidekörner zu Schrot oder Mehl zerrieben wurden. Der die festliegende Grundfläche bildende Stein ist größer als der, welcher auf demselben hin- und herbewegt wird. Eine Handmühle von röthlichem Granit (Nr. 149 m. S.) stammt vom Broidschenberge bei Bautzen. Der festliegende größere Stein ist 18 Zoll lang, 8 Zoll breit und 5 Zoll dick, der kleinere darauf passende 13 Zoll lang, 8 Zoll breit, 3 Zoll hoch. (Fig. 167.)

Fig. 167.

Fig. 168.

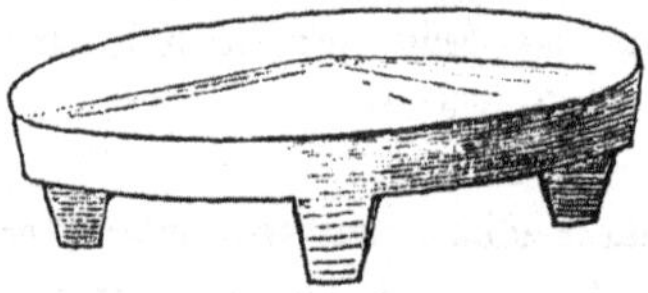

In der Umgegend von Schlieben förderte Herr Dr. Wagner mehrere solcher Handmühlen zu Tage, deren Grundstein in einer minder dicken, viereckig gearbeiteten Granitplatte bestand, zu welcher ein kleinerer Stein von demselden Stoff und gleicher Form gehörte. Ein solcher Grundstein hatte 13 Zoll Länge. Auch in Schleswig und anderwärts hat man solche Mühlen gefunden (Jasperson's Bericht in Kruse's D. Alterth. Bd. 3, S. 53). Aehnliche Steinmühlen für das Maismehl hat man noch heute in Mexico, sie sind aus Lava. In Hindostan hat man dieselbe Methode auf das Zerreiben des Santelholzes angewendet, das man zum Räucherwerk verwendet. Man hat dafür eine kreisrunde, etwas gewölbte Platte, aus feinkörnigem Sandstein, an welcher unten drei dreikantige, spitz zulaufende Füße ausgespart sind. Das Exemplar (Nr. 4538 m. S.) hat 15 Zoll Durchmesser, ist mehr als zolldick. Die Füße sind 3 Zoll hoch. (Fig. 168.)

Die metallenen Werkzeuge.

Schon oben habe ich bemerkt, daß die Benutzung der Metalle zu Werkzeugen nur eine Folge des seßhaften Lebens, einer nähern Beschauung und Prüfung der Beschaffenheit der Erdoberfläche, und überhaupt einer, auch die Zukunft mehr berücksichtigenden Geistesrichtung ist, wie sie namentlich der Ackerbau veranlaßt.

Der Jäger betrachtet allerdings den Boden scharf und genau, wenn er die Spur des Wildes verfolgt, und erkennt am abgefallenen Haar, am umgedrehten Blatt, am geknickten Grashalm oder Ast, wohin das Wild seinen Wandel genommen. Er besieht den Boden genau, aber nicht wegen Dessen, was er birgt, sondern nur lediglich dessen wegen, was darüber hingestrichen ist. Das Gebiet, das er das seinige nennt, ist möglichst groß, und nur Gebirge und Flüsse bilden seine Grenzen. So haben die nordamerikanischen Indianer vielleicht Jahrtausende in den californischen Gebieten gehaust, ohne den unermeßlichen Reichthum zu ahnen, der an Gold über deren Oberfläche verbreitet ist. Eben so wenig haben die schwarzen Ureinwohner Australiens die Goldmassen bemerkt, die zu ihren Füßen so lange gelegen haben und welche erst die Europäer sahen und in ihre alte Heimath entführten.

Die Bewohner der Urwälder von Amerika wissen nichts mit dem Metall anzufangen, was hier und da sich findet, obschon sie den Werth der europäischen Messerklingen recht gut kennen, die sie gern eintauschen.

Das Hirtenleben ist nur eine Milderung des Jägerlebens. Es ist immer wieder das Thier, was dem Menschen in seiner Milch, in seinem Fleisch die Nähr- und Kleiderstoffe giebt, zu deren Erzeugung es vorzugsweise die dem Boden entsprießenden Pflanzen abweidet. Das Thier ist der Vermittler zwischen dem Menschen und der fruchttragenden Erdoberfläche, die es wiederum durch seine Abfälle düngt. Der Mensch zieht mit dem Thiere weiter, so wie die Nährpflanzen von demselben abgeweidet sind. Er ist nicht genöthigt, den Boden näher zu betrachten.

Der Ackerbau dagegen ist es, der den Menschen zur fortgesetzten genauern Beobachtung der ihn umgebenden Natur zwingt. Der Ackerbau nöthigt den Menschen, zunächst innerhalb eines gewissen, begrenzten Gebiets zu bleiben; der Jäger, wie der Hirt, verlassen den Landstrich, der ihren Familien und Heerden keine weitere Nahrung gewährt. Der Ackerbauer muß darauf denken, den Boden zu nöthigen, ihm neue Früchte zu liefern. Er muß nachforschen, welches die Ursachen reichlicher oder spärlicher Ernte, er muß den Einfluß von Kälte und Wärme, von Trockenheit und Näffe beobachten. Er muß das Wasser, das von seinen Früchten entfernt ist, herzuleiten, während der Hirt sich zu ihm hinbegiebt, um es zu benutzen. Vor allem aber wird er den Boden näher betrachten, der ihm weniger Ertrag gewährt, als er erwartet, als er gebraucht. Er wird die Hindernisse aufsuchen, die dem Wachsthum seiner Pflanzen sich entgegenstellen, die Steine aus dem Acker entfernen, die den Pflanzen den Platz wegnehmen; er lernt den Unterschied fruchtbarer und unfruchtbarer Erde kennen. Er wird bekannter mit dem Boden, zu dem er alljährlich mehrmals sich herabbeugt. Beim Umgraben, beim Einstecken der Samenkörner, bei der Betrachtung der aufsprießenden Saat und ihrer der Reife zuschreitenden Entwickelung drängen sich ihm eine Menge Erscheinungen auf, die dem Jäger und Hirten fremd bleiben. Immer aber ist es der Erdboden, der seine Aufmerksamkeit in Anspruch nimmt und ihn zur fortgesetzten genauen Betrachtung nöthigt. Er wird oft, wenn er z. B. einen steinigen Acker bearbeitet, tiefer graben müssen, als er Anfangs der Arbeit beabsichtigte, er wird genöthigt, den Hebel anzuwenden, wenn sein Arm nicht ausreicht, die im Wege liegenden Steine zu bewältigen, er wird, wenn er Wasser ableiten oder zuführen muß, das Innere der Erdrinde bei weitem genauer betrachten, als Jäger und Hirt. Der Ackersmann ist es, dem die geöffnete Erdrinde zuerst ihren Metallinhalt darlegt.

Die gediegen vorkommenden Metalle, wie Gold, Silber, Kupfer und Blei, bieten sich dem Menschen bei der Bearbeitung des Bodens zuerst dar. Er ist genöthigt, sie zu beseitigen, wo sie das Wachsthum seiner Pflanzen hemmen. Ihr Schimmer, ihre Schwere zeigen ihm, daß sie etwas anderes sind als die Steine. Er erkennt ihre Härte, ihre Dehnbarkeit; endlich lernt er, daß sie gleich andern Naturkörpern, gleich dem Thon, den Harzen, gleich dem Wachs, durch Hitze eine andere Gestalt sich geben lassen und erhärtend dieselbe auch behalten.

Die Frage: w a n n die erste Benutzung der Metalle stattgefunden habe, ist schon deshalb eine ganz überflüssige, da dieß jedenfalls in den verschiedenen Ländern der Erde zu sehr verschiedenen Zeiten der Fall gewesen, hier im aufgeschwemmten Lande, dort in den metallführenden Gebirgen.

Dagegen leitet uns die Sage auf die Ansicht, daß die Metalle zuerst von der activen Rasse erkannt und benutzt worden — wie wir denn auch die active Rasse stets im Besitz der Metalle finden, während die passive da, wo sie mit jener nicht in Berührung gekommen, selbst auf höhern Stufen der Entwickelung sich ohne Metalle behilft.

Unter den Dingen, welche die Sage der Aegypter und Peruaner die von den Göttern stammenden und von ihnen abgesendeten Herrscher ihren Pflegebefohlenen mittheilen läßt, werden neben Weberei und Ackerbau auch die Metalle genannt. Es ist dieß ein beachtenswerther Umstand.

Wir finden ferner von den Alten bemerkt, daß z. B. zur Zeit der Blüthe phönicischen Handels die Ureinwohner von Spanien das Gold, das ihr Land in Fülle darbot, wohl kannten, daß sie jedoch keinen Begriff von dem Werthe desselben hatten. Aehnlich war es in Britannien mit dem Zinn.

Das Gold war, wie es scheint, nicht blos in Asien und Aegypten, sondern auch in Amerika dasjenige Metall, was zuerst die Aufmerksamkeit der Menschen auf sich lenkte. Dann kam das Kupfer an die Reihe, das bei weitem härter ist als das Gold, und gediegen sehr häufig über der Oberfläche der Erde verbreitet ist. Es folgen Zinn und Blei, die leichtflüssigen, weichen Metalle.

Wenn wir nun die Alterthümer der Menschen betrachten, so finden wir, daß Gold vorzüglich zu Schmuck und zu Gefäßen verwendet wurde, daß aber die Werkzeuge und Waffen meist aus einer Mischung von Kupfer und Zinn, aus Erz oder Bronze bestehen. Die messer- und meiselförmigen Klingen, die Aexte, Dolche, Schwerter, Lanzen, Nadeln der alten Aegypter, Babylonier, Griechen, Etrusker, Germanen, mit einem Wort der alten Europäer, so wie auch der Mexicaner und Peruaner sind durchgängig aus Stein oder Bronze. Eisen tritt erst sehr spät auf; es scheint, daß die alten Aegypter, so wie die alten Culturvölker von Peru und Mexico dieses, jetzt so herrschende Metall nicht gekannt, wenigstens nicht allgemein angewendet und verarbeitet haben.

Die Bronze

aber ist ein aus Kupfer und Zinn gemischtes Metall. Meines Wissens deutet keine Sage darauf hin, wie die Menschen auf diese

Mischung gekommen. Ein Verfahren, das doch eine genauere Erkenntniß der Eigenschaften der Metalle voraussetzt und deren Zweck es ist, das eine härtere Metall durch das andere weichere zu härten und vor den Einflüssen der Nässe zu schützen. Dazu kommt, daß in der Natur diese Mischung nicht vorkommt. Herr Berghauptmann Freiesleben machte mir über diese Frage folgende Mittheilung: „So häufig sich auch Kupfererze unmittelbar neben und mit Zink- und Zinnerzen zusammenfinden, so ist doch kein natürliches Vorkommen einer bronzeähnlichen Mischung bekannt. Man hat zwar von natürlichem Messing gesprochen, aber nie haben sich dergleichen Gerüchte bestätigt. Jede Bronze ist eine künstliche Composition bereits künstlich dargestellter Metalle, Kupfer, Zink, Zinn, nach Befinden Spiesglas, Blei u. s. w. Daher ist sie überaus verschieden, je nachdem die Zusammensetzungsverhältnisse beliebt wurden, die an kein bestimmtes Gesetz gebunden sind. Es ist kaum denkbar, daß aus gleichzeitiger Verschmelzung von mit einander brechenden Kupfer-, Zinn- und Zinkerzen ein bronzeähnliches metallisches Product, das sich zu weiterer Benutzung eignete, hervorgehen sollte.“ (S. m. C.-G. IV, 257 f.)

Nun finden wir auch allerdings einzelne Werkzeuge, ja Schmuck, der nur aus reinem, ungemischten Kupfer gearbeitet ist; diese Dinge sind auch sehr einfach und von dem Roste sehr zernagt, so daß wir vielleicht zur Annahme berechtigt sind, daß diese kupfernen Werkzeuge die Vorläufer der bronzenen gewesen sind und gewissermaßen den Uebergang von den steinernen zu den bronzenen Werkzeugen bilden. Indessen kommen diese reinkupfernen Sachen nur sehr selten vor, während die bronzenen sich durch ganz Europa, Asien, Nordafrika und in dem mittlern Amerika finden. Die Caraiben besitzen einen eigenthümlichen Bronzeschmuck, den sie indessen nicht selbst anfertigen, sondern der bei ihnen von Geschlecht zu Geschlecht forterbt, den ältere Reisende Caracoli nennen. Er hat die prächtigste Goldfarbe und widersteht allen Einflüssen der Feuchtigkeit (s. C.-G. II, 53).

Wir finden die Bronze immer in dem Gefolge der activen Rasse und überall, wo sie hingelangt ist, in den Tschuden-Gräbern Sibiriens, wie in Hindostan, in Aegypten, wie in Mittelamerika und in Europa. Wenn ich nun die asiatischen Hochgebirge als die Urheimath der activen Rasse bezeichnet habe (s. m. C.-G. IV, 230), so kann ich wohl auch dieselben Gebirge für die Wiegestätte der Bronze in Anspruch nehmen, um so mehr, als eben Hochasien von jeher der Sitz der künstlerischen Schmiedearbeit und Metallbereitung gewesen ist, wie die Kettenpanzer, Damascenerklingen, der Wuz u. s. w. andeuten.

Das reine gediegene Kupfer ließ sich mit Steinen durch Schlagen in eine gewünschte Gestalt bringen. Der Bearbeitung der Bronze aber ging das Schmelzen voraus, der Stoff mußte erst für den Zweck besonders gemischt werden. Es bedurfte unfehlbar zahlreicher Versuche, ehe eine brauchbare Mischung zu Stande gebracht wurde. War einmal die erste und größte Schwierigkeit, die Flüssigmachung des Metalls überwunden, so war die nachfolgende Operation, die Herstellung der Form, wohl bald zu Stande gebracht. In Deutschland hat man mehrmals Gußformen für meiselförmige Klingen und Pfeilspitzen gefunden, z. B. bei Massel in Schlesien eine thönerne von 2 Zoll Länge und 1 Zoll Breite, für eine Pfeilspitze (Hermann's Maslographie, S. 156 m. Abb.), bei Landshut in Baiern, im Hannöverischen und ganz neuerdings bei Meißen. Eben so hat man Schmelztiegel und Bruchstücken derselben bei Jena, Kuchen von zusammengeschmolzenem Metalle, Bruchstücke alter zum Einschmelzen bestimmter Bronzegeräthe bei Cottbus, in Schlesien, in Pommern entdeckt (s. m. Handb. d. germ. Alterthumsk. S. 151 f.). Sie dienen als Beweis, daß man auch in Deutschland die Bereitung und Bearbeitung der Bronze kannte und übte, wie ja schon Plinius (H. N. XXXIV, 2) andeutete. Der Bronzeguß erhielt sich das ganze Mittelalter hindurch, wie die ansehnlichen Denkmale desselben in Hildesheim, Mainz, Corbei, Nürnberg, Augsburg, namentlich die Thüren, Taufen, Leuchter und Glocken zeigen. Der deutsche Name für Bronze ist Messing (Grimm, D. Gr. I, 378).

Die Alten verstanden jedoch nicht allein die Kunst Bronze zu gießen, sondern sie wußten ihr auch, durch eine jetzt unbekannte Behandlung die Elasticität zu geben, die wir jetzt nur noch am Stahle bemerken. Die Fibulen, die spiralförmigen Arm- und Fingerringe, manche Dolchklingen aus alteuropäischen Gräbern haben noch heute, nachdem sie Jahrtausende in der Erde gelegen haben und vom Rost überzogen sind, eine bewundernswürdige Federkraft.

Die Zusammensetzung der antiken Bronze hat man mehrfach chemisch untersucht. Die Hauptstoffe der Mischung sind Kupfer und Zinn, und wir bemerken, daß die älteste Bronze die schönste, der Goldfarbe am meisten sich nähernde Färbung hat; sie hat die wenigste Beimischung anderer Metalltheile und kommt unserm Kanonenmetall am nächsten, das 90 Theile Kupfer und 10 Theile Zinn enthält.

Die Mischungsverhältnisse antiker Bronze finden sich vorzugsweise sorgfältig nachgewiesen in Rügens metallischen Denkmälern der Vorzeit, chemisch bearbeitet von C. Hünefeld und G. Picht. Leipz. 1827. 8. Dazu Erdmann's Journal (Leipz. 1833, Th. XVII, S. 89 ff.); Prechtl, Technol. Encyclopädie, Messing; Erdmann's und Marchand's Journ. Bd. XXXIX, S. 232; Götting. gel. Anzeiger. 1805, S. 1599; bes. Bolley, Handb. d. techn.-chem. Untersuchungen (1853, S. 238).

Bei weitem später als das Kupfer wurde das Eisen als eins der nützlichsten Metalle erkannt. Das Eisen kommt fast nie anders als vererzt in größerer Masse vor, ist aber in ungeheurer Menge, ja in ganzen Bergen, wie in Steiermark und im sächsischen Obererzgebirge, vorhanden. Es tritt in der verschiedenartigen Gestalt an Steine, Erde, Sand gebunden auf und bedarf, um es flüssig zu machen, eines Hitzgrades, der den des Kupfers um mehr als die Hälfte übersteigt.

Gegenwärtig ist das Eisen sogar im Besitz der Neger und Kaffern, die aus demselben ihre Axt- und Hassagayenklingen, ihre Pfriemen und theilweise ihre Arm- und Fußringe fertigen. Sie graben das Eisenerz und schmelzen es in einem Feuer, dessen Gluth sie durch höchst einfache Blasebälge zu vermehren versuchen. Sie bearbeiten das Eisen mit hölzernen Zangen und steinernen Klopfern und verstehen sogar ziemlich zierliche Arbeiten mit diesen geringen Hilfsmitteln herzustellen. Geschickte Schmiede in Eisen sind die Tungusen, welche aus demselben Pfeilspitzen, Messerklingen, Götzenbilder anfertigen, die sie zum Theil an die Nachbarn vertauschen.

Gold, Silber, Blei werden nur wenig zu Werkzeugen und dann nur zum Schmuck derselben verwendet.

Wir gehen nach dieser Betrachtung der wichtigsten Stoffe zu Werkzeugen zu diesen selbst über, halten uns aber bei Betrachtung zunächst an die ihrer Bestimmung entsprechenden Formen.

Wir trafen unter den ältesten Steinwerkzeugen die meißelförmige Axtklinge, die unter den animalischen Naturkörpern in dem Schneidezahn eine entsprechende Form hat. Sie ist meist an einen Stiel befestigt und wird dadurch zur Axt, aus der sich dann die Hacke und der Pflug des Ackerbauers entwickelt und die auch dem Spaten und der Schaufel zum Vorbild diente. Auch Hammer, Hobel und Stemmeisen gehören hierher.

Aus Stein und Pflanzenschale finden wir das Messer längst vor der Anwendung der Metalle; wir werden dasselbe, in Metall ausgeführt, sich zu den mannichfaltigsten Formen, je nach den Bedürfnissen der Menschen, ausbilden sehen. Es erwächst allgemach für den Kriegsgebrauch zum Dolche, zum Schwerte, zum Säbel und Handschar, während es der Landmann zur Hippe, zur Sichel, zur Sense umgestaltet und, wenn der Feind ins Land kommt, es zum Säbel oder Spieß einrichtet. Das doppelte Messer giebt die Scheere, das schartige die Säge.

Stechende Werkzeuge, Nadeln, Pfrieme, Ahle, welche die Thier- und Pflanzenwelt häufig darbietet, werden früh auch in Metallen nachgeahmt; sie dienen auf der einen Seite zur Anfertigung der Kleider, zur Festhaltung des Haars, und werden auf höhern Stufen der Cultur zu Kunstwerken, auf der andern Seite werden sie zur Bewehrung von Waffen und treten als Pfeil- und Lanzenspitze auf, wo sie sich dann der Form des Messers nähern. Zwei und mehr Spitzen bilden die Gabel. Auch der Angelhaken gehört in diese Klasse der Werkzeuge, so wie auch die Spitzhacke.

Aus der Spitze wird der Bohrer, dessen Kind die Schraube ist, deren Thätigkeit eine ihrer Mutter entgegengesetzte ist.

Es folgen dann Raspel und Feile, dann aber die ei- und kugelförmigen Geschosse.

Zuletzt betrachten wir die ältesten zusammengesetzten Werkzeuge, wie den Drillbohrer, die Drehbank, die Spindel, den Webstuhl und die Mühle der ältesten Zeit, als die Vorläufer der Maschinen.

Jetzt aber wenden wir uns zu der

metallenen Axt,

deren steinerne Vorläufer wir vor kurzem bei Seite gelegt haben.

Die Axt ist eins der Hauptwerkzeuge des Menschen, das er je nach seinen Zwecken für Jagd, für den Kriegsgebrauch, für Herstellung seiner Wohnungen, Fahrzeuge, zum Zerlegen des Fleisches, zum Fällen der Bäume, auf das mannichfaltigste gestaltet und benennt. Der Slawe, namentlich der Russe, macht alle Holzarbeit mit der Axt, die er auch immer bei sich führt, wie es ehedem auch der norwegische Bauer zu thun pflegte.

Die Axt war den alten Aegyptern ein so wichtiges Werkzeug, daß sie dasselbe in die Hieroglyphen aufnahmen, und daß sie in der demotischen Schrift einen Buchstaben das K (Kelebia) daraus bildeten. In allen Sprachen ist die Axt nach ihrer verschiedenen Gestalt mit besondern Benennungen ausgestattet. Im Mittelhochdeutschen heißt sie Ahs. In den Monsee'schen Glossen (bei Hoffmann Sunerlaten) heißt securis Ahs, dolabrum Barte und bipennis Dversahs; eine Wiener Glosse des 12. Jahrhunderts hat ascia, Dicksel oder Barta. Barde oder Bare ist im Bremischen Dialekt eine Axt, doch hat man auch das Wort Exe. Dessel ist in demselben Dialekt eine Querart. Beil unterscheiden die Handwerker von der Axt in der Form der Schneide. Die Axt hat mehr die Keilform und dient vornehmlich zum Spalten, das Beil dagegen ist an der Schneide minder breit und nur auf einer Seite derselben schräg angeschliffen, damit die andere Seite sich desto dichter an das zu behauende Holz anschmiegen kann (s. Prechtl, Technol. Encyclopädie. Th. I, S. 417 f., Th. II, S. 1). Im gemeinen Leben wird nicht allein Beil für Axt und umgekehrt gebraucht, sondern letztere auch wohl Hacke genannt.

Die ältesten kupfernen Axtklingen gleichen in ihrer Form noch sehr den steinernen aus Geschieben zugeschliffenen oder aus Feuerstein gehauenen und angeschliffenen. Es sind Meisel, die aber nicht in freier Hand geführt und mit dem Klopfer eingetrieben wurden, sondern in einen Stiel wie die steinernen gefaßt waren. Diese kupfernen Meisel der einfachsten Form finden sich vorzugsweise im nördlichen Europa, doch kommen sie auch in Griechenland, Italien und Spanien, dann aber auch in Aegypten, Hindostan, ja in Amerika vor. Man hat auch bronzene Klingen von dieser einfachsten Form, doch hat sich diese, wie wir bald sehen werden, gar mannichfach umgestaltet. Der ursprünglich einfache Keil entwickelte sich immer mehr. Das bei weitem bildsamere Metall gestattete eine freiere Entfaltung der Form.

Seit dem ersten Auffinden dieser in Deutschland, Scandinavien und England ziemlich häufig vorkommenden Werkzeuge warf man die Frage auf: zu was sie wohl gedient haben mögen. Die Franzosen nannten sie hache gauloise, die Engländer Celt, die Deutschen aber erkannten darin die von Tacitus mit dem Namen Framea bezeichnete Nationalwaffe ihrer Vorfahren. Man erkannte bald, daß diese Klinge irgendwie gefaßt sein mußte, zumal als man mehrere derselben vorfand, die für diesen Zweck offenbar mit besondern Vorrichtungen versehen waren. Der Propst Chn. Detlev Rhode auf der Insel Femern, dessen Cimbrisch-holsteinische Antiquitäten Remarques Johann Alb. Fabricius (Hamb. 1720. 4.) der Aufmerksamkeit des deutschen Publikums empfahl, scheint nur die einfachste Form gekannt zu haben. Er erklärte das Werkzeug ohne alles Bedenken für die altgermanische Framea und besang in seiner Weise die Waffe als „der Cimbern blancken Spieß" (S. 280).

Später theilte der verdiente Beckmann in seiner Beschreibung der Mark Brandenburg (I, 395) die Abbildung einiger solcher Instrumente mit; von dem einen derselben bemerkt er: „daß sich am untern Theile Ueberbleibsel gefunden, welche zeigten, daß das Holz oder der Schaft von beiden Seiten eingelassen gewesen, vermittelst welches Schafts man dann vorkommenden Umständen nach sowohl in der Nähe, als abwärts seiner sich gebrauchen können." Er hatte dabei die Framea des Tacitus im Sinne.

Der überaus umsichtige Graf Caylus bildet in seinem Recueil d'antiquités (Th. II, Taf. 91 und 94, dazu S. 318) die vornehmsten Formen dieses Werkzeugs ab. Er bemerkt, daß man sie sehr häufig in Frankreich gefunden und eben durchweg als Aexte bezeichnet habe, womit er jedoch nicht ganz einverstanden ist, besonders deßhalb, weil auf plastischen antiken Denkmalen die noch jetzt übliche Axtform bereits allgemein vorkomme, die außerdem aber auch unter den Alterthümern selbst gefunden worden. Caylus besaß mehrere Bronzeklingen, die aus Herculanum stammen. Er erkennt in einem solchen Instrumente den Meisel der Tischler.

Nach ihm machten die englischen Antiquare erneute Versuche zur Erklärung des auch in England häufig vorkommenden Instruments, das man dort mit dem Namen Celt bezeichnete, die in der Archæologia Britannica niedergelegt wurden. Die Herren Lorts, Pegge und Jos. Banks suchten nachzuweisen, daß diese Klingen als Aexte geschäftet, und zwar vornehmlich an einem hakenförmigen Stiel befestigt gewesen. Sie wurden in dieser Ansicht durch mehrere glückliche Funde unterstützt.

Die französische Revolution und die darauf folgenden Kriege brachten auch diesen Studien Unterbrechung.

Nach der Rückkehr der Ruhe wandte man sich in Deutschland der vaterländischen Alterthumsforschung mit erneutem Eifer zu, in Thüringen und am Rheine, in Sachsen und der Lausitz, in Franken und Westfalen sammelten Einzelne und Vereinte eifrig die Denkmale der Vorzeit, und Männer wie Büsching, Emele, Dorow,

Lepsius, Kruse, Quednow, Schaum, Mayer, von Braunmühl, von Hammerstein, Preusker, F. A. Wagner und verschiedene Andere entwickelten eine große Thätigkeit in der Sammlung und Erklärung der vaterländischen Alterthümer.

Man wandte nun auch den meiselförmigen Axtklingen aufs neue seine Aufmerksamkeit zu, und die Frage wurde abermals aufgeworfen: wozu dienten diese Werkzeuge bei den Alten? Es bildete sich allgemach die Ansicht aus, daß, wo nicht alle, doch die meisten in den Gräbern gefundenen Alterthümer zu dem heidnischen Cultus in Beziehung gestanden und daß dann die bronzenen Meisel als Opferwerkzeuge, zumal zur Abtrennung der Haut von den Muskeln gedient hatten; Andere, namentlich die süddeutschen Antiquare, nahmen sie als Aexte in Anspruch. K. Preusker hat in seinen Oberlausitzer Alterthümern (S. 141) und in seinen Blicken in die vaterländische Vorzeit (II, 134. 139) diese Ansichten verglichen.

Als ich im Jahre 1835 mit meinem Handbuch der germanischen Alterthumskunde ans Licht trat, mußte ich denn, dem damaligen Stande der Forschung und meiner Sammlung folgend, zu der Ansicht der ältern deutschen Forscher halten und diese meiselförmigen Klingen für die von Tacitus als germanische Nationalwaffe bezeichnete Framea bekennen. Ich ward in meiner Ansicht bestärkt durch die auch bei andern Völkern vorkommenden Lanzen, Speere und Pfeile, die eine meiselförmige Spitze haben. Es schlossen sich meiner Ansicht andere Forscher an (z. B. Fr. Lisch, Friderico Francisceum. S. 124).

Später verfiel man darauf, sämmtliche in Europa gefundene Bronzen für die Celten in Anspruch zu nehmen. Namentlich versicherte A. Schreiber, daß alle die Instrumente, die ich als Framea bezeichnet, die Nationalwaffe dieser Nation gewesen wären und daß die Germanen als solche den Hammer geführt hätten.

Vor wenigen Jahren fand sich Oken berufen, in seiner genialen Weise einmal diese Werkzeuge näher zu betrachten. Er theilte in seiner Isis (1848, Heft 12, S. 1053—64) eine Abhandlung mit über die Bestimmung der Streitäxte. Er erklärt nach mancherlei Versuchen im Schlachthause die breiten für Schlachtwerkzeuge und Genickfänger, die schmalen aber für Meisel und Metallbohrer.

Seit der Publication meines Handbuchs war ich unablässig bemüht, durch fortgesetzte Studien und Anschauungen, namentlich aber durch Vergleichung der vaterländischen Zustände und Denkmale mit denen der übrigen Nationen, befriedigendere Ansichten zu gewinnen. Meine täglich sich mehrende Sammlung, wo allgemach die Werkzeuge fast aller Zonen und Zeiten sich einstellten, fortgesetzter mündlicher und schriftlicher Verkehr mit Forschern und Reisenden aller europäischen Nationen setzten mich in den Stand, bereits im 9. Bande meiner Culturgeschichte (S. 53) diejenige Ansicht über die meiselförmigen Metallklingen aufzustellen, zu der ich mich noch heutigen Tages bekennen muß, so lange nicht Thatsachen und Denkmale dieselbe widerlegen, die mir zur Zeit noch unzugänglich geblieben sein sollten.

Ich werde mich streng an die in meiner Sammlung vorliegenden Denkmale halten.

Im Jahre 1773 wurden zu Neuenheiligen bei Langensalza in Thüringen zwei Dolche, ein Commandostab, mehrere Armringe, dabei aber eine große meiselförmige Kupferklinge mit breiter halbrunder Schneide gefunden, um welche 66 kleinere (Fig. 169) in gewisser Ordnung gelegt waren. Der ganze Fund kam, nachdem Mehreres davon abhanden gekommen, an die Freiherrlich Werthern'sche Familie, welche die Grundherrschaft hatte und durch dieselbe an den Herrn Kammerherrn Hermann Baron von Friesen, der denselben am 30. December 1834 meiner Sammlung einverleibte.

Fig. 169. 170.

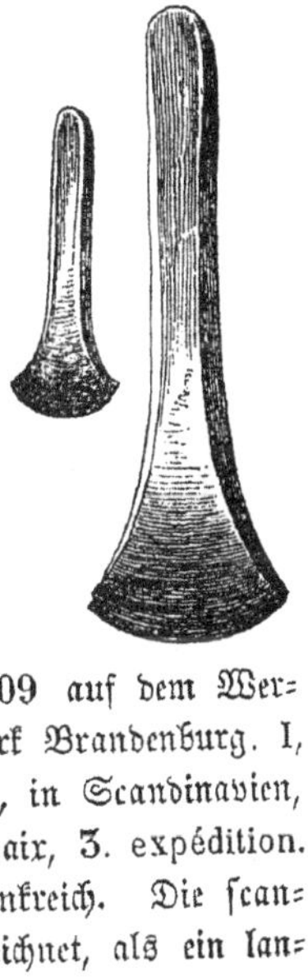

Die größere Klinge, Fig. 170 (Nr. 164 m. S.), ist 9 Zoll lang, an der Spitze 3 Zoll breit und übrigens 1 Zoll dick und breit mit Ausnahme des obern Endes, welches sich ebenfalls verjüngt. An beiden Seiten läuft rechts und links ein schmaler Grat. Die übrigen kleinern Klingen (Nr. 165 ff.) sind 2½—5 Zoll lang und an den Spitzen 1½—2 Zoll breit, sonst in der Form der größern ähnlich.

Klingen derselben Art wurden gefunden 1709 auf dem Werder bei Osterburg (Beckmann, Beschr. der Mark Brandenburg. I, 395, Tf. 6), in England (Archæol. Brit. V.), in Scandinavien, in allen deutschen Landen, in Südamerika (Dupaix, 3. expédition. P. 6), in Amboina (Rumph, L.) und in Frankreich. Die scandinavischen Antiquare haben sie als Palstaf bezeichnet, als ein lanzenartiges Instrument.

Wir finden dasselbe Werkzeug noch heutigen Tags in den Händen der meisten Negervölker, so wie auch bei den Kalmyken.

Es ist aber der erste Versuch, die von uns bereits mehrfach betrachtete steinerne Meiselklinge in Metall nachzuahmen. An den kupfernen Exemplaren bemerken wir bereits auch einen Fortschritt, den die größere Bildsamkeit des Metalls möglich machte, nämlich die Grate an den Rändern, durch die es einen festern Halt in der Holzfassung gewonnen hat. Die Klinge ward auf ein hakenförmiges Stück Holz gelegt, über dieselbe kam als Decke ein zwischen die Grate einpassendes Holzstück, und nun wurden beide Hölzer mit Faden und Riemen an die Metallklingen scharf angeschnürt, so daß eine brauchbare Axt hergestellt war.

Fig. 171.

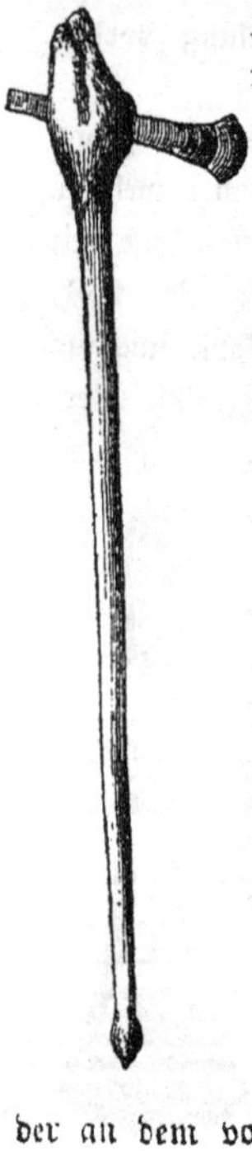

Die Eisenklingen der Negeräxte entbehren jener Grate, da sie noch einfacher gefaßt sind; sie werden nämlich nur durch einen durchbohrten Stiel schräg eingesteckt, indem sie bei jedem Hieb mehr eindringen und sich fester setzen. Dieß ist die Construction einer Betjuanenaxt meiner Sammlung (Nr. 3474), deren fester lichtbrauner Stiel 2 Fuß 5½ Zoll lang, oben 2¼ Zoll breit und 1¾ Zoll dick ist. Die Klinge ist 6 Zoll lang und 2 Zoll breit, einen Viertelzoll dick.

Aehnliche Aexte führen die Kaffern. Sie haben oben die kolbige Spitze, worin das Eisen sitzt, mit nassem Leder überzogen und dieses festgenäht, um das Springen des Helms oder Stiels zu verhindern. Zum Staate und im Kriege stecken sie die Klinge in einen sauber gearbeiteten, oben kugelförmig zugeschnitzten Stiel von Rhinoceroshorn, der an dem von dem bekannten Reisenden Herrn Erich von Schönberg auf Herzogswalde mitgebrachten Exemplare 28 Zoll lang ist.

Fig. 172.

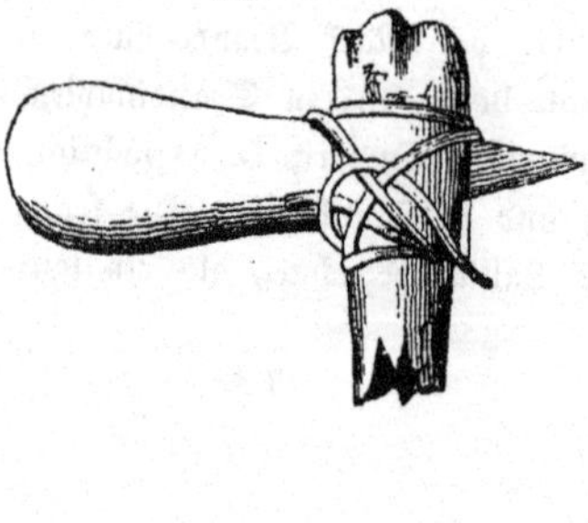

Derselbe verdiente Reisende fand auch anderweite Axtformen bei den Kaffern, die sich nach der Arbeit ändern, welche mit dem Werkzeuge verrichtet werden soll. Soll ein Baum gefällt oder Holz gehackt werden, so wird die Klinge so in den Stiel gesteckt, daß sie parallel mit der Schneide läuft. Der Stiel wird vor dem Zerspringen durch derbe Lederriemen geschützt, die um denselben geschnürt werden. Der $2\frac{1}{2}$ Zoll dicke Stiel ist 26 Zoll lang, die Klinge 11 Zoll lang und 3 Zoll breit.

Fig. 173.

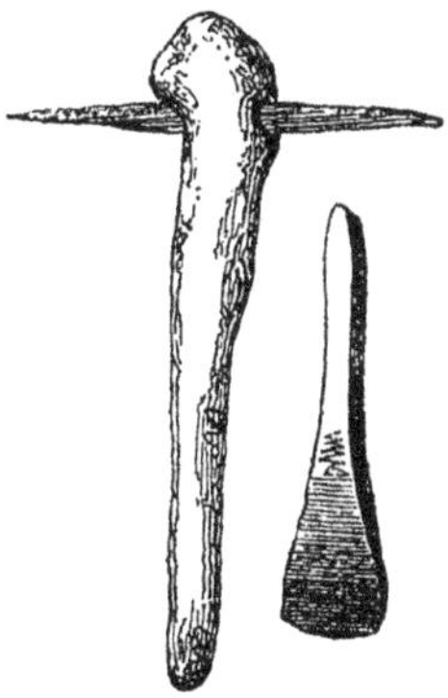

Gilt es dagegen den Boden zu behacken, so wird die Klinge horizontal im Stiele befestigt, der für diesen Zweck nur 12 Zoll Länge hat. Die eisernen Axtklingen, die bis zu 10 Zoll Länge und 2 Zoll Breite vorkommen, bilden bei den südafrikanischen Völkerschaften einen wichtigen Handelsartikel. Ja sie sind gewissermaßen bei ihnen nebst den gewebten Grasmatten die Vertreter des Geldes und gehen als solches, ehe sie wirklich ihrer Bestimmung gemäß als Werkzeuge verwendet werden, oft längere Zeit von Völkerschaft zu Völkerschaft.

Wir kehren zu den Aexten aus Kupfer zurück und verfolgen die weitere Entwickelung derselben.

Fig. 174.

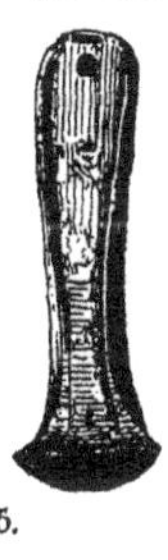

Wir finden eine Klinge von der Form der vorigen, $5\frac{1}{4}$ Zoll lang, an der Spitze 2 Zoll breit und an den Graten einen halben Zoll dick, die viel regelmäßiger gearbeitet, oben aber durchbohrt ist. Der Zweck des Lochs war, mittelst eines durch die hölzerne Fassung und die Kupferklinge reichenden Stifts dem Ganzen größern Halt zu gewähren (Nr. 823 m. S.). Diese Form kommt öfter vor (z. B. Preusker, Oberlaus. Alterth., Taf. 3).

Fig. 175.

Diese einfache Form der Axt finden wir als die herrschende auf den Denkmalen der alten Aegypter, bei Rosellini (Monumenti civili. 44. 45), und Caillaud traf sie noch bei den Bertat-Negern.

In den Bronzedenkmalen können wir ihre Entwickelung weiter verfolgen.

Eine in der Gegend von Bautzen gefundene Bronzeklinge Nr. 137 m. S.), von $5\frac{3}{4}$ Zoll Länge, $1\frac{1}{2}$ Zoll größter Breite und fünfachtel Zoll größter Dicke, mit hellgrünem Roste dick überzogen, hat die Grate auf beiden Seiten bei weitem stärker und kräftiger, die Schneide ist schmaler, als bei den bisher beschriebenen. (Fig. 176.)

Fig. 176. 177. 178.

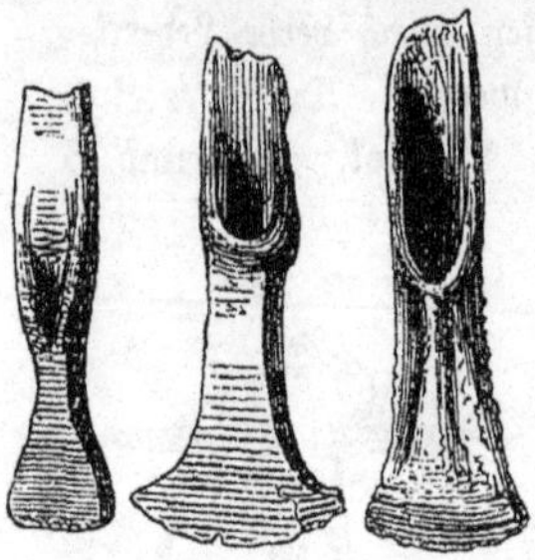

Noch weiter ausgebildet ist eine aus Frankreich gebrachte Klinge von 5⅝ Zoll Länge und einer 2½ Zoll breiten Spitze (Nr. 496 m. S.). Sie hat im stärksten Durchmesser 1⅛ Zoll. Die Grate treten bis zu einem halben Zoll heraus, so daß die Klinge sehr sicher und dauerhaft in einen Stiel befestigt werden konnte. (Fig. 177.)

Eine andere Bronzeklinge meiner Sammlung (Nr. 4299), aus Scandinavien stammend, mit dickem, hellgrünem Roste bedeckt, ist 6¾ Zoll lang und an der Spitze 2 Zoll breit, an der dicksten Stelle hat sie fast 1⅓ Zoll Durchmesser. Sie ist sehr ausgearbeitet, namentlich tritt auf beiden Seiten der Grat da, wo die Holzfassung sich endigt, sehr scharf hervor, der vorstehende Theil der Klinge aber hat zwei Rinnen. (Fig. 178.)

Diese Form erscheint in England und Scandinavien sowohl, als in Deutschland nicht eben selten; man fand sie im Hannöverschen (von Estorff, heidn. Alterth. Taf. VII, 22. 26) und in der Braunfelser Sammlung (Schaum, Fürstl. Alterthümer-Sammlung in Braunfels 1819, Nr. 114). In Sommersetshire ward in den Quantockhügeln im Jahre 1794 ein Exemplar gefunden, das an der Seite mit einem Henkel versehen war, dessen Bestimmung wir späterhin näher kennen lernen werden (Archæol. Brit., Th. XIV, S. 94; eben daselbst X, Taf. 8, S. 132, und IX, S. 84 Taf. 3).

Aus Italien brachte ich zwei Exemplare mit, welche durch ihre Größe ausgezeichnet sind. Das eine, bei Fiesole gefunden (Nr. 1027 m. S.) ist 7½ Zoll lang. Die eigentliche Klinge ist an der wenig abgerundeten Schneide 3 Zoll lang, es verjüngt sich dieselbe bis zu 2 Zoll Breite, bis zu dem Punkte, wo sie aus dem Holze hervorragte. Hier ist sie einen halben Zoll dick. Der Theil, der

Fig. 179.

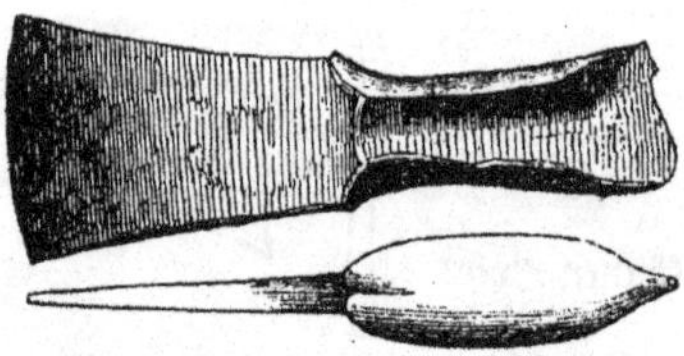

in dem Holze saß, ist 1½ Zoll, die Grate bilden auf der Außenseite Flächen von 1½ Zoll Breite. Das Ganze ist mit einem dunkelgrünen Roste überzogen.

Das zweite Exemplar zeigt dieselben Verhältnisse (Nr. 1026 m. S.), ist aber durch den Gebrauch so abgeführt, daß es nur noch 6½ Zoll lang ist.

Fig. 180.

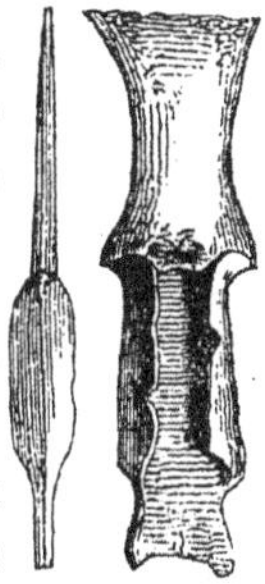

Bei weitem kleiner, schlanker und zierlicher ist eine Klinge (Nr. 834 m. S.), welche Baron von Stackelberg aus Griechenland mitbrachte und die mit hellgrünem glänzendem Roste bedeckt ist. Die Länge beträgt 6½ Zoll. Die Schneide ist 2¼ Zoll breit, der Stiel ist innerhalb der Grate siebenachtel Zoll breit, die Grate bilden an der Außenseite eine zollbreite Fläche.

Als der Uebergang zu der nächsten Form kann eine, bei Vogelgesang an der Elbe unweit Pirna gefundene Klinge gelten (Nr. 3304 m. S.), welche 5½ Zoll lang, an der Schneide und der Außenseite der Grate 1½ Zoll breit ist, während der eigentliche Stiel innerhalb der Grate nur 1 Zoll Breite hat. Oben an der äußern Gratfläche sitzt ein kleiner Henkel, längs der Außenseite über Grate und Seitenfläche der Schneide ist eine Gußnaht deutlich zu bemerken, die auch über den Henkel hinwegläuft. Bei den vorigen Exemplaren war die zwischen den Graten befindliche Stielfläche von den breiten Flächen der eigentlichen aus der Holzfassung hervorragenden Klinge noch durch einen scharfen vertieften Abschnitt getrennt. An diesem Exemplare ist dieß bei weitem mehr gemildert und der Uebergang minder grell.

Fig. 181.

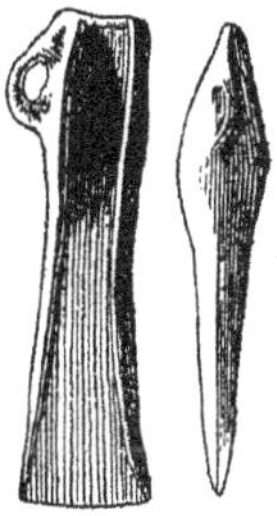

Es folgt nun eine Form der Klinge, die namentlich in Deutschland sehr häufig vorkommt.

Es ist dieß die Klinge, an welcher die zwischen den sehr heraustretenden rundgebogenen Graten befindliche Stielfläche mit der flachen Seite der eigentlichen Axt eine ununterbrochen fortlaufende ebene Fläche bildet. Man hat die stark vortretenden, nach innen rundgebogenen Grattheile Federn genannt, eine Bezeichnung, die, dem Bolzen entnommen, nicht unzweckmäßig erscheint.

Das Exemplar (Nr. 1256 m. S.), welches umsteht, ist beim Ausroden einer Waldparcelle bei Gryllenberg im Kreise

Sangerhausen im Jahre 1838 gefunden und mir vom verewigten Herrn Berghauptmann Freiesleben verehrt worden. Es ist 7¼ Zoll lang, an der Schneide an 2, zwischen den Graten über 1 Zoll breit und an der stärksten Stelle über 1 Zoll dick. (Fig. 182.)

Ein anderes Exemplar (Nr. 179 m. S.) ist an der Reichen-

Fig. 182. 183.

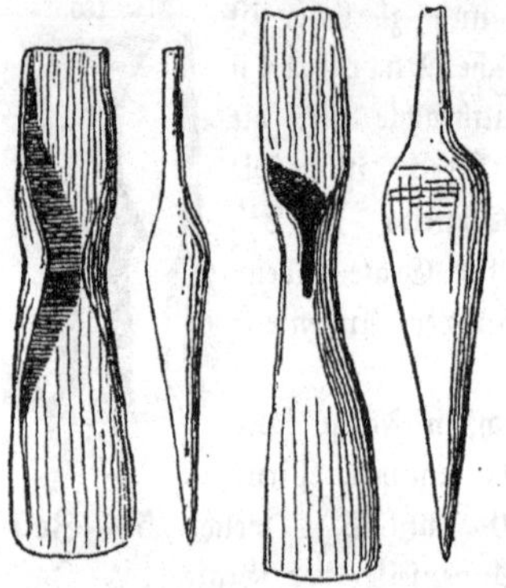

bacher Seite des Keulenbergs bei Königsbrück im Jahre 1836 gefunden. Es ist an der Schneide 2¼ Zoll breit. Die ganze Länge beträgt 7 Zoll. Der Stiel ist 1 Zoll breit und dreiachtel Zoll dick, er verjüngt sich bis zum Ende der Federn und dem Anfang der eigentlichen Axtklinge bis auf einen halben Zoll Breite, wogegen die Dicke desselben 1½ Zoll erreicht und von hier an gegen die Schneide hin allgemach abnimmt. Die Federn sind sehr stark ausgebildet. Das Instrument ist aus der schönsten goldfarbenen Bronze und mit glänzendem dunkelgrünem Roste dicht bedeckt. An den Seiten außerhalb der Federn bemerkt man Spuren der Gußnaht. (Fig. 183.)

An dem nächsten Exemplare (Nr. 134 m. S.), das zu Neusorge bei Lichtenwalde unweit Chemnitz gefunden ist, beträgt die Länge 8½ Zoll, die Breite der Schneide 1¾ Zoll, die Breite des Stiels 1, dessen Dicke einen halben Zoll. Die Federn gehen am Ende des Stiels dicht zusammen, so daß sie auf jeder Seite des Stiels eine Tülle bilden. An den Seiten sind Spuren der Gußnaht, das Metall ist goldfarben, der Rost dunkelgrün. Es ist

Fig. 184. 185.

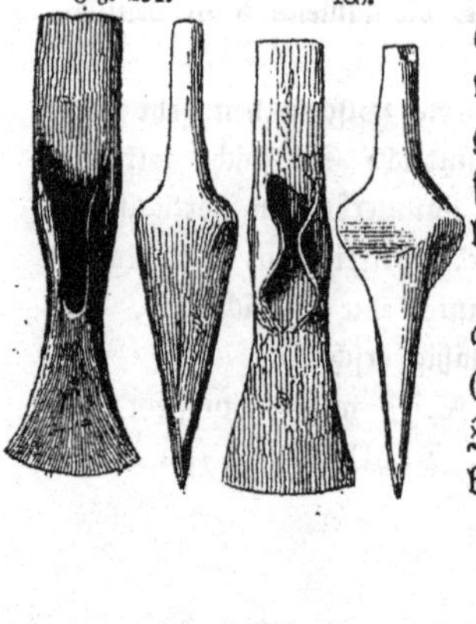

das erste Instrument dieser Art, welches ich im April 1820 gesehen und welches erst im Jahre 1836 durch gütige Vermittelung des Herrn Professors Steinla in meine Sammlung gelangte. (Fig. 184.)

Endlich ist eine Klinge zu beachten, die bei Oschatz gefunden wurde (Nr. 632 m. S.). Sie ist 6½ Zoll lang, an der Schneide 2 Zoll breit und unterscheidet sich dadurch von den andern, daß die Federn in der Mitte ganz dicht an einander reichen, oben und unten aber so geöffnet sind, daß der Holzstiel daraus nach der Schneide zu hervorragt. Diese Form kam öfter, namentlich in der Lausitz in Hallstadt vor (Gaisberger, die Gräber von Hallstadt. Taf. VII). Fig. 185.

Dieses sind denn die vornehmsten Formen derjenigen Axt, die zwischen einen gabelförmigen Hakenstiel angebracht wurde und nicht wie die ohne Federn nach Art der Steinklingen gefaßt war.

Fig. 186.

Sir Jos. Banks machte bereits auf die Art und Weise aufmerksam, wie diese Klingen geschäftet gewesen (Archæol. Brit. XIX, S. 104, Taf. 8). Seine Ansicht hat sich im Wesentlichen als die richtige bewiesen. In dem Salzberge von Hallein hat man neben den Klingen auch Stiele gefunden, die, vom Salz ganz durchdrungen, sich bis auf diesen Tag erhalten haben. Ein solcher kam durch die fürsorgende Güte des k. k. Regierungsraths Herrn Albert Müller, Berg- und Salinendirector zu Salzburg, am 7. September 1851 in meine Sammlung (Nr. 3951). Dieser Stiel oder Helm von hartem Holz ist gegenwärtig 12 Zoll lang, der von demselben gabelförmig ausgeschnittene Haken aber hat 7 Zoll Länge. Die beiden Zinken dieser Gabel wurden zwischen die Federn der Bronzeklinge gesteckt und daran vielleicht noch durch Bänder oder Metallringe besonders befestigt. Der Stiel selbst ist abgebrochen und war jedenfalls noch länger. Es ist dieser antike Axtstiel keine vereinzelte Erscheinung, da außer demselben in Hallein mehrere gefunden worden sind.

Fig. 187.

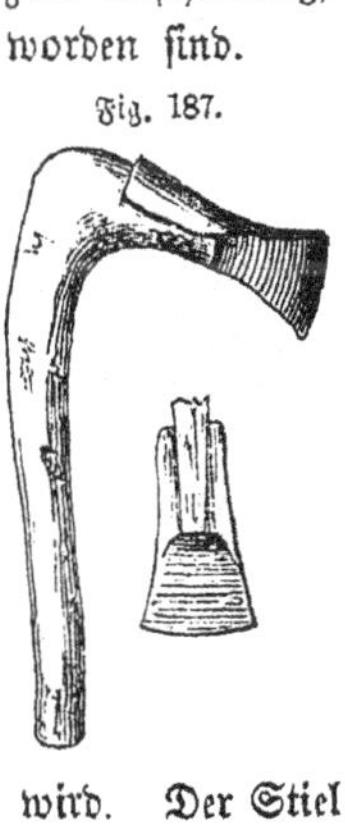

Bevor wir nun zu einer andern Form übergehen, müssen wir eine Form der kalmykischen Axt betrachten, welche ich Sr. Durchl. dem Prinzen Maximilian von Wied verdanke (Nr. 4875 m. S.).

Die Klinge dieser Axt besteht aus Eisen. Sie ist 5 Zoll lang, an der sehr gerundeten Schneide 3 Zoll breit, und die Klinge hat, um sie ans Holz zu befestigen, zwei abwärts gebeugte und verlängerte Ränder, zwischen welche das hakenförmige Ende des Stiels eingetrieben und auch noch durch einen kleinen Keil fester gehalten wird. Der Stiel ist 15 Zoll lang und aus einem hakenförmig gebogenen Holzast ganz kunstlos gebildet.

Wir wenden uns nun zu einer Form, welche gewissermaßen die letzte Entwickelungsstufe der an den hakenförmigen Stiel gesteckten Axt bildet. Es ist die Axt mit der Tülle, die in der Art der Lanze aufgesteckt und die in der Regel mit einem kleinen Henkel versehen ist. Sie kommt in mannichfacher Größe vor.

Eine der kleinern (Nr. 480 m. S.) stammt aus Frankreich, sie ist mit hellgraugrünem Roste bedeckt, 3½ Zoll lang, an der Schneide 1¼ Zoll breit und 1 Zoll am obern Ende dick. (Fig. 188.)

Fig. 188. 189.

Sie ist gegossen und die über den Henkel laufende Gußnaht steht an den Seiten hervor. Wie alle diese Klingen ist sie um den Rand mit einem angegossenen Ringe vor dem Ausreißen bewahrt.

Ein anderes Exemplar (Nr. 97 m. S.) ward mir von meinem verewigten Freunde, Richard Cleasby in London, der sie aus Irland erhielt, verehrt. Die Klinge ist 3 Zoll lang, an der halbmondförmigen Schneide 2 Zoll breit, die fast vierseitige Oeffnung mit abgerundeten Ecken hat 1½ Zoll Durchmesser, um dieselbe laufen zwei angegossene Reifen oder Bünde, von deren letztem der kleine Henkel ausgeht. An den Seiten zeigt sich die Gußnaht. Das Metall ist goldfarben, der glänzende Rost dunkelgrün. (Fig. 189.)

Fig. 190. 191.

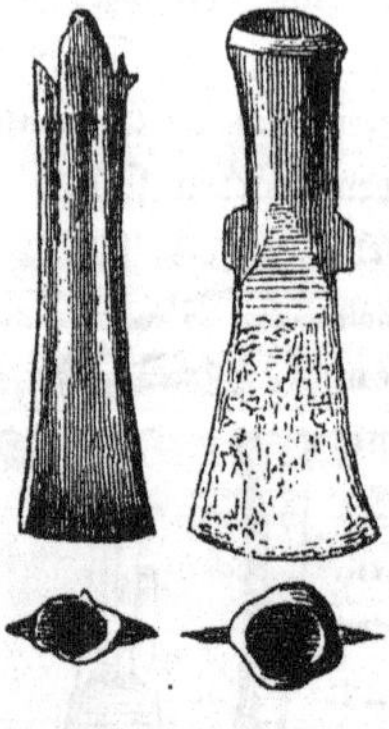

Es folgt eine größere und schwerere Klinge aus Scandinavien von 6 Zoll Länge und 1½ Zoll Breite, 1¼ Zoll Durchmesser, am obern Ende sehr beschädigt, wodurch auch der Henkel verloren ist (Nr. 4297 m. S.). Sie hat auf den breiten Flächen zwei rinnenartige Vertiefungen (Fig. 190.) Ganz ähnliche Exemplare fand man bei Hallstadt (Gaisberger. Taf. IX, 8), in England (Archæol. Brit. XVI, 54; V, 8) und in Scandinavien.

Endlich kamen auch dergleichen vor, die anstatt eines Ringes zwei kleine Henkel und zwar in der Gegend, wo die Tülle sich an die eigentliche Klinge anschließt, an der Außenseite, haben. Dieses Exemplar, Fig. 191 (Nr. 833 m. S.), stammt aus der Stackelbergischen Sammlung. Die Klinge ist 6 Zoll lang, an der

Schneide 2 Zoll breit, das Loch hat 1 Zoll Durchmesser und ist an der Außenseite mit einem starken angegossenen Ringe versehen.

In den Museen von Copenhagen, Berlin, Schwerin kommen mehrere solcher Klingen der verschiedenen Formen vor, die mit reichen Strich- und Linienornamenten nach Art der Schwertklingen und Urnen versehen sind und in den Wohnstätten der Fürsten oder in Tempeln ursprünglich ihren Aufenthalt hatten, oder vielleicht dem Cultus gewidmet waren (s. Lisch, Friderico Francisc. Taf. XIII).

Fig. 192.

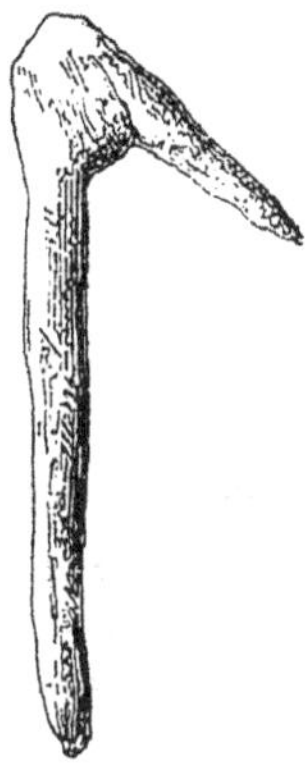

Diese Aexte wurden nun auf hakenförmige Stiele aufgesteckt, deren auch bei den nubischen und oberäthiopischen Völkern vorkommen. Es folgt hier ein solcher, den ich Herrn Ed. Jomard in Paris verdanke (Nr. 2243 m. S.). Er ist 16½ Zoll lang und die Spitze zeigt deutlich die Spur der ehedem daran befestigten Metallklinge.

Die Henkel, womit die größte Mehrzahl dieser an der Tülle aufgesteckten Klingen versehen ist, hatten den Zweck, sie dichter am Schafte zu halten, so daß sie bei dem Gebrauche nicht ausweichen und wanken konnten. Man bewerkstelligte dieß theils durch Riemen, die man durch den Henkel zog und an den Schaft anschnürte, theils durch ein Metallband, das Henkel und Schaft verband. Man hat in Deutschland, wie in England Klingen gefunden, an denen der Ring oder dieses Metallband noch im Henkel befindlich war. An dem großen Metallband hing noch ein kleinerer Ring, der dasselbe am Stiele festhielt (s. Archæol. Brit. XVI, 53, und George V. du Noyer, On the classification on the bronze celts im Archeological Journal. March 1847, S. 6).

Fig. 193.

Daß hin und wieder diese Werkzeuge als Lanzen geführt wurden, ist um so mehr wahrscheinlich, als wir bei den afrikanischen, wie bei den asiatischen Völkern Lanzen sowohl als Pfeile von dieser Form, das heißt mit meiselförmiger Spitze finden.

Es kommen nun aber neben den bronzenen meiselförmigen Axtklingen auch, nicht blos bei den Negern, eiserne vor, wie sie denn auch unter den Werkzeugen der Hindu auftreten.

Die Deutsche Gesellschaft in Leipzig besitzt eine solche Klinge von $6\frac{1}{2}$ Zoll Länge, die an der Schneide 5 Zoll breit und in der Form den einfachsten bronzenen ähnlich ist. Sie soll aus Vindonissa stammen. Häufiger jedoch kommen diese Klingen mit einer Tülle vor, wie denn z. B. in den Sammlungen des Herrn Dompredigers Augustin in Halberstadt sich eine solche von $4\frac{1}{2}$ Zoll Länge mit $1\frac{1}{2}$ Zoll breiter halbmondförmiger Schneide findet, die aus Preußen stammt.

Fig. 194.

Fig. 195.

Eine größere, deren Fundort Thüringen ist, verdanke ich der Güte des Herrn Directors Kraukling in Dresden, eine kleinere der des Herrn Apothekers Schumann in Golßen. Die erstere ist $9\frac{1}{4}$ Zoll lang, an der Schneide 2 Zoll breit, die Tülle hat $1\frac{1}{2}$ Zoll Durchmesser und die Oeffnung reicht $3\frac{1}{2}$ Zoll weit hinein. Sie ist vom Roste sehr angegriffen (Nr. 4943 m. S. f.)

Die andere ist kleiner, $4\frac{1}{4}$ Zoll lang, an der Schneide 2 Zoll breit, an der Seite bemerkt man noch einen Nagel, der sie am Schafte festhielt (Nr. 4951 m. S. f.).

Bekanntlich haben unsere Maurer ein auf eine Stange befestigtes Eisen von derselben Form, womit sie den Kalk von den Wänden stoßen, die sie neu tünchen wollen; auch bedient man sich ähnlicher Werkzeuge, um das Eis von dem Steinpflaster zu entfernen. Herr Oberst von Gutbier, Untercommandant der Festung Königstein, übersendete mir ein Werkzeug ganz ähnlicher Art, dessen man sich in den böhmisch-sächsischen Wäldern bedient, um die zu flößenden Holzstämme von den Rinden zu befreien. Es ist eine $10\frac{1}{2}$ Zoll lange, 2 Zoll breite Meiselklinge, die unten in einen Ring oder eine Tülle ausgeht, in welche der Holzgriff gesteckt wurde (Nr. 4969 m. S.).

Fig. 196.

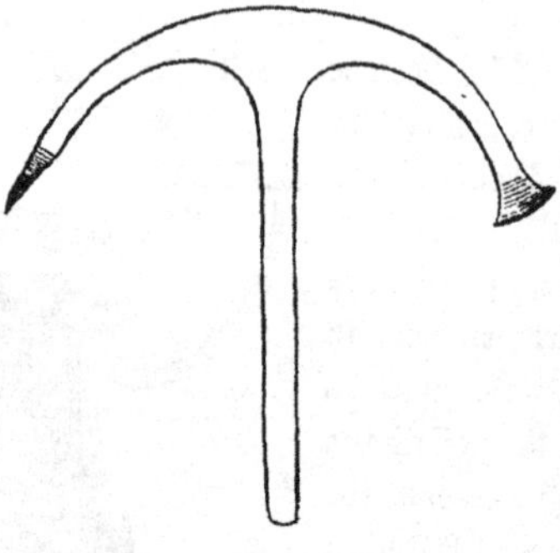

Einer gütigen Mittheilung des Herrn Geh. Rath Dr. Reigebaur verdanke ich die Notiz, daß man noch jetzt in Siebenbürgen ein doppelarmiges Holzwerkzeug in den Händen der Salzbergleute und Wegebesserer sieht, deren beide Haken mit solchen meiselförmigen aufgesteckten Klingen von Eisen bewehrt sind. (Fig. 196.)

Wir verlassen nun diese Form, die jetzt nur noch in Südafrika und bei den Kalmyken heimisch ist, und wenden uns derjenigen zu, deren Vorläufer die gebohrten Steinärte waren, und die wir auch in Bronze finden.

Ganz nach dem Modell der Steinärte ist wohl folgende Bronzeartklinge der Königl. Alterthümer-Sammlung zu Copenhagen gemacht, deren Mittheilung ich der Güte meines verewigten Freundes, Herrn Sorterup, verdanke. Sie ist 8 Zoll lang, an der Schneide $2\frac{1}{2}$ Zoll breit, am entgegengesetzten Ende aber $1\frac{1}{2}$ Zoll dick. Die größte Breite über das Loch gemessen beträgt 2 Zoll. Sie ist sehr reich und geschmackvoll verziert (s. Sorterup, kurze Uebersicht der Alterthümer aus dem heidnischen Zeitalter im Copenhagener Museum für nordische Alterthümer. Copenhagen, 1846, S. 29). Eine ähnliche befindet sich im Schweriner Museum (s. Lisch, Frid. Franc. VII, 2 u. S. 116).

Fig. 197.

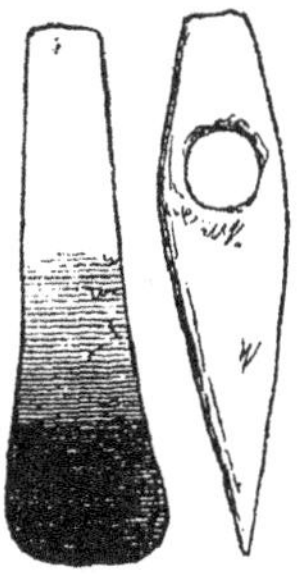

Wir sahen oben, wie die Werkzeuge, wenn der Mensch einmal im Besitz der Metalle ist, gar bald zu einer freiern und mannichfaltigen Form sich entwickeln. Das Metall ist bei weitem bildsamer, zäher als der spröde Stein, man kann daher die Metallwerkzeuge bei weitem schlanker und spitziger machen, die Verbindungsflächen dünner halten. Dazu kommt, daß das Metall doch nicht so allgemein und in so großer Fülle verbreitet ist, wie die Geschiebe und Feuersteine. Mißräth ein steinernes Werkzeug, so ist das Material bald wieder beschafft. Die Herstellung der metallenen Sachen macht mehr Mühe, das Herstellen der Gußform, das Schmelzen des Metalls, die Versuche zur Mischung desselben, das Alles erfordert nicht allein größere Aufmerksamkeit, sondern nöthigt auch mehr zum Festhalten der gemachten Erfahrungen. Die Werkzeuge aus Stein entsprechen dem Jäger- und Hirtenwesen, die metallenen dem des Ackerbauers.

Die vorher abgebildete Art des Copenhagener Museums erinnert durch ihre massive Gestalt an die Steinsachen, wenn auch die darauf angebrachten Ornamente eine Periode bezeichnen, wo der Schritt vom Nothwendigen zum Schönen schon stattgefunden.

Fig. 198.

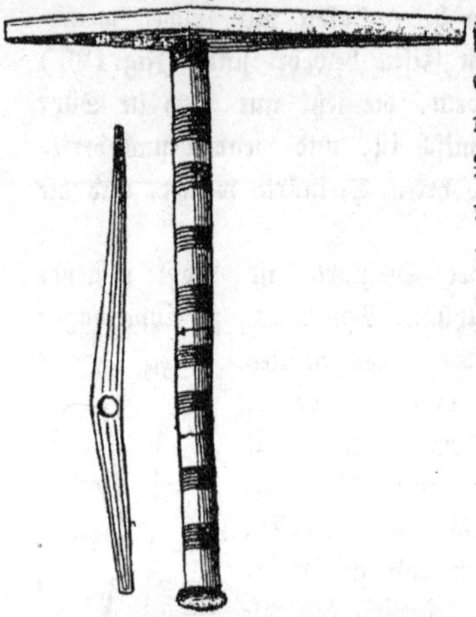

Eine bei weitem größere Kunstfertigkeit zeigt die schlanke Spitzaxt mit bronzenem Stiel, welche mit den übrigen Bronzen des Neuenheiligen Fundes durch meinen verehrten Freund Herrn Baron von Friesen am 30. December 1834 in meine Sammlung gelangte (Nr. 181 m. S.).

Dieses kostbare Alterthum aus einem ziemlich reinen und ungemischten Kupfer besteht aus zwei Theilen, der Axtklinge und dem Schaft. Erstere ist von Spitze zu Spitze 16½ Zoll lang, über das Loch gemessen 1 Zoll breit und fünfachtel Zoll gleichmäßig dick. Die Seitenflächen sind bis auf den nur wenig vorstehenden Rand ganz glatt, die Ober- und Unterseite zeigen drei Riefen zwischen dem gratartigen Rande. Die Klinge selbst ward in zwei Stücken über das Loch gebrochen gefunden, ist aber gegenwärtig durch Stifte wieder vereinigt. Der Stiel war ursprünglich von Holz und mit Metall bekleidet. Diese Metallbekleidung ist noch vorhanden. Sie bildet einen Cylinder von etwas platter Form, 10½ Zoll Länge und sechs- bis achtachtel Zoll Durchmesser; sie endigt in eine platte, über den Umkreis des eigentlichen Schaftes heraustretende Scheibe von 1 Zoll Durchmesser. Um den Schaft sind neun, je aus sechs angegossenen Reifen bestehende Bünde in nicht vollkommen gleich weitem Abstand von einander angebracht. Der Schaft ist in vier Stücke zerbrochen, von denen das eine sogar nur noch zur Hälfte vorhanden; es ist möglich, daß ein oder mehrere Stücke fehlen, und daß das Ganze ursprünglich länger gewesen. Bei der Auffindung waren indessen nicht mehr Stücke vorhanden, wie die Abbildung in den Acten der Erfurter Akademie vom Jahre 1777 deutlich zeigt (s. m. Handb. d. germ. Alterthumsk. S. 209, Taf. 15.). Ich halte dasselbe indessen weniger für ein dem Gebrauche gewidmetes Werkzeug, als für das Zeichen königlicher oder obrigkeitlicher Würde.

Es folgt nun eine in Mähren gefundene Art, welche zwei

Fig. 199.

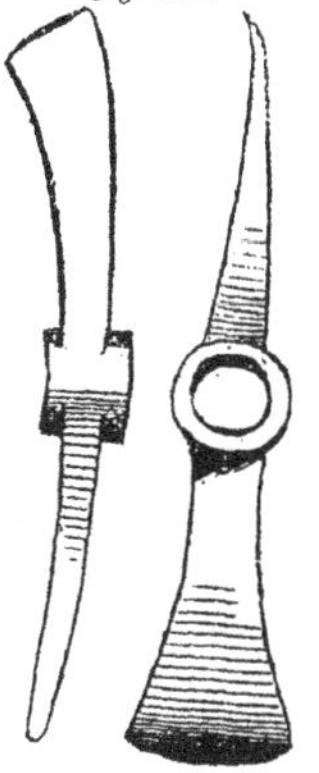

verschieden gerichtete Schneiden hat und an ein von unsern Maurern noch jetzt geführtes Werkzeug erinnert. Das Instrument ist aus Kupfer, 14½ Zoll lang, die breite, horizontal zum Stiel gerichtete Schneide ist 2⅝ Zoll breit, die andere vertical gehende 1⅞ Zoll, der Durchmesser über das Loch 1⅞ Zoll. Der auf beiden Seiten über das Schaftloch vortretende Rand bildet eine 1⅞ Zoll hohe Fläche. Ich verdanke die Mittheilung der Zeichnung dieses interessanten Stücks der Güte des Herrn Professors Meiners in Brünn.

Fig. 200.

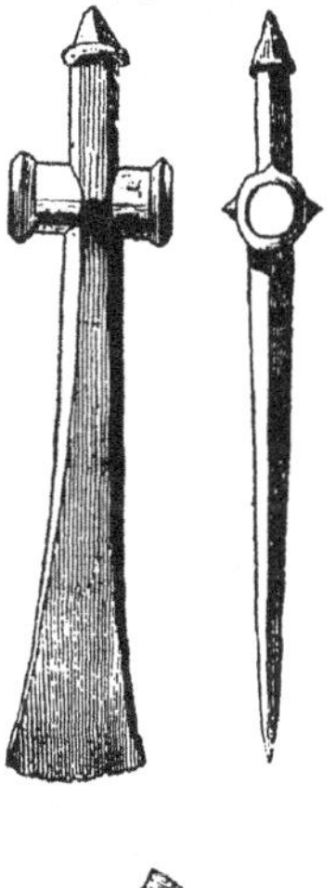

Eine im scandinavischen Norden öfter auftretende Form zeigt eine Bronzeaxt (Nr. 4702 m. S.). Sie ist 9½ Zoll lang, an der Schneide 1⅞ Zoll breit. Der Rand des Schaftlochs erweitert sich auf beiden Seiten zu einer 2½ Zoll langen Hülse, die am Rande durch Reifen gestärkt ist, und endigt in eine 2 Zoll lange Spitze. Um den äußern Umfang des Ganzen ist die Gußnath noch sichtbar.

Ein Prachtstück dieser Art bewahrt das Museum der nordischen Alterthümer in Copenhagen. Es ist eine Axtklinge, die im Jahre 1831 auf der kleinen dänischen Insel Storö wohl erhalten gefunden wurde. Die Länge derselben beträgt 15 Zoll, die Schneide ist halbmondförmig, der entgegengesetzt ein kegelförmig endigender Knopf angebracht ist, das Schaftloch hat 1½ Zoll Durchmesser und

Fig. 201.

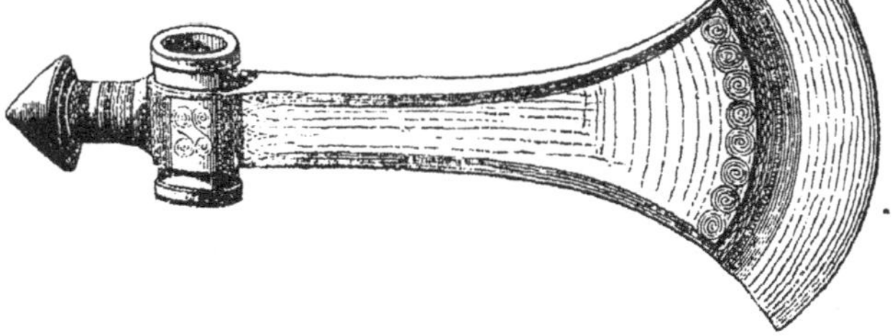

ist geeignet, ein der namhaften Schwere von 9 Pfund der Klinge entsprechendes Holz aufzunehmen. An jeder Seite findet sich eine mit der stumpfen Schneide parallel laufende, mittelst eines Stempels genau eingehauene Reihe von in einander greifenden Spiralzierrathen nebst Flammenzierrathen und andern Streifen. Auch die andern Theile dieser großen Axt sind reich verziert (Mittheilungen der Königl. Gesellsch. f. nord. Alterthumsk. 1835, S. 91).

Früher wurde eine ähnliche Axt zu Rosenthal am Zobtenberge in Schlesien gefunden, neben andern Bronzesachen und Urnen. Sie ist 9½ Zoll lang. Der scheibenförmige, in eine nur wenig hervortretende Spitze endigende Knopf hat 3 Zoll Durchmesser, die für den Schaft bestimmte cylindrische Umgebung des Lochs erwächst zu 2⅓ Zoll Länge. Diese, der Knopf und die Klinge, sind mit eingerissenen Linien sehr geschmackvoll verziert (Büsching, heidn. Alterth. Schlesiens. Taf. IV, 1).

Zu diesen Prachtäxten gehören ferner die bei Welbsleben gefundenen und vom Pastor Lehmann beschriebenen beiden Stücken. Das eine derselben besteht aus gelbem, das andere aus sprödem, gelblichen Metall. Beide haben lange, hohle Stiele, die mit Holz ausgefüttert werden mußten; die Klinge des einen ist breiter, als die des andern.

Fig. 202.

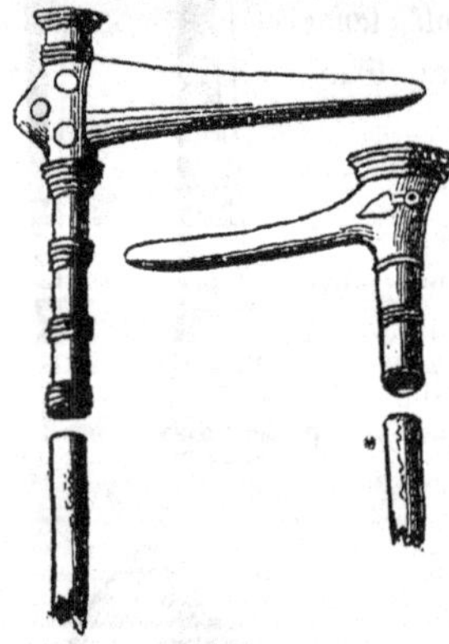

In dem Friedrich-Franz-Museum zu Schwerin befinden sich Gegenstücke dazu, und es wurde auch späterhin noch ein demselben entsprechendes Stück gefunden. In der Sammlung des Herrn Dompredigers J. Augustin zu Halberstadt wird das Fragment einer Klinge, die jedenfalls gleichermaßen einer solchen Axt zugehörte, aufbewahrt. Die Schweriner Exemplare sind 1808 zu Blengow neben einander in einem Sumpfe gefunden und daher ganz ohne Rost. Das Ende des Schafts ist geriefelt. Die Axtklinge, die davon ausgeht, ist dünn und nur 2½ Linien dick und endigt an den Rändern in eine scharfe Schneide (vergl. auch Lisch, Jahrb. des mecklenb. Vereins. 1837, S. 47). Auch in der Copenhagener Sammlung ist eine ähnliche Prachtaxt (s. Curiositäten. VII, 181; m. Handb. S. 208; Lisch, Friderico Francisceum. S. 115, Taf. VII, XV, XXXIII; Jahrbücher des mecklenb. Vereins).

Endlich sind einige Klingen zu erwähnen, welche im 5. Bande der Archæologia Britannica (Taf. 10) abgebildet sind, welche den spätern eisernen ganz entsprechen.

Die eisernen Aexte

bieten eine bei weitem größere Mannichfaltigkeit dar; die steinernen haben sich einen überaus langen Zeitraum hindurch erhalten, bevor die ehernen auftraten, die wohl kaum je einen allgemeinern Gebrauch erlangt haben, da das Material für Geräthe des gemeinen Lebens zu kostbar sein mußte, wie denn auch namentlich die zuletzt mitgetheilten modernen Formen zu den Seltenheiten gehören. Wenn daher die Schriftsteller der spätern Römerzeit von Aexten reden, welche bei germanischen Völkern als Nationalwaffe geführt wurden, so sind darunter wohl keine andern, als eiserne zu verstehen, wie z. B. die Francisca der Franken. Es war auch in der That eine eiserne, sehr vom Roste zerstörte Axtklinge, die man im Grabe des fränkischen Königs Childerich bei Tournay fand (Chiflet, Anastasis Childerici. S. 210).

Die Römer selbst führten schon zur Zeit des Lucretius eiserne Aexte und das Erz wurde bei ihnen nur zu Kunstwerken und zu Luxusgegenständen verarbeitet. Bronzene Aexte sind unter den römischen Alterthümern sehr selten. Unter den antiquarischen Schätzen des Collegio romano zu Rom bemerkte ich eine sehr ungewöhnliche Form. Leider versäumte ich die Maße dieses interessanten Stücks abzunehmen, dessen Umrisse ich nebenbei aus meinem Tagebuche mittheile.

Fig. 203.

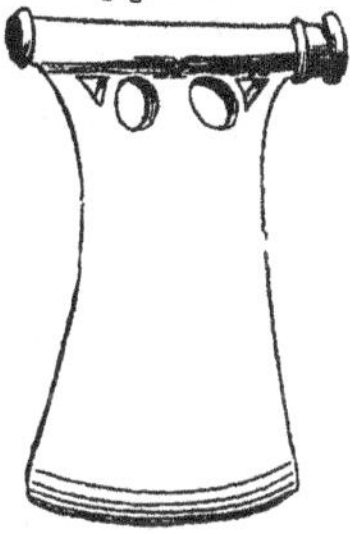

Betrachten wir die Formen der Eisenaxt näher, so finden wir zunächst eine im Jahre 1847 auf den Trögelbergen bei Frankenhain unweit Schlieben gefundene Axtklinge, die durch die Güte des bekannten Herrn Dr. F. A. Wagner in meine Sammlung gelangte (Nr. 2026). Man fand dabei noch andere, einem Waidmann brauchbare Eisensachen. Die Klinge ist aus Stahl und hat vom Roste gar nicht gelitten. Das Ganze ist 6 Zoll lang, an der Schneide $2^7/_8$ Zoll breit, am Schaftloch $1^1/_8$ Zoll. Ueber letzteres gemessen ist es $1^1/_2$ Zoll breit, hinter demselben tritt in paralleler Richtung mit der Schneide einen Viertelzoll

Fig. 204.

lang ein Ansatz hervor, dergleichen wir an den norddeutschen und scandinavischen Steinärten, nur weniger scharf ausgeprägt, gefunden haben. Die Klinge hat übrigens das Ansehen, als wäre sie nicht geschmiedet, sondern vielmehr gegossen, die Oberfläche ist mit röthlich violettem, dünnem Oxyd überhaucht, das fest anliegt.

Es folgt nun eine Form, die mehrfach in den Lausitzen, der Mark Brandenburg, im Königreich Sachsen, in Preußen vorgekommen ist. Das Königl. Museum vaterländischer Alterthümer in Berlin, die Sammlung der Oberlausitzer Gesellschaft der Wissenschaften zu Görlitz und andere Sammlungen besitzen zahlreiche Exemplare. Diese Klingen sind 5 — 7 Zoll lang, die Schneide ist mehr oder minder abgerundet, die Klinge meist schön geschwungen. Einige der in Preußen gefundenen (Berlin. Museum vaterl. Alterth. II, 1392—4) sind an der Klinge unmittelbar vor dem Schaftloch an der Seite mit eleganten Strichverzierungen versehen. Die Schaftlöcher sind an den meisten oval. Der Güte des Herrn

Fig. 205. 206.

Directors H. O. Schade in Insterburg verdanke ich eine bei Senftenberg (Pr. Oberlausitz) gefundene eiserne Axt dieser Art (Nr. 1532 m. S.), die noch den 7¼ Zoll langen hölzernen Stiel in sich trägt. Die Klinge ist 5½ Zoll lang, 2¼ Zoll an der Schneide breit; sie endigt auf der entgegengesetzten Seite in eine viereckige Fläche von dreiviertel Zoll Höhe und 1 Zoll Breite. Die Form ist elegant, die Klinge hier und da mit schwarzglänzendem Rost überzogen, der hier und da abgeblättert eine braunrothe rauhe Fläche zeigt. (Fig. 205.)

Im Frühjahr 1837 brachte die austretende Düna bei Ascheraden in Liefland eine Menge Alterthümer zu Tage, von denen einige in meine Sammlung durch Herrn Staatsrath J. F. von Recke gelangten. Darunter befindet sich auch eine eiserne Axt (Nr. 795 m. S.) von 6½ Zoll Länge, an der Schneide 2 Zoll breit, Fig. 206. Die Oberfläche ist vom Roste sehr angegriffen, doch die Form noch ganz deutlich.

Diese kleinen Aexte scheinen wohl die ältesten zu sein, zumal da ihre Form ziemlich die einzige in ihrer andern Umgebung vorkommende ist, die vielleicht noch ins heidnische Zeitalter gestellt werden muß.

Unter den Denkmalen und Ueberresten der spätern Zeit tritt

nun die Axt in gar mannichfaltiger Form auf. Jedes Volk, jedes Zeitalter hat seine eigenthümlichen Formen, jeder Stand, jedes Gewerbe hat dieselben für seine Zwecke anders gestaltet. Der Landmann, der Bergmann, der Krieger hat ihr die Form gegeben, die für seine Arbeit ihm die passendste erschien, sie trennt sich in die schmalere Axt und das breitere Beil.

Betrachten wir zunächst die Eisenäxte der nichteuropäischen Völker, sofern sie sich durch besondere Form auszeichnen.

Fig. 207.

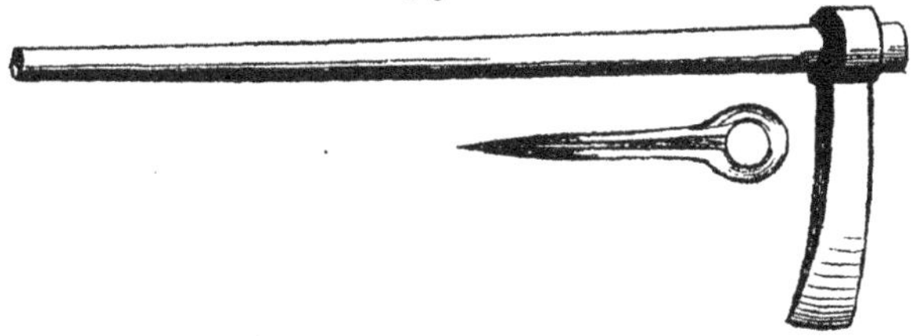

Auf der Küste Malabar finden wir eine Axt, die in ihrer Form an die oben erwähnten ältern deutschen kleinen Klingen erinnert. Diese Axt (Nr. 2670 m. S.) ist 10 Zoll lang, 1½ Zoll breit, an der Spitze 2 Zoll breit. Sie ist in der Art gemacht, wie die Axt auch von unsern Schmieden gefertigt wird. Es wird eine Eisenstange von der nöthigen Länge und Dicke gebildet, die man an beiden Enden etwas dünner ausschmiedet und dann zusammenbiegt, um das Oehr oder den Ring mit dem Loch für den Stiel hervorzubringen. In Europa wird für gewöhnlich ein Stück Stahl an die Schneide geschmiedet, hier aber ist zwischen die beiden Enden ein Keil eingelassen, wodurch die Klinge bis zu 1 Zoll Dicke verstärkt ist. Der Stiel aus festem braunem Holze ist 2 Fuß 4 Zoll lang.

Aehnlich in der Form ist ein Tomahawk der Nordamerikaner (Nr. 1270 m. S.), den mir Herr Demler aus Savana übergab. Die Klinge am Schaftloch ist 1⅓, an der Schneide 3 Zoll breit. Am hintern Ende ist ein aus Eisen geschmiedeter kleiner Pfeifenkopf angeschraubt, der in den zum Pfeifenrohr ausgehöhlten 19¼ Zoll langen Stiel mündet. Es ist dieß eine Form, die sie von den Europäern angenommen haben.

Ich lasse nun eine Kriegsaxt folgen, die aus dem nördlichen Afrika stammt und die mit der Axt der Cavalleristen von Bournou übereinstimmt, welche am Sattelknopf hängt (Denham, Voyage de l'Afrique. Par. 1826, Atlas Taf. XII, Nr. 5). Das

Fig. 208.

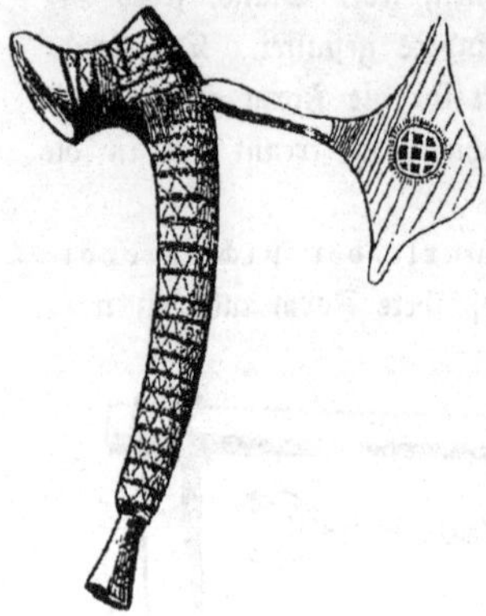

Original befindet sich im Königl. historischen Museum zu Dresden. An dem 11 Zoll langen Stiele aus dunkelbraunem Holze, der mit Kupferblechstreifen dicht umwickelt ist, ist eine halbmondförmige Eisenklinge vermittelst eines langen Stiels eingesetzt, in deren Mitte ein schönes Ornament aus Kupfer angebracht ist. Aus dem untern Ende des Stiels ragt eine kleinere Klinge hervor, welche 6 Zoll lang und 3 Zoll breit ist.

Es ist diese Form der Streitart gewissermaßen der Vorläufer oder auch Abkömmling der altägyptischen Kriegsart, die wir auf den Denkmalen so oft sehen (z. B. C.=G. Bd. V, Taf. VII, F. 14), und derjenigen Art, die auf den griechischen Denkmalen die Amazonen führen, die Art mit der halbmondförmigen Schneide, die bei den Römern aus dem Ruthenbündel der Lictoren und Opferdiener herausragt. Sie erscheint auch unter den Tropäen der barbarischen und orientalischen Völker an der Trajanssäule. Eine andere ägyptische Art betrachten wir später.

Sie war noch in den Türkenkriegen der zweiten Hälfte des 17. Jahrhunderts Waffe der Türken und es sind deren auch noch im Königl. historischen Museum zu Dresden erhalten, die zum Theil schöne Arbeit zeigen. An einigen derselben geht die der Schneide entgegengesetzte Seite der Klinge in einen runden Knopf oder in eine vierseitige Hammerfläche aus, oder sie dehnt sich auch zu einer mehr oder weniger gekrümmten Spitze aus. Von den Türken verbreitete sich diese Art bis zu den slawischen und ungarischen Nachbarn derselben, ja sie drang von da auch weiter nach Westen vor, wo sie dann mancherlei Abwandelungen in ihrer Gestalt erlitt.

Eine ganz eigenthümliche Gestalt, die von der ursprünglichen und alten steinernen und bronzenen ganz abweicht, die aber in der That sehr zweckmäßig ist, hat die Art bei den Chinesen angenommen, sie ist zu einer Art Messer geworden, was aber nicht zum Schneiden, sondern eben zum Hacken dient, und die wir daher bei den Messern zu betrachten haben werden.

Wir wenden uns zu den **Aexten der Europäer**. Zunächst

haben wir die der Römer zu betrachten, die uns wenigstens in Abbildungen auf den Denkmalen erhalten sind.

Auch die Römer erkannten die Axt als ein sehr nutzbares Werkzeug an, zunächst zum Fällen der Bäume, um Holz für den Bau der Wohnstätten und Fahrzeuge, zur Herstellung der Werkzeuge und Hausgeräthe zu gewinnen. Allerdings verwendeten die alten Römer und übrigen italienischen Stämme bei weitem weniger Holz zu ihren Arbeiten als die nördlichen Völker, die Germanen, Finnen und Slawen. Stein und gebrannter Thon mußten in sehr vielen Fällen die Stelle des Holzes bei ihnen vertreten. Ihre Vorrathsgefäße für Wein und Oel wurden aus Thon gemacht, eben so ihre Hausdächer, Todtenkisten, Wasserleitungsröhren und vieles Andere.

Auf der Trajanssäule sehen wir in den Händen der römischen Pioniere eine Axt (Fig. 209) mit abgerundeter breiter Schneide, die hinten in eine Spitze ausgeht und an einem langen Stiel befestigt ist (Bellori, Col. Traj. Bl. 36), die sie mit beiden Händen fassen und womit sie Bäume fällen. Die mit Maurerarbeit beschäftigten Soldaten führen dagegen eine Axt (Fig. 210), die der unter Fig. 199 mitgetheilten Kupferaxt in der Form ähnelt, deren Stiel auch kürzer ist (Bellori. 48. 52). Es scheint dieß dieselbe Form zu sein, welche Graf Caylus (Recueil d'antiqu. Th. I, Taf. 90) mittheilt und die mehrfach auch als Symbol mit der Inschrift „Sub ascia dedicavit“ auf den Denkmalen der Römer erscheint.

Fig. 209. 210.

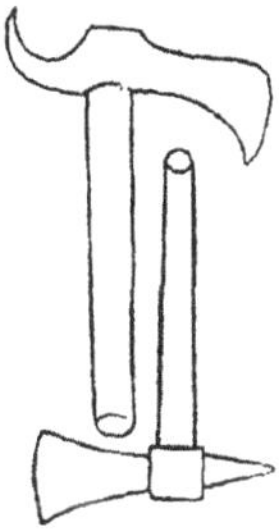

Die Axt der germanischen Nationen lernten wir in Stein, Bronze und Eisen bereits kennen. Es ist immer nur eine Form; allgemach aber und zwar je mehr das Eisen allgemein zugänglicher wurde, entwickelten sich aus dieser einfachen Form andere, ja es entstanden sogar eigene, selbstständige Werkzeuge daraus.

Der Jäger und Waldbewohner braucht die Axt zur Lichtung von Walddickichten, die sich seinem Lauf in den Weg stellen, oder zur Fällung dünner Baumstämme, die er zu Lanzen- oder Axtschäften benutzen will. Ihm genügt dazu die kleine leichte Axt, wie wir sie oben in Stein und Eisen kennen lernten.

Der Ackerbauer wird dagegen schon genöthigt, größere Bäume, die der flüchtige Jäger umgeht, abzuhauen, um den Boden urbar zu machen und Baumaterial für sein Blockhaus, Stangen und Pfähle für seinen Wildzaun zu gewinnen. Dazu aber bedarf er eines größern und gewichtigern Werkzeugs. Wenn wir noch heute die Axt des amerikanischen Indianers mit der des europäischen Colonisten in den amerikanischen Hinterwäldern vergleichen, so tritt uns dieser Unterschied deutlich entgegen. Die Axt des Hinterwäldlers ist ein derber, breiter und dicker Keil an einem tüchtigen und langen Stiel; die Axt des Indianers besteht aus einer leichten, schmalen, meiselartigen Klinge.

So erscheint denn auch unter den in der Erde gefundenen Werkzeugen die schwere und große Axt, von denen mehrere Formen

Fig. 211.

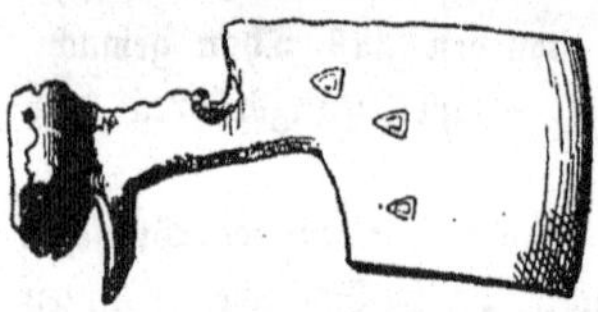

bei mir vorliegen. Die eine derselben (Nr. 1149 m. S.) ward im Sommer 1838 bei Wehlen gefunden und mir vom Herrn Superintendent Dr. Löhn in Hohnstein verehrt. Sie ist 9½ Zoll lang, an der ziemlich geraden Schneide 4¾ Zoll breit, die Klinge ist mit dem Oehr oder dem Ring für den Schaft durch eine zollbreite, an dem Ringe fast zollstarke Schiene verbunden. Es sind vier Schmiedezeichen eingeschlagen. Die Oberfläche hat vom Roste nicht gelitten und die Kanten sind noch scharf in bestimmter Form erhalten. Es ist dieß ein **Beil**, indem nur die rechte Seite scharf angeschliffen ist, die linke aber glatt von hinten nach vorn zur Schneide fortläuft. Dieses Beil diente mehr zur Zimmermannsarbeit, zum Behauen und Abglätten des Holzes, als zum Fällen der Stämme.

Fig. 212.

Fig. 213.

Eine andere Axt (Nr. 3392 m. S.), gefunden auf der Bastei, ist bereits sehr vom Roste entstellt, so daß das Ganze ein blätteriges Gefüge angenommen hat. Sie ist 7 Zoll lang, an der Schneide 2½ Zoll, am Ring 2 Zoll breit, der Stiel war vierkantig, wenigstens da, wo er in den Ring oder die Oese gesteckt wurde, und zollstark. (Fig. 213.)

Eine sehr gewichtige Axt ist die nächstfolgende Form (Nr. 1531 m. S.). Die ganze Länge beträgt 9½ Zoll. Die Breite der halbmondförmigen Schneide 5½ Zoll. Der äußere Umriß der Oese zeigt 2 Zoll Höhe und Breite und 1½ Zoll Stärke; der Stiel war hier vierkantig, nach der Schneide zu wenig abgerundet. Das allerdings mit Rost bedeckte, sonst wohlerhaltene Exemplar sandte Herr Director H. D. Schade im Jahre 1843 von Senftenberg. (Fig. 212.) Ein fast ganz gleiches fand Herr Dr. Dehne im Riesengrunde der Hoflößnitz bei Dresden im Winter 1850 (Nr. 4669 m. S.).

Fig. 214.

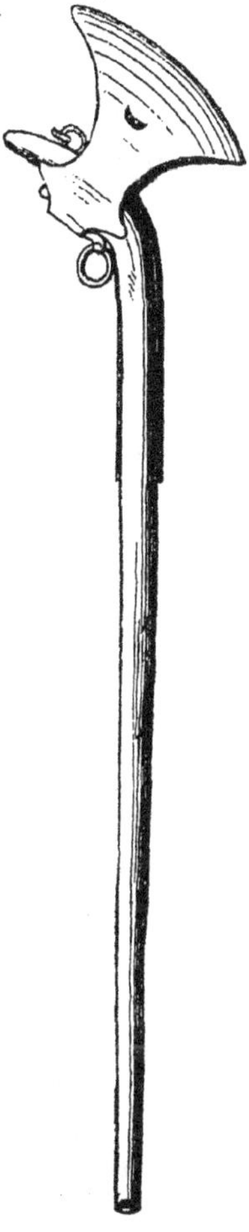

Eine alte, an die orientalischen Kriegsärte erinnernde Form hatte die Art des norwegischen Landmanns, die er an einem Riemen über den Rücken trug. Das hier mitgetheilte Exemplar brachte im Jahre 1838 Herr Maler Rohde mir zu. Sie stammt vom Bauer Torgus Sauer zu Söfde in Nedre Tilemarken. Die Klinge ist 7 Zoll lang, 7½ Zoll von Spitze zu Spitze der Schneide, die Oese hat nur dreiviertel Zoll im Durchmesser, oben sind Ringe angebracht, an denen das Trageband befestigt wurde. Der oben platte Stiel ist 3½ Fuß lang, und von oben herab bis in die Mitte seiner Länge liefen halbzollbreite Messingstreifen dicht an einander, um denselben gegen Hiebe zu schirmen. Am untern Ende desselben sitzt ein Stachel; das Werkzeug konnte also auch nöthigenfalls als Stock benutzt werden. Nöthigenfalls bediente man sich dieser Art auch als Waffe (Nr. 1180 m. S.).

Aehnlich ist die Art des russischen Landmanns, wovon ich durch die Güte des Herrn Barons Dmedri von Schöppingk ein Modell von beistehender Form besitze. Bekannt-

Fig. 215.

lich ist diese Art das einzige größere Werkzeug, womit der Russe seine Tannen und Birken fällt, die Stämme zu seiner Blockhütte obenhin schlichtet, seinen Wagen und Schlitten ohne einen eisernen Nagel zimmert und alle seine Geräthe und Werkzeuge aus Holz geschickt und zweckmäßig anfertigt.

Endlich ist noch ein artartiges Instrument zu nennen, welches Herr Apotheker Schumann unter Trümmern bei Golßen gefunden hat (Nr. 2911 m. S.).

Fig. 216.

Es ist ganz aus Eisen, aus einem Stücke gemacht, 12 Zoll lang. Der hinterwärts gekrümmte Stiel von 8½ Zoll Länge geht in eine Axtklinge über, die etwas über 2 Zoll breit und über einen halben Zoll stark ist. Ein zweites wurde an derselben Stelle gefunden.

In den handschriftlichen Denkmälern des deutschen Mittelalters, im Hortus deliciarum der Herrad von Landsberg, im Sachsenspiegel, in mehrern Handschriften (z. B. Königl. Bibliothek zu Dresden A. 49) finden wir die Formen der hier mitgetheilten Originale wieder und zwar als allgemein in Haus und Feld gebrauchte Werkzeuge. Namentlich erscheint die Axt mit der langen, viereckigen Oese überaus häufig in den Handschriftenbildern bis in den Anfang des funfzehnten Jahrhunderts. Mit dem Emporblühen der Handwerke in den Städten gewannen auch die Werkzeuge und unter diesen namentlich die Axt eine größere Ausbildung. Die Zimmerleute, Tischler, Stellmacher und andere Holzarbeiter bereiteten sich dieselbe nach ihren Bedürfnissen zu und gaben ihrer Schneide andere Formen, andere Stellungen. Die Schiffbauer veränderten die Richtung der Schneide. Die Böttcher wandelten sie zum Theil in das Hackemesser. In Prechtl's Encyclopädie sind zwölf verschiedene Formen der Axt zusammengestellt, welche alle verschiedene Namen haben, wie Kolben=, Schlägel=, Aufsitzhacke der Tischler, die Schrothacke der Flößer, der Meisel, die Zwerchart, Bundart der Zimmerleute; das Beil ist in vierzehn verschiedenen Formen daselbst vertreten, wie das rechte und linke Zimmerbeil, das rechte und linke Deckbeil, das Schnitzbeil, die Stockhacke der Wagner und deren Spitzhacke, das Schreinerbeil, das des Müllers und die Binderbarte.

Auch der Bergmann hat aus dem Beile gar mannichfache Werkzeuge für seine verschiedenen Arbeiten sich gebildet. Mit der Spitzhacke räumt er das lose Gestein weg, während er zum Bohren des festen Gesteins Meisel und Hammer, Schlägel und Eisen braucht; Kaukamp nennt er das lange Beil, das zum

Ausziehen der Nägel eine besondere Lücke in der Klinge hat und womit der Zimmerling die Fahrten macht und die Stollen mit Verschalungen auskleidet. Der Scheidehammer aber ist eine Art Axt mit horizontal gestellter Schneide, ähnlich der Zwerchaxt, der entgegen die viereckige Hammerkuppe angebracht ist und womit die metallhaltigen Erztheile vom todten Gestein abgesondert werden, bevor man sie dem Waschherde anvertraut. Die Kratze oder Scharre aber unterscheidet sich vom Scheidehammer durch eine breitere und convex gebogene Schneide und den Mangel der Hammerkuppe.

Der Bergmann hat ferner aus der Axt die Bergbarte gemacht, mit der er im Nothfall den Feind abwehrt, und als Zeichen seines Ranges die Steigerhacke mit bronzener oder stählerner Klinge und dem schwarzen Stiel, der entweder mit glänzendem Metallband spiralförmig von oben bis unten umwunden ist und in eine Spitze mit Zwinge endigt, oder aber mit schöngravirtem Bein belegt ist. Namentlich führten die Bergbeamten früherer Jahrhunderte solche Steigerhacken, deren Stiel von der Klinge an ein Viertel oder ein Drittheil seiner Länge nach mit Knochen, ganz in der Art der oben abgebildeten Prachtaxt aus Bronze, überzogen war. Ein Exemplar (Nr. 4242 m. S.), das ich der Güte des Herrn Directors Kraukling verdanke, trägt zunächst an der eisernen Klinge die Inschrift J. C. KUPKA 1750, und ist 11½ Zoll lang mit 6 Knochenröhren umfaßt. Zu oberst ist Christus am Kreuze zwischen zwei knieenden Bergleuten, bei dem zur Linken steht: „mit Jesu far ich aus und ein," zur Rechten: „mein Gebett erhör Gott Jesus mein." Die zweite Abtheilung zeigt auf der einen Seite einen Beamten mit Wasserwage, die dritte enthält zwei Sprüche: „Gottes Se... machet Reich one müe und arbeit" und „An Gottes Segen ist alles gelegen." Die vierte Abtheilung zeigt den Bergmann vor der Kaue und einen Engel, der einen Bergmann führt. Die fünfte Abtheilung hat links ein wappenartiges Ornament und rechts einen Steiger mit der Wage. Die letzte Abtheilung zeigt das kursächsische Wappen und das des Bergmannstandes, nämlich ein getheiltes Schild links mit Schlägel und Eisen, rechts mit den sächsischen Balken und darüberhängendem Rautenkranze. Der Stiel ist 3½ Fuß, die Klinge 6 Zoll. Es ist diese Hacke eben so ein Zeichen obrigkeitlicher Würde, wie es die bronzenen Aexte aus Thüringen und Mecklenburg und auch wohl die schlesischen und dänischen Axtklingen aus Bronze waren.

Wir erwähnten bisher öfters den **Hammer**, der bereits unter den steinernen Geräthschaften erscheint, der aber im Ganzen als Werkzeug nicht allgemein verbreitet ist. Die Metallarbeiter der Betjuanen und Kaffern kennen denselben gar nicht. Sie bedienen sich anstatt seiner eines Steins, den sie mit der Hand fassen. Auch der hindostanische Goldschmied, der so überaus feine, zierliche Arbeiten ausführt, braucht nur ein Geschiebe dazu. Ich finde nicht erwähnt, ob Kalmyken und Tungusen, welche Letztere bekanntlich als sehr geschickte Schmiede gelten, eigene Hämmer führen, oder ob sie nicht die der Schneide entgegengesetzte Seite der Axtklinge als Hammer benutzen. Eigentliche Hämmer aus Bronze kommen unter den norddeutschen und scandinavischen Alterthümern nicht vor. Allerdings spielt Thor's Hammer in der scandinavischen Edda eine große Rolle, aber in derselben erscheint auch schon Wieland, der kunstfertige Schmied, der tiefe Einsichten in die Gewinnung und Bereitung der Metalle hat. Die Bewältigung größerer Metallmassen ist aber ohne den Hammer nicht gut denkbar, z. B. die Herstellung von Stangeneisen, die Zerkleinerung der Gänze, die Bearbeitung von Klingen, die Austreibung von Eisenklingen zu Blechen u. s. w. Und so dürfen wir wohl den Hammer und seine Unterlage, den Ambos, ganz besonders als ein Erzeugniß der Schmiedekunst betrachten. Nun ist von da aus der Hammer — dessen größte Art in den Eisen- und Kupferhämmern vor Benutzung der Dampfkraft durch Wasser bewegt wurde — an andere Arbeiter übergegangen, an den Holz- und Steinarbeiter, dann in kleiner Gestalt an den Uhrmacher und Zinngießer, und endlich hat er auch als Zuckerhammer in der Vorrathskammer der Hausfrau ein Plätzchen gefunden.

Unter den Alterthümern des Museo borbonico in Neapel werden mehrere Hämmer aufbewahrt, in den englischen Handschriften des 13. Jahrhunderts erscheint der Schmiedehammer mit Ambos und Zange (Strutt. Taf. 51).

Die großartigsten Veränderungen hat aber der Landmann und Ackerbauer mit der Axt vorgenommen. Wir bemerkten oben, wie die Kaffern und Neger mit derselben Axt den Boden bearbeiten, womit sie Holz hacken, sie geben für diesen Zweck nur der Schneide eine andere Richtung. Wir sahen ferner, wie die alten Urbewohner der germanischen Lande die steinerne Axt in größerm Maßstabe anfertigten, um den Boden zu öffnen, und wie auch die Neuseeländer für diesen Zweck aus großen Knochen sich Erdhacken anfertigten; diese großen Hacken wurden mit der Hand und menschlicher Kraft bewegt. Die alten Mexicaner, die keine Zugthiere besaßen, waren genöthigt, dasselbe zu thun. Die alten Aegypter aber vergrößerten das Werkzeug, spannten Stiere davor und machten so den Pflug daraus.

Aber auch nach der allgemeinern Einführung des Pflugs blieben gewisse Geschäfte, ja ganze Zweige des Landbaues übrig, wo der durch Thiere gezogene Pflug keine Anwendung finden konnte; dazu gehört namentlich der Weinbau. In Indien und auf Java wird in den Pflanzungen der Gewürzsträucher der Pflug von einer schweren Hacke vertreten.

Zur Bearbeitung von Gartenland dient auf der Küste Malabar das Kodâly genannte Werkzeug. Es hat die Form und Bauart der oben, Fig. 207, mitgetheilten Art, ist aber 19 Zoll lang, 3 Zoll hoch und 4 Zoll breit. Das Loch hat an 2 Zoll Durchmesser und ist also zur Aufnahme eines tüchtigen Stiels ganz geeignet. Das Gewicht meines, aus der Röding'schen Auction (Nr. 993) stammenden Exemplars (Nr. 2671 m. S.) beträgt 20 Pfund. Es erinnert dieses kolossale und nichts weniger als elegante Werkzeug an die gewaltigen steinernen gebohrten Klingen, welche gleiche Bestimmung hatten (s. o. Fig. 163).

Fig. 217.

Weniger gewichtig, aber interessant durch seine Bauart, ist eine andere Gartenhacke derselben Gegend. Es ist eine Eisenklinge von 5¼ Zoll Länge, an der Schneide 3½ Zoll breit, an dem entgegengesetzten Ende 2½ Zoll breit und 1¼ Zoll dick. Von hier aus geht ein 3 Zoll langer, vierkantiger Dorn, der vermittelst eines Eisenbeschlages in dem 2 Fuß 3 Zoll langen Stiele festgehalten wird. Das Eisenbeschläge wird durch ein dickes Blech gebildet, das vom Stielende nach beiden Seiten 4¼ Zoll lang herabragt und mit einer denselben durchdringenden Niete an demselben festgehalten wird. Der Stiel ist von hartem Holz ohne sonderliche

Politur, über 1 Zoll dick. Die Art und Weise der Befestigung stammt jedenfalls aus den frühesten Zeiten und erinnert lebhaft an die der Neger und Kalmyken (Nr. 2669 m. S.). Auch auf Java kommen ähnliche, doch minder schwerfällige Gartenwerkzeuge vor (s. Raffles, Antiqu. and landscape illustrations of the history of Java. Lond. 1844. Taf. 10).

Aus dieser Hacke, die noch stark an ihre Stammmutter, die Axt, erinnert, gehen dann aber auch andere Werkzeuge hervor, die wir bei allen garten- und feldbauenden Völkern der Erde finden, die aber erst sich bildeten, nachdem das Eisen gemein zugänglicher geworden. Wir finden sie in dem angelsächsischen Calender wie im Sachsenspiegel, in Indien wie in China, und in den Wein- und Gemüsegärten der Italiener, Franzosen und Deutschen wie in den amerikanischen Colonien der Europäer.

Unter den Alterthümern kommen diese Werkzeuge aus Eisen nur selten vor, da dieses Metall sich so schnell in der Erde zersetzt und so rasch sich bestrebt, die Gestalt wiederum anzunehmen, die es hatte, ehe es derselben enthoben, geschmolzen und verarbeitet wurde.

Fig. 218.

Unter den indischen Gartenwerkzeugen erscheint auch eine Hacke, welche an Größe die deutschen Schaufeln erreicht, an Gewicht dieselben aber bei weitem übertrifft. Es ist eine Hacke, die aus einem einen Viertelzoll starken, gekrümmten Eisenblatt besteht, welches unten 9, oben 7½ Zoll breit ist, die Länge ist über 12 Zoll. An der schmalen Seite ist das Blatt emporgebogen und zu einem 3 Zoll breiten, 2 Zoll langen Ansatz ausgeschmiedet, der auf der obern Seite des Blatts gratartig sich fortsetzt. Dieser Ansatz wird durch einen 2½ Zoll breiten, fast zolldicken Halbring gefaßt, und so eine Oese hergestellt, in welche der lange Stiel gesteckt wird. Das Werkzeug ist überaus gewichtig (Nr. 2672 m. S.).

Aehnliche Werkzeuge, doch bei weitem kleiner, werden zuweilen auch in deutschem Boden gefunden.

Wenn derartige Eisenblätter nun oben mit einer Tülle versehen werden, in die ein langer Stiel gesteckt wird, so erwächst daraus der Spaten, die Schaufel, die in den verschiedenen Ländern verschiedene Formen angenommen hat. Die Reisenden fanden spatenartige Werkzeuge bei den Insulanern der Südsee, bei denen Feldbau zu den Grundlagen des Lebens gehört. Die Kaffern und nordamerikanischen Indianer kennen dieses Werkzeug nicht; sie stechen in den durch Asche gedüngten und mit der Axtklinge erlockerten Boden mit Holzstöcken Löcher, in die sie die Samenkörner einlegen.

Den Spaten finden wir in Europa seit uralter Zeit neben der Hacke und dem Pfluge. Er ist im angelsächsischen Calender, wie im Sachsenspiegel mehrfach dargestellt. Er erscheint aus Eisen, aber auch aus Holz, an welches ein Eisenblech als Schneide angesetzt ist. Er dient zum Umgraben des Bodens; er geht aber auch in die Hand des thon- und lettensuchenden, Töpfe und Backsteine bildenden Handwerkers über, wie er denn auch dazu dient, dem Menschen seine letzte Ruhestätte, das Grab, auszuhöhlen und den Hügel zu bilden, der sein Andenken eine Zeit lang erhalten soll. Er erscheint in mannichfaltiger Größe und Gestalt, mit viereckigem, dreieckigem, halbrundem Blatt, und am Stiel mit Handhabe oder Krücke. Der Soldat führt ihn mit ins Feld, um sein Lager mit einem Wall zu schützen, und er, wie Jeder, der ihn gebraucht, drückt ihm das Gepräge seiner Zwecke auf.

Aus der Hacke erwächst endlich auch der Pflug, der zuerst durch menschliche, dann durch thierische Kraft, endlich durch das Rad in Bewegung gesetzt wird, und den die neue Zeit mit Dampf zu treiben versucht.

Die älteste Form des Pflugs sehen wir auf den ägyptischen Denkmälern (Rossellini, Monumenti civili. Taf. 32). Es besteht der altägyptische Pflug aus einem einzigen oder zwei parallel neben einander gestellten krummen, großen Hacken, die mit Stricken an einer Deichsel befestigt sind, über welche ein Querbalken geht, der an die Hörner der Zugthiere reicht. Der Landmann drückt mit der einen Hand die Pflugschaar in den Boden, während er in der andern eine lange Ruthe zum Antreiben der Stiere führt.

Aehnlich war der Pflug der Etrusker, wie wir aus der Bronzegruppe des Florentiner Museums (Gori, Mus. Etrusc. S. 103, Taf. 57) ersehen. Das an der Deichsel befestigte Joch ruht auf dem Nacken der Stiere.

In derselben Weise ist der Pflug in Java, auf Ceilon, in Ostindien, in Marokko, in Arabien, ja noch heute in manchen Gegenden Europas.

Mit Rädern erscheint der Pflug bereits im angelsächsischen Calender, im Sachsenspiegel.

Die Geschichte der weitern Ausbildung des Pflugs kann hier um so füglicher übergangen werden, als dieselbe bereits in einem selbstständigen Werke zur Genüge geschehen ist (Rau, Geschichte des Pflugs. Heidelb. 1845), wo sich zahlreiche erläuternde Abbildungen vorfinden (m. s. ferner G. v. Boddien, der mecklenburgische Haken. Oldenburg 1840, 8., und W. Hamm, die landwirthschaftlichen Geräthe und Maschinen Englands. Leipz. 1846).

Der Pflug aber galt bei Etruskern und Germanen für ein heiliges Geräth, mit dem man neubegründete Städte umfurchte, dessen Eisen, glühend gemacht, die Unschuld beklagter Frauen erwiesen, ja der die Pest von den menschlichen Wohnstätten abzuwehren geeignet war. Im Jahre 1612, wo die Pest die Gegend von Sorau sehr verheerte, ward folgende Ceremonie häufig von den Bauern vorgenommen. Sie lasen aus neun Personen zwei junge Knechte, alle beide reine Junggesellen, eine Wittwe, so sieben Jahre im Wittwenstand gesessen, aus. Die übrigen sechs mußten reine Jungfern sein. Alle diese mußten am Ende des Dorfs um Mitternacht zusammenkommen. Der eine Knecht brachte einen Pflug mit allem Zugehör auf vier Ochsen, der andere aber eine abgestorbene Reude. Damit machte er einen Kreis, in welchen sich die Wittwe mit den Jungfern begeben und ganz nackend ausziehen mußte. Es durfte auch keiner ein einziges Wörtchen entfahren. Hierauf ging die Wittwe mit der Reude voran; die Jungfern, die sich in den Pflug eingespannt, zogen ihr denselben nach, und der eine Knecht ging hinter dem Pfluge her, der andere aber blieb im Kreise sitzen und hütete unterdessen die Kleider, während die andern um das ganze Dorf herum eine Furche pflügten, damit die Pest nicht in dasselbe ziehen sollte. Nach verrichteter Arbeit ging ein Jedes ganz still nach Hause. „So machte es," sagt der Berichterstatter (Magnus, Histor. Beschreibung der Residenzstadt Sorau. Leipz. 1710, S. 111), „das gottlose wendische Volk, obgleich die Prediger darwider heftig eiferten. Allein Gott geboth dennoch der Peste, daß sie hin und wieder in solchen Dörfern fast alle Menschen wegriß."

Bevor wir die Art verlassen, müssen wir noch eine Art derselben betrachten, die wir die Barte nennen, und zwar die, welche vornehmlich als Waffe gebraucht wird.

Unter den altägyptischen Waffenstücken bemerken wir bereits eine Form, die Barte, die wir später auch bei den deutschen bewaffneten Städtern und bei den russischen Strelitzen antreffen. Es besteht dieselbe in einem mehr als fußlangen Eisen, das an einem

3—4 Fuß langen hölzernen Stiel in der Art der Zimmermannsbeile befestigt ist. So erscheint sie in deutschen Handschriften des 14. und 15. Jahrhunderts, wie in den Bildern zu Meyerberg's Gesandtschaftsreise an den

Fig. 219.

Zaaren, vom Jahre 1661. Mehrere Exemplare derselben finden sich im Königl. historischen Museum zu Dresden. Auf der Tapete von Bayeux sehen wir ein ähnliches Werkzeug in den Händen der Männer, welche Bau- und Schiffszimmerholz bearbeiten, doch sind sie hier nur von der Größe der noch jetzt üblichen Zimmerbeile (s. Meyrick. Stück LXXXIII).

Eine allgemein übliche Kriegswaffe wurde Beil und Streitaxt in dem christlichen Westeuropa nie; es waren immer nur einzelne kleine Heeresabtheilungen, welche die Axt führten. In dem Hortus deliciarum der Herrad von Landsberg sehen wir die Axt in den Händen eines Ritters, der das Thor einer Festung damit aufhaut. In späterer Zeit war die Axt Waffe städtischer Truppen und besonders der Freiberger Bergknappen. Mit der Ausbildung der modernen Kriegskunst treten erst Zimmerleute als besondere Abtheilung der Infanterie auf. Noch im Jahre 1806 waren in den meisten deutschen Heeren die Zimmerleute, wie früher die Artilleristen, für eine bestimmte Zeit in den Dienst genommene Handwerker. Napoleon ließ einen Zug Zimmerleute mit gewaltigen Beilen seinen Trommlern an der Spitze der Regimenter voranschreiten, die durch große Bärte, Stulphandschuhe und die weißen Schurzfelle imponirten.

Fig. 220.

Die Barte der Freiberger Bergleute ist in der Weise, wie die bereits näher beschriebene bergmännische Steigerhacke, mehr eine Paradewaffe geworden. Da die Bergknappen nicht im freien Felde zu kämpfen die Bestimmung hatten, sondern nur im Nothfall mit den wehrhaften Bürgern die

Stadtmauer vertheidigten, wie z. B. bei der merkwürdigen Belagerung von Freiberg in dem Jahre 1643, so mochte diese leichte Waffe wohl genügen. Die Bergbarte besteht aus einem Stiele von Holz, der etwas über 2 Fuß lang und im Durchmesser oval ist. Der Holzstiel ist oft ganz einfach, meist braunroth oder schwarz angestrichen, dann aber auch mit Knochen oder Horn ausgelegt, oder aber ganz mit Knochenröhren überzogen und dann gravirt. Die Klinge besteht aus Eisen oder Messing und erhebt sich mit der äußersten obern Ecke in eine Spitze empor.

Das vor mir liegende Exemplar (Nr. 3409 m. S.) hat einen braunhölzernen Stiel von 2 Fuß 3 Zoll Länge, der oben, wo er am stärksten, 2 Zoll breit- und 1½ Zoll dick ist. Er ist von oben bis unten mit kleinen viereckigen Platten von gravirten Knochen belegt, die mit kleinen Stiften von demselben Stoff zierlich umgeben sind. Zu oberst auf der Rückseite ist Christus am Kreuze, den zur Rechten und zur Linken zwei Bergleute knieend anbeten. Weiter nach der Mitte befinden sich zwei größere Platten mit den Brustbildern des Landesherrn, damals Johann Georg III., Kurfürst von Sachsen, und seiner Gemahlin. Darauf folgen kleinere Platten mit Blumen und Arabesken. Zu unterst ist der Stiel in einen 4 Zoll langen massiven beinernen Schuh gefaßt, in welchen auf der einen Seite der Kaiser im Mantel und Krone zu Pferde mit Reichsapfel und Scepter, dann aber das kursächsische Wappen, auf der andern unter einer Arabeske das Bergmannswappen mit Schlägel und Eisen eingegraben ist. Die Klinge ist unten bis an den Stiel 7 Zoll breit, mit der emporragenden Spitze über 8 Zoll lang und in der Mitte und an der hintern Ecke durchbrochen.

Bei den Bergparaden erscheinen die Berghäuer noch jetzt mit diesen Barten, während Zimmerlinge und Maurer ihre eigenthümlichen Werkzeuge, Axt und Spitzhaue, tragen. Die Bergbarte erbt vom Vater auf den Sohn und ist nur von kinderlosen Bergleuten zu erlangen.

Endlich ist unter denjenigen Waffenstücken, welche aus Metall gebildet sind und erst nachdem die Axt und der Hammer sich weiter ausgebildet haben, besonders in den Händen der europäischen und orientalischen Ritter gefunden werden, der Streithammer und die Streitkolbe zu nennen. Erstere kommt in der Form des Spitzhammers in den Denkmalen aus den Zeiten der Kreuzzüge bereits vor, so z. B. auf einem Grabsteine der Abteikirche von Groß-Malvern in Worcestershire (Groß, Antiqu. S. 154, Taf. 11). Von da erscheint sie seltener und in den deutschen und französischen Gedichten vom 12. bis 14. Jahrhundert finden wir Streitaxt und Keule nicht erwähnt in der Bewaffnung der Ritter. Ja es erscheint die Keule, die schwere Stahlstange, nur bei den Gegnern der Ritter, in den Händen der ungeschlachten Riesen.

Vom 14. Jahrhundert finden wir die Keule von Holz mit Metallzacken oder auch mit einem igelartigen Knopf, als Morgenstern, in den Händen der Städter und der Schweizerbauern, dann bei den Hussiten und den aufrührerischen Bauern von Schwaben, Meißen und Thüringen. Man führte diese 4—5 Fuß langen Waffen mit beiden Händen.

Eine ebenfalls nicht ritterliche Waffe ist der Flegel, der mannichfach gestaltet ist. Wir finden eine Art bereits bei den asiatischen Nomaden, und zwar eine Form, die aus der kurzen Reiterpeitsche hervorgegangen ist, welche Tscherkessen und Tataren mit breitem, oft schön gesticktem Ende als Nogaika, die Kalmyken, Mongolen, Chinesen und Kosacken mit runder aus Lederriemen geflochtener stockartiger Spitze als Kantschu führen. An dem starken 1 — 1½ Fuß langen Stiel ist ein breiter Riemen angeflochten, an dessen Ende eine schwere, eiserne oft 2 Zoll im Durchmesser haltende durchbohrte Kugel befestigt ist. Die Kalmyken führen diese Peitsche vornehmlich bei ihren Wolfshetzen; auch erscheint sie auf chinesischen blauen Porzellangemälden mehrfach in den Händen der berittenen Jäger, und zwar im 6. Raume der Königl. Porzellan- und Gefäße-Sammlung zu Dresden. In den Waffensammlungen kommen Exemplare vor, an denen die Kugel noch mit Eisenstacheln besetzt ist.

Fig. 221.

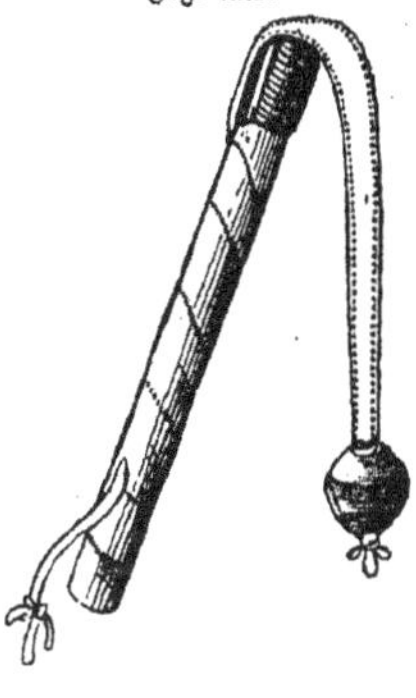

Eine andere, in Deutschland vorkommende Art, die jedoch kaum jemals allgemeinere Verbreitung gefunden haben dürfte, ist nach dem Dreschflegel gebildet. Dieser Flegel ist theils kurz, und von den Verhältnissen der vorigen Form, theils lang und hat dann einen Stiel von 4 — 5 Fuß, an welchem ein 1½—2 Fuß langer Keil an kurzem Riemen oder Kette hängt, der 15 bis 18 Zoll lang, theils geriefelt, theils mit Buckeln oder Spitzen versehen ist. Im Königl. historischen Museum zu Dresden sind einige Exemplare beider Arten vorhanden. Allgemeiner war der eigentliche Dreschflegel, wenn die Bauern als Landsturm auftraten.

Aus dem Orient scheint die eigentliche 2—3 Fuß lange eiserne Reiterkeule zu stammen, die sich in den großen epischen Gedichten des frühern Mittelalters auch nicht vorfindet.

Gobelin Persona (Aetas, VI. C. 83) erzählt, daß im Jahre 1390 der neue Bischof von Paderborn, Ruprecht, ein junger und kühner Mann, sein Amt angetreten und gegen das räuberische Unwesen der Edelleute Westfalens strenge Maßregeln ergriff. An der Spitze der Räuber stand Friedrich von Pathberg, der sich und seine Genossen Bengeler nannte, weil sie silberne Streitkolben, Bengel, auf der Brust trugen. Der Bischof trieb diese Gesellen zu Paaren.

Im 15. Jahrhundert ward diese Waffe bei den Rittern allgemeiner, nachdem der Plattenharnisch den Ringpanzer vollkommen verdrängt hatte. Sie erhielt den Namen **Kolben** und ward zu gerichtlichen Zweikämpfen und Tournieren zugelassen.

Fig. 222.

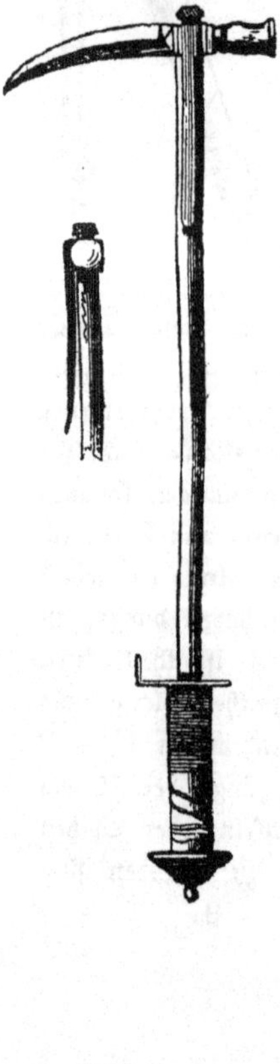

Die Kolben waren zunächst von Holz, mehr oder minder mit Eisenschienen bewehrt und verziert. In der Tournierordnung des René d'Anjou, handschriftlich in der Königl. öff. Bibliothek zu Dresden, ist (Fol. 12) diese Kolbe abgebildet. Sie ist aus Eisen und über dem Handgriff mit Schirmen versehen. Am Stiel ist eine Kette angebracht, an welcher sie der Besitzer am Arm oder Gürtel befestigen konnte.

Seit den Türkenkriegen kam über Ungarn und Polen diese Kolbe als Pusican noch häufiger nach dem westlichen Europa und erscheint nun ganz von Eisen, zum Theil mit besonderm Handgriff. Der eigentliche Knopf wird bald rund, bald kantig, bald mit klingenartig sich aufblätternden Ecken, die wiederum verschiedenartige Profilirung haben (zusammengestellt bei Meyrick Fink LXXXII, und in Carré, Ponoplie. I, B. C. D.).

Gegen die Mitte des 16. Jahrhunderts erscheint der eigentliche Streithammer als Reiterwaffe. Er ist ganz von Eisen, über 2 Fuß lang, die eine Hälfte des Hammers endigt in eine runde, scharfgekrümmte Spitze, die andere in eine facettirte Fläche. Am Stiel ist eine Schiene angebracht, womit das Gewehr an dem Sattelknopf befestigt werden konnte. Die Reitergarde des Kurfürsten Moritz von Sachsen führte diese Spitzhämmer, die noch gegenwärtig im Königl. historischen Museum zu Dresden aufbewahrt werden. (Fig. 222.)

Die älteste Axtklinge bestand, wie wir sahen, aus dem Meisel, der jedoch erst dann selbstständig angewendet wird, wenn größere Arbeiten in Holz und Stein ausgeführt werden; er wird sodann mit einem Klopfer von Holz oder einem Hammer von Eisen in das Material getrieben. Auf den ägyptischen Denkmalen sehen wir ihn in den Händen der Bildhauer, Tischler und Zimmerleute, wo wir ihn auch heute noch antreffen. Im Orient ist er bekannt, er kommt auch bei den Javanen vor.

Aus dem Meisel wird durch eine andere Fassung der Hobel gebildet, den die alten Aegypter ebenfalls kannten und brauchten und den die europäischen Holzarbeiter sehr mannichfach für ihre Zwecke umgestaltet haben. Der Bildhauer und Zimmermann legt sich das Material, welches er bearbeiten will, fest und bringt nun mit der Hand den Meisel an die Stelle, die er bearbeiten will. Mit der andern Hand klopft er darauf, und läßt so das Werkzeug in das Material eindringen.

Allein der Arbeiter kommt endlich, besonders bei der Bearbeitung kleiner Gegenstände von harter Masse, darauf, das Material zu fassen und mit der einen Hand zu drehen, dem Meisel aber eine feste Stellung zu geben, und so entsteht allgemach die Drehbank, die wir weiterhin in ihren Anfängen näher zu betrachten haben. Von da an nimmt der Meisel anderweite Gestalten an.

Dieß wären denn die verschiedenen Werkzeuge, welche aus der einfachen meiselförmigen Steinklinge zur Axt sich ausgebildet haben. Das nächste an Formen nicht minder fruchtbare Werkzeug ist

das Messer,

dessen Anfänge in Stein, Rohrschale, Muschel und Knochen wir oben kennen gelernt haben.

Das Messer finden wir als einen der ältesten Gefährten des Menschen in allen Theilen der Erde, wozu er in Zähnen und Nägeln an seinem Leibe die ersten Modelle findet.

Wir sahen, wie das Messer in Stein bereits seine Form sehr

mannichfaltig entwickelte; wir fanden das zweischneidige gerade Messer und das gekrümmte, dann die Uebergänge in die Pfeil und Lanzenspitze, in den Dolch. Mit dem Eintritte der Metalle findet eine bei weitem größere Entwickelung der Formen statt; in Bronze erscheinen schon die einschneidigen Rasirmesser, die Dolche, die Schwerter, die Sicheln, und als weitere Umgestaltungen die Pfeil- und Lanzenspitzen. Mit dem Gebrauche des Eisens wachsen die aus dem Messer entstandenen Werkzeuge zu namhafter Größe an, und die Formen werden noch viel mannichfaltiger, je nach dem Bedürfniß Derer, die das Werkzeug in die Hand nahmen.

Wir beginnen die Betrachtung mit dem eigentlichen Messer, dessen Zweck es ist, festere Pflanzen- und Thierstoffe zu zerschneiden, wie Holz, Früchte, Fleisch, Haut und Haare. Um besser in den zu trennenden Gegenstand eindringen zu können, ist das Messer gemeiniglich mit einer Spitze versehen, die wir schon an dem zweischneidigen Feuersteinmesser bemerkten und die an Pfeilen, Wurfspeeren und Lanzen sich fast stets findet.

Wir bemerken auch hier, wie das Messer, gleich der Art, erst in der Hand des Landmanns und des Handwerkers sich zu einer größern Fülle von Formen entwickelt.

Das älteste Messer aus Stein und Rohrschale ist zweischneidig und gerade. Das älteste Bronzemesser dagegen hat nur eine Schneide und ist meist gekrümmt, mit der Schneide theils im Innern des Bogens, wie bei der Sichel, theils an der Außenseite desselben, wie bei dem Säbel.

Das Messer besteht aus der Klinge und aus dem Griffe, welcher oftmals aus einem andern Stoffe als die erstere gebildet und auf mannichfache Art mit derselben fest verbunden ist. Die Verbindung ist theils fest, wie bei dem Schwert, und durch einen breiten, platten oder nadelartigen, Angel oder Dorn genannten Fortsatz der Klinge bewerkstelligt, theils gestattet sie, die Klinge zum Schutz der Schneide mit dieser in den Griff zu legen. Die Messer, die keine solche Vorrichtung haben, werden meist in einer besondern Scheide getragen, zu welcher Holz, Leder und Metall die am meisten üblichen Stoffe gewähren.

Wir betrachten zunächst das Messer mit einer Schneide, das in Bronze in mehrern Formen uns begegnet, wovon wir das Messer mit dem aus gleichem Stoffe wie die Klinge versehenen Stiel voranstellen. Die Großherzogliche Alterthümersammlung zu Schwerin hat mehrere verschiedene Exemplare von 5—12 Zoll

Länge, die Breite der Klinge erreicht selten mehr als 1 Zoll. Der Rücken ist, wie bei unsern Rasirmessern, meist sehr stark. Der Stiel wird theils durch einen, theils durch zwei dünne Dornen gebildet, die unten in einen oder zwei Ringe endigen. Der Stiel nimmt meist ein Drittheil der Länge des ganzen Werkzeugs ein. Seltener besteht der Stiel aus einer starken Röhre oder Tülle, an welcher sich ein oder mehrere Knäufe befinden. Die Klingen sind meist etwas gekrümmt, mit der Schneide nach innen, biegen sich aber an der Spitze meist zurück, so daß hier die Schneide eine Beugung nach außen annimmt.

Das eine dieser Messer (Lisch, Museum Frider. Francisc. Taf. XVI, F. 7) ist 5 Zoll lang, wovon 3 Zoll auf die Klinge kommen, welche dreiviertel Zoll breit ist. Der in der Mitte mit einem geriefteu Knaufe versehene und in einen dreiachtel Zoll im Durchmesser haltenden Ring endigende Stiel ist ringsum geriefelt. Ein anderes Exemplar, dessen Klinge gebrochen, hat dieselbe Form, trägt aber auf der Klinge sehr zierliche Linien und Punkte.

In derselben Sammlung befindet sich ein Messer von 12 Zoll Länge, die gebrochene Klinge ist 8 Zoll lang und tritt da, wo sie in den einen Viertelzoll breiten Stiel übergeht, mit der Schneide widerhakenartig heraus. Der Stiel ist breiter als dick, hat drei vortretende Absätze und endigt in zwei neben einander stehende Ringe (Lisch, Frid. Francisc. XVI, 3). Fig. 223.

Fig. 223. 224. 225.

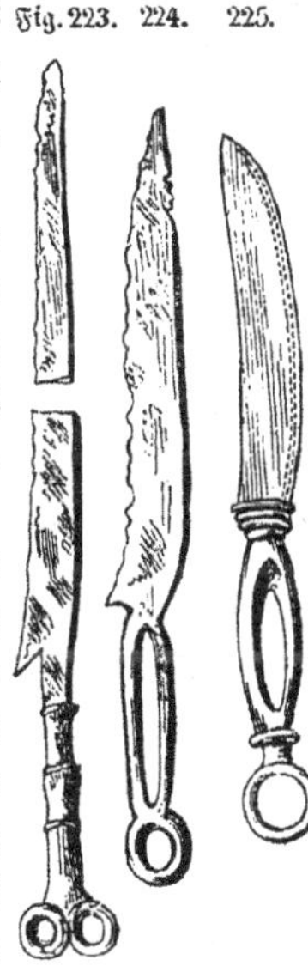

Ebendaselbst befindet sich ein Bronzemesser von $10^1/_2$ Zoll Länge, dessen feingeschwungene Klinge in zwei neben einander stehende Dornen übergeht, die zu unterst zu einem siebenachtel Zoll breiten Ringe sich gestalten (Lisch, M. F. F. XVI, 6). Fig. 224.

Die Sammlung des Königl. Alterthumsvereins im Palais des Großen Gartens zu Dresden verdankt der Fürsorge des Herrn Archidiaconus Dr. Peschek zu Zittau ein schönes Bronzemesser von $9^1/_2$ Zoll Länge, das in Seifersdorf bei Zittau im Jahre 1848 gefunden wurde. Die gekrümmte Klinge ist $5^1/_2$ Zoll lang und $1^1/_4$ Zoll breit, geht in stufenartigen Absätzen in den aus zwei gekrümmten Dornen gebildeten Stiel über, an welchem ein Ring von 1¼ Zoll Durchmesser festsitzt. Leider ist der Griff gebrochen. (Fig. 225.)

Aehnlich in der Form, doch mit breitem Griff ist ein Bronzemesser der Schweriner Sammlung. Die Länge desselben beträgt 7 Zoll.

Messer mit stärkern Griffen, doch wie die vorigen mit der Klinge in einer Form gegossen, kommen mehrfach vor; so fand Dr. Wagner in den Gräbern von Klein-Rössen, dicht an der Schwarzen Elster bei Schlieben, zwischen Aschenurnen ein 8 Zoll langes Bronzemesser, das in einen gerieften 3 Zoll langen Stiel überging, der unten in einen platten, durchbohrten Bogen endigte. (Fig. 226.)

Fig. 226. 227. 228.

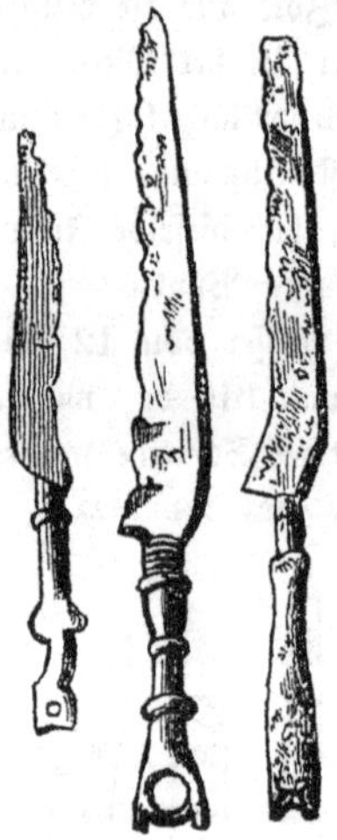

Ein Bronzemesser der Schweriner Sammlung (Lisch XVI, 5) von 10 Zoll Länge geht in einen fast 4 Zoll langen Stiel über, der an der Klinge feingeriefelt ist, dann drei kräftig vortretende Knäufe und an dem platten Ende ein großes rundes, von zwei Widerhaken überragtes Loch hat (Fig. 227.) Von einem andern Messer, dessen Klinge sehr reich mit Linien und Punkten verziert war, ist der Griff vorhanden, der am Stiele rund und gerieft, bald platt wird und in einen Ring endigt, an welchem noch drei kleine lose Ringe hängen.

Endlich kommen Messer mit langem, fast zollstarken aber hohlgegossenem Griffe vor. In Schwerin befindet sich ein solches von 10½ Zoll Länge, allerdings mit gebrochener Spitze (Lisch, F. F. XVI, 4), auf den Griff kommen fast 5 Zoll. Aehnliche fand man anderwärts, z. B. das Messer (Nr. 184 m. S.) der fürstl. Solms-Braunfelsischen Sammlung aus Bronze in Sand gegossen. (Fig. 228.)

Seltener finden sich Messer, an denen Stiel und Klinge aus einem einzigen Stück Metall bestehen, in Eisen vor. Eines der schönsten Messer dieser Art besitzt das städtische Museum zu Salzburg. Es ist eine Klinge von 16 Zoll Länge. Die größte Breite beträgt 1¾ Zoll, von da an verjüngt sich die Klinge bis zu einem halben Zoll Durchmesser und endigt in einen platten Ring von 1¾ Zoll Durchmesser. (Fig. 229.)

Häufig erscheinen in norddeutschen und scandinavischen Grä-

Fig. 229.

Fig. 230.

dern jene kleinern gekrümmten Bronzemesser, aus deren Klinge ein schmaler, geringelter Stiel hervortritt. Schon Christian Detlev Rhode (Cimbr.-holst. Antiqu. Remarques. S. 209) bezeichnete sie als Rasirmesser; man hat deren auch mit Pincetten oder Haarzangen zusammen gefunden. Die Schweriner Sammlung besitzt deren eine große Anzahl von 3—5 Zoll Länge und 1—2 Zoll Breite; sie haben eine abgekuppte Spitze. Der sehr kurze Stiel endigt theils in einen aufgeringelten Dorn, theils in einen Ring, seltener in einen kurzen, starken Stiel. Die Klingen sind oft mit Linien, Strichen, Spiralen und Punkten geschmackvoll verziert (Lisch, F. F. S. 132, Taf. 18). Von eisernen Rasirmessern dieser Form fand man bisher nur sehr zerstörte Bruchstücke.

Fig. 231.

Man hat ferner halbmondförmige Klingen gefunden, die offenbar ganz mit den Ledermessern der Grönländer, so wie unserer Riemer und Beutler übereinstimmen. Ein Bronze-Exemplar des Schweriner Museums (Lisch, XVII, 10) ist an der abgeschliffenen Schneide 3 Zoll lang und 2 Zoll breit. Der ebenfalls gekrümmte Rücken endigt in drei platte neben einander stehende angegossene Ringe. Bei weitem einfacher ist ein zweites Exemplar derselben Sammlung, das nur aus einer flachen Klinge, ohne irgend eine Handhabe besteht (Lisch, S. 131) und das daher vielleicht in eine Art Holzgriff gefaßt war. Diese Klinge ist $3^1/_2$ Zoll lang und $1^1/_2$ Zoll breit.

Fig. 232.

Unter die Werkzeuge der Lederarbeiter gehört jedenfalls ein Messer, welches zugleich mit der unter Fig. 204 mitgetheilten eigenthümlichen eisernen Axtklinge an den Trögelbergen bei Schlieben von Herrn Dr. Wagner gefunden wurde. Es ist eine gekrümmte Klinge, mit der Schneide an der convexen Biegung. Die Klinge ist $3^1/_2$ Zoll lang, mehr als einen Zoll breit und geht in einen 2 Zoll langen Dorn über, ist auch von Rost etwas angegriffen und scheinbar an der Spitze abgebrochen (Nr. 2827 m. S.).

Wir wenden uns nun zu denjenigen einschneidigen Metallmessern, welche mit einem Dorn in einen Stiel von Holz, Bein, Horn oder anderm Stoffe eingesteckt und befestigt waren. Sie sind nicht selten und durch das ganze nördliche Deutschland und Scandinavien gefunden worden. Die Form der Klingen kommt mit der der vorhin beschriebenen überein, sofern sie aus Bronze sind, wird aber bei den eisernen überaus mannichfaltig.

C. D. Rhode (Cimbr.-holst. Ant. Rem. S. 228 ff.) beschreibt bereits auch diese Form; die Museen von Dresden, Schwerin, Copenhagen haben deren mehrere aufzuweisen. Ein Exemplar meiner Sammlung hat 8 Zoll Länge, die mit starkem abgerundeten Rücken versehene Klinge ist fast einen Zoll breit. Der mehr als einen Zoll lange Dorn saß ursprünglich in einem Stiel, in welchem er wohl durch Pech festgehalten war (Nr. 813 m. S.).

Fig. 233.

Eine bronzene Messerklinge der Königl. Antikensammlung zu Dresden von 7½ Zoll Länge hat einen fast 2 Zoll langen Dorn, dessen Ende umgekrümmt ist und wohl in einem kurzen Holzstiel festgesessen hat. An einer Klinge der Schweriner Sammlung (XVII, 1) erscheint der Dorn 2 Zoll lang und dreiachtel Zoll breit, und war jedenfalls in einen hölzernen oder beinernen Griff gefaßt.

Ein anderes Messer der Königl. Antikensammlung zu Dresden ist gegen 7 Zoll lang, die Klinge verjüngt sich in einen breiten Theil ohne Schneide von 1½ Zoll Länge, mit dem sie zwischen zwei Platten befestigt war, die somit den Griff bildeten. Dieser Theil hat ein Nietloch. Aehnliche Klingen fand man in der Lausitz.

Fig. 234.

Eiserne Klingen wurden häufig in der Erde gefunden, allein nur wenige haben ihre ursprüngliche Gestalt behalten; die meisten sind arg vom Roste verunstaltet. Zugleich mit der eisernen Axt und dem Ledermesser wurden in den Trögelbergen bei Schlieben auch zwei ziemlich wohlerhaltene Messerklingen, beide mit breitem Dorn und fast von einerlei Gestalt, wenn auch von verschiedener Größe gefunden. Die größere ist 9¾ Zoll lang und einen Zoll breit, wovon 3½ Zoll auf den Dorn kommen, die andere hat 6¾ Zoll Länge (Nr. 2829 und 2830 m. S.). Mit diesen Messern ward ein kleiner allerdings sehr verrosteter Wetzstahl gefunden.

Unter den Grabalterthümern von Hallstadt erscheint ein eisernes Messer, das einen bronzenen in einen mit Knäufen verzierten Ring endigenden Stiel hat (Gaisberger V, 1).

Dr. Mayer fand in einem Eichstädtischen Grabhügel ein einschneidiges Messer am linken Hüftbeine des darin bestatteten Gerippes. Seine Länge ohne den 2 Zoll langen Dorn betrug an 10 Zoll, die Breite über 1 Zoll. Der Rücken war ziemlich dick. An der Klinge klebte noch das Holz der ehemaligen Scheide so fest an, daß es mit dem Eisen eine einzige Masse auszumachen schien. Auch am Dorn waren noch Spuren der ehemaligen Holzbekleidung sichtbar. Beides war Eichenholz (Mayer, Abhandl. üb. ein. altdeutsche Grabhügel im Fürstenth. Eichstädt. Eichst. 1825, m. Abb.) S. 15.

Die eisernen Messer der Römer und die des Mittelalters, die wir in Handschriften abgebildet sehen, haben in der Form große Aehnlichkeit mit denen der Orientalen, der Dalmatiner und Steiermärker.

Das nebenstehende orientalische Messer (Nr. 1893 m. S.) besteht aus einer 7 Zoll langen, dreiviertel Zoll breiten Klinge aus dem feinsten und schönsten Damascenerstahl, der eine sehr feingewässerte Oberfläche zeigt. Diese steckt in einem 5 Zoll langen Stiele von schwarzem Horn und ist am Vereinigungspunkte mit einer Zwinge aus vergoldetem Silber gefaßt. Das Ende des Stiels trägt eine geschnitzte rothe Coralle in silbernem Ringe. Ich verdanke dasselbe der Güte des Herrn Inspectors **Büttner** zu Dresden. Es gehört dazu eine gegen 9 Zoll lange, an der Seite mit Messingdraht genähte Lederscheide.

Fig. 235.

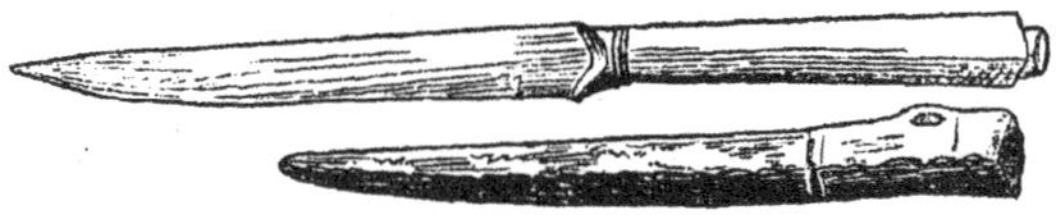

In der Form erinnert das nächstfolgende orientalische Messer (Nr. 2415 m. S.) sehr an die deutschen des 11. und 12. Jahrhunderts. Die dreiviertel Zoll breite Klinge ist 6½ Zoll lang und dicht am Stiel in Messing gefaßt; oben bildet sie eine scharfe Spitze. Der Stiel ist 4 Zoll lang und mit braunrothem Maroquin überzogen, oben und unten aber mit emaillirtem ovalen, fünfachtel Zoll breitem Messingringe umgeben. Die Emaille, weiß,

Fig. 236.

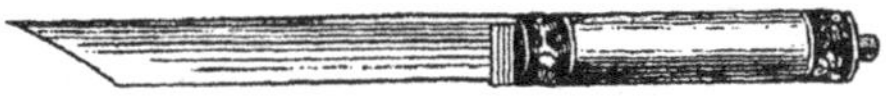

hellblau, hellgrün, violett und gelb, sitzt ziemlich dick zwischen Messinggraten, jede Farbe für sich. Auch das platte Ende des Stiels ist gelb, grün und blau emaillirt und es ragt eine kleine Messingöse aus der Mitte heraus. Zu diesem Messer gehört eine Lederscheide, die mit weiß, roth und blauen Federkielen überstrickt ist.

Das Messer einer serbischen Frau mit den dazu gehörigen Sachen ist gerade so, wie die Messer waren, welche die deutschen Mägde und Hausfrauen bis ins 17. Jahrhundert neben der Geldtasche an ihrem Gürtel trugen.

Fig. 237.

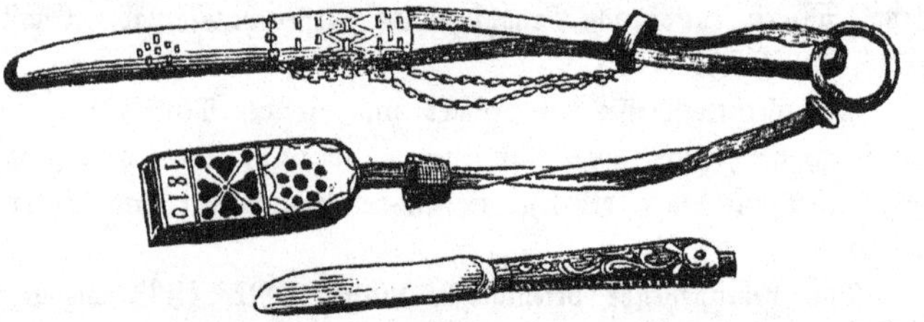

Das Messer selbst ist 6 Zoll lang. Die oben abgerundete Klinge, halb so lang, ist in das silberne und vergoldete Heft eingekittet, das ganz mit Arabesken bedeckt ist und in einen kleinen Knopf endigt. Das Messer steckt in einer Lederscheide von 6½ Zoll Länge, die mit weißen Federspuhlstreifen verziert ist. Auf der Vorderseite der Scheide tritt die Naht kräftig heraus und zu beiden Seiten derselben laufen zwei Reihen eingedrückter Linien herab. Vermittelst eines doppelten Lederriemens und eines Messingkettchens von 7 Zoll Länge ist die Scheide mit einem starken Metallringe von 1⅛ Zoll Durchmesser verbunden. Riemen und Kettchen werden durch einen platten Messingring zusammengehalten. An dem großen Ringe befindet sich ein einen Viertelzoll breites Linnenband, das mit rother Wolle gestickt war und welches eine Messingkapsel festhält, die unten offen und innen mit rothem Tuch gefüttert, die Nähnadeln der Besitzerin trug. Die halbovale platte Kapsel ist zierlich ausgeschlagen und gravirt und enthält auf der einen Seite die Anfangsbuchstaben B E D, auf der andern die Jahrzahl 1810. An demselben Bande hängt ein oben offener Fingerhut von grünberostetem Kupfer. Das Ganze wurde am größern Ringe am Gürtel befestigt (Nr. 4708 m. S.).

Das Messer der Chinesen (Nr. 1747 m. S.) ähnelt in der Form dem orientalischen. Es ist 9 Zoll lang, wovon 5 auf die fast einen Achtelzoll starke Klinge kommen, die jedoch nicht glatt ist, wie

Fig. 238.

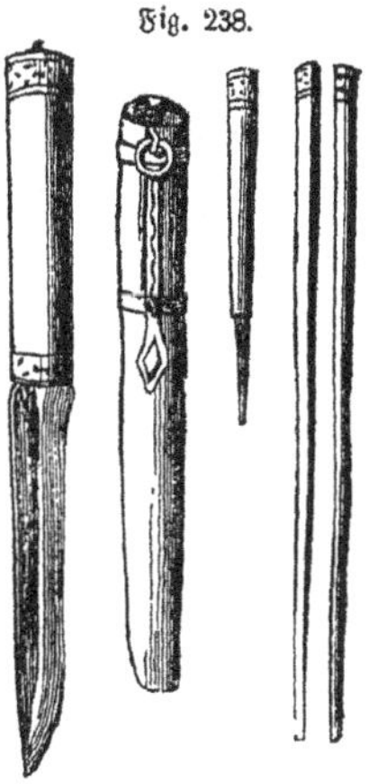

die vorigen, sondern auf jeder Seite eine mit dem Rücken parallel laufende Rinne hat. Der Griff besteht aus glattpolirtem Thierzahn und ist sechsachtel Zoll breit und dreiachtel Zoll stark. Das Messer hat einen Dorn, der am stumpfen Ende des Griffs vernietet ist. Oben und unten ist ein Rand von Ornamenten eingegraben und schwarz gefärbt. Das Messer steckt in einer Scheide von Bamburohr, das wie Schildkrötenschale lackirt und mit zwei gravirten Messingreifen umfaßt ist. Außer dem Messer enthält sie neben demselben in besondern Abtheilungen ein kleines $5\frac{3}{4}$ Zoll langes, spitziges Messerchen aus Wallroßzahn, das oben am Rande ebenfalls schwarz verziert ist, und die beiden die Gabel vertretenden 8 Zoll langen Stäbchen aus gleichem Stoffe und mit ähnlichen Ornamenten am dicken Ende (Nr. 1747 m. S.).

Wie die Axt, so haben die Menschen auch das Messer nach ihren Bedürfnissen und Zwecken gestaltet. So hat der sächsische Bergmann ein ganz eigenthümliches Messer, welches den Namen des *Tscherpers* führt und an welchem auch die Rangstufe im Ornamente ausgedrückt ist, die sein Inhaber in der Hierarchie des Bergmannsstandes einnimmt.

Fig. 239.

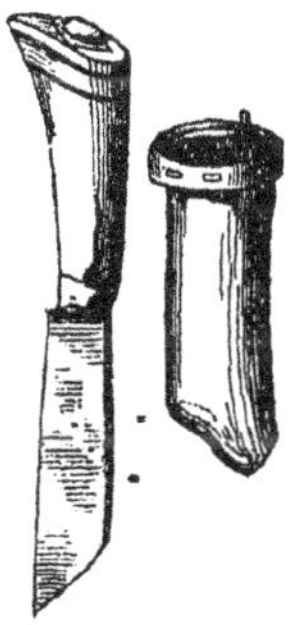

Der Tscherper des Berghäuers ist gegen 7 Zoll lang, wovon $3\frac{1}{2}$ auf den aus weißem Knochen gefertigten starken Griff kommen, der oben mit zwei schwarzen Parallellinien verziert, da aber, wo die Klinge einsitzt, mit einem Messingring umgeben ist. Die zollbreite Klinge tritt an der Schneide als Spitze empor. Sie ist in einem Dorn durch den Griff gelegt und oben über ein rautenförmiges Messingblättchen vernietet (Nr. 3468 m. S.). Der Tscherper steckt in einer tüchtigen 4 Zoll langen Lederscheide und wird am Gürtel getragen.

Ich besitze außerdem aber noch *einen Prachttscherper von kolossaler Größe* (Nr. 4706 m. S.), der schon als bergmännisches Alterthum eine nähere Beschreibung verdient. Er ist **1 Fuß** lang. Die $1\frac{1}{2}$ Zoll breite Klinge hat $7\frac{3}{4}$ Zoll Länge und ist in Messing gefaßt; der Dorn derselben geht durch den hohlen Griff aus Knochen und wird oben durch eine Schraube mit Mutter festgehalten. Ein Messingring von $1\frac{1}{2}$ Zoll Durchmesser und dreiviertel Zoll Breite umschließt den Griff da, wo die Klinge daran stößt. Der Griff ist hohl und oval und am obern Ende $2\frac{1}{2}$ und $1\frac{1}{2}$ Zoll im Durchmesser. Er wird durch eine Knochenplatte, die von Holz und einer kleinern Messingplatte gefaßt ist, mittelst der Mutter am schraubenförmigen Ende des Klingendorns festgehalten. Der Griff ist reich gravirt. Die Vorderseite zeigt zwei Felder, deren oberes eine Rose mit Knospen, deren unteres das Bergmannswappen und die Inschrift Anno 1704 enthält. Die Rückseite zeigt eine entfaltete Blume. In dem Innern des Griffs stecken zwölf kleine Tscherper mit Beingriffen und Kupferringen, auf jedem Griffe ist auf der Vorderseite ein Bergmann, auf der Rückseite aber über einer Blume Schlägel und Eisen eingegraben. Jeder der kleinen Tscherper ist 4 Zoll lang.

Ein ganz eigenthümliches Instrument ist das Messer, welches bei einer der Belagerungen Dresdens im Siebenjährigen Kriege in die Balken geschraubt wurde, die unter der Wasserfläche der Festungsgräben angebracht waren und das Durchschwimmen derselben zu verhindern den Zweck hatten. Es ist eine zollbreite Klinge von $9\frac{1}{4}$ Zoll Länge; sie ist von oben bis in die Mitte zweischneidig, von da an ist der Rücken fast einen Viertelzoll stark. Die Klinge geht in eine 3 Zoll lange Schraube über; durch ein in der Klinge angebrachtes Loch ward der Arbeiter in den Stand gesetzt, sie an den Balken festzuschrauben (Nr. 968 m. S.). Fig. 240.

Fig. 240. 241.

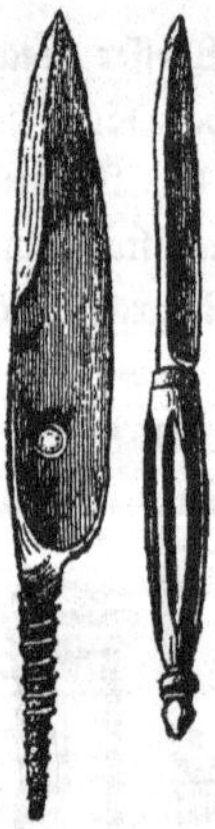

Es folgt nun das indische Messer (Nr. 4344 m. S.), das im Ganzen $8\frac{1}{4}$ Zoll lang ist. Die Klinge ist aus feinem Eisen, 4 Zoll lang und einen halben Zoll breit, sie hat auf jeder Seite einen Grat, der dem Rücken näher ist als der Schneide. Der Stiel ist aus Elfenbein und sehr zierlich geschnitzt und unten geknäufelt. Ein Kupferring hält ihn da zusammen, wo die Klinge darin eingesetzt ist. Die Form des Stiels erinnert an die ältern Federmesser. (Fig. 241.)

Noch eleganter ist ein aus Dalmatien stammendes Tranchirmesser, das neben einer Gabel in einer mit der Jahreszahl 1692 bezeichneten Scheide von Leder steckt (Nr. 2414 m. S.). Das Messer ist $10\frac{3}{8}$ Zoll lang, wovon 7 Zoll auf die 1 Zoll breite und einen Achtelzoll dicke Klinge kommen, die an der Schneide zu einer

Spitze sich verjüngt. Der zierlich gearbeitete Griff ist aus Horn und Perlmutter in Messing gefaßt und mit der Klinge durch Messingnieten verbunden. Die obere Messingfassung zieren auf jeder Seite drei kleine Malachite. Die zweizinkige Gabel ist 7½ Zoll lang, die Scheide, aus schwarzem gepreßten Leder, 10 Zoll lang, enthält zwei Abtheilungen, deren obere der Gabel bestimmt ist.

Fig. 242.

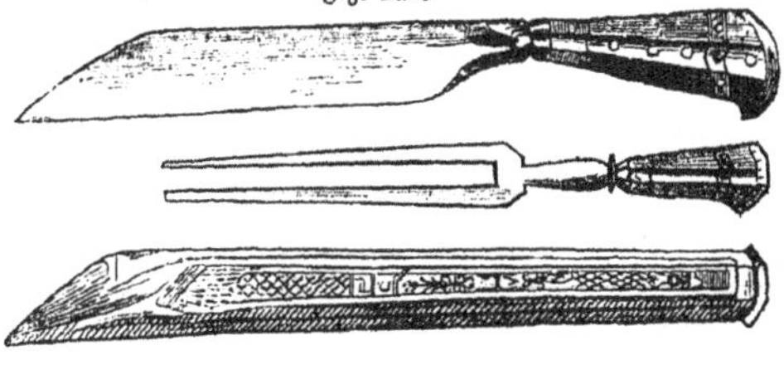

Aehnlich in der Form ist dasjenige Messer, welches noch heute der Landmann in Steiermark und Salzburg führt und welches mit Gabel und Wetzstahl in einer breiten Lederscheide steckt.) Es ist 7½ Zoll lang. Die 1 Zoll breite in eine zweischneidige Spitze endigende Klinge steht 4¼ Zoll lang aus der Zinnfassung des mit Hornschale belegten Griffs hervor. Die Form dieser Klinge ist noch die der alten Ureinwohner Italiens (Nr. 3938 m. S.).

Fig. 243.

Zu den einschneidigen Messern gehören nun ferner das Faschinenmesser der Artilleristen, der Nickfänger der Jäger und manche Messer unserer Handwerker. Es gehören aber auch dazu mancherlei Messer in der Küche, im Hause, im Garten und bei Tafel, wie die Tranchirmesser.

In China finden wir in der Küche ein Hackemesser, das in einer starken 3 Zoll breiten und 8¼ Zoll langen Klinge mit etwas gerundeter Schneide besteht. Es ist in einen geriefelten 7½ Zoll langen Holzgriff gefaßt und dient zum Zerkleinern von Fleisch, Gemüse und andern Nahrungsstoffen. Auf der Klinge hat der Schmied seinen Namen eingeprägt und der Eisenhändler seine auf Rosapapier gedruckte Etikette aufgeklebt (Nr. 4887 m. S.).

Noch gewichtiger und die Stelle des Beiles vertretend ist ein anderes chinesisches Hausmesser, mit welchem man, wie mit dem nordamerikanischen Huntingknife, nöthigenfalls einen schwachen Baum durchhauen kann. Es ist eine 14 Zoll lange in eine 4 Zoll lange Aufsteckctülle endigende Klinge von dreiachtel Zoll Dicke und fast 3 Zoll Breite, die sehr scharf geschliffen ist und auf ganz eigenthümliche Art dick und breit über die etwas gerundete Schneide heraustritt, wodurch dem Hiebe besonderer Nachdruck

Fig. 244.

verliehen ist. Man möchte dieses eigenthümliche Werkzeug (Nr. 4886 m. S.) der Form nach für ein Messer, dem Gebrauche nach aber für eine Axt erklären. Auf der einen Seite hat der Schmied seinen Namen tief eingeprägt und das Schauamt mit weißer Oelfarbe den Werth angegeben, auf der andern der Händler seine rosenfarbene Etikette aufgeklebt.

Unter den Alterthümern der Schliebener Gegend, namentlich in dem Burgwall von Waldo, dann aber auch in den Trümmern der Burg Niederlauterstein bei Zöblitz hat man lange einschneidige Klingen gefunden, deren Rücken zwei- bis dreiachtel Zoll stark war. Die Klinge von Waldo (Nr. 628 m. S.) ist 12½ Zoll lang, oben 1⅜ Zoll breit. Sie endigt in eine dreischneidige Spitze, zu unterst und oben geht sie in einen 2½ Zoll langen Dorn über. Die in Niederlauterstein mit Hufeisen, Trensen und anderm Pferdezeug gefundene Klinge ist wenig kürzer und schmäler, aber bei weitem stärker, auch ist sie dadurch von der andern unter-

Fig. 245.

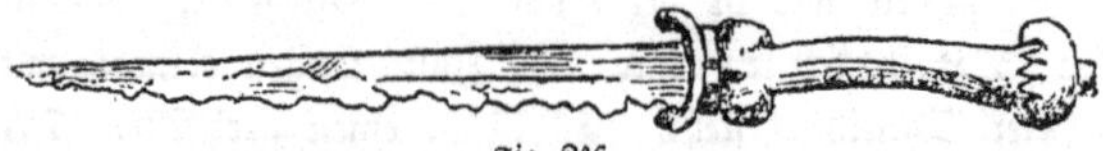

Fig. 246.

schieden, daß die eine Seite derselben 1 Zoll breit, die andere aber einen Viertelzoll schmäler ist (Nr. 4938 m. S.). Fig. 245.

Diese Klingen sind sowohl zum Schneiden, als zum Stechen eingerichtet und können füglich als Dolche bezeichnet werden. Aehnliche Formen finden wir auch bei den Asiaten. Ein indischer Dolch meiner Sammlung (Nr. 4387), von 12½ Zoll Länge, hat eine 8 Zoll lange, dreiachtel Zoll breite und einen Achtelzoll starke Klinge, die durch den Rost sehr gelitten hat und an welcher längs des Rückens parallel mit demselben auf beiden Seiten eine Rinne hinläuft. Er ist mit einem vom Dorn durchsetzten Holzgriffe versehen, an den sich unten eine kleine Parirstange von Messing und oben ein Knopf von Messingblech anschließt, der mit einfachen Linienverzierungen gravirt ist. Aehnliche dolchartige Messer führen auch die Kaukasier. (Fig. 246.)

Derartige einschneidige lange Messer oder Dolche kommen in großer Mannichfaltigkeit in den Sammlungen vor, sind jedoch bei weitem weniger allgemein üblich gewesen, als die zweischneidigen.

Ein fernerer Abkömmling des Messers ist die Hippe und die Sichel der Gärtner, Wein- und Feldbauern, ja wir treffen diese Form, also die dem Ledermesser entgegengesetzte, unter den Werkzeugen der Grönländer und zwar zur Bearbeitung der Knochen an. Aus diesem Instrument erwachsen sodann Sichel und Sense.

Fig. 247.

Wir beginnen mit der kleinen Hippe oder Sichel aus Bronze. Ein Exemplar meiner Sammlung (Nr. 256) stammt aus der Gegend von Eilenburg, ist mit dunkelgrünem Roste bedeckt und von Spitze zu Spitze 5 Zoll im Durchmesser. Es ist über 1 Zoll breit; der randartig auf der einen Seite emportretende Rücken ist einen Viertelzoll dick, ihm parallel laufen auf der Oberseite zwei kleine Grate, am obern Ende tritt ein einen halben Zoll langer Zapfen heraus, dessen Zweck es war, das Instrument an einer Handhabe zu befestigen. Die Rückseite ist ganz platt.

Von dieser Form sind sämmtliche durch ganz Deutschland, England und Scandinavien gefundene Bronzesicheln, nur daß sie bald länger, bald breiter sind. In der Sammlung von Augsburg ist eine Bronzesichel, die bei Elzingen gefunden ist und 6½ Zoll Durchmesser hat. Der äußerste Theil des Randes steht 4 Zoll vom Durchmesser ab. Durch besondere Breite (1½ Zoll) zeichnet sich eine im sächsischen Voigtlande gefundene Sichelklinge der Preusker'schen Sammlung im Königl. Antikencabinet zu Dresden aus. Eine Bronzesichel der Sammlung der Gesellschaft der Wissenschaften zu Görlitz hat nicht den erhabenen Zapfen, statt dessen war sie mit einem 2 Zoll langen Fortsatz der Klinge versehen, womit sie in einen Holzstiel gelassen werden konnte, zu welchem Zwecke zwei Nietlöcher im Metall angebracht sind. Sie hat 8½ Zoll im Durchmesser und ist bei Cottbus gefunden. Aehnlich ist eine Klinge aus Preußen in der Sammlung des Herrn Generalmajors Rolas du Rosey zu Dresden; sie hat 8 Zoll Durchmesser.

Die eisernen Sicheln sind dagegen durchgängig mit einem

Fig. 248.

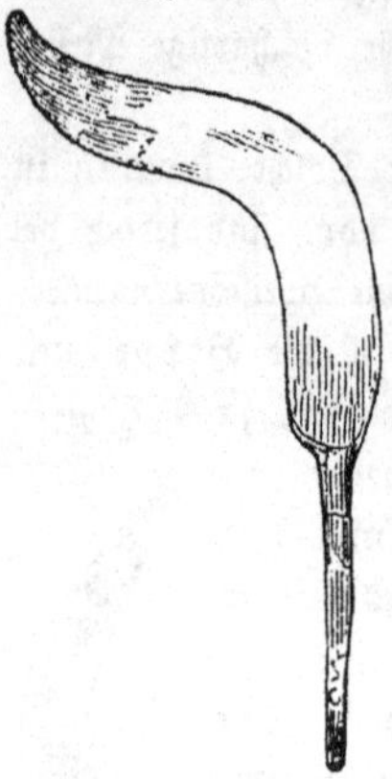

Dorn zur Befestigung in einen Handgriff versehen, auch im Allgemeinen größer als die bronzenen. In dem Carolino-Augusteum zu Salzburg befindet sich eine eiserne Sichel von $1^3/_8$ Zoll Breite und $9^1/_2$ Zoll Länge, wovon 4 Zoll auf den Dorn kommen. Ein ähnliches Werkzeug sehen wir in der Hand der Landleute des 11. Jahrhunderts in dem Weißenburger Codex Nr. 45 des Martyrologiums und der Benedictiner-Regel in der Herzoglichen Bibliothek zu Wolfenbüttel. Es hat einen zwei Hände breiten Stiel und die sehr gekrümmte Klinge ist von Spitze zu Spitze ungefähr vier Hände im Durchmesser. Die Form erinnert an die steierische Ganskragensichel.

Aehnlicher Form ist eine eiserne bei Görlitz gefundene Sichel meiner Sammlung (Nr. 2144), die im Ganzen 15 Zoll Durchmesser hat, wovon 4 Zoll auf den breiten Dorn kommen (Fig. 249). Sie ist nur fünfachtel Zoll breit und gezahnt, wie die sogenannte sächsische in Steiermark gefertigte Sichel. Die Klinge ist einen Achtelzoll stark und dürfte dem 13. oder 14. Jahrhundert zuzuweisen sein, wie eine zweite, die ich dem verewigten Dichter Krug v. Nidda auf Gatterstädt verdanke (Nr. 642 m. S.). Der Dorn ist am Ende umgebogen, die Klinge etwas breiter als die vorhergehende. Etwas jünger scheint eine von Herrn Professor Mosch zu Hirschdorf bei

Fig. 249.

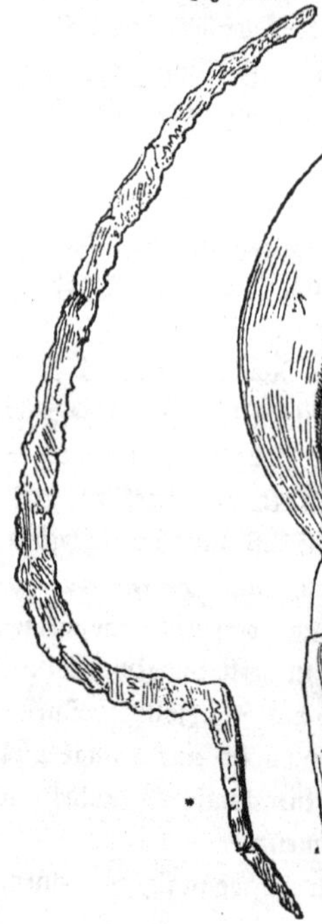

Fig. 250.

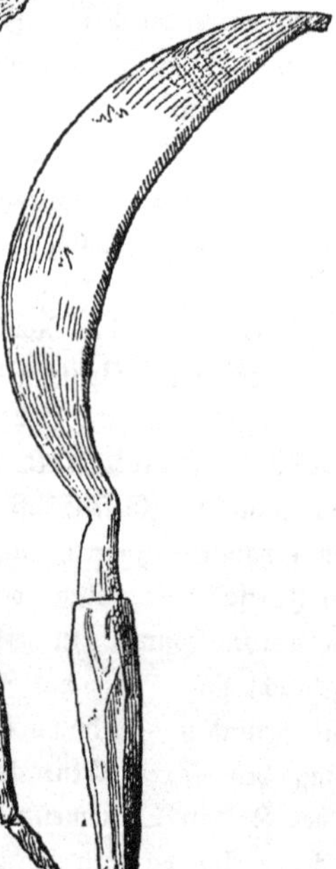

Warmbrunn eingesandte Sichel (Nr. 4806 m. S.), die 18 Zoll im Durchmesser hat und mit einer Münze Kaiser Ludwig des Baiern gefunden wurde. Sie war auch gezahnt und hat einen breiten 3 Zoll langen Dorn.

Die Sichel hat in neuer Zeit in Europa ebenfalls manche Abänderung in ihrer Form erhalten und ist meist breiter als die ältere.

Die Sichel von der Küste Malabar hat eine 2 Zoll breite, 3 Zoll lange, dünne, aber gezahnte Klinge. Auf meinem Exemplare (Nr. 2677 m. S.), Fig. 250, ist die eine Seite mit eingeschlagenen buchstabenartig sich gestaltenden Strichstreifen verziert. Der breite Dorn steckt in einem sehr roh gearbeiteten Griff aus Holz von 5 Zoll Länge, ohne weitere Vernietung.

Merkwürdig in der Form ist die Sichel der Kalmyken (Nr. 4190 m. S.). Sie ist aus Eisen ziemlich roh geschmiedet. Die grobgezahnte Klinge ist wenig gekrümmt, 8½ Zoll lang, 1½ Zoll breit und einen Achtelzoll dick. Von derselben geht ein

Fig. 251.

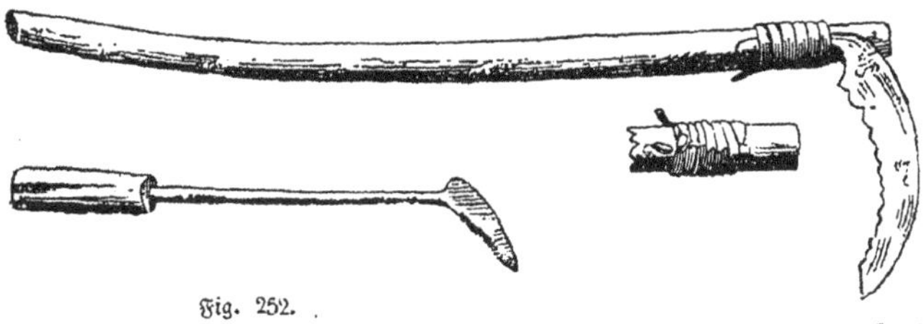

Fig. 252.

ziemlich 5 Zoll langer Dorn aus, der sich 3 Zoll lang an dem 2 Fuß langen, zollstarken, etwas gekrümmten Holzschaft hinzieht, denselben im rechten Winkel durchdringt und auf der andern Seite einen Drittelzoll hervorsteht. Um dem Ganzen mehr Festigkeit zu geben, ist der am Schaft anliegende Dorn mit einem Lederriemen sechsmal umschnürt und auf jeder Stelle, wo sich der Riemen kreuzt, geknüpft. In dem Holze ist für die Biegung des Dorns und der Klinge eine Vertiefung eingeschnitzt, so daß die Verbindung sehr dauerhaft ist. Diese Sichel brauchen die Kalmyken am Ufer des schwarzen Meeres, um Schilf und Gestrüpp zu schneiden, daher die Zähne sehr groß sind. (Fig. 251.)

Ein der Sichel verwandtes Werkzeug ist dasjenige, womit die Malabaren in der Erde wachsende Wurzeln durchschneiden. Es ist eine 3¼ Zoll lange feingezähnte Klinge, die in einen 8 Zoll langen Stiel übergeht, mit welchem sie in den 5½ Zoll langen

1½ Zoll starken Holzgriff eingelassen ist, Fig. 252 (Nr. 2676 m. S.).

Endlich haben wir noch die Sense zu erwähnen, die bereits im angelsächsischen Calender erscheint und in den Wolfenbütteler Handschriften des 11. und 12. Jahrhunderts mehrfach vorkommt. In dem Wessobruner Codex Nr. 45, dem Martyrologium und der Benedictiner-Regel (Fol. 58b) ist die sehr gekrümmte Sensenklinge kaum ein Viertheil größer als die der Sichel. Sie ist, vielleicht in der Art der kalmykischen, durch einen Bund an dem etwa 4 Fuß langen Holzschaft befestigt. Der Schaft hat zwei in entgegengesetzter Richtung angebrachte Griffe. (Fig. 254.)

Fig. 253. Fig. 254.

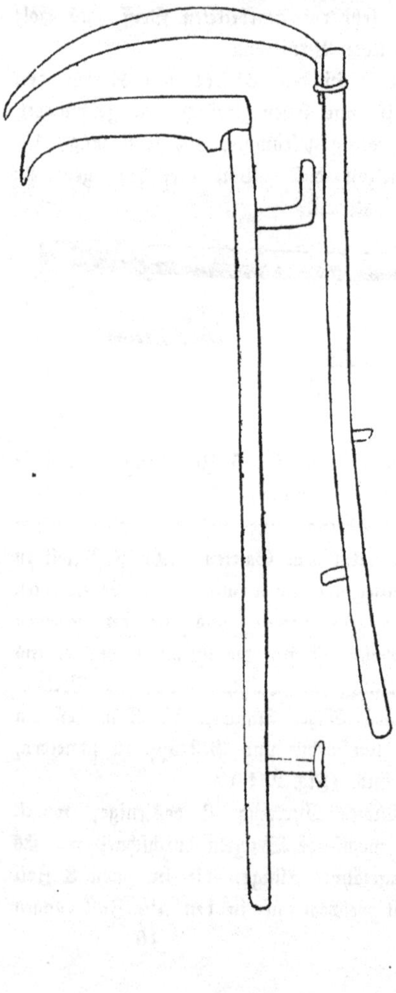

In einem Calenderbilde zur Heuernte im Juli in dem Wolfenbütteler Archive (Calendarium et Psalter. S. Blasii Brunsv.) sehen wir die Sense mit einer Oese auf den Stiel gesteckt und an der entgegengesetzten Seite zwei Krückengriffe an dem langen Stiel angebracht. (Fig. 253.)

Eine kleinere, aber breitere Sensenklinge an kürzerm Stiele findet sich in dem Helmstädter Manuscript Nr. 520 des 12. Jahrhunderts in der Wolfenbütteler Bibliothek.

Fortan ist denn mit der sich immer mehr ausbreitenden Landwirthschaft und der allgemeinern Anwendung des Eisens zu Werkzeugen die Sense immer mehr üblich geworden. Sie findet sich auch in Polen und Rußland.

In den deutschen Bauernaufständen des 15. und 16. Jahrhunderts traten die Schaaren mit Dreschflegeln, Kolben und Spießen auf, welche letztere aus Sensenklingen bestanden, die geradeaus an einen langen Schaft angeschnürt wurden, nachdem man der Oese deshalb eine veränderte Lage gegeben hatte. Im Königl. historischen Museum wird die als Yatagan oder Säbel gefaßte Sensenklinge des Bauernapostels Thomas Münzer aufbewahrt, auf deren Klinge ein Runencalender eingravirt ist, die mithin aus Dänemark oder Norwegen stammt. Der Griff ist aus gegossenem Messing und endigt in einen Hahnenkopf, von welchem aus eine Kette nach der Parirstange geht, welche die Stelle des Bügels zu vertreten hat, eine Einrichtung, die an den orientalischen Schwertern und Säbeln nicht ungewöhnlich ist. Das Alles ist vergoldet. Zur Klinge gehört eine Scheide von Holzspahn, die mit schwarzem Leder überzogen ist, Mundstück und Ortband sind vergoldet.

Auch die polnischen Bauern wurden in den Jahren 1794 und 1831 mit Sensen bewaffnet, die an Stangen gebunden waren, und traten als Sensenmänner in Reihe und Glied.

Die meisten Sensen werden, nächst England, in Deutschland gefertigt. Die deutschen Sensen werden in Bunden von zwölf oder hundert Stück in großer Anzahl nach Frankreich, Polen, Rußland, nach der Walachei, in die Krimm, in den Kaukasus und weiter nach Asien ausgeführt. Für die besten gelten die blauen steierischen; die aus der Mark, weiße Sensen, sind billiger. Man unterscheidet die Sensen nach der Größe und Form mit verschiedenen Namen, z. B. große, ächte Siebenstern-, Doppel-, Fisch- und Pokalsensen, in gute ächte, ordinäre u. s. w. Die Klingen tragen die bekannten Stempel ihrer Schmiedestätten. Das Maß derselben ist die Spanne und man hat 6—3½-spannige. Die Getreidesensen sind größer als die Grassensen, und auf die erstern wird in manchen Gegenden, in Holstein wie in Sachsen, noch ein besonderes Gestell aus dünnen Holzstäben, Bock- oder Hakenzeug, gebogen wie die Sensenklinge, aufgesetzt und mit dem Stiele verbunden, welches den Zweck hat, die abgehauenen Halme zusammen zu halten und geregelt in Schwaden zu legen.

Was für den Korn- und Grasbauer die Sichel, das ist für den Obst- und Weingärtner die Hippe. Es ist dieß ein mehr oder minder großes und starkes sichelartig gekrümmtes Messer, das auf der innern concaven Seite scharf geschliffen und in einen Holzstiel gefaßt ist.

Fig. 255.

Man hat deren mehrere in der deutschen und italienischen Erde, doch nur aus Eisen, gefunden. Ein an der Düna bei Ascheraden ausgegrabenes Werkzeug dieser Art ist 7½ Zoll lang und 1 Zoll breit, auf den breiten Dorn kommen 1½ Zoll (Nr. 797 m. S.).

Größere kommen unter den römischen Alterthümern mehrfach gerade in der Gestalt vor, die wir noch jetzt in den Händen der italienischen Landleute sehen, und wie sie auch die Hindu auf der Küste Malabar führen.

Fig. 256.

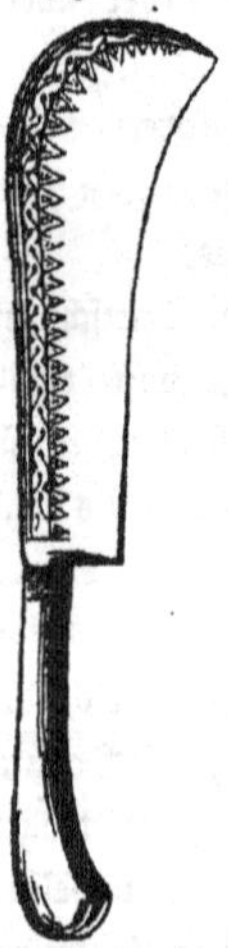

Diese malabarische Hippe ist im Ganzen 10½ Zoll, die Klinge 6 Zoll lang und am Griff 1¼, unten aber 2½ Zoll breit und einen Achtelzoll stark. Auf beiden Seiten derselben sind längs des Rückens Ornamente eingeschlagen, die eine zusammenhängende Reihe bilden und auch unten an der Schneide sich eine kleine Länge wiederholen. Diese Verzierung ist mit zinnoberrother Oelfarbe bestrichen und hat sich die Farbe in den Vertiefungen erhalten. Die Klinge geht oben in einen runden, gerieften Fortsatz, und ferner in einen breiten Dorn von der Form des Stiels über, der zu beiden Seiten mit braunem Holze belegt und durch zwei eiserne Nieten damit verbunden ist (Nr. 2679 m. S.).

Ein zweites, ebendaher stammendes Exemplar (Nr. 2678 m. S.) ist größer und stärker und endigt in einen vierkantigen, schmalern Dorn, der durch den Holzgriff ganz hindurchgeht und durch einen eisernen Ring daran fester gehalten wird.

Aehnliche Klingen verwendet man zum Zerschneiden von Zucker und Tabak in den europäischen Haushaltungen.

Das waren denn die Messer und deren Verwandten mit einschneidiger Klinge, welche fest und unbeweglich mit dem Stiele verbunden ist und zu denen namentlich unsere Tischmesser, dann die Messer der Holz- und Lederarbeiter gehören. Es folgen die Einlegemesser, d. h. diejenigen Messer, die dergestalt an dem Griffe befestigt sind, daß man die Klinge mit der Schneide umbiegen und in die dafür in dem Griffe oder Hefte angebrachte Vertiefung einlegen kann, somit aber der Schneide nicht allein Schutz gewährt, sondern auch in den Stand gesetzt ist, das Ganze bequem und gefahrlos in der Tasche zu tragen.

Unter den bronzenen Alterthümern sind meines Wissens keine solchen Klingen vorgekommen, die auf eine derartige Vorrichtung deuten. Wohl aber findet sich das eiserne Einlegemesser in der alten Welt seit früher Zeit allgemein verbreitet, bei Hirten, wie bei Schiffern, bei Landleuten und Garten- und Weinbauern.

Ich beschreibe zunächst das Messer der Beduinen, nach einem Exemplar (Nr. 4731 m. S.), welches der bekannte Reisende Herr Alexander Ziegler im Bazar in Jerusalem kaufte und mir verehrte. Die säbelartig gekrümmte, fast zollbreite, am Rücken in eine scharfe Spitze endigende Klinge ist 6½ Zoll lang, am obern Ende, wo sie im Hefte sitzt, endigt sie am Rücken in einen Haken, an welchem ein beweglicher Henkel angenietet ist. Durch diesen Henkel wird eine Schnur befestigt, an welcher man das Messer um den Hals hängen kann. Der Griff besteht aus einem Stück Ziegenhorn, dessen Innenseite eine Furche für die Aufnahme der Klingenschneide hat, das Horn, auf den Außenflächen wenig verziert, ist 7½ Zoll lang, dreiviertel Zoll breit und einen Achtelzoll dick. (Fig. 257.)

Fig. 257. 258.

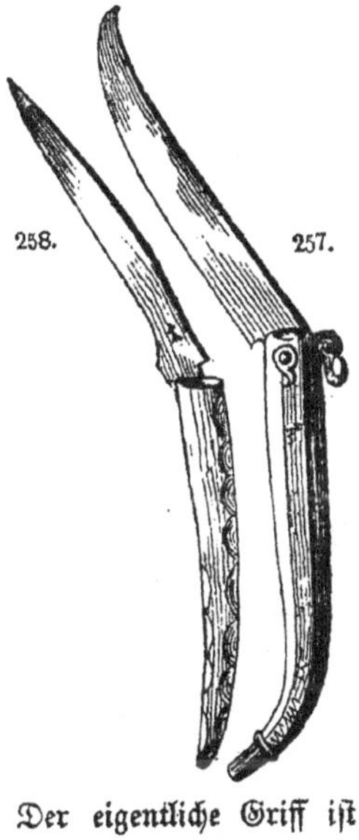

Ein Abkömmling des arabischen scheint das spanische Messer zu sein, das freilich bei weitem eleganter und reicher verziert ist. Die Klinge ist 6¼ Zoll lang und sechs Achtelzoll breit. Der Griff aus Perlmutter, 6 Zoll lang und genau eben so breit, ist aber einen halben Zoll dick. Er ist ebenfalls von Eisen und enthält eine Feder, die das aufgerichtete Messer ziemlich fest anhält. Der eigentliche Griff ist auf beiden Seiten mit Perlmutter belegt und diese am Eisengestell durch eine Einfassung von gravirtem Silber festgehalten, die deßhalb auch den Griff vollkommen umgiebt und nur an den Seitenflächen die schöne schimmernde Muschelschale sichtbar werden läßt. Das Gelenk des Messers mit den Nieten ist vollkommen verdeckt. Endlich ist auch noch der Rücken der Klinge mit Silber belegt (Nr. 3421 m. S.). Der spanische Name dieses Messers ist Navaja. (Fig. 258.)

Aehnliche Messer kommen auch in Italien vor, wo sie in den Händen leidenschaftlich erregter Jünglinge und Männer theils als Dolch, theils zum Werfen gebraucht werden.

Fig. 259.

Das einfachste Messer dieser Art ist das sardinische; mein Exemplar (Nr. 3848 m. S.), das ich der Güte des Herrn Geh. Raths Dr. Neigebaur verdanke, hat eine fast zollbreite Klinge von 4½ Zoll Länge, die an der Schneide in eine scharfe Spitze endigt. Das Heft ist 5 Zoll lang und ganz einfach aus Horn geschnitten. Die Klinge ist über Messingscheibchen daran vernietet.

Etwas feiner ist das Messer von Piemont (Nr. 3849 m. S.), von gleicher Größe, der Griff aber ist aus Buchsbaum.

Es folgt ein Messer, welches in Böhmen und Mähren sehr im Gebrauch ist und auch in die Lausitzen und Oberschlesien herübergebracht wird. Man nennt diese Messer in der Lausitz Judenfickel und Klißhengst, von Grünstadt bis Landau Ulaker. Sie werden von den Zigeunern gefertigt und zu 4 Pfennigen das Stück verkauft. Die mir vorliegenden Exemplare (Nr. 1824 ff. m. S.) brachte mir Herr Maler K. Rolle von der böhmischen Grenze bei Zittau, wo sie allgemein geführt werden. Die Klinge, aus dünnem Eisen, ist über 1 Zoll breit und 3 Zoll lang, sie endigt an der Schneide in eine lange Spitze. Der gegen 4 Zoll lange Holzgriff ist geknäufelt und grün, oder gelb, braunroth gemalt. Da, wo die Niete sitzt, ist ein Stück Eisenblech um denselben gelegt. In die Klingen sind Zeichen eingeschlagen. Sie werden von den Zigeunern gefertigt. (Fig. 260.)

Fig. 260. Fig. 261.

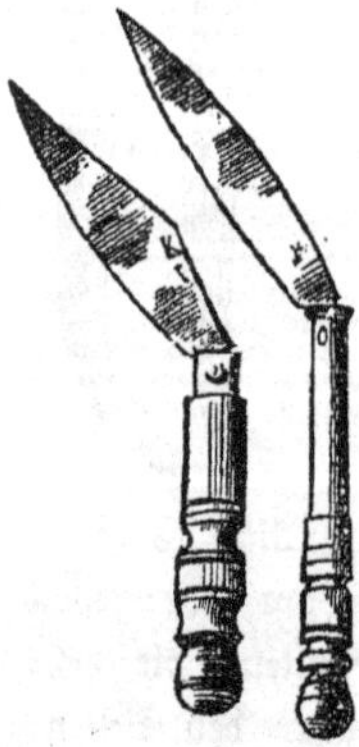

Demselben verwandt, doch besser in der Arbeit, ist der Taschenveitel, der in Ungarn von den Slowaken gefertigt und in der ganzen österreichischen Monarchie von diesen Leuten auf die Märkte gebracht wird. Mein Exemplar (Nr. 3976 m. S.) übersandte mir Herr Archivar Dr. Matthias Koch zu Nikolsburg in Mähren. Die blattförmige, spitzige Klinge ist 4 Zoll lang und 1 Zoll breit. Der Holzgriff ist 3 Zoll lang, geknäufelt und mit wenigen

Strichen verziert und zur Hälfte unten mit Eisenblech umlegt Ein Zeichen hat die Klinge nicht. (Fig. 261.)

Gar mannichfaltig sind nun die Taschenmesser in den verschiedenen deutschen Provinzen, deren Griffe mit Holz, Horn, Bein und andern Stoffen belegt sind und die der Oekonom wie der Jäger, der Fuhrmann wie der Handwerksbursche mit sich führt; jeder Stand, jedes Geschlecht hat sich dieselben für seine Zwecke besonders gebildet.

Die Matrosen z. B. führen Taschenmesser, deren Spitze abgekuppt ist und zwei Ecken, am Rücken wie an der Schneide bildet. Der Griff ist durchbohrt, um das Messer anhängen zu können. Ein solches Matrosenmesser aus Triest hat einen 4 Zoll langen, genarbten und geschwärzten Stiel aus Gußeisen (Nr. 3975 m. S.).

Der Barbier hat dem Scheermesser eine eigenthümliche Gestalt gegeben, die fast bei allen Nationen dieselbe ist und an die bronzenen Scheermesser, s. o. Fig. 230, erinnert. Die eisernen Rasirmesser haben durchgängig einen Stiel, in welchen sie eingelegt werden können, und einen sehr starken Rücken. Ein altdeutsches Scheermesser (Nr. 2849 m. S.) hat eine Klinge von 5 Zoll Länge und $1^1/_4$ Zoll Breite, ist aber dreiachtel Zoll dick am Rücken. Der $6^1/_2$ Zoll lange Griff besteht aus Knochen und ist mit eingegrabenen Blattarabesken auf schwarzem Grunde reich verziert. Die Nieten ruhen auf einem Messingscheibchen. Die Schneide ist etwas gebogen und endigt in eine scharfe Spitze. (Fig. 262.)

Fig. 262.

263. 264.

Ganz eigenthümlich sind die Scheermesser der Chinesen, das kleinere, aber breite, und das längere, schmale. Das erste dient, um Haar und Bart vom Kopfe zu entfernen. Die dreiachtel Zoll starke Klinge ist nur $2^1/_2$ Zoll lang, aber $2^1/_2$ Zoll breit, die überaus scharfe Schneide ist ganz gerade, während der Rücken das Viertel einer Ovallinie beschreibt, so daß die ganze Klinge ein rechtwinkeliges Dreieck bildet. Den Stiel bildet ein $3^1/_2$ Zoll langer Cylinder von einem halben Zoll Durchmesser, der weder polirt noch gefärbt und an der Niete mit einem vorn offenen, schwarzen Eisenring umlegt ist (Fig. 263). Die gerade Klinge des kleinern Messers, für die Beseitigung der Haare an Augenbrauen, in den Ohren, ist gegen 4 Zoll lang, am Heft 3, am Ende einen Achtelzoll breit und am Rücken über einen Achtelzoll stark. Auch diese feinere Klinge ist überaus stark und in dem in ähnlicher Weise gebildeten und gefaßten, 4½ Zoll langen Holzgriff befestigt (Nr. 4882. 4883 m. S.). Fig. 264.

Fig. 265.

Allgemein üblich in den deutschen Weinbergen und Obstpflanzungen ist die zum Einlegen vorgerichtete Gartenhippe von sichelförmiger Klinge und 3—5 Zoll Länge. Der Griff ist von Holz, Horn und Bein.

Den Nubiern eigenthümlich ist dagegen die gezahnte, als Einlegemesser gefaßte Sichel. Eine solche ward unter Sennesblättern in einem Waarenlager zu Triest gefunden und mir vom Herrn Kaufmann Bruno Raabe verehrt (Nr. 2305 m. S.). Die Klinge ist 5½ Zoll lang und 1½ Zoll breit, und, wie bemerkt, an der concaven Innenseite gezahnt. Sie ist mit Nieten über Eisenscheibchen in den fast 7 Zoll langen, in eine Spitze auslaufenden Holzgriff eingesetzt.

Das Einlegemesser für den Schnitt von Federn, zum Zertrennen der Nähte, zum Gebrauch in der Küche und zu andern kleinen Geschäften und Arbeiten nimmt mancherlei Gestalten an. Eine silberne, oben abgerundete Klinge ohne Schneide hatte das Pudermesser, womit die Haarkünstler des vorigen Jahrhunderts den überflüssigen Puder von der Stirn der ihrer Pflege befohlenen Damen und Herren wegnahmen. Von dieser Art ist das elegante Pudermesser, welches die Mutter der Kaiserin Katharina II. von Rußland, die Fürstin von Anhalt-Dessau führte (Nr. 3880 m. S.). Die 2½ Zoll lange, dreiachtel Zoll breite Silberklinge sitzt in dem 2¾ Zoll langen Perlmutterheft.

Seit dem Anfange dieses Jahrhunderts fertigt man nun auch Einlegemesser mit mehr als einer Klinge, einer längern für Holz, Brod u. dergl. und einer oder mehrern kleinern für Federschnitt, Bleistift, zum Radiren; man bringt daneben auch Pfeifenräumer, Korkzieher, ja Scheerenklingen an. Diese Messer werden oft mit kostbaren Schildkröten- oder Perlmutterschalen belegt und auch wohl mit edlen Metallen verziert. Die Bedürfnisse der Reisenden haben auf mancherlei Umgestaltungen geführt, deren nähere Betrachtung für den Technologen besonderes Interesse gewähren muß, hier jedoch nicht an der geeigneten Stelle sein würde. Man hatte schon im Jahre 1814 Messer, an denen 20—30 verschiedene Instrumente in einem Griff beisammen waren.

Aus zwei vereinigten einschneidigen Messerklingen entsteht

die Scheere,

deren Betrachtung wir daher hier, als am geeignetsten Ort, folgen lassen.

Die Scheere ist eins der ältesten Metallwerkzeuge, dessen Herstellung aber eben nur in Metall und zwar in einem elastischen Metalle möglich ist.

Wir finden unter den Alterthümern Scheeren, die denn auch durchgängig von einerlei Form sind und aus zwei mit den Schneiden gegen einander gerichteten Klingen bestehen, welche an einem gemeinsamen elastischen Bügel befestigt sind, eine Form, die der unserer noch üblichen Schaf- und Wollscheeren gleichkommt.

Die bronzenen Scheeren sind im Allgemeinen bei weitem seltener und dann immer wesentlich kleiner, als die eisernen. Ein schönes Exemplar einer kleinen Bronzescheere besitzt die Sammlung der Deutschen Gesellschaft in Leipzig.

Fig. 266.

Unter den Alterthümern der meisten deutschen Lande, am Rhein wie an der Oder und in dem dazwischen liegenden Gebiete fand man meist Scheeren von Eisen, so in Schlesien (s. Kruse, Budorgis. S. 95; Hermann's Maslographie. S. 150), in Brandenburg (3. Jahresb. d. thür. sächs. Vereins. S. 25), im Voigtlande (Variscia. I, 125, II, 74), in Sachsen u. s. w. Ein Exemplar meiner Sammlung (Nr. 2832) ist in den Trögelbergen bei Frankenhain bei Schlieben nebst der Axt Fig. 204 gefunden und vortrefflich erhalten. Das Ganze ist 10 Zoll lang und die Klinge fast zollbreit, während der Bügel an seiner breitesten Stelle dreiviertel Zoll breit ist.

In der Berliner Sammlung vaterländischer Alterthümer (s. Ledebur, S. 9. 70. 73. 159. 201) sind diese alterthümlichen Eisenscheeren zahlreich vertreten, in der Emele'schen Sammlung in Mainz waren deren sieben Stück vorhanden (s. Beschr. röm. u. deutsch. Alterthümer der Provinz Rheinhessen. S. 44, Taf. XIII), auch bei Sinsheim wurden deren gefunden (Wilhelmi's 4. Jahresber. S. 20; vergl. m. Handb. d. germ. Alterthumsk. S. 50).

Wir haben hier die Urform der Scheere vor uns, die erst späterhin sich anders entwickelte. Man trennte die Klingen von dem gemeinsamen Bügel, man versah die Klingen eine jede mit einem Ring für den Finger, nietete sie in der Mitte, wie wir beim Einlegemesser gesehen, zusammen, und gab der Scheere die jetzt allgemein übliche Form.

Die Scheere dient vornehmlich zum Zuschneiden der Kleiderstoffe und ist hauptsächlich ein Werkzeug der Frauen und der Schneider. Erstere haben dasselbe für ihre Zwecke bald größer, bald kleiner, bald spitzig, bald breit sich fertigen lassen, während Letztere dasselbe in namhafter Größe führen. Nächstdem haben die Wundärzte und die Schreibenden sich dieses Werkzeugs bemächtigt; dann aber wird die Scheere auch zum Zerschneiden von Glas- und Metallplatten benutzt; bei letzterm Zwecke ist die eine Klinge gemeiniglich fest gemacht und nur die andere beweglich, wie z. B. bei der Riesenscheere in den Eisenwerken, mittelst welcher die Eisenbahnschienen glatt durchschnitten werden. Auch der Gärtner hat eine ziemlich große Scheere, um Hecken und lebendige Zäune im Schnitt zu erhalten.

Wir wenden uns nun zu den zweischneidigen kurzen Klingen, zu

Messer und Dolch,

dem friedlichen Werkzeug und der Waffe, die wir beide bereits in Stein angetroffen haben und aus denen die Stechwaffe, die Lanze oder der Spieß, die Wurfwaffe, Speer und Ger, so wie die Hieb- und Stichwaffe, Schwert und Degen hervorgehen.

Das zweischneidige Messer scheint allerdings älter zu sein, als das einschneidige, das in Stein fast gar nicht vorkommt. Auch sind die Klingen der Bambumesser auf Borneo und der Botocudenpfeile, die wir schon kennen lernten, durchgängig zweischneidig.

Das Messer unterscheidet sich von dem Dolch durch seine mindere Länge, ist aber wie derselbe sowohl zum Schneiden, wie zum Stechen eingerichtet, und auf den niedern Culturstufen muß eines dieser Werkzeuge häufig die Stelle des andern vertreten; so benutzen z. B. die Kaffern die Klingen ihrer Hassagaien auch als Messer, wenn sie ihr Korn abschneiden, wie denn auch die Messer, welche sie führen, genau die Form ihrer Hassagaienspitzen haben, nur daß der Stiel bei weitem kürzer ist.

Unter den steinernen Alterthümern fanden wir längere und kürzere Messer, theils ohne, theils mit einem Griff. Unter den Bronzealterthümern sind die kleinern Messer bei weitem seltener als die größern, die man wohl füglich als Dolche bezeichnen kann.

Fig. 267.

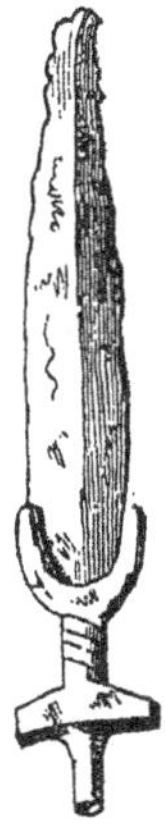

Zwei Messer aus Bronze, beide zweischneidig, werden in der Alterthümersammlung von Schwerin aufbewahrt. Das eine derselben ist (Lisch, Frid. Franc. XVI, 1) 3⅝ Zoll lang und dreiviertel Zoll breit, mit einem Grat in der Mitte der Klinge und einem Stiel, der in der Mitte und oben in zwei kreisrunde, platte Knäufe ausläuft. Es scheint durch den Gebrauch sehr abgenutzt. Es ist aus einem Stücke gegossen. Das andere dagegen ist 4 Zoll lang und der Griff desselben hat in der Mitte eine Art Parirstange, von welcher aus derselbe bis zur Klinge geriefelt ist. Beide Formen scheinen für den Gebrauch sehr unbequem. Andere von 7 Zoll Länge wurden in den Jahren 1668 und 1698 in Holstein gefunden (s. Arnkiel, Cimbr. Heidenbegräbn. S. 164). Zweischneidige Bronzemesser sind überaus selten, so daß es fast scheint, als seien dieselben nie in allgemeinern Gebrauch gekommen.

Dagegen erscheinen die Dolche aus Bronze häufiger; Arnkiel, Mayer und Rhode erwähnen derselben mehrfach, ihre Abbildungen sind jedoch zu ungenügend, als daß wir sie benutzen könnten.

Dagegen waren unter dem reichen Funde von Neuenheiligen bei Langensalza zwei vollkommen erhaltene Dolche und nicht weniger als vier Dolchklingen und zwei Knöpfe beisammen.

Der eine dieser Dolche ist dadurch interessant, daß er ganz nach dem Modell der steinernen gemacht und zwar aus dem Ganzen, aus einem Stücke gegossen ist. Seine ganze Länge beträgt 14 Zoll, die größte Breite 3 Zoll; die größte Stärke hat der Dolch an dem platten Ende des Griffs, welches 2 Zoll in der Länge und einen halben Zoll querüber breit ist. An den Rändern lief eine Verzierung von Dreiecken hin, deren Basis nach außen gerichtet war, an dem Rande der Schneide aber ging parallel mit demselben ein vertiefter Doppelstreifen hin. Die Klinge war bei der Auffindung derselben bereits durch einen Riß entstellt, der die Hälfte derselben quer durchsetzt. Leider hat man durch Abscheuern den edlen, dunkelgrünen Rost entfernt, durch den sie sich gegen den Einfluß der Feuchtigkeit und Säuren in der Erde geschützt hatte (Nr. 156 m. S.). Fig. 270.

Fig. 268—270.

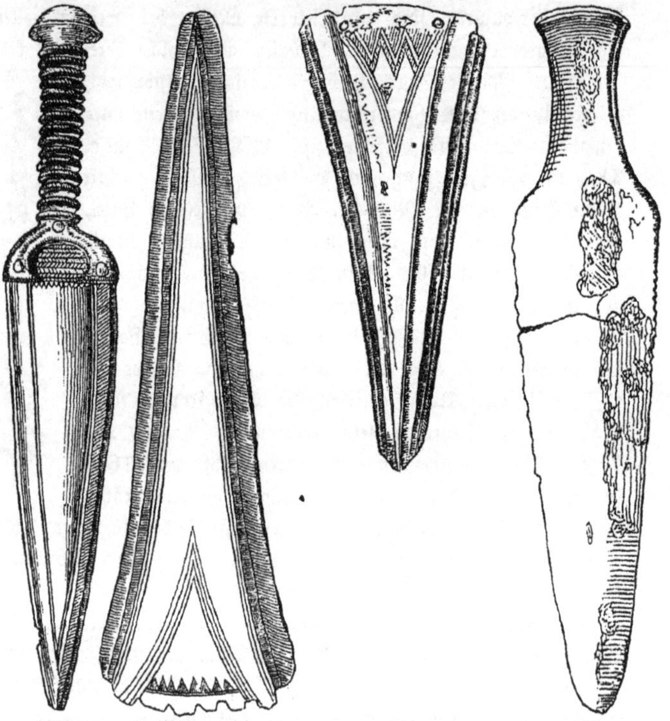

268. 269 b. 269 a. 270.

Der zweite Dolch, ebenfalls aus der schönsten gelben Bronze, ist 13⅜ Zoll lang und am Bügel 2¼ Zoll breit. Er besteht aus zwei Stücken, der Klinge und dem Griff, aus welchem erstere 8¼ Zoll lang hervorragt. Einen halben Zoll vom Rande ab laufen auf jeder Seite zwei Riefen dicht neben einander hin. Die Schneide fällt sichtbar ein wenig ab. In dem halbrunden Raume zwischen den Bügeln sind je acht Reihen schräger Linien eingeritzt, deren unterste durch eine scharfe Querlinie begränzt ist, welche die Basis einer feinen Dreieckverzierung bildet. Der Griff besteht aus einem dreiviertel Zoll starken Cylinder, aus welchem 15 Knäufe kräftig hervortreten, die durch einen halbkugelförmigen Knopf von 1¼ Zoll Durchmesser oben überragt werden. Unten schließt sich der Bügel an, in welchen vermittelst dreier Nieten die Klinge gefaßt und befestigt ist. Der Griff scheint massiv zu sein, obschon es den Anschein hat, daß oben ein Dornende sich befinde. Der Bügel ist auf den Flächen mit feinen Parallelstrichen verziert. Griff und Bügel sind mit edlem, grünem Roste dicht bedeckt. Die Klinge aber ist geputzt und zeigt auf beiden Seiten zwischen den Riefen an der dicksten Stelle blasige Oeffnungen (Nr. 155 m. S.). Fig. 268.

Die vier einzelnen bei Neuenheiligen gefundenen Klingen sind mehr oder minder abgenutzt. Die längste derselben ist 11¼ Zoll lang und war 3 Zoll breit. In der Mitte erhebt sie sich zu einer oben 2 Zoll breiten, aber platten Fläche, die sich nach unten verjüngt und an der Spitze in einen Grat endigt. Dadurch wurde die Tüchtigkeit der Klinge vermehrt. Sie hat nur zwei Nietlöcher (Nr. 161 m. S.).

Eine zweite (Nr. 157 m. S.) ist nur 10 Zoll lang, 3 Zoll breit; sie hat denselben Bau wie die vorhergehende, zeigt aber noch deutliche Spuren von reicher Strichverzierung im Dreieck und Parallellinien an allen Theilen. Sie hat nur ein, allerdings durch den Gebrauch zerstörtes Nietloch. Zwei andere sind durch eine eigenthümliche Ausschweifung des obern Theils ersetzt, in welche der Bügel eingreifen konnte. Sie ist mit hellgrünem Roste bedeckt.

Die dritte Klinge ist diejenige, welche am reichsten verziert ist (Nr. 159 m. S.). Sie ist 8⅜ Zoll lang und 4½ Zoll breit, gebaut wie die vorige und aus goldgelber Bronze, mit hellgrünem Edelrost bedeckt. Die breite Mittelfläche ist oben 2¼ Zoll breit und mit eingerissenen Triangularverzierungen, die 3 Zoll weit herabreichen, bedeckt. Längs der Schneide laufen zwei vertiefte Parallellinien, zwischen denen ein feiner Grat hervortritt. Sie hat oben zwei Nietlöcher. (Fig. 269 a.)

Die vierte Klinge ist ganz glatt und erhebt sich in der Mitte zu einem Grat. Sie hat drei Nietlöcher, in deren einem noch der Stift befindlich ist. Sie ist 8¼ Zoll lang und 2¼ Zoll breit.

Der eine ebenfalls mit den Klingen gefundene Dolchgriff, in dessen Bügel noch ein Stück der Klinge durch fünf Nieten festgehalten wird, ist mit dem Bügel 4½ Zoll lang. Er bildet eine plattgedrückte Walze, die mit Querlinien umgeben ist. Er gleicht dem des schönen Dolches der Rostocker Sammlung (Lisch, Frid. Franc. III, 1).

Eine durch besondere Länge, Breite, Verzierung und Schönheit des Metalls ausgezeichnete Klinge ward mit einem Paar Armringen und einem Bronzehelm in einem Torfmoore bei Beitsch, unweit Pfördten, in zwanzig Fuß Tiefe gefunden und von dem Grundeigenthümer Herrn von Wiedebach meiner Sammlung (Nr. 2627) verehrt. Diese Klinge ist $14^3/_8$ Zoll lang und $4^1/_4$ Zoll breit. Sie war durch sieben Nietlöcher in dem, leider verlorenen Bügel befestigt. Die erhabene Mittelfläche bildet ein Dreieck von $3^1/_2$ Zoll Breite und 13 Zoll Länge; sie ist durch drei feine vertiefte Linien eingefaßt. Zwischen dieser Fläche und der Schneide läuft mit derselben parallel ein Grat. Von oben herab reicht 4 Zoll lang ein von 4 Parallellinien gebildetes Dreieck, zwischen welchen an der Basis sieben von Parallelstrichen gebildete kleine Dreiecke sich hinziehen. Die Klinge, von der schönsten, goldgelben Bronze ist, da sie in dem Torfmoore gelegen hat, nicht berostet und so elastisch, daß sie nicht gegossen, sondern geschmiedet sein muß. (Eine Abbildung enthält die Illustrirte Zeitung. 1847, Nr. 219, u. m. Culturgeschichte Bd. 9, Tf. IV, 12). Fig. 269 b.

In der Schweriner Sammlung werden zwei Dolche aufbewahrt, die bei Malchin gefunden wurden. Sie gleichen in der Form dem zweiten Neuenheiliger, was den Bügel betrifft, der jedoch nicht hohl ist und an Nieten die Klinge festhält, sondern mit derselben in einem Stück gegossen ist. Der größere dieser Dolche ist $11^1/_2$ Zoll lang und 2 Zoll breit, der andere $9^3/_8$ Zoll lang und $1^3/_8$ Zoll breit. An beiden sind die Griffe gerieft und die Bügel mit Strichen verziert, die Klingen aber haben in der Mitte einen starken, breiten und abgerundeten Grat, zwischen welchem und den Schneiden noch ein breiter Streifen hinabläuft (s. Lisch, Frid. Franc. III, 2. 3 und S. 116). Diese gegossenen Dolche sind wohl jünger, als die mit den elastischen, in Bügel eingesetzten und geschmiedeten Klingen, da diese denselben offenbar als Originalmodelle gedient haben. Sie waren auch jedenfalls minder dauerhaft, als die geschmiedeten, daher denn auch der Grat bei weitem stärker gemacht werden mußte.

Die Sammlungen von Dresden, Copenhagen, Berlin, Schwerin u. s. w. enthalten noch mehrere Dolche, die im Wesentlichen mit den hier mitgetheilten übereinstimmen und nur in Größe und Verzierung von einander abweichen.

Wir wenden uns zu

Messer und Dolch aus Eisen,

die wir bei den auf den untern Stufen der Cultur stehenden Völkern finden, so wie sie die Bekanntschaft mit dem Eisen durch die active Rasse gemacht haben. Bis dahin behelfen sie sich mit Stein, Muschel- und Rohrschalen, oder fertigen für den Kriegsgebrauch Dolche aus Knochen oder Holz. So fand Dixon einen hölzernen Dolch bei den Eingeborenen von Port Mulgrave (Reise um die Welt, Forsters Ausg. 172) und die Engländer einen Dolch von schwerem, schwarzen Holze bei den Sandwichinsulanern, den sie Pahua benannten (Hawkesword VII, 318).

Eiserne Messer traf Prinz Maximilian von Wied bei den Botocuden und andern Waldindiern des südlichen Amerika. Sie hatten vor der Bekanntschaft mit den Europäern Messer aus gespaltenem Rohr, jetzt aber haben sie eiserne Messer, deren Klinge freilich oft nur aus einem Stückchen Eisen besteht, das sie aber beständig auf einem Steine schleifen und dadurch sehr scharf erhalten. Sie legen großen Werth darauf und tragen es stets an einer um den Hals befestigten Schnur. Wenn man den Puris ein europäisches Messer giebt, so zerbrechen sie gewöhnlich den Stiel und machen sich das Messer auf ihre eigene Art zurecht, indem sie die Klinge zwischen zwei Stücke Holz legen und mit einer Schnur dicht umwinden.

Eben so haben die Buschmänner eiserne Messer, die sich auch bei den Hottentotten, Kaffern, Betjuanen und allen Negervölkern finden, unter denen die Kenntniß des Eisens und seiner Bearbeitung allgemein bekannt ist.

Die Messer der Betjuanen bestehen aus einer mit einem langen Dorn versehenen Eisenklinge, dem Griff aus Holz oder Horn und der Scheide aus Holz oder Elfenbein und Leder. Ich beschreibe die Exemplare meiner Sammlung.

Fig. 271.

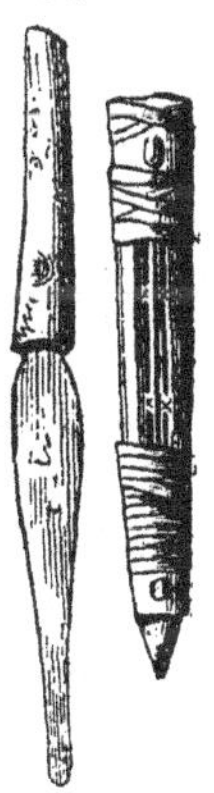

Die einfachere Art (Nr. 3477 m. S.) hat eine 7 Zoll lange Klinge, wovon 1¾ Zoll auf den vierkantigen Dorn kommen. Dieser steckt in einem roh zugeschnittenen Stückchen Holz von 3½ Zoll Länge, dreiviertel Zoll Breite und dreiachtel Zoll Dicke, das Loch für den Dorn scheint mit einem glühenden Eisen gemacht zu sein. Die Scheide ist 7¼ Zoll lang und 1¼ Zoll breit. Sie ist aus zwei Hälften zusammengesetzt, von denen die hintere glatt ist, die vordere aber ein geschnitztes Ornament trägt, das oben und unten in eine Erhöhung endigt, die mit dem Korn auf unsern Gewehrläufen die meiste Aehnlichkeit haben dürfte. Beide Theile sind nun mit Leder, wahrscheinlich in nassem Zustande, am obern und untern Ende umwickelt und darüber noch Gedärme geschnürt. Auf der Rückseite ist außerdem ein Lederriemen dergestalt unter der Verschnürung befestigt, daß er nach oben eine Schlinge bildet, nach unten aber frei hinabhängt, um das Instrument am Arm oder am Halse zu befestigen.

Das zweite Messer (Nr. 3476 m. S.) ist 8 Zoll lang, wovon 2½ Zoll auf den Griff kommen, der aus braunem Holze besteht, oben einen Knopf und darunter einen reifenartig vorstehenden Ring hat. Außer dem Dorn ist noch ein Stück der Klinge mit in den Holzgriff gefaßt.

Fig. 272.

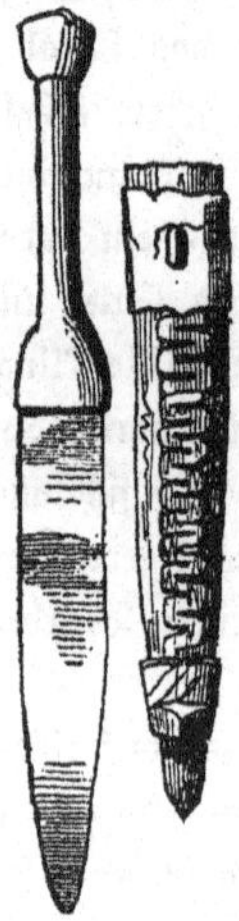

Zweckmäßiger ist das dritte Messer von 10¼ Zoll Länge, wovon 4¼ auf den Griff kommen (Nr. 3478 m. S.). Dieser ist aus hellgelblichem Horn und wohl geglättet, an die altthüringischen Bronzehefte in seiner Gestalt erinnernd. Die Klinge ist zum Theil in denselben eingelassen, der ihn durchdringende Dorn oben aber umgebogen. Die Klinge ist 1¼ Zoll breit und wie die vorigen ganz glatt. Die Scheide besteht, wie die vorige, aus zwei Stücken Holz von 1⅜ Zoll Breite. Das Untertheil ist glatt, das obere dagegen mit den kornartigen Erhöhungen versehen und zwischen denselben mit einer breiten, erhabenen, aus dem Holz geschnitzten Schlangenlinie verziert und dunkelbraun gefärbt. Der obere, nach außen gerichtete Theil der Scheide ist nur 6½ Zoll lang, so daß hier die Innenseite des untern sichtbar wird. Zwei breite Lederbänder umschließen oben und unten beide Holztheile der Scheide und halten sie fest. Sie sind hinten mit Thiersehne zusammengenäht. Der in der Scheide steckende Dolch ist mit derselben 11½ Zoll lang.

Der vierte Dolch (Nr. 3479 m. S.) unterscheidet sich von dem vorigen dadurch, daß er mit der Klinge 11 Zoll lang ist, daß der Griff aus braunem Holze besteht und die Scheide ein anderes Ornament hat. Ist die Klinge in der Scheide, so sieht man die Spitze derselben unten 1 Zoll lang unter dem Obertheile der Scheide herausragen.

Von einem andern südafrikanischen Messer besitze ich nur die Scheide (Nr. 2719 m. S.). Sie besteht ebenfalls aus zwei Theilen, dem untern, von lichtröthlichem Holz, und dem obern, von Elfenbein. Sie ist 5¾ Zoll lang und 1 Zoll breit. Die Oberseite zeigt zunächst die langgestreckte Gestalt einer Giraffe ziemlich roh, aber charakteristisch genug in halberhabener Arbeit. Das Korn, welches an den vorigen eine einfache Erhöhung war, bildet hier eine Schildkröte, die mit dem Kopfe nach dem Griff gerichtet ist. Zwischen den Hinter- und Vorderfüßen derselben ist ein Loch für die Schnüre angebracht, mit denen an dieser Stelle die beiden Theile der Scheide zusammengehalten werden. An dem abgestumpften Ende derselben tritt eine Erhöhung vor, die hier die zusammenschnürenden Fäden aus Thiersehne vor dem Abrutschen schützt.

Fig. 273.

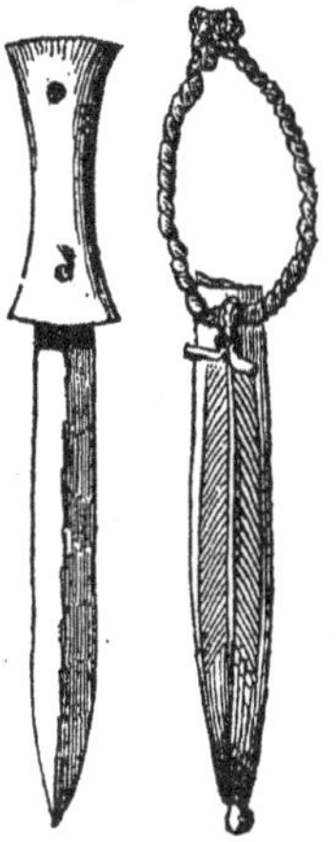

Eine andere Form hat das Messer der Nubier (Nr. 4699 m. S.), das ich der Güte des Herrn Dr. Pfeifer verdanke; die starke dreiviertel Zoll starke Klinge ragt 6 Zoll aus dem hölzernen Heft heraus, das 3¼ Zoll lang, 2 Zoll breit und 1 Zoll dick und nach der Mitte zu einwärts ausgeschnitzt ist. Die Klinge ist überaus roh geschmiedet und zeigt auf beiden Seiten in der Mitte eine mehrfach unterbrochene Linie, die mit einem Meisel eingehauen scheint. Der Dorn durchdringt den Griff und ist oben über ein viereckiges Blättchen von Weißblech vernietet. Die Scheide besteht aus dem carmoisinrothen Leder, das so häufig bei den Nubiern erscheint; sie ist nicht durch ein Holzfutter gesteift, auf der Oberseite aber durch drei Längenstreifen verziert, zwischen denen schräge Striche von der Mitte ausgehen. Oben am Loch ist eine Oese aus gedrehtem rothen Leder angeheftet. Durch diese Oese wird nun ein Armring aus hellbraunem, strickartig zusammengedrehtem Leder gesteckt, der an der einen Seite eine Schlinge, an der andern einen Knopf aus rothem Leder hat; auf diese Art wird das Messer um den linken Oberarm befestigt, so zwar, daß das Messer dicht am Arme festgehalten und der verzierte Obertheil der Scheide sichtbar wird. Um den Arm weniger zu drücken, ist auf dieser Innenseite der Griff etwas abgeplattet. Der Lederring ist geöffnet 10½ Zoll lang.

Ziemlich ähnlich ist diesem Messer das, welches der norwegische Bauer noch jetzt führt, nur daß der Griff desselben von gleicher Breite mit der Klinge ist und in der Form dem oben unter Fig. 53 mitgetheilten Feuersteinmesser ähnlich wird.

Die meisten Messer der asiatischen und europäischen Völker,

die für den häuslichen Gebrauch bestimmt sind, haben jedoch nur eine Schneide, wie wir bereits gesehen haben.

Die größern Messer, die Dolche, sind dagegen fast durchgängig und bei allen Nationen zweischneidig. Sie sind in Beziehung auf den Griff, auf die Klinge, die Scheide überaus mannichfaltig. Sie gehören zur eigentlichen Ausrüstung des Kriegers, und wir finden sie bei den Negern, den Beduinen, den Kaukasiern, Türken und Persern, bei den Hindu, wie ehedem bei den europäischen Rittern, meist an der rechten Seite im Gürtel, während Schwert oder Säbel an der linken Seite desselben angebracht sind. Der Dolch gehört allerdings zu den kleinen Waffen. Er hat den Zweck, den Gegner, der ganz auf den Leib gerückt ist, zu verwunden oder zu tödten, und damit nachzuhelfen, wo die große Waffe, Speer und Schwert, nicht ausreicht. Der Dolch wird auch zum Ueberfall und meuchlerischen Angriff verwendet, da er sich trefflich unter dem Kleide verbergen läßt. Für den Zweck des Erstechens hat man die ursprüngliche Form, wie sie an den steinernen und ältesten bronzenen sich darstellt, mannichfach abgeändert und die zweischneidige Klinge theils gekrümmt, theils geflammt, theils aber auch sehr schmal gemacht, so daß man genöthigt war, die dadurch entzogene Festigkeit durch die Verstärkung der Klinge zu ersetzen, woraus denn der vierkantige oder dreiseitige Dolch entstanden ist, wie wir nachher sehen werden.

Fig. 274.

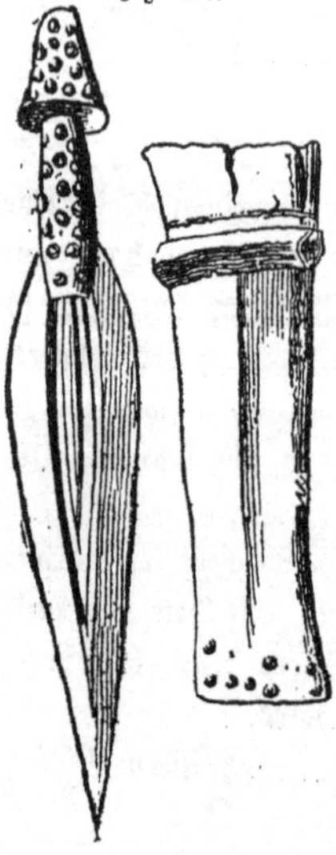

Wir beginnen die Betrachtung des eisernen Dolches mit dem der Neger: Der breite Negerdolch (Nr. 1671 m. S.), den Dr. Tams von seiner Reise nach Loanda mitbrachte, stammt aus Ginga (östlich von Loanda, 10 ° s. Br.). Er ist im Ganzen 17½ Zoll lang, wovon auf die Klinge 13, auf den Griff, der in letztere hereinfaßt, 6 Zoll kommen. Die Klinge, aus schlecht und wellig geschmiedetem Eisen, ist fast 3 Zoll breit und läuft nach unten spitzig zu, nach oben zu ist sie abgerundet. In der Mitte stehen fünf Grate empor, zwischen denen sich Rinnen befinden, die oben parallel bis unter den Griff laufen, unten aber in eine Spitze endigen. Die äußerste Rinne ist fünfachtel Zoll von der Schneide und 2 Zoll von der Spitze der Klinge entfernt. Die Klinge geht unmittelbar in den gespaltenen, hier 2 Zoll breiten Griff über, der oben einen konischen, 2 Zoll langen Knopf hat. Der Griff ist auf der Vorderseite mit sechs, der Knopf ringsum mit vier Reihen rundköpfiger Messingnägel beschlagen, von denen einige ausgefallen sind. Die obere Fläche des Knopfes wird von vier Nägeln ganz bedeckt. Die Anordnung der Nägel ist keineswegs symmetrisch. Das seltsamste ist die Scheide aus hellbraunem, festen Holze. Sie ist aus einem Stücke, an 12 Zoll lang, oben 4, unten 8 Zoll breit, und nur einen halben Zoll dick, an den Rändern abgeglättet. Die Vorderseite hat einen Grat in der Mitte. Zwei Zoll von der Oeffnung abwärts erhebt sich querüber eine dreiviertel Zoll emporsteigende, aus dem Holze selbst scharf heraustretende Leiste, welche ihrer Länge nach, also quer über das Ganze, durchbohrt ist. In diese Scheide ist denn die Oeffnung für den Dolch doch wohl durch glühendes Eisen bewerkstelligt worden. Die Scheide ist an der Seite und auf dem Rücken geborsten und deshalb mit harter, glatter Pflanzenfaser oberhalb der Querleiste vierfach fest umschnürt. Am Untertheil der Vorderseite der Scheide sitzen noch sieben messingene Nagelköpfe, von sechs andern sieht man die Löcher. Der Dolch wird auf der Brust durch das Loch der Leiste befestigt.

Wir werden ähnliche große Hassagaienspitzen derselben Negernation später kennen lernen.

Eine weniger auffallende Form, aber rohere Arbeit, zeigt ein anderer Dolch, den derselbe Reisende von Loanda mitbrachte und der aus Mossamedes stammt. Die ganze Länge beträgt 18$^3/_8$ Zoll. Dieß ist die Länge der Klinge, von welcher der Dorn 4$^3/_4$ Zoll wegnimmt. Die Klinge ist zweischneidig und oben 1$^1/_8$ Zoll breit und dreiachtel Zoll dick; sie ist wo nicht europäische Arbeit, da sie elastisch, doch nach europäischem Modell gefertigt. Der Griff besteht aus hartem, braunem Holze, um welches zehn Zinnstreifen schief gelegt sind. Die Klinge wird von einer aus schwarzbehaartem Fell roh zusammengenähten Scheide von 12 Zoll Länge nothdürftig bedeckt.

Eben so einfach ist ein vom nördlichen Ufer des Schwarzen Meeres stammender Dolch von 15$^1/_4$ Zoll Länge. Die 10$^1/_4$ Zoll lange starke Klinge ist 1$^1/_4$ Zoll breit und da, wo sie in den Griff aus schwarzem Horn übergeht, mit einem Messingblatt, dessen Enden nach oben gebogen sind und das über die Klinge nur um weniges hervorragt, bedeckt. Der Dorn ist oben am Griff über eine kleine runde Messingscheibe vernietet.

Dagegen sind die Dolche der Hindu durch Breite und eigenthümliche Form der Griffe ausgezeichnet. Die erste Art, die gewiß in das höchste Alterthum hinaufsteigt, da sie noch bei den plastisch-mimischen Erläuterungen der alten Heldengedichte durch die Bajaderen aus Bronze vorkommen und von ihnen dabei gehandhabt werden, besteht aus einer sehr breiten Klinge, die in zwei Schienen ausgeht, welche durch Querstangen verbunden sind.

Fig. 275.

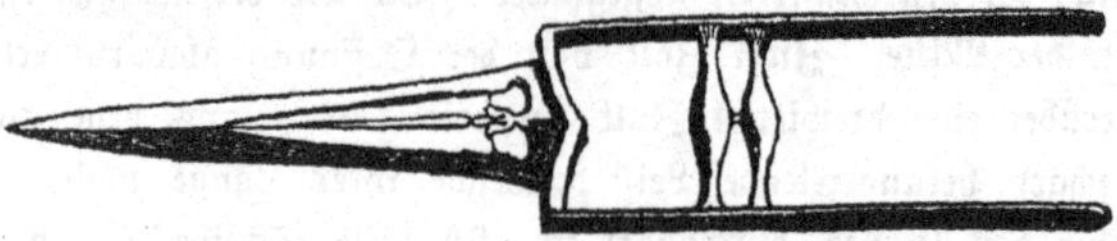

Das Exemplar, welches mir vorliegt (Nr. 1870 m. S.), ist im Ganzen 19½ Zoll lang; Klinge und Griff sind aus einem Stück geschmiedet; erstere ist 10½ Zoll lang und 2½ Zoll breit. Sie ist an den Seiten mit einem Rande umgeben, der am Griff dreiachtel Zoll breit ist und 4 Zoll von der Spitze an den Mittelgrat antrifft. Hier ist die Klinge am stärksten, nämlich dreiachtel Zoll. Der Raum zwischen dem Rand ist vertieft und enthält drei Grate, die von der stärksten Stelle ausgehen und 1 Zoll vom Griff entfernt sich an zwei Rundbogen anschließen, mit deren Enden sie durch Lilienkelche verbunden sind. Jeder Rundbogen ist an der concaven Seite mit fünf vertieften kleinen Dreiecken verziert, über deren jedem ein runder Punkt angebracht ist. Das Obertheil der Klinge zieht sich zu einer Spitze empor und wird von dem Griff überragt. Der Griff zeigt Spuren von Vergoldung. Jede Seitenschiene desselben ist 9¼ Zoll lang und einen halben Zoll breit; diese Schienen sind hohlgearbeitet, mit der concaven Seite nach außen; sie werden durch zwei parallele, im Mitteltheile sich berührende Querstangen, die 3¼ Zoll lang sind, mit einander verbunden. Die Querstangen sind achteckig, in der Mitte und an den Enden im Durchmesser anschwellend.

Ein ähnlicher Dolch des Königl. historischen Museums zu Dresden ist 16 Zoll lang. Die Klinge ist von Spitze zu Spitze in der Mitte 8½ Zoll lang und 3½ Zoll breit, der die Schneide bildende Rand ist schmäler, das Innere glatt. Der Griff ist mit eingeschlagenen Silberarabesken bedeckt. Die dazu gehörende Scheide ist aus dunkelrothem Leder.

Auf den indischen Gemälden sehen wir Fürsten und Große immer mit diesen Dolchen im Gürtel, deren Griffe daraus hervorragen.

Fig. 276.

Eine andere Form des Dolches mit breiter Klinge ist die nebenstehende (Nr. 4388 m. S.). Die Klinge ist 11 Zoll lang, am Griff 2½ Zoll breit. Dicht am Griff erhebt sich ein Grat, der aber schon, nachdem er 1 Zoll fortgeschritten, in eine Fläche übergeht, die erst 2½ Zoll von der überaus feinen Spitze wiederum in einen Grat zusammenschwindet. Die Klinge selbst wird da, wo der Grat zur Fläche sich verbreitert, schmaler und zwar bis zu 1¾ Zoll Durchmesser, dann erwächst sie bis zu 2¾ Zoll Breite und fällt nun allgemach bis zur Spitze wiederum ab. Sie sitzt in einem Griff aus dunkelbraunem Holze, der 4¾ Zoll lang ist, unten eine Art Parirstange bildet und in jenen birnenförmigen Knopf endet, welcher auch den indischen Hiebwaffen eigenthümlich ist.

Für die Hand Dessen, der diesen Dolch führen will, bleiben nothdürftig drei Zoll Spielraum übrig. So sind denn auch sämmtliche Waffen der Orientalen mit ganz kurzen Griffen versehen; auch an den Bronzedolchen und Schwertern der griechischen, italienischen, deutschen und scandinavischen Gräber finden wir dieselben kurzen Griffe, die auch an den ältesten Abbildungen der Eisenschwerter bis in das 13. Jahrhundert bemerkt werden. Von da an werden wir bei den Europäern erst größere Griffe finden, die im islamitischen und bramanischen Orient nie heimisch wurden, die aber dafür bei Chinesen und Japanern erscheinen.

In einem der Gräber von Hallstadt fand man einen sehr schönen, breiten, eisernen Dolch mit Bronzegriff und Bronzescheide, der gegenwärtig im Kaiserl. Antikencabinet zu Wien aufbewahrt wird. Der Dolch ist 14¼ Zoll lang, die Eisenklinge 10¼ Zoll lang, 1⅝ Zoll breit. Von dem Griff bis zur Spitze laufen fünf schmale Rinnen herab. Der Bronzegriff hat anstatt des Knopfes einen ovalen Bronzering, fast wie unsere französischen Thürschlüssel; er ist im Innern durch eine Querstange getheilt, auf welche zwei dickköpfige, groteske Figuren treten, die mit den ausgereckten Armen und Scheitel den Ring berühren. Unten endigt sich der Griff in einen breiten Bügel, in welchem die Klinge festgehalten wird. Der Griff war mit kleinen Perlen besetzt, von denen sich mehrere erhalten haben. Dazu gehört nun eine Scheide von Bronze. Sie ist 12 Zoll lang und 2 Zoll breit, in der Mitte läuft ein Grat hin, an dessen Seiten sich noch drei andere befinden. Die Scheide ist oben mit drei Reihen Perlen besetzt; sie endigt unten in einen wohlverzierten Knopf. Stak der Dolch in der Scheide, so ward Klinge und Griff ganz davon bedeckt und es konnte nur der ovale Ring daraus hervorragen (s. Fr. Simony, die Alterthümer vom Hallstädter Salzberg. Wien 1851, Taf. 5).

Breite Dolche kommen, jedoch selten, unter den Waffen des 16. Jahrhunderts wohl einzeln vor, wie denn in dem Königl. historischen Museum zu Dresden deren mehrere aufbewahrt werden. Sie haben dann zumeist die Form der breiten Bronzeklingen, und der Griff endet in einen platten, ovalen Knopf, der oft plastisch verziert ist. Die Dolche, die wir auf den Denkmalen von Persepolis und Ninive sehen, sind ebenfalls durchaus mit breiter Klinge.

Weniger breit sind die den Javanen eigenthümlichen, Kriß genannten Dolche, von denen Raffles in seiner Geschichte von Java nicht weniger als 41 verschiedene Formen darstellt. Die ältern Reisenden versichern, daß die Wunden mit dieser Waffe immer tödtlich seien, da die Eingeborenen ihre Klingen immer vergiften, so daß von 500 Verwundeten nicht einer davonkommt. Auch trafen sie dieselbe Waffe bei den Makassaren auf der Insel Celebes, die sich derselben bei ihren Zweikämpfen bedienen. Jeder Kämpfer hat zwei Krisse in den Händen, deren einer zum Auspariren der Stöße und Hiebe des Gegners dient. Die geringste Wunde mit diesen Waffen wirkt tödtlich.

Die Klinge des Kriß ist gemeiniglich 1 — 1½ Fuß lang und meist schön damascirt. Der Griff besteht aus hartem Holz, Horn, Elfenbein, ja aus Gold, und ist dann wohl mit Edelsteinen reich verziert. Diese Griffe sind mehr oder minder reich, immer aber höchst grotesk geschnitzt und stark gekrümmt; einige stellen Menschenfiguren, affenartig hockend, mit den abscheulichsten Froschgesichtern dar. Die Scheide ist aus Rohr oder Holz und oben mit einem ganz eigenthümlichen, weit hervorragenden Rande von festem Holz, womit sie im Gürtel festgehalten wird. Diese Scheiden sind oft mit Bronze, Silber und Goldblech belegt und dann überaus reich, immer aber grotesk verziert, auch mit Edelsteinen besetzt.

Das eine Exemplar meiner Sammlung (Nr. 4111) hat eine fein damascirte Klinge von 15 Zoll Länge, sie ist oben 3 Zoll breit, geht auf der einen Seite in eine scharfe Spitze aus und ist

Fig. 277. 287. 279.

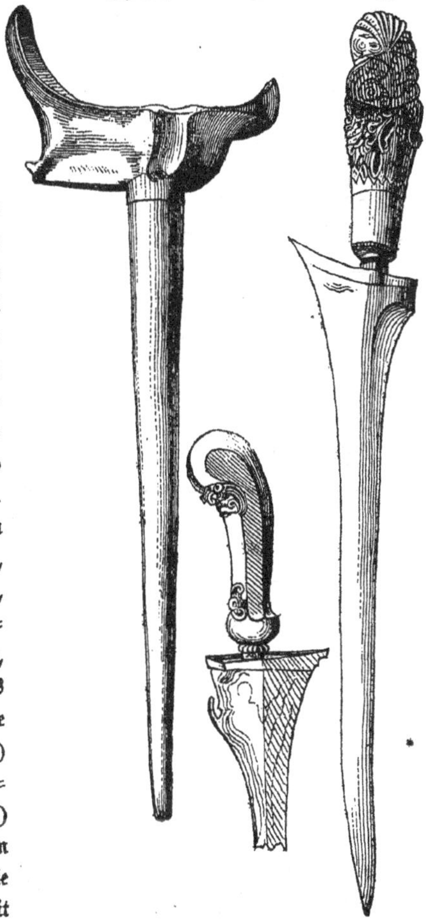

an der andern etwas abgestumpft. Sie verjüngt sich von da an bis zu 1 Zoll Breite. Oben am Dorn ist sie einen halben Zoll breit. Der Griff aus festem, dunkelbraunen Holze ist 4 Zoll lang und mit grotesken, aber sehr exact geschnitzten, zum Theil unterarbeiteten Ornamenten bedeckt. Am Dorn ist er mit dünngeschlagenem Messing gefaßt, das Perlen und Blättchen darstellt (Fig. 279). Die Scheide, im Ganzen 16 Zoll lang, besteht aus hellgelbem, leichten Holze, auf welches der 2 Zoll hohe, 7 Zoll breite Auffatz aus dunklerm, harten Holze befestigt ist. (Fig. 277.)

Ein anderes Exemplar (Nr. 4112 m. S.) hat eine Klinge von 13½ Zoll Länge, die oben 3¼ Zoll breit und einen halben Zoll dick, auch überaus fein ausgezackt ist; sie verjüngt sich in Breite und Dicke nach der Spitze zu. Sie ist aus einem starken, zum Theil scharf aus der Grundfläche heraustretenden damascirten Eisen. Der Griff ist einfacher als der vorige geschnitzt und aus hellbraunem, harten, trefflich polirten Holze, der 5 Zoll lang und in geschlagenes Messing, wie der vorige, eingelassen ist. Die Scheide ist aus lichtem Rohr und auf der Vorderseite mit schönem Bronzeblech überzogen, das an der Rückseite ein schmales Stück des Rohrs sichtbar werden läßt.

Fig. 280.

Der Aufsatz ist aus dunkelbraunem Holze und 8 Zoll lang. Die Länge beträgt 16 Zoll. (Fig. 278.)

Endlich folgt der geflammte Kriß (Nr. 1751 m. S.). Er hat eine schöne, 16 Zoll lange Klinge, die oben an der 3¼ Zoll breiten Fläche sehr sauber ausgearbeitet ist. Die Klinge hat einen, von oben bis unten reichenden und den Windungen folgenden Grat. Die Scheide, 17¼ Zoll lang, ist aus dem Ganzen und aus hellbraunem Holze. In dem Königl. historischen Museum zu Dresden sind 17 Kriß mit 3—6 Biegungen vorhanden.

Die Dolche der Tscherkessen erinnern in ihrer Form sehr an die der Südafrikaner, nur daß die Arbeit an denselben bei weitem vollendeter ist, wie denn im Kaukasus selbst überaus geschickte Klingenschmiede zu finden sind. Der Dolch ist meist über 1 Fuß lang, breit, zweischneidig, in der Mitte mit einem Grat, der nach dem Griffe hin eine Rinne bildet, sehr scharf an den Seiten und spitzig am Ende. Der Griff, klein, wie alle orientalischen, ist gemeiniglich von Wallroßzahn. Die Scheide ist aus schwarzem Leder und hat außen noch besondere Abtheilungen für das einschneidige Messer und den Pfriemen, der die Stelle der Gabel vertritt. Ein Tscherkessendolch aus der Waffensammlung Sr. K. H. des Prinzen Karl von Preußen, dessen Mittheilung ich der Güte des Herrn Director von Ledebur in Berlin verdanke und der im 4. Bande meiner Culturgeschichte (Taf. I, c. d.) dargestellt ist, hat im Ganzen 14 Zoll Länge. Der Griff ist von weißem Wallroß, die Knöpfchen an demselben, an dem Lederhefte, so wie am Beschlag der Scheide sind von Eisen und sehr reich und zierlich mit Gold eingelegt. Die obere Seite der Scheide, die nach unten mit kleinen silbernen Nägeln befestigt ist, besteht aus grüngefärbtem und wie Chagrin gepreßtem Leder, darauf ist eine aus rothem Leder gearbeitete Tasche für Messer und Pfriemen befestigt, welche oben mit silberdurchwirkter bunter Tresse verziert ist. Die Griffe aller drei Instrumente sind aus Wallroßzahn und mit Achatknöpfen verziert, die Klingen damascirt und mit Gold eingelegt.

Fig. 281.

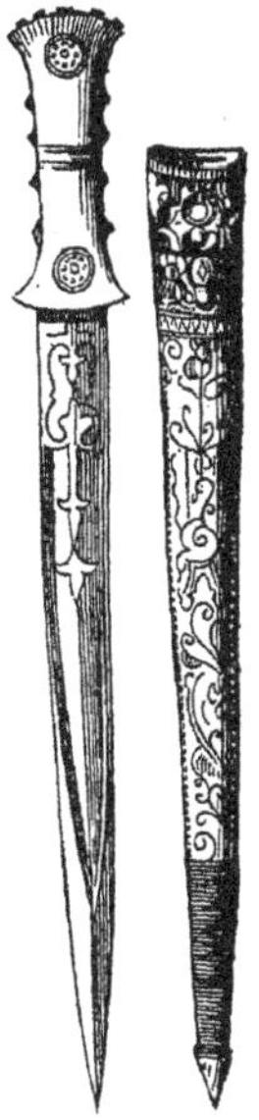

Weniger breit sind die Dolche der Türken und Perser. Sie haben lange, sehr starke, oft damascirte Klingen mit verzierten Griffen aus Wallroß, Jade, Horn, Holz und andern Stoffen, und die Scheiden bestehen oft aus Silber, das mit getriebenen Verzierungen bedeckt ist.

Von den schönen orientalischen Dolchen, die im Türkenzelt des Königl. historischen Museums zu Dresden aufbewahrt werden, wähle ich einen aus, dessen Klinge 14 Zoll lang, 1¼ Zoll breit und ziemlich stark ist. Sie ist mit erhabenen Arabesken mehrere Zoll lang verziert und in einen 5 Zoll langen Griff von Wallroßzahn gefaßt, an welchem auf Vorder- und Rückseite vergoldete Rosetten angebracht sind. An den Seiten ist der Dolch mit einer reichciselirten Silberleiste umgeben. Die Scheide ist 16 Zoll lang und aus Silber gefertigt. Sie ist oben 2 Zoll breit und etwas abgeplattet. Sie zeigt zunächst zwei filigranartig verzierte Bunde, deren Grundflächen bunt emaillirt sind. An dem spitz zulaufenden Ende ist Drahtumwindung nachgeahmt und das Ganze endigt in einen kegelförmig zulaufenden geriefelten Knopf. Einen der interessantesten Dolche von ähnlicher Form, dessen Klinge jedoch aus Bronze, besitzt das Königl. ägyptische Museum zu Berlin. Der Griff ist von Elfenbein, die Scheide von Leder. Eine nach gütiger bildlicher und schriftlicher Mittheilung des Herrn Director von Ledebur gearbeitete Beschreibung gab ich in meiner Culturgeschichte (V, 377). Ein anderer ägyptischer Bronzedolch mit Holzklinge befindet sich im Museum von Leyden.

Wir finden diese Dolche jedoch bei weitem einfacher mit Lederscheiden und Holzgriffen; ein jeder Kriegsmann aber ist bemüht, so schöne und kostbare Waffen zu erlangen, als ihm nur möglich ist, und die Janitscharen von Constantinopel, so wie die Mameluken von Kairo erhöhten die Pracht ihres farbenreichen Anzugs durch möglichst kostbare Dolche und Säbel, ein Bestreben, das sie mit den Tscherkessen und allen Orientalen theilen. In früher Zeit ahmten nun auch die slawischen Nachbarn, namentlich die Polen, nicht allein die Kleidertrachten der Türken und Kaukasier nach, sondern sie führten auch meist orientalische Waffen, deren sie in den häufigen Türkenkriegen wohl manche zu erbeuten Gelegenheit hatten. Aehnliches fand auch in Ungarn, wie in Serbien statt. Auch die Montenegriner, die streitbarsten unter den heutigen Südslawen, führen viele türkische Dolche und Säbel. In Polen gehörten ehedem Türkenwaffen zu dem kostbarsten Schmuck der Magnatensitze.

Ehe wir zu den Dolchen des christlichen Westeuropa übergehen, müssen wir noch einen Blick auf die dem Orient eigenthümlichen gekrümmten Dolche werfen.

Wir finden sie zunächst bei den Beduinen in ziemlich einfacher Gestalt; dieselbe Waffe ist durch die Araber auch nach der ihnen gegenüber liegenden afrikanischen Küste, besonders nach Nubien gekommen, wo man dieselbe in der Weise, wie das gerade Messer in der Lederscheide (Nr. 272 m. S.), an einem Armringe an sich trägt. Die asiatischen Beduinen führen diesen krummen Dolch im Gürtel. Die Klinge desselben ist gekrümmt, zweischneidig und sehr spitzig, der Grat endigt, wie am geraden Dolch der Tscherkessen, gegen den Griff hin in eine Blutrinne. Der Griff ähnelt in der Form dem tscherkessischen und ist auch aus gleichem Stoff, die Scheide ist am breiten wie an dem spitzigen Ende mit Fäden dicht umschnürt. Die Länge beträgt 10 Zoll (s. L. de Laborde, Voyage en Arabie petrée. Taf. 61; Caillaud, Voyage à Meroë. I, 65; Wellstedt, R. in Arabien. I, 19; Burckard 63).

Im Königl. historischen Museum zu Dresden werden noch mehrere asiatische Dolche mit gekrümmter Klinge aufbewahrt, die in der Bearbeitung der letztern sehr an die indischen Dolche mit dem Schienengriff erinnern. Der eine dieser Dolche im Türkenzelt, Nr. 208, hat eine Klinge von 14 Zoll Länge und 2 Zoll Breite. Der silberne vergoldete, in der Form dem nubischen Dolche gleichkommende Griff ist 5 Zoll lang und 3 Zoll breit. Die Scheide ist von gravirtem und vergoldeten Silber. Ein anderer (T. Z. Nr. 187), dessen Klinge 11 Zoll lang und 1½ Zoll breit ist, hat einen geraden Griff von Cristall, der 6 Zoll lang und unten, wo die Klinge eingesetzt, mit goldenem Bügel geschmückt ist. Die Scheide desselben von vergoldetem Silber ist mit Ornamenten von reizenden Verschlingungen bedeckt, die der indischen Kunst eigenthümlich sind.

Ein dritter indischer Dolch derselben Sammlung (T. Z. Nr. 3) hat eine zweischneidige gekrümmte Klinge von 9¼ Zoll Länge in einem, wie der nubische gestalteten Griff aus dunkelbraunem Ebenholz, das acht Flächen darbietet. Die obere platte Fläche ist mit Rosetten von getriebenem Silber und einem Türkisen belegt, eben so die Ränder. Die Klinge, die an allen diesen Klingen 2—3 Zoll ohne alle Schneide bleibt, ist mit silbernen eingeschlagenen Sternen geziert. Die Scheide ist aus Silber, rund und ganz mit getriebener Arbeit, Gravirungen und blauem Anlauf bedeckt. Sie ist 12 Zoll lang und endigt in einen türkenbundartig gewundenen schön gravirten Knopf, der mit erbsengroßen Corallen und Türkisen bedeckt ist. An der Scheide sind vier silberne vergoldete Ketten von 12 Zoll Länge, an denen ein quastartiges Behänge sich befindet, das von einer kleinen halbkugelförmigen Schale gebildet wird, von welcher wiederum eine Anzahl silberner 3—4 Zoll langer Kettchen herabhängt. Es ist dies unstreitig einer der interessantesten Dolche dieses reichen Museums, das noch einen fast ganz ähnlichen, aber etwas kleinern Dolch von gleicher Form und gleichem Stoff besitzt.

Endlich ist noch ein gekrümmter Dolch persischen Ursprungs zu erwähnen, der in dem zweiten Glaskasten desselben Türkenzelts aufbewahrt wird. Die 14 Zoll lange Klinge ist nicht allein gekrümmt, sondern jede Schneide derselben sogar noch geflammt. Sie ist von grauem Stahl mit Gold am obern Rande verziert, längs der Schneide läuft parallel mit deren Biegungen eine Goldlinie. Der Griff ist aus Jade mit Blümchen geziert, die von Rubinen und Smaragden gebildet werden, welche in Gold gefaßt sind. Die Scheide ist mit lilafarbenem Sammet überzogen, das 2 Zoll breite Mundstück derselben, so wie die spitzige Zwinge ebenfalls aus Jade und erstere gleich dem Griffe mit Rubinen und Smaragden besetzt. Vom Mundstück zur Spitze läuft eine einen Viertelzoll breite Tresse. An der Scheide ist an Goldfäden ein ovaler Saphir und hinter diesem ein Goldquästchen befestigt, in dessen Enden durchbohrte Rubinen hängen.

Derselbe Schaukasten enthält noch mehrere einfache Dolche mit Elfenbeingriffen, unter denen sich aber auch die prächtig geschnitzten persischen befinden, die ich im 7. Bande meiner Culturgeschichte bereits mitgetheilt habe. Das Königl. histor. Museum zu Dresden besitzt ferner einen schönen persischen Dolch (Fig. 282), dessen gekrümmte Klinge 8 Zoll lang und am Griffe 1³/₄ Zoll breit ist. Der Griff aus Elfenbein ist 4 Zoll lang und mit drei Nieten an der Angel befestigt. Die silberne vergoldete Scheide ist 9 Zoll lang und die eine Seite derselben trägt eine persische Inschrift, deren Anfang sehr verscheuert ist.

Fig. 282.

Wir wenden uns nun zu der Betrachtung der Formen, die der Dolch bei den Völkern des christlichen Westeuropa angenommen hat.

Ich schicke dabei eine Bemerkung über das Wort Dolch voraus, das, so allgemein es auch jetzt durch ganz Deutschland für eine bestimmte Waffe angewendet wird, doch in der mittelhochdeutschen Sprache eben so wenig gefunden wird, als das damit bezeichnete Kriegswerkzeug in den Darstellungen der alten Ritter vor dem 14. Jahrhundert zu bemerken ist.

Das Wort Dolch ist indessen ein ächtdeutsches und wir finden die Wurzel desselben in den niederdeutschen Dialekten. Dol ist im Niederländischen ein Rudernagel, Dolpenne ein hölzerner Nagel am Boot. Die Dolle ist im Niedersächsischen eine Spitze, daher Dollen das Bohren der Zimmerleute und Doller der Bohrer, und die Dolde eine Spitze, die der Tiroler Tolde nennt, womit der Schwabe auch einen Ast bezeichnet. Der Normann nennt sein Messer, dessen zweischneidige Klinge von Eisen, dessen Griff von Holz, dessen Gestalt wir in Fig. 53 kennen lernten, den Dolkneif, d. h. das Spitzmesser (s. Fulda's Idiotikensammlung. S. 66).

Der älteste deutsche Name ist wohl Sahs, d. h. das sächsische Messer, das durch die in England einfallenden sächsischen von Hengist und Horsa geführten Schaaren seinen Ruhm begründete, wie wir denn in Witekind lesen, daß der Ruf dieser Führer, nehmt eure Sachse, das Geschick der Eingeborenen entschied. Wir lesen im Annolied (336):

Au Duringin du di siddin was
Daz si mihhili mezzir hiezin sahs
Der diu rekkin manigis drugin
damite si di duringe slugin
mit untruwin ceiner sprachin
di ci vridin si gelobit havitin
von den mezzern also wah sin
wurdin si geheizin sahsin.

Eine andere Anspielung finden wir in R. Wace's Brut:

que en lor chauces couteaus portassent
telz qui dambes dui pars trenchassent.

Es ist also von den zweischneidigen Messern die Rede. In Olassen's und Pavelsen's Reise nach Island, die im Anfange der 70er Jahre des vorigen Jahrhunderts stattfand, wird (I, 36) bemerkt, daß ein Jeder, der mit der Fischerei sich beschäftige, zu seiner Ausrüstung ein Messer haben müsse, das den Namen Sax führe.

Im Nibelungenlied (3839) wird Siegfried's Jagdrüstung beschrieben. Er führte einen Köcher, der voll guter Strale, Pfeile, war,

von guldinen tüllen, diu sahs wol hende breit,

wo sahs also die Bedeutung von zweischneidiger Klinge hat. In den Dialekten kommen ferner vor Scharsachs, Scheermesser, Schrammsachs, kleinere Degen (Fulda, Idiotikensammlung. S. 421) und Mezzi-sahs in Baiern (s. Grimm, Deutsche Myth. S. 124).

Wie ich bereits bemerkte, kommen Sachse oder Dolche als wesentliche Waffen ritterlicher Ausrüstung vor dem 14. Jahrhundert nicht vor, obschon im Heldenbuch von dem Messerwerfen als einer Uebung die Rede ist, die gefährlich ist und große Gewandtheit erfordert. Gegen ebenbürtige Feinde wendet man den Messerwurf nicht an, daher denn Wolfdietrich auch nur einen Heidenkönig mit dem Messer zu Tode wirft.

Nachdem die Zeit der Ringpanzer vorüber, gegen die allerdings ein Messer weder mit Schneide noch mit der Spitze etwas Wirksames ohnehin kaum ausgerichtet haben würde, erscheint auf den Grabdenkmalen und in den Bildern der Handschriften auch der Dolch, und zwar an der rechten Seite der Bewaffneten.

Auf dem Grabsteine des Simon von Thouars, Grafen von Dreux vom Jahre 1365 (Montfaucon, Monuments de la monarchie franç. III, 15), erscheint der Dolch an der rechten Seite des über den Waffenrock gezogenen Gürtels. Der Dolch erscheint dann weiter auf dem Grabdenkmal des Gottfried von Cillon, Stallmeister König Karl's V., der im Jahre 1377 starb und in der Abtei von Preuilli bei Monterau begraben ward (Montfaucon III, 17); dann des Grafen Simon von Rouci und Braine, der 1392 starb und dessen Denkmal in der Capelle von St. Yved de Braine sich befindet (Montfaucon III, 35). In der alten Kirche von St.

Giovanni in Conca zu Mailand trägt die Reiterstatue des Barnabas Visconti, der 1385 gestorben, den Dolch an der rechten Seite (Archæologia Brit. XVIII, 12, S. 190 ff.). Von da an fehlt der Dolch nur selten auf Denkmalen und in Handschriftenbildern.

In der Handschrift der Königl. öff. Bibliothek zu Dresden, le liure de l'ordre de cheualerie (O. 61), die aus der Mitte des 14. Jahrhunderts stammt, erscheint unter der Ausrüstung des Ritters der Dolch bereits unter dem Namen der Misericorde, demselben Namen, den er fortan bei den Franzosen führte. Die symbolische Bedeutung desselben wird in dieser Handschrift mit folgenden Worten dargelegt (Fol. 146 b): Misericorde ou coustel a croix est donne cheualier pource, que, se ces autres armeures lui defaillent, que il ait recours a la misericorde ou se il est tant pres de son ennemi que il ne le puisse greuer ne ferir de la lance ou de l'espee que il se ioingne a lui et le a deuance et seurmontee se il peut par la force de sa misericorde. Et pour ce ceste armeure qui est nommee misericorde demonstre au cheualier et segnefie que il ne se doit pas fier du tout en tout en ses armes ne en sa force ains se doit tant fier en Dieu et quioindre a lui par tres bonnes euvres et par bonne esperance que il doit en lui auoir que a l'aide de Dieu il vainque ses ennemis et ceulz qui sont contraires a l'ordre de cheualerie.

In der Turnierordnung des René d'Anjou ist die Misericorde unter den Ritterwaffen Schwert und Kolbe nicht besonders aufgeführt.

Was nun die ältere Form der Dolche angeht, so ist der schöne Dolch des Königl. historischen Museums zu Dresden, den man, obwohl ohne allen Grund und nur einer höchst unzuverlässigen Tradition folgend, als Eigenthum des Gegenkönigs Rudolf von Schwaben bezeichnete, wohl einer der ältesten. Er stimmt ganz zu dem, den Simon von Thouars trägt.

Fig. 283 a.

Dieser Dolch ist 14½ Zoll lang; die zweischneidige in der Mitte zu einem Grat emporsteigende Klinge hat $7\frac{3}{4}$ Zoll Länge und $1\frac{1}{4}$ Zoll Breite, das Zeichen des Waffenschmieds ist durch das zu gründliche Putzen ziemlich unkenntlich gemacht, es ist nur noch ein breiter Halbkreis übrig, der nach oben einige Zacken zeigt, auch ist die Spitze abgebrochen. Der Griff ist aus braunem Holze, $6\frac{3}{4}$ Zoll lang, er besteht aus Stiel, Knopf und dem runden, 1 Zoll dicken Stichblatt, dessen unterer Durchmesser, der mit einem silbernen viertelzoll=breiten gravirten Reifen eingefaßt ist, $2\frac{1}{2}$ Zoll beträgt. Von diesem Reifen erhebt sich ein Stift, an welchem ein silbernes Kettchen mit einer Oese hängt, durch welche der Gürtel gezogen werden konnte. Der Stiel zeigt ein Relief, dessen architekto=

Fig. 283 b.

nische Ornamente im Spitzbogenstyl das angebliche höhere Alterthum zur Genüge widerlegen. Man sieht hier eine Frau, die auf einem Manne reitet, der auf allen Vieren kriecht, und einen wilden zottigen Mann, einen Schrat, der von einer Jungfrau an der Kette geführt wird, eine ziemlich handgreifliche Anspielung auf die große unwiderstehliche Gewalt, welche die zarten Frauen auf das rohe Geschlecht der Männer auszuüben vermögen. Die Scheide besteht aus schwarzem Leder, das inwendig mit Holz ausgefüttert ist. Oben ist ein silbernes Mundstück mit getriebenen Ornamenten und wie die spitzige, mit kleinem Knopf versehene Zwinge vergoldet. Die Scheide ist 9 Zoll lang. Die Scheide war nicht am Gürtel befestigt.

Aehnlich in der Form, doch gegen 12 Zoll lang, ist der Ueberrest eines eisernen Dolchs, der in der Sammlung der Deutschen Gesellschaft zu Leipzig aufbewahrt wird. Es ist eine zweischneidige Klinge, deren Dorn durch ein eisernes breites Stichblatt und einen Knopf aus gleichem Metall hindurchgeht, ursprünglich aber mit einem runden Gehilze oder Griff aus Holz umgeben war. Von dieser Form sind denn auch die Dolche der Geharnischten, welche wir im Weißkunig abgebildet finden und welche hinten über der rechten Hüfte getragen werden.

Nach den Zeiten des Kaisers Maximilian erscheinen diejenigen breiten und nach Art der antiken Bronzedolche gefaßten Dolche, deren im Königl. historischen Museum zu Dresden mehrere aufbewahrt werden.

Beachtenswerth ist namentlich der Dolch Kaiser Karl's V. (Schlachtsaal XI, 315). Die Klinge des Dolchs ist 19 Zoll lang und 4 Zoll breit. Der Griff mit dem Bügel, der die Klinge faßt und woran dieselbe durch einige Nieten festgehalten wird, ist mit dem platten runden Knopfe 7 Zoll lang, letzterer hat 7 Zoll Durchmesser und ist gravirt. Dazu gehört eine Scheide die mit gerissenem rothen Sammet bedeckt und mit vergoldetem Silber beschlagen ist.

Ein zweiter Dolch von derselben Form hat 20 Zoll Länge und 3 Zoll Breite. Der silberne Griff ist mit dem halbrunden Bügel 6 Zoll lang und 2 Zoll breit, der Knopf hat 2 Zoll Durchmesser. Die Klinge ist 14 Zoll lang und 2 Zoll breit, mit Riefen. Die dazu gehörige Scheide aus Silber ist 15 Zoll lang und 3 Zoll breit und hat Nebenbehälter für Messer und Pfriemen. An ihr ist eine Kette zum Anhängen.

Auf diese Form der Dolche, die wohl mehr zu Zierwaffen dienten und für den Kriegsgebrauch nicht bestimmt, auch niemals im allgemeinen Gebrauche waren, folgt derjenige Dolch mit der Parir-stange, von 1 bis zu 1½ Fuß Länge; die zweischneidigen Klingen werden oft so schmal und im Durchmesser des Grats so dick, daß sie wie vierkantig erscheinen. Die Griffe sind theils von Eisen, theils von Messing, theils mit Knöpfen, theils oben abgeplattet; die Parirstange ist theils kurz, an den Enden mit Knöpfen versehen, theils aber auch umgebogen und nach der Schneide gerichtet, ja parallel mit selber einige Zoll fortlaufend. Später erhalten die Dolche auch noch Stichblätter nach Art der Stoßdegen, die dann nebst dem Griffe und Knopf oft sehr schön in Eisen geschnitzt sind und entsprechende Mundstücke und Zwingen an den Scheiden haben. Die herrschenden Formen finden sich auf den Tafeln CXI und CXII des Meyrick-Fink'schen Werkes zusammengestellt, eine sehr reiche Sammlung aber in den drei Galerien des Königl. historischen Museums zu Dresden, von denen einige näher zu beschreiben sind.

Im IX. Felde des Schlachtsaals sind unter Nr. 223 mehrere Dolche befestigt, die im Ganzen 24 Zoll lang sind, wovon 19¾ Zoll auf die zweischneidige 1½ Zoll breite Klinge kommen, welche gegen die Mitte hin um ein Geringes breiter ist als am Griff, sie hat zwei Blutrinnen. Der Griff ist von hartem Holz, der halbrunde Knopf oben mit Eisen belegt; die 3 Zoll breite Parirstange ist nach der Klinge zu herabgebogen.

Im V. Felde des Schlachtsaals sind mehrere Dolche mit silbernen Scheiden zusammengestellt, von denen mehrere reiche plastische Verzierungen tragen, andere theils glatt, theils nur mit Linien oder Reifen, Knöpfen und Bünden geschmückt sind. Nr. 81 hat eine Klinge von 13 Zoll Länge und 1 Zoll Breite, die nach unten im Querdurchmesser an Stärke, nach Art der indischen Dolche zunimmt. Der silberne Griff ist 5 Zoll lang und gleich der Scheide im antikisirenden Style des 16. Jahrhunderts sehr reich in hocherhabener Arbeit verziert. Es sind Nebenbehältnisse für Messer und Pfriemen angebracht. Nr. 82 hat eine Klinge von 9 Zoll Länge. Der Griff von 4 Zoll und die Scheide von 12 Zoll Länge, ebenfalls mit Messer und Pfrieme, ist mit der Venus und andern Frauenbildern sehr reich besetzt.

Die dritte Galerie des historischen Museums enthält namentlich die kleinern, eleganten Dolche, unter denen sich diejenigen auszeichnen, die mit Griffen und Scheiden von schwarzem, geschnittenen Eisen geschmückt sind, die meist auch Messer und Pfrieme enthalten.

Daneben kommen Griffe von Cristall, Elfenbein, Bernstein, Silber und andern Stoffen vor, die durchgängig mehr oder minder reiche plastische Verzierungen von der größten Mannichfaltigkeit zeigen.

Nicht minder mannichfaltig sind die Klingen dieser Abtheilung. Wir finden deren, an welchen die Blutrinne zwischen den Schneiden ganz durchbrochen und filigranartig bearbeitet ist, an andern ist die Schneidenlinie dergestalt unterbrochen, daß nur hinter der Spitze die Schneide im rechten Winkel gegen den Mittelgrat hinabfällt und erst wenige Zoll vor dem Griff wiederum in die Linie heraustritt. Wir finden hier auch die Stilets, feine Dolche mit Klingen von 9 Zoll Länge und einem halben Zoll Breite.

Zu den Künsteleien gehören die, übrigens fast in jeder größern Waffensammlung wiederkehrenden Dolche, deren Klinge vermittelst eines Federdrucks sich in drei Theile trennt, so daß von dem mittlern feststehenden Stamme der Klinge nach rechts und nach links die Schneiden mit den Spitzen hervorschnellen und die Wunde bedeutend vergrößern würden, wenn die Klinge bereits in den Leib eingedrungen wäre. Das eine Exemplar des Dresdener Schlachtsaals (VI, 105) hat eine Klinge von 10½ Zoll und einen Griff von 5½ Zoll Länge. Die Parirstange ist 7 Zoll breit und schön gearbeitet.

Der Dolch verschwindet mit den Plattenharnischen, mit denen er eigentlich erst auftritt, aus der Reihe der eigentlichen Kriegswaffen und wird fortan nur noch verborgen im Gürtel von den Meuchelmördern geführt, die noch in dem 16. und 17. Jahrhundert oftmals in der Geschichte Europas auftreten. In Spanien, Frankreich und England trugen die Damen des 16. und 17. Jahrhunderts zierlich gearbeitete, mit Edelsteinen besetzte Dolche im Busen, auch wurden dieselben neben dem Schwert von den Herren bei eleganter Toilette bis in die erste Hälfte des 17. Jahrhunderts getragen.

Als im 16. Jahrhundert die Fechtkunst besonders in Straßburg und Frankfurt am Main so sehr ausgebildet wurde, fand auch der Dolch dabei Berücksichtigung. In dem handschriftlichen Fechtbuche der Königl. Bibliothek zu Dresden, dann aber auch in der „gründtlichen Beschreibung der freyen Ritterlichen vnnd Adelichen Kunst des Fechtens in allerley gebrauchlichen Wehren,“ das Joachim Meyer, Freyfechter zu Straßburg, im Jahre 1570 mit zahlreichen Holzschnitten erläutert herausgab, wird auch das Fechten in Dolchen ausführlich dargestellt. Es galt bei dieser Fechtart, die bewehrte Hand des Gegners zu fassen, seinen Arm zu verrenken und den Dolch in sein Gesicht, seine Brust zu treffen, sich selbst aber gegen die Stiche des Feindes zu schützen. Joachim Meyer bedarf 15 Blätter zur Entwickelung seiner Lehren, die er mit 6 Tafeln noch mehr erläutert.

Fig. 284.

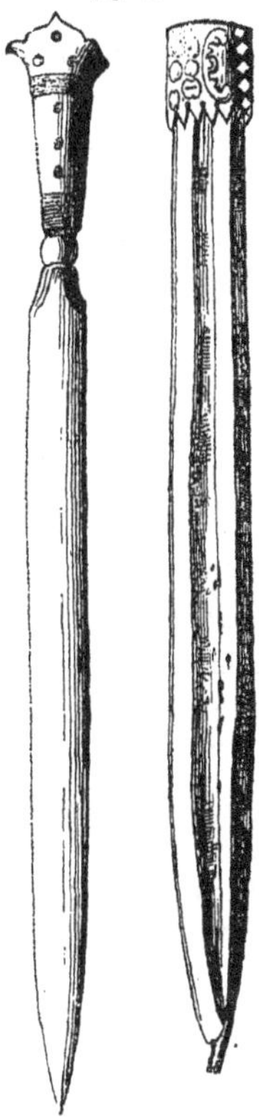

Zum Schluß dieses Abschnitts folge die Beschreibung eines Dolchs (Nr. 1994 m. S.), der sich durch die Eleganz des Griffs und die Seltsamkeit seiner Scheide auszeichnet. Die Dolchklinge ist 13½ Zoll lang und 1 Zoll breit, zweischneidig, in der Mitte gewölbt und ohne Grat. Sie geht gegen den Griff hin schmal zu und erweitert sich zwischen dem Klingenansatz und dem Griff zu einem Knopf; von da geht sie in den Griff über und ist hier an den Seiten durch Messing, oben und unten mit schwarzem Horn in der Mitte und Perlmutter an dem breiten Ende bedeckt. Die Perlmutter, so wie die Hornbekleidung sind je durch drei Nieten befestigt. Zwischen den beiden Enden befindet sich ein gepunztes Messingband, das auf jeder Seite mit drei Malachiten befestigt ist. Die Scheide ist 17 Zoll lang und 2 Zoll breit, sie besteht aus dem obern pneumatischen Schnabel des pelecanus onocrotalus, dem als Mundstück ein vergoldetes, nach unten ausgezacktes Messingbeschläge dient, in welches ein blumenartiges Ornament und die Buchstaben I. B. eingegraben sind. Der Pelicanschnabel ist ganz in seiner natürlichen Gestalt belassen und eignet sich durch seine Festigkeit, Leichtigkeit und Gestalt ganz für diesen Zweck. Er wurde an den Küsten des Adriatischen Meeres ehedem öfter zur Dolch- und Messerscheide verwendet.

Unter den Abkömmlingen von Messer und Dolch sind nun zunächst in Betracht zu ziehen

die Hiebwaffen,

die ebenfalls zu den mannichfaltigsten Formen erwachsen sind, seitdem man die Metalle dafür anwendete. Wir theilen sie in zweischneidige und einschneidige und letztere in gerade und gekrümmte. Die Grundformen sind Schwert und Säbel, wovon ersteres vorzugsweise dem Abendlande eigenthümlich ist, während letzterer im Oriente vorherrschend ist.

Wir finden allerdings bei den Ureinwohnern Brasiliens bereits Schwerter von festem schweren Holze, mit denen sie die Köpfe der Feinde zerspalteten, man fand deren auch bei den Insulanern der Südsee (s. C.-G. IV, 543). Ein weiterer Fortschritt sind die Holzschwerter der alten Mexicaner, in deren Schneide Obsidianklingen eingesetzt waren, und die mit Haifischzähnen besetzten Schwerter und Säbel in den Markesasinseln.

Die Bronze gab jedoch erst den Schwertern ihre eigenthümliche Gestalt, die wir zunächst zu betrachten haben.

Bronzeschwerter finden sich im Bereiche von ganz Europa in den Grabstätten von Griechenland und den romanischen und germanischen Ländern.

Diese Bronzeschwerter sind selten unter zwei, noch seltener aber über 3 Fuß lang und meist in einer Breite von 1 — 1½ Zoll. Das Metall ist die von uns bereits erwähnte Mischung von Kupfer und Zinn. Die Klingen sind in der Mitte verhältnißmäßig stark, allein nie mit so scharfem Grat versehen, wie wir an eisernen Klingen bemerken, der Grat ist meist rund und stabartig, zuweilen kommen auch schwächere Nebengrate vor, die Klinge verjüngt sich meist von dem Griff aus bis in die Mitte, von da an wird sie dann breiter und flacher und endigt immer in eine Spitze von der Form des Weidenblatts. Die Klingen haben große Aehnlichkeit mit den starken Blättern der Iris, Tulpen und anderer derartiger Pflanzen. Die Griffe sind durchgehends klein und nie größer, oft kleiner wie an den Dolchen, deren Breite die Klinge niemals erreicht.

Die Klinge ist wie bei den Dolchen theils durch Nieten in dem halbkreisförmigen Bügel des Griffs festgehalten, theils mit demselben aus einem Stück gegossen, theils geht sie in einen Dorn über, der, wie ich an einem scandinavischen Fragment (Nr. 280 m. S.), das ich der Güte des Herrn Etatsraths Thomsen in Copenhagen verdanke, und einem Prachtexemplare des Königl. Antikencabinets zu Dresden ersehe, in einen Griff von Bronze, Holz oder anderm Stoff gefaßt war. Dann kommen aber auch Klingen vor, die oben in einen 3 — 4 Zoll langen, zollbreiten flachen Theil endigen, dessen beide Flächen mit Schalen von Holz, Knochen, Horn u. dergl. belegt wurden, in der Art unserer Tischmesser und Hirschfänger. Ja wir finden Fragmente von Schwertern, an welche ein breiter Griff angegossen ist, der dann noch mit einem bronzenen Bügelgriff überdeckt und durch Nieten mit demselben verbunden war. Von dieser Art ist das schöne Bruchstück eines Schwertes der Schweriner Sammlung, das zu Lehsen gefunden wurde und durch einen reichverzierten, durchbrochenen Griff ausgezeichnet ist. Der Griff ist hohl und die durchbrochene Arbeit besteht aus sechs Reihen gravirter Spiralwindungen, jede Reihe von vier Stücken oder zwei Paaren. Die Klinge, welche mit einer Griffzunge in das hohle Heft geht, ist mit vier gewölbten Nietnägeln eingenietet. Der Knopf ist eiförmig und oben auf der gewölbten Fläche mit Spiralen geschmückt, die das Ansehen von Gewinden von Doppeldraht haben (s. Lisch, M. Frider. Francisc. Taf. XIV, 1 u. S. 126). Der Griff ist mit dem nach unten scharf ausgeschweiften Bügel 6 Zoll lang, der Bügel 3 Zoll breit, die breiteste Stelle des Knopfes hat 2¼ Zoll Durchmesser. Für die Hand bleibt nur 2½ Zoll Spielraum.

Bei Gleichenberg in der südöstlichen Steiermark fand man das Obertheil einer Schwertklinge, deren Mittheilung ich der Güte des Herrn Professors Pfragner zu Admont verdanke. Das Bruchstück ist 8½ Zoll lang, der Durchmesser breitester Stelle der Klinge am Griff beträgt 1½ Zoll, der des für den Bügel, auf jeder Seite mit zwei Nietlöchern versehenen Theils 2¼ Zoll. Die an diesen stoßende in der Mitte vier Nietlöcher der Länge nach neben einander habende Zunge ist 2½ Zoll lang und 1¼ Zoll breit. Am Platschberge bei Grätz fand man ein nicht minder interessantes Bruchstück von 5 Zoll Länge, 3½ Zoll bilden den Theil der Klinge, welcher in den Bügel eingelassen wurde, der daher an jeder Seite zu einem Dreieck heraustritt, welches ein Nietloch in sich hat. Die Fortsetzung desselben ist eine nach oben sich verjüngende Zunge von 1½ Zoll Länge und 1 Zoll größter Breite. Dabei ward ein ganz ähnliches Bruchstück gefunden.

Eine vollständige, wenn auch in zwei Stücke zerbrochene Schwertklinge mit Zunge befindet sich in meiner Sammlung (Nr. 66). Sie stammt aus dem Elbthal und war im Königl. Antikencabinet zu Dresden, von dem ich sie im Jahre 1834 gegen ein Marmorfragment vertauschte (s. Hase, Verzeichniß der antik. Bildwerke. S. 123, Nr. 333 d). Das Ganze ist 23¼ Zoll lang, 9¼ Zoll von der Spitze ist die Klinge gebrochen; daß dieß erst bei der Auffindung geschehen, beweist der Mangel

Fig. 285.

an Rost auf der Bruchfläche, die ein goldfarbenes, sehr grobkörniges Metall darbietet. Die eigentliche Klinge hat 18½ Zoll Länge, an der breitesten Stelle beträgt der Durchmesser 1⅝ Zoll. In der Mitte über die gratartige, abgerundete Erhöhung ist sie dreiachtel Zoll dick. Längs des abgerundeten Grates laufen zwei vertiefte Linien, die denselben bis fast an die Spitze begleiten. Zwischen der Klinge und den dreieckigen Ausladungen der Zunge verjüngt sich die Klinge in einem halben Zoll Länge auf 1⅜ Zoll Durchmesser, wodurch eine Vertiefung in der Schneide entsteht, in welche die abgerundeten Bügelenden zu liegen kamen. In dem breiten Ende der Zunge ist je ein Loch, in dem einen sitzt noch die Niete fest. Die Mitte der Zunge ist durchbrochen, das obere Ende derselben ladet in zwei breite Spitzen aus. Denken wir uns nun dazu einen jener schönverzierten Griffe, so würde sich eine gar stattliche Waffe darbieten.

Der Bruch des Schwertes rührt wohl von einem Versuche her, den die Finder desselben unternahmen, um die Elasticität der Klinge oder gar den Metallgehalt derselben näher kennen zu lernen. Uebrigens kommen zerbrochene Schwertklingen und einzelne Bruchstücke solcher Bronzeschwerter häufig vor. Theils mögen sie Waffen angehören, die durch den Gebrauch zerstört wurden, theils aber beruhen sie vielleicht auf einer Sitte, welche das Zerbrechen der von den Todten hinterlassenen Schwerter gebot.

Die Schweriner Sammlung besitzt 21 Stück Bronzeschwerter mit Griffzungen, von denen einige große Aehnlichkeit mit dem Exemplare meiner Sammlung haben und deutlich die Art und Weise zeigen, wie die bronzene Bekleidung an denselben durch Nieten befestigt war. Die Klingen sind zwischen 18 und 24 Zoll lang. Das längste derselben mit geschweifter Griffzunge und ohne allen Rost ward 1819 zu Badegow in Mecklenburg sieben Fuß tief in einem Torfmoore wohl erhalten gefunden. Es ist mit der Griffzunge 27 Zoll lang. Es ist stark gebraucht, im obern Theil verhältnißmäßig schmal, mit langer und schmaler Spitze, die Ausbauchung ist 2, der obere Theil 1½ Zoll breit. Der ganz durchgehende, ziemlich starke Mittelrücken ist ebenfalls von vier dünnen Linien, mit den Schneiden parallel laufend, begleitet, welche aber so flach liegen, daß dem Auge und dem Gefühle fünf eingegrabene

Linien erscheinen (Lisch, Friderico Francisceum. S. 129, Taf. XVI, 4).

Das Königl. Antikencabinet zu Dresden besitzt drei der längsten Bronzeschwerter, die ich kenne. Das erste derselben, dessen Klinge grün berostet ist, hat eine Länge von 3 Fuß 3 Zoll, wovon 6 Zoll auf den Griff kommen, der allerdings erst in später Zeit daran befestigt ist. Die größte Breite der Klinge beträgt 1¾ Zoll.

Fig. 286.

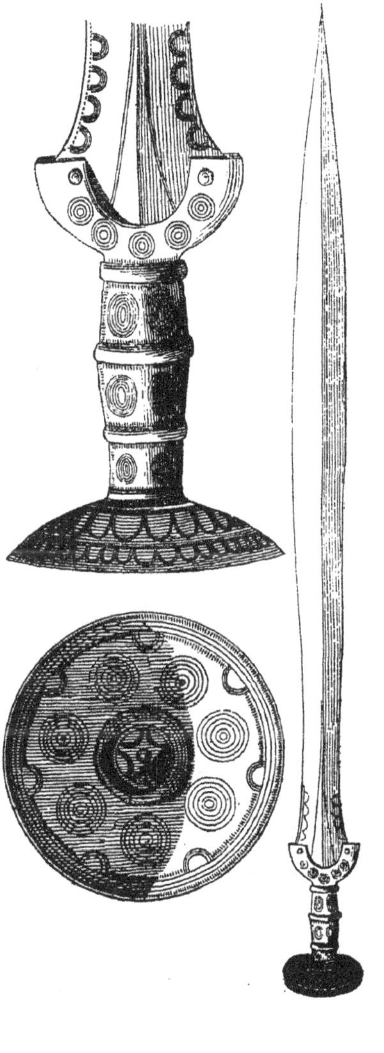

Das zweite Schwert, ohne Rost, hat mit dem Griffe 3 Fuß 5½ Zoll Länge, wovon 7 Zoll auf den Griff kommen. Die größte Breite der Klinge zeigt 1⅞ Zoll Durchmesser. Von der Klinge sind an der Spitze durch Abschleifen etwa 1—2 Zoll verloren gegangen. Die Klinge ist ohne irgend eine Spur von allem Rost. Es hat also niemals in der Erde gelegen. Der Griff scheint dem 16. Jahrhundert anzugehören und stammt wohl aus derselben Zeit, in welcher die alten Eisenschwerter des Königl. historischen Museums mit neuen Griffen versehen worden sind. Ich werde weiter unten auf dieses, jedenfalls überaus merkwürdige Waffenstück zurückkommen.

Das dritte Schwert, dessen Abbildung ich hier mittheile, ist im Ganzen 2 Fuß 8½ Zoll lang; die Klinge hat 2 Fuß 3½ Zoll Länge, der Griff ist 4⅝ Zoll lang, die schalenartige Scheibe hat 3¼ Zoll Durchmesser. Die Klinge, deren Griffzunge in dem Griff mit zwei Nieten befestigt ist, zeigt an der Stelle ihrer Vereinigung, wo sie 2¼ Zoll breit ist, eine Reihe halbkreisförmiger Ornamente. Der Griff selbst ist an allen Theilen sehr reich verziert, auf dem Bügel sind zwischen den Nieten vier aus concentrischen Kreislinien gebildete Zierrathen. Der eigentliche für die Hand bestimmte Griff, der Theil zwischen Bügel und Scheibe, der 2¾ Zoll lang ist, an dessen Längen- und Querdurchmesser die ovale Form vorherrscht, ist mit drei erhabenen Bünden umgeben, die mit feinen Strichreihen eingefaßt sind und zwischen denen auf jeder Seite zwei aus concentrischen feinen Kreislinien gebildete Ornamente angebracht sind. Den reichsten Schmuck trägt der zur schalenförmigen Scheibe ausgetriebene Knopf. Die nach dem Griff gerichtete convexe Seite umgiebt dasselbe Kreisornament zwischen drei großen, dem Rand parallel laufenden Linienreihen. Die hohle Innenseite hat in der Mitte einen größern aus mehrern concentrischen Linien gebildeten Kreis, dessen Inneres ein Fünfeck von aus mehrern Linien gebildeten, nach außen gerichteten Halbkreisen darstellt. Diesen umgeben zwischen großen, dem Umfang des Ganzen folgenden Kreislinien sieben kleine Kreisornamente, zwischen denen sich acht Halbkreise befinden, deren jeder aus mehrern Linien besteht und mit der convexen Seite an die Umfassungslinie angelehnt ist.

Ein schönes Bronzeschwert ward im Jahre 1840 bei Zwickau gefunden; es hat 26 Zoll Länge und kommt in der Form dem bei Lisch (Frid. Franc. XIV, 1) abgebildeten am nächsten. Die Ornamente sind spiralförmig und bedecken Griff und Knopf, der Bügel ist mit zwei Nieten an die Klinge befestigt.

Griffe, deren Knopf sich zu einer ovalen Scheibe ausdehnt, kamen im sächsischen Elbthale und in der Steiermark vor. Der unter Fig. 287 dargestellte fragmentarische Bronzegriff meiner Sammlung ist 4 Zoll lang und mit hellgrünem Roste dicht bedeckt. Der eigentliche Griff zeigt drei Bünde. Die ovale Scheibe hat 2¾ Zoll längsten und 1¾ Zoll kürzesten Durchmesser. Strich- oder Kreisverzierungen fehlen; in dem Nietloche sitzt noch der Stift fest.

Fig. 287.

Ein bei Aussee in der Steiermark gefundenes Schwert, dessen Klinge in drei Stücke gebrochen ist, hat 30½ Zoll ganzer Länge, wovon

4 Zoll auf den Griff kommen, der ganz die Gestalt des vorhergehenden (Fig. 287) hat. Die ovale Schale innen und außen mit Linienverzierungen bedeckt, ist 3¼ Zoll im Längendurchmesser und 1½ Zoll breit. Der Griff wird durch vier von oben nach unten bis an den Bügel laufende Linienornamente in vier Theile getheilt, welche mit Spiralornamenten versehen sind. Die Klinge ist 1½ Zoll breit.

Derartige Schwerter hat man auch in Griechenland, Neapel, Sicilien und andern Theilen Italiens und in den übrigen romanischen und germanischen Landen gefunden. Schwerter von dieser Form sehen wir allgemein in den Händen der Heroen und Könige auf den griechischen Gefäßen, ähnliche auf den Denkmalen von Aegypten, Assyrien und Babylonien.

Das Schwert der alten Aegypter war, wie das Bronzeschwert, welches wir kennen gelernt, gerade, zweischneidig, in der Mitte mit einer Blutrinne versehen, am Griff breit und nach der Spitze zu sich verjüngend. Die Länge betrug 3 Fuß. Die Klinge war von Bronze und gravirt, der Griff war mit eingegrabenen oder eingelegten Zierrathen verschönert und hatte oben einen Riemen, ein Port d'Epée, wie die mexicanische Keule, an welchem der Soldat die Waffe um das Handgelenk befestigen konnte. Das Schwert scheint nur von der königlichen Garde geführt worden zu sein, die andern Soldaten führten Keulen (vgl. C.-G. V, 376 u. das. Taf. VII, 11).

Die Schwerter der alten Westasiaten, wie sie z. B. auf den Denkmalen von Ninive vorkommen, waren nicht anders, sie werden von den Heerführern und deren nächster bewaffneter Umgebung geführt. Die Griffe scheinen theils von Metall, theils von Knochen, Zahn oder Horn gewesen zu sein; sie wurden in der Scheide an der linken Seite getragen, die an einem Riemen über die Schulter ging.

Auf der großen Mosaik im Königl. borbonischen Museum zu Neapel liegt im Vordergrund neben einer Scheide und einem Gürtel ein kurzes Schwert von ähnlicher Form.

Die Schwerter der Griechen waren in frühester Zeit ehern, später traten erst die eisernen Klingen ein. Die scharfe, nicht schonende Klinge war gerade und zweischneidig, sie ward in einer Scheide von Metall oder Elfenbein getragen und hing von der Schulter herab an der linken Hüfte. An der Scheide war oft auch ein Behältniß für das kleinere Messer, das jedoch nicht als Waffe, sondern als Werkzeug betrachtet und gebraucht wurde. In der

Schilderung der Ausrüstung des Agamemnon bei Homer (Ilias, XI, 17 ff.) sehen wir den Helden erst die prächtigen Panzerstücke sich anlegen.

> Hierauf warf er das Schwert um die Schulter sich; goldene Buckeln leuchteten über das Heft; und die Kling' umhüllte die Scheide silberhell, am Gehenk von strahlendem Golde befestigt.

Dieses Schwert war für Handgemenge bestimmt und ward, wie es auch bis zur allgemeinen Einführung der Feuerwaffen in Europa der Fall war, erst dann gezogen, nachdem die Lanzen verbraucht waren.

Das Schwert wurde in derselben Weise wie bei uns am Bügel mit der Faust so gefaßt, daß die Klinge zwischen Zeigefinger und Daumen zu liegen kam, während der Knopf vom kleinen Finger umschlossen wurde. Man hat wegen der Kleinheit und Kürze der Griffe diese Art der Fassung in Zweifel gezogen. Es ist aber zu beachten, daß die Orientalen noch heute eben so kurze Griffe an ihren Hiebwaffen haben und daß längere Griffe überhaupt vor dem 13. Jahrhundert auch in Europa und an den Eisenklingen nicht vorkommen. Und in dieser Weise sehen wir auch auf den Vasenbildern in der Hand die Schwerter am Griffe gefaßt (z. B. Dubois Maisonneuve. I, 6. 7. 20; II, 2. Inghirami I, 9. 30; IV, 257. 261); so erscheinen sie auf etruskischen Sarkophagen (Gorii Mus. Etr. c. Schwebel. Taf. 43 und 45), auf Gemmen u. s. w.

Das Schwert in der Scheide zeigen uns ebenfalls die Vasenbilder (Inghirami I, 60; III, 228) und zwar immer an der linken Seite des Kriegers.

Diese Schwerter haben keine Parirstangen, die wir im Mittelalter allgemein angewendet finden. Nur ausnahmsweise erscheint auf dem einen Vasenbilde (Inghirami III, 261) eine solche. Man begegnete den Hieben weniger mit der Klinge, als mit dem Schilde und der ehernen Rüstung. Die zweischneidigen Klingen zeigen meist auf der breiten Fläche einen scharfen Grat, doch erscheint auf einem Vasenbilde (Inghirami I, 9) eine Blutrinne, die an den orientalischen Dolchen so gewöhnlich ist.

Hier stellt sich uns nun die Frage dar, um welche Zeit wohl das Eisen in der Bewaffnung der Europäer in allgemeinern Gebrauch gekommen sei und das Erz oder die Bronze verdrängt habe?

Als Servius Tullius im Jahre 578 vor Chr. Geburt das römische Kriegswesen ordnete, mußten die ersten Klassen der begüterten Bürger Helm, Schild, Beinschienen und Panzer alles aus Erz haben und Speer und Schwert, von denen nicht gemeldet wird, aus welchem Metalle sie gefertigt sein sollten (Livius I, 43). T. Lucretius Carus, der ums Jahr 52 vor Chr. Geb. starb, bemerkt, daß zu seiner Zeit das Eisen allgemein gewesen. Die römischen Schriftsteller des Augustinischen und folgenden Zeitalters reden nur von eisernen Waffen und Tacitus sagt, daß eiserne Waffen bei den nordwestlichen Germanen selten gewesen.

Als die Römer ihre Eroberungen über die Grenzen Italiens hinausdehnten, waren Eisenwaffen allgemein in ihren Heeren, und dieß ist der Grund, weßhalb römische Waffenstücke so selten in der Erde gefunden werden, da dieses Metall der Zersetzung durch Feuchtigkeit und Säuren so sehr preisgegeben ist. Daß eine so zahlreiche Armee, wie die Kaiserl. römische, sehr vieler Waffen bedurfte, sehr viele Waffen verbrauchte und gute, dauerhafte Waffen haben mußte, scheint auch darauf hinzudeuten, daß sie eben eiserne und zwar Klingen vom besten Eisen, für welches das norische oder steiermärkische allgemein galt, geführt habe. Abgesehen von der Kostbarkeit der Bronze eignet sie sich doch weniger zu guten Klingen, als Eisen. Finden wir auch geschmiedete elastische Dolchklingen, kommen auch namentlich unter den Schmucksachen z. B. Spirale und Hefte vor, die, obschon dicht mit Rost bedeckt, dennoch die volle Federkraft haben, so sind doch alle mir bekannten Schwertklingen nur gegossen und ganz spröde. Eben so sind auch die vielen zerbrochenen Schwertklingen, die unter den Alterthümern gefunden werden, ein Zeichen von der geringen Haltbarkeit der Waffen aus gegossener Bronze. Man suchte dem Uebel dadurch abzuhelfen, daß man die Mitte der Klinge durch einen hohen Grat verstärkte, allein das verminderte wieder die Fähigkeit, sehr tiefe Wunden zu schlagen.

So wich denn allgemach mit der zunehmenden Stärke der Heere die Bronze dem Eisen und Stahl.

Die besten Quellen für die Erkenntniß der römischen Bewaffnung bieten uns die Säulen des Trajan und Marcus Aurelius dar, wo wir den Soldaten in allen den Lagen erblicken, die sein wechselvolles Leben mit sich bringt.

Das Schwert desselben erscheint zweischneidig, die Klinge ist etwa 1½ Fuß lang und 1½—2 Zoll breit, der kurze Griff ist von der Klinge durch eine etwa 3 — 4 Zoll breite und zollstarke Parirstange geschieden und hat oben einen runden

Knopf. Das Schwert steckt in einer Scheide, die oben, unten und an beiden Seiten mit Metallbeschlag geschützt war und deren dazwischen hervorsehende Oberfläche mit geraden, zackigen oder gewellten Linien verziert ist. Oft ist diese Oberfläche in Felder getheilt oder auch von Rand zu Rand mit einer Schiene überspannt. Dieses kurze, im Ganzen über 2 Fuß lange Gewehr wurde meist an einem schmalen Riemen über die linke Schulter gehängt, so daß es unter dem rechten Arm über der Hüfte saß. Doch finden wir auch Soldaten, deren Schwert an der linken Seite seinen Platz hat. Die höhern Offiziere tragen ihr Schwert, welches im Wesentlichen dieselbe Gestalt hat, stets unter dem linken Arm; wir sehen sie häufig, wenn sie die Soldaten anreden, das Schwert am Griff mit der linken Hand dergestalt fassen, daß die Scheide unter ihren Ellenbogen zu liegen kommt.

Am 10. August des Jahres 1848 wurde bei Mainz ein Schwert ohne Griff mit silberner Scheide gefunden, welches man sofort für ein Weihegeschenk des römischen Heeres an August's Schwiegersohn erklärte, der im Jahre 15 v. Chr. am Rheine commandirte. Die Klinge ist aus Eisen, 22 Zoll lang und 2⅞ Zoll breit. Die Scheide ist aus Silber, mit der in einen Knopf endigenden Spitze 24 Zoll lang und oben 3½ Zoll breit. Sie ist oben mit einem Relief verziert. Ein Feldherr sitzt auf dem Throne, mit der Linken hält er ein Schild, worauf die Inschrift FELICITAS TIBERI, ein Krieger bringt ihm die kleine Statue der Victoria. Die Scheide wird von zwei Bünden umgeben, deren jeder zwei goldene Ringe an der Seite hat (s. das sogenannte Schwert des Tiberius [von Lersch], Bonn 1849. 4. m. Abb.).

In süddeutschen Gräbern hat man mehrfach eiserne Schwerter gefunden, die der Gestalt nach mit den römischen übereinkommen, wenn es nicht gar römische sind. Bei den 79 Gerippen, die Dr. Wilhelmi in den Todtenhügeln von Sinsheim in Baden ausgrub, fand derselbe 13 Schwerter.

Diese Schwerter waren aber sämmtlich kurz und zweischneidig und hatten alle eiserne Scheiden, in welchen sie noch steckten. Der eigentliche Griff selbst, der von Holz oder Leder und mit Nägeln, zumal oben, sehr stark beschlagen gewesen ist, war nicht mehr vorhanden, sondern es fand sich überall nur noch der eiserne Dorn der Klinge. Um denselben lagen aber immer noch die Nägel mit starken Köpfen und an denselben konnte man noch bisweilen die in Eisenrost gehüllten hölzernen Fasern des Griffes erkennen. Die

Länge der Klinge war durchschnittlich 2 Fuß, nur eine maß 1 Fuß 11 Zoll, eine aber auch 2 Fuß und 6 Zoll. Die Breite der Klinge oben am Griffe schwankte zwischen 1 Zoll 9 Linien und 2 Zoll 4 Linien. Die Länge des Dorns war zwischen 4 Zoll und 4 Zoll 6 Linien. Die Scheide war sehr erkennbar. Obgleich das Ganze nur eine rohe dicke Rostmasse bildete, bemerkte man doch bei jedem entstandenen Bruche drei Lagen oder Schichten, welche durch die beiden Seiten der Scheide und die dazwischen befindliche Klinge verursacht wurden. Bei dem einen Schwerte gelang es, die feste bloße Klinge aus der sich oben und unten ablösenden Scheide zu nehmen.

An den Scheiden von sieben Schwertern fanden sich auch noch völlig die Ringe, durch die das Lederwerk ging. Sie sind theils von Bronze, theils von Eisen, und lagen theils auf den platten Seiten der Scheide, theils daneben an ihren Rändern.

Man fand die Schwerter immer an der rechten Seite der Gerippe und manche derselben waren an Riemen über die linke Schulter gehangen, andere aber um den Leib an einem Wehrgehenk befestigt gewesen (vergl. Dr. Wilhelmi's Beschr. der vierzehn alten Todtenhügel, die in den Jahren 1827 und 1828 bei Sinsheim geöffnet wurden. Heidelberg 1830, S. 161 ff. m. Abb.).

Prachtvoller war allerdings das Schwert, welches in dem Grabe des Königs Childerich zu Tournay am 27. Mai 1650 beim Grundgraben mit 100 goldenen, 200 silbernen Münzen, 300 goldenen Bienen, einem Schreibzeug, Bullen, Hufeisen, einer eisernen Streitaxt und andern Dingen und dem goldenen Siegelringe des Königs gefunden wurde. Das Schwert war vom besten Stahl, es zerfiel aber bei der Berührung, da der Rost die Klinge zerfressen hatte. Griff, Mundstück und Scheide waren ganz wohl erhalten und zum Theil von Gold (s. Chiflet, anastasis Childerici regis Antw. 1655; dazu Eccard, Francia orient. 1, 39).

Auch dieses Schwert dürfte römischen Ursprungs gewesen sein, zumal da dasselbe einem Fürsten angehört hat, der mit den Römern noch in vielfachem Verkehre stand.

Dagegen sind die Schwerter von Eisen, welche in Oberflacht in Würtemberg in den Todtenbäumen gefunden wurden, wohl unbezweifelt deutschen Ursprungs. Sie waren zweischneidig, die Schneide aber mit Birkenbast umwickelt, was schon an und für sich auf vaterländische Arbeit hindeutet (s. 3. Jahresheft des Würtemb. Vereins. Bes. Taf. 8 u. 9).

Schon in früher Zeit rühmte man die spanischen Schwerter, namentlich wegen der sorgfältigen Herstellung des Materials. Diodor von Sicilien berichtet (V, 33), daß die Keltilerer die Eisenbleche, die sie verarbeiten wollen, in die Erde graben und sie so lange daselbst liegen lassen, bis der Rost die schwächern Theile abgefressen und nur das Dichteste zurückgelassen hat. Eine solche Klinge durchdringt Alles, was ihr vorkommt, und weder Schild, noch Helm, noch Bein widerstehen dem Hiebe derselben. Auch die Gallier fertigten sich Schwerter, die sie möglichst groß machten und an Ketten trugen.

Tacitus sagt, daß Eisenschwerter bei den Germanen selten, doch berichtet er auch, daß einzelne Stämme Eisenbergbau trieben und eiserne Waffen fertigten. Ihre südlichen Nachbarn, die Steiermärker, die alten Bewohner von Noricum, bearbeiteten bereits die großartigen Eisenerzlager, die noch heute unerschöpft sind und einem großen Theil der Bevölkerung den Lebensunterhalt gewähren. Plinius sagt, daß das norische Eisen unter allen europäischen Eisenarten das beste sei.

Paul Diaconus (hist. Longob. I, 27) erzählt, daß unter Alboin bei den Longobarden ganz vorzügliche Waffen gearbeitet wurden.

Die Freude an schönen und berühmten Waffen, das Streben nach dem Besitz derselben scheint den germanischen Völkern ganz besonders eigenthümlich zu sein, und es tritt wenigstens bei ihnen bei weitem mehr ans Licht, als bei den nachhomerischen Griechen und Römern; hat selbst in neuer Zeit noch ein deutscher Dichter, Theodor Körner, in seinem Schwertlied dieser Liebe poetische Form gegeben. Sie ähneln hierin den Orientalen. Wir finden sogar, daß bei ihnen das Schwert mit dem Religionscultus zusammenhängt, wie denn Quaden und Alanen bei der Eidesablegung das Schwert zur Hand nahmen. Bei den Rittern war das Schwert durch die Parirstange zum Kreuz geworden und diente bei Eiden wohl gar als Stellvertreter desselben. König Attila gab sich in den Augen der Gothen und anderer germanischen Stämme ein besonderes Gewicht durch das Schwert, welches ausgeackert und ihm gebracht worden war und als ein glückbringendes Geschenk des Kriegsgottes angesehen wurde. Endlich finden wir in der Edda die Schwerter gewissermaßen als belebte Wesen, als blutdürstige Schlangen in der Schlacht, als rechtskundige Werkzeuge im gerichtlichen Zweikampf bezeichnet, die Verfertiger derselben sind hochgeachtete, den Göttern nahestehende Wesen. Das Schwert erhielt übrigens durch die Germanen erst seine weitere Ausbildung und die Entwickelung der reichen Fülle von Gestalten, die es im Laufe der Jahrhunderte angenommen hat.

Unter den berühmten Schwertern steht oben an das Schwert des Attila. Jornandes (C. 35) berichtet: Attila hoffte stets auf das Größte, aber das größte Vertrauen gab ihm doch das Schwert des Mars, welches die scythischen Könige stets hatten. Ein Hirte hat es beim Ackern gefunden und dann zu Attila getragen. Aus diesem Geschenk schloß Attila, er werde Herr der ganzen Welt werden. Dieses Schwert fand sich dann im Besitz der ungarischen Könige. Die Mutter des Königs Salomo machte dasselbe dem Herzog Otto von Baiern zum Geschenk, der ihren Sohn in sein angestammtes Reich wieder eingeführt hatte. Herzog Otto schenkte das Schwert dem jüngern Dedo, dem Sohne des Markgrafen Dedo, als Zeichen und Pfand untheilbarer Liebe; als er aber ermordet worden, gelangte das Schwert an den König Heinrich IV., der es seinem vertrauten Freunde Lupold von Merseburg schenkte. Als dieser nun im Jahre 1071 mit dem Könige von Herveld aus nach dem Landsitz Utenhusen, um dort zu speisen, sich begab und sie auf dem Rückwege um die Wette die Pferde laufen ließen, stürzte Lupold und das Schwert, was er trug, durchbohrte ihn, so daß er auf der Stelle den Geist aufgab. Die Freunde des Herzogs Otto von Baiern versicherten, das sei ein Gottesgericht, denn Lupold sei Derjenige gewesen, der den König angetrieben, Otto zu verfolgen und aus dem Palast zu entfernen. So erzählt Lambert von Aschaffenburg in seinen Annalen. Wir finden fortan keine Spur von dem Schwerte des Attila, es ist indessen nicht wahrscheinlich, daß eine so berühmte Waffe, an die sich so bedeutende Erinnerungen knüpften, von da an unbeachtet bei Seite geworfen worden sei, und es ist nicht unmöglich, daß sie in irgend einer fürstlichen Waffensammlung noch heute bewahrt werde, obschon die Tradition von ihrer Herkunft sich nicht erhalten hat.

In den Eddaliedern und scandinavischen Sagen begegnen uns mehrere berühmte Schwerter, die auch wie die Schiffe und Glocken und die dem Menschen nahestehenden Gefährten aus der Thierwelt, namentlich die Pferde, Hunde, Rinder und Vögel, eigene Namen erhielten. Im Beowulf finden wir den Nägling, in Scandinavien den Höfudhvessingr, Mimingr, Skilvingr, Hvitingr, Tyrvingr, Rifjungr, Skofringr, Gelmingr, in der Vilkinasage den Mimmung, Nagelring, Eckesachs u. a.

In der dänischen Geschichte des Saxo Grammaticus werden mehrere Schwerter namhaft gemacht, wie Lovi, das Schwert des Biarko, zeichnete sich durch scharfe Schneide und ungewöhnliche Länge aus, mit dem Schwerte Skrop schnitt der Dänenkönig. Männer entzwei, und die Schwerter Liusingi und Hwittingi waren durch den Glanz ihrer Klingen berühmt.

Im Nibelungenlied tritt der gute Balmunch, Siegfried's Schwert, gar oftmals auf. Der Balmung war von den Zwergen in dem Berge gemacht und von Schiblung und Nibelung dem Helden gegeben worden, der damit die Nibelungen bezwang, auch gegen die Sachsen damit stritt, und der ihn auch auf seiner letzten Fahrt nach dem Rheine begleitete (3833):

Da fürt er Balmungen, ein ziere waffen breit
daz was also scherpfe daz ez nie vermeit
swa man ez sluch auf helme; sin eche waren gut.

Als Siegfried erstochen war, ging der Balmunch in den Besitz seines Mörders, des grimmen Hagen, über. Als dieser nun an Etzel's Hofe angelangt war und Chriemhild eintrat, blieb Hagen absichtlich, um die Königin zu kränken, auf der Bank sitzen und erhob sich nicht, ihr die gebührende Ehrfurcht zu erzeigen (Nr. 7153):

Der übermute Hagene leit über siniu bein
ein vil lichtez waffen, uz des chnopfe schein
ein vil lichter jaspis, grüner danne ein gras
wol erchand ez Chriemhild daz es Sivrides was.
Do si daz swert erchande, do gie ir trurens not;
sin gehelze das was guldin, diu scheide ein borte rot;
ez mante si ir leide, weinen si began
ich wäne ez hete darumbe der chüne Hagene getan.

Als nun Hagen seinen letzten Kampf mit dem alten Hildebrand kämpfte, schlug er auf den Gegner (Nr. 9333):

daz man wol vernam
Balmungen diezen, den Sivride nam
Hagen der vil chüne, da er den helt ersluch.

Hagen führte noch den Balmunch, als er von Dietrich angegriffen wurde, der diese starke Waffe fürchtete. Hagen wurde bezwungen, nachdem auch Gunter gebunden worden. Chriemhild ließ ihren Bruder enthaupten und trug dann seinen Kopf bei den Haaren vor Hagen, dann zog sie den Balmunch aus der Scheide und schlug damit ihrem Todfeinde den Kopf ab, worüber der alte Hildebrand so empört war, daß er die Königin in Stücke hieb.

In dem Karolinger Sagenkreise kommen mehrere berühmte Schwerter vor. Zunächst das des Kaisers Karl Joiuse, Turpins Almace, das des Helden Olivir, welches Alteclere, und Ganeluns, das Mulagir oder Murgalle genannt wurde. Rolands Schwert heißt in den altfranzösischen Dichtungen Durnadal, er bekam es von der Fee Oziris. Es war eine breite, schöne und überaus scharfe Klinge. Die Scheide war aus der Haut einer großen Schlange gemacht, die Hercules in seiner Jugend erlegt hatte. Sie war mit Diamanten, Rubinen und andern Edelsteinen besetzt und glänzte wie Gold (s. La chanson de Roland p. p. Fr. Michel. Paris 1837, S. 179). Das Schwert des Engelir (Rolandl. 169, 15) hieß Chlarnitel, womit er den Helm und das Haupt des Gegners ganz durchschneidet. König Paligans Schwert hieß Preciosa (Rolandl. 272, 6), das später im Willehalm (410, 23) wieder auftritt:

Bernart zog uf ein swert
dem warn sin eke bede wert
Preciosen daz der kunic truoc
den der keiser Karl sluoc
daz war genommen ze Runzeval
dannen kom es also liht gemal
mit den Franzoysen wider.

Im König Rother (4151) führt der Wigant Arnolt

ein swert daz hiez Mal
iz enwas nechein stal
so harte noch so vast
iz ne moste bersten.

Das Schwert des Willehalm von Oranse hieß Schoyuse, deß Ecken waren bekannt (Willehalm 37, 10; 72, 30, und 89, 24).

Das Schwert des Königs Artus hieß Caliburn, es kam im Erbe an Richard Löwenherz, der es im Jahre 1191 dem König Tancred von Sicilien schenkte. Es war lang und schön und auf der Insel Avalon gefertigt, wo die Fee Morgana hausete (s. le roman de Brut p. p. Le Roux de Lincy 1, 52).

Auch im Ariost werden noch die Schwerter der Helden beschrieben und die staunenswerthen Thaten ausführlich geschildert, welche sie mit denselben verrichtet, wenn auch in diesem Falle der Dichter es an schalkhaften Uebertreibungen keineswegs fehlen läßt. Obenan stellt er Rolands Schwert Durindana, die, was sie berührt, sei es auch blau, grün, schwarz, weiß oder gelb, stets in roth färbe (Orl. fur. IX, 70). Roland wirft, als er den Verstand verloren, das kostbare Schwert fort, das dann Zerbino sorgsam aufhebt. Durindana ist, wie auch die andern Schwerter, z. B. Balisarda, Rüdigers Schwert, und Fusberta, Reinholds, weiblichen Geschlechts, während die Schwerter der Scandinaven und Deutschen stets männlichen Geschlechts sind.

Das Schwert ward in der Hand der Helden zum belebten Wesen; die Schwerter blinkten, schienen, klangen, diezen oder tosеten, sausten. Im Parcival (263) finden wir: „blikke von den swerten;" im Rolandlied heißt es mehrmals: „diu swert herlichen erchlungen." Im Tristan von Heinrich von Würzburg (1804):

islicher von dem andern sluc
da manegen staelinen ruck
nu slaha slac, nu klinga klinc
ir swert so süzze erklungen.

Und im St. Georg (4977):

avoy da worde geleckt
mit den swerten das sie clungen
und die berge nach ensungen.

Das Schwert zog man aus der Scheide, und der Streit begann mit den nackten Schwertern: „do wart erklenget manec swert" (Parcival 380, 14).

Im Lied von Troya heißt es (9549):

nuwe swert geslieffen .
wol geveget und geworht
hetten ir scherfe und vorht
so groz was ir vechte
si wurden flekechte
von blute und von sweizze.

Im Scherze nannte man die Schwerter Fechteisen, z. B. Heinrichs Tristan 2198:

wo ist daz gehilze hin
von disem vechtisen komen.

Das Schwert schrotet die Ringe der Kettenpanzer, die stählernen Schildesränder, es theilt oft den Feind vom Kopf bis auf den Sattel, bis an die Schwertscheide. So hieb (Rolandl. 198, 19) Olivir den Justinus durch seinen Helm und theilt ihn in zwei Stücke. Roland (das. 143, 34) haut den Adelrot und sein Roß mitten aus einander. Man zuckte das Schwert, warf es in der

Hand um und that den „swertswanch," man hieb sich damit einen Pfad durch die Feinde. Roland frumte mit dem Schwerte manchen Heiden todt. Durndart (hier männlich, 178, 27):

gevie eine egestliche durchvart
von dem helme unze an die erde.

Die Schwerter werden oft mit den Scheermessern verglichen, z. B. Lied von Troye 8846:

mit dem swerte da bi
valte er vil uf daz gras
also snite ein scharfas
zweinzec har mit einer snite
also tet sin swert, da er nibe
under der ritterschaft streit
zweinzec mit einer slage sneit.

In den Schilderungen der Kämpfe wird gar oft erwähnt, wie das Feuer aus den von den Klingen berührten Helmen, Ringen und Schildrändern stiebt, und im Troyalied (8757) lesen wir:

Der brune stahel schrit den rinc
so daz daz für dar uz ginc
als ganstern uz der glut,

d. h. wie Feuerfunken aus dem glühenden Rauche.

Das Schwert war dem Helden ein eben so werther Gefährte, wie sein Roß, und er trennt sich schwer von demselben, noch weniger aber sieht er es in der Hand seines Feindes. Es war daher eine ausgesuchte Bosheit des grimmen Hagen, wie er der Chriemhild das Schwert ihres ermordeten Gemahls auf seinen Knien liegend erblicken läßt.

Als Roland bei Runzeval seinen Tod vor Augen sieht, beschließt er, seinen geliebten Durndart, mit dem er so hohe Thaten verrichtet, zu vernichten, damit er nur nicht den Heiden in die Hände falle und gegen die Christenheit gewendet werde, deren Dienst er ganz gewidmet war.

Die, welche sich mit der Herstellung der Schwerter beschäftigten, mußten dem scandinavischen Helden, wie dem spätern Ritter, der sich und seine Genossen ja ohnehin Degen nannte, besonders nahe stehen, und so finden wir denn die Waffenschmiede als geehrte und geachtete Freunde der Helden und Ritter in den alten Sagen und Gedichten.

Die nordische Sage hat in der Person des Wieland das Ideal des kunstreichen Meisters aufgestellt, in der Weise, wie die Griechen des homerischen Zeitalters im Hephästos Aehnliches gethan, wenn sie auch den kunstreichen Meister nicht mit ihrem Spott verschonten.

Die Sage von Wieland ist aber folgende: König Wilkin von Wilkinaland erzeugte mit einer Meergöttin an der Küste von Rußland einen Sohn, den Riesen Vade, und dieser den Wieland. Als dieser neun Jahre alt war, brachte ihn der Vater zu dem berühmten Schmied Mimer von Hunaland. Bei diesem war Sigurd Swend, von dem der Knabe viel zu leiden hatte. Als der Vater dieß vernahm, holte er nach Verlauf von drei Jahren seinen Sohn dort weg und ging mit ihm zu dem Berge Kalliowa, dessen Inneres von listigen Zwergen bewohnt wurde, die Meister in jeder Art der Schmiedekunst waren. Sie arbeiteten aus Eisen Schwerter, Helme und Panzer, aus Gold und Silber kostbares Geschmeide. Diese unterrichteten nun den Wieland. Nachdem er zwölf Monate bei ihnen gewesen, wünschten sie ihn noch einmal so lange zu behalten. Der Vater des Knaben, Vade, war damit zufrieden; allein die Zwerge fügten noch eine Bedingung bei. Sie verlangten nämlich, daß ihnen, wenn der Vater den Knaben nicht an dem bestimmten Tage nach Verlauf dieser Zeit zurücknähme, das Recht zustehen solle, ihn zu tödten. Vade ging die Bedingung ein; ehe er aber von seinem Sohne schied, vergrub er ein Schwert in das Gebirge und befahl dem Wieland, sich selbst zu tödten, wenn ihm die Zwerge das Leben nehmen wollten. Wieland versprach dem Befehl nachzukommen.

Wieland kehrte in den Berg zurück und wurde in der Kunst, die Metalle zu schmieden, so vollkommen, daß er die Eifersucht der Zwerge erweckte.

Als nun die zwölf Monate der neuen Lehrzeit ihrem Ablaufe sich näherten, begab sich Vade nach den Bergen, um den angesetzten Tag nicht zu versäumen. Er gelangte drei Tage vor dem Termin an die Berge, da diese aber noch verschlossen waren, wollte er ausruhen, schlief jedoch vor Ermüdung ein. Während dieser Zeit erhob sich ein entsetzliches Wetter, es kam ein Erdbeben und Vade wurde verschüttet.

Als nun der angesetzte Tag verflossen, traten die Zwerge aus dem Berge; sie fanden aber den Vade nicht. Da nun Wieland seinen Vater nicht sah, nahm er das vergrabene Schwert an sich, verbarg es unter seine Kleider und kehrte sodann mit seinen Lehrmeistern in das Innere des Berges zurück. Hier fiel er über sie her, schnitt ihnen die Kehlen ab, lud so viel Gold und Silber auf ein Pferd, als es tragen konnte, und zog damit nach Dänemark ab.

Auf seinem Wege kam er nach dem Flusse Visara. Er fällte nun einen Baum, höhlte denselben aus, that seine Schätze und Lebensmittel hinein und bereitete sich ein Behältniß, in welches kein Wasser einzudringen im Stande war. In diesem Baumstamm fuhr er über die See.

Nun geschah es eines Tages, daß der König von Thy in Jütland, Namens Nidung, mit seinen Hofleuten zum Fischfang sich an den Strand begeben hatte. Da hatten die Fischer in einem Netze einen besonders zugehauenen Baumstamm aus dem Wasser gezogen. Als sie sich nun anschickten, denselben in Stücke zu zerschneiden, rief sie aus dem Innern eine Stimme an, die sie aufforderte, von diesem Beginnen abzulassen. Bei dem Ertönen dieser Stimme ergriffen Alle schleunigst die Flucht, denn sie meinten, daß ein Zauberer in dem Stamme verborgen sei. Wieland aber stieg aus der Hülle heraus und versicherte den König, daß er kein Zauberer sei und daß er ihm dienen wolle, wenn er ihm seine Schätze und sein Leben lasse. Der König versprach beides und Wieland vergrub seine Schätze und ging mit dem Könige.

Der König erkannte gar bald den Werth des Mannes, den er bei sich aufgenommen. Er gab ihm den Auftrag, drei Messer für seine Tafel zu fertigen. Wieland ging eines Tags an die See, um die Messer zu reinigen, eins davon fiel ins Wasser und war verloren. Er begab sich darauf in die Werkstatt des Königlichen Schmiedes und verfertigte vor den Augen desselben ein neues, das dem verlorenen ganz gleich war. Als der König dasselbe zum erstenmale gebrauchte, zerschnitt es nicht allein das Brod, sondern auch das Holz des Tisches, auf welchem das Brod lag. Der König erstaunte über die außerordentliche Kraft der Klinge und fragte, wer dieselbe geschmiedet habe. Wieland bekannte sich dazu.

Darob wurde aber Aemilias, der Schmied des Königs, eifersüchtig auf den geschickten Wieland und versicherte, daß er eben so gute Arbeit zu liefern im Stande sei, als der Fremde. Er sagte, daß er einen Wettstreit mit ihm eingehen wolle, unter der Bedingung, daß Wieland ein Schwert schmiede so vollkommen, als er nur vermöge; er selbst wolle Helm und Panzer schmieden, und wenn Wielands Schwert diese durchschneiden könne, so solle sein Kopf dem Wieland angehören, wenn aber die Rüstung durch das

Schwert nicht verletzt würde, so solle sein Nebenbuhler das Leben verlieren. Als Zeitraum für die Anfertigung der Waffen wurden zwölf Monate festgesetzt.

Wieland ging auf diese Bedingungen ein. Der Schmied des Königs machte sich mit seinen Gesellen an die Arbeit. Wieland aber zeigte sich ganz sorglos, fuhr fort, den König zu bedienen, und so flossen sechs Monate hin, ohne daß er an seine Aufgabe Hand angelegt hätte. Der König brachte ihm die Sache in Erinnerung. Wieland suchte sich damit zu entschuldigen, daß er sein Werkzeug nicht finden könne und daß es von dem Orte, wo er dasselbe verborgen hatte, gestohlen sein müsse. Darauf gab der König Befehl, alle Unterthanen seines Reichs zusammen zu rufen, damit Wieland den Schuldigen darunter erkennen und bezeichnen möge. Als sie jedoch zusammen gekommen, fand Wieland Keinen darunter, den er als den Dieb erkennen wollte. Der König gerieth darüber in Zorn und glaubte, Wieland habe eine Unwahrheit berichtet. Wieland aber machte sogleich ein Bild, dem Räuber ganz ähnlich in der Gestalt, wie in der Bekleidung, und stellte es in dem Saale des Königlichen Palastes auf. Nidung, der König, erkannte darin sofort den Regin, den er als Gesandten nach dem Auslande gesendet hatte. Als Regin zurückkam, nöthigte ihn der König, dem Wieland seine entwendeten Werkzeuge und Schätze zurückzugeben.

Wieland ließ indessen abermals mehrere Monate verstreichen, ehe er an die Bearbeitung des Schwertes ging. Der König ermahnte den Meister nun dringend, und dieser stellte auch binnen sieben Tagen ein Schwert her, das der König außerordentlich bewunderte. Darauf ging Wieland mit dem König zu einem Strom, Wieland nahm einen Flocken Wolle, einen Fuß dick, warf es ins Wasser und ließ es vom Strome treiben, setzte hierauf das Schwert dagegen, ließ die Wolle gegen die Schärfe treiben, und das Schwert schnitt den Flocken in zwei Stücke. Da sagte der König, das wäre ein gutes Schwert und das wolle er selber tragen, denn nimmer habe er ein also gutes Schwert gesehen; nur das Eine sei daran auszusetzen, daß es so groß und schwer wäre und daß er es nicht wohl tragen könne. Da sagte Wieland, das ist noch eben kein gutes Schwert, und es soll noch viel besser werden, ehe ich davon lasse. Nun gingen sie wieder heim und der König begab sich in seinen Saal und war ganz heiter.

Wieland begab sich aber wieder zur Schmiede, nahm eine

Feile, zerfeilte dieses Schwert zu eitel Staub, nahm dann die Feilspäne und schüttete sie in Milch, mengte Mehl darein und knetete Alles zusammen. Darauf nahm er Mastvögel, ließ sie drei Tage hungern, nahm dann den Teig und gab ihn den Vögeln zu fressen; darauf sammelte er den Vogelkoth, brachte ihn in die Esse und schmelzte und schied nun aus dem Eisen Alles, was noch von Schlacken darinnen war, und daraus machte er wieder ein Schwert, welches kleiner war als das erste, und als dreizehn Tage vergangen, war dieses Schwert fertig.

Als nun das Schwert ganz ausgearbeitet war, da kam der König zu Wieland, und sobald er das Schwert sah, da schien es ihm das allerschönste zu sein, und er wollte es selbst mit sich nehmen, denn nimmer, sagte er, könne man ein köstlicher Kleinod gewinnen oder finden, als dieses Schwert. Da sagte Wieland: „Herr, dieses ist ein gutes Schwert, aber es soll doch noch besser werden.“ Sie gingen nun wieder zu dem Strom und Wieland warf einen zwei Fuß dicken Flocken Wolle vor das Schwert und dieses Schwert zerschnitt den Flocken wie das vorige. Solches gefiel dem Könige aus der Maßen wohl, und er sagte, daß er nie ein besseres Schwert gewinnen könne, ob man auch weit darnach suche; auch wäre dieses Schwert kleiner als das erste, jedoch immer noch zu groß. Wieland aber sagte, es wäre noch kein gutes Schwert und er wollte es noch einmal so gut machen, ehe er davon lasse. Dem König gefiel dieses wohl, er ging in seinen Saal und war fröhlich.

Wieland aber ging in seine Schmiede und zerfeilte auch dieses Schwert ganz und gar und verfuhr damit auf dieselbe Weise, wie er zuvor gethan hatte. Und als drei Wochen vergangen waren, da hatte Wieland ein Schwert gemacht, das war blitzend, mit Gold ausgelegt und mit einem schönen Griffe.

Nun kam der König zu Wieland und sah das Schwert und däuchte ihm nimmermehr ein schöner und schärfer Schwert gesehen zu haben als dieses; auch wäre es ein handlich großes Schwert, dagegen die, welche er zuvor gemacht habe, zu ungefüge gewesen wären. Sie gingen nun abermals zum Strom und Wieland hatte einen drei Fuß dicken und eben so langen Flocken Wolle und warf ihn ins Wasser und hielt das Schwert ruhig hinein gegen den Strom, und wie der Flocken gegen die Schneide des Schwertes trieb, da zerschnitt sie denselben eben so leicht, wie das Wasser selbst. Da sagte König Nidung: „und wenn man über alle Welt darnach suchte, so kann man nimmer ein so gutes Schwert finden als dieses ist, und Niemand kann dergleichen gesehen haben, und dieses Schwert will ich führen jedesmal, wenn ich mit meinen Feinden streiten soll.“ Wieland antwortete: „Dieses Schwert, wenn irgend was an ihm ist, gönne ich Niemand anders, als euch, Herr; aber ich will erst zu dem Schwert noch die Scheide und das Gehenk machen, und es euch sodann geben, wenn es ganz fertig ist.“ Der König ließ sich das gefallen und däuchte ihm solches trefflich wohl; er ging dann in seinen Saal und war heiter.

Wieland aber begab sich in seine Schmiede, setzte sich an die Arbeit und machte ein anderes, jenem so gleiches Schwert, daß Niemand sie von einander unterscheiden konnte. Wieland versteckte das gute Schwert unter seine Schmiedebälge und sprach also: „Liege du da, Mimmung, wer weiß nicht, ob ich nicht binnen kurzem dein bedarf!“

Wieland hatte nun sein ganzes Geschmiede vollendet und stand wieder jeden Tag vor des Königs Tische und diente bis zur bestimmten Frist.

Als nun der Tag gekommen war, sogleich früh am Morgen, da nahm Aemilias, des Königs Schmied, seine Panzerhosen, spannte sie sich um, ging hinaus auf den Markt und lustprangte und zeigte sich. Da sagten Alle, die ihn sahen, daß sie nimmer also gute Eisenhosen gesehen als diese; und es war Alles zwiefach gearbeitet und überaus wohl geschmiedet. Und als es um die Zeit des Frühmahls kam, da legte er sich seinen Panzer an, der war beides, weit und lang, und auch zwiefach, und so ging er vor Königs Tisch und es sagte Jedermann, der ihn sah, daß er niemals einen bessern Panzer gesehen als diesen. Da war Aemilias heiter und vergnügt und rühmte sich und seine Rüstung. Und als er vor Königs Tisch kam, da setzte er sich den Helm auf das Haupt, der war hellglänzend und aus der Maßen dick und stark, und dem Könige gefielen diese Waffen wohl.

Und als der König gegessen hatte und die Tische aufgehoben waren, da ging Aemilias hinaus auf den Platz, da stand ein Stuhl, darauf setzte er sich hin. Nun ging auch der König hinaus und alle seine Mannen mit ihm, darunter auch Wieland, und wollten diese Wette hören und schauen. Aemilias erzeigte sich nun ganz bereit zu der Probe. Da ging Wieland zu seiner Schmiede, faßte das Schwert, den Mimmung, und ging wieder zum König und trug das Schwert blos in seiner Hand. Nun trat Wieland hinter den Stuhl, auf welchem Aemilias saß, und setzte die Schneide des Schwertes an den Helm und sprach zu Aemilias und fragte ihn, ob er etwas spüre. Aemilias aber sagte: „Haue nur zu mit aller Macht, denn deren wirst du bedürfen, wenn es durchdringen soll.“ Da drückte Wieland das Schwert stark auf und schnitt damit, daß es durch Helm und Haupt und Panzer und Bauch hinabfuhr bis auf den Gürtel, und fragte, ob er jetzt spürte, daß es schneide. Aemilias antwortete, es wäre ihm so, als wenn ihm kaltes Wasser über den Leib führe. Da sagte Wieland: „Schüttele dich und du wirst es erfahren.“ Nun schüttelte er sich und da fielen die Stücke zu beiden Seiten von dem Stuhl, und also beschloß Aemilias seine Lebenstage. Da sagten Manche diesen Spruch, daß, wer sein Haupt am höchsten trage, auch leicht am tiefsten falle.

Nun verlangte der König, daß Wieland ihm das Schwert geben solle und wollte es selber mit sich fort tragen. Wieland aber sagte: „Herr, ich will nur noch die Scheide holen, welche daheim in der Schmiede liegt, und das Schwert abtrocknen und werde es euch sodann sammt allem Zubehör überbringen.“ Der König ließ sich das auch gefallen.

Da ging Wieland zu der Schmiede, versteckte den Mimmung unter seine Blasebälge und nahm das andere Schwert, welches darnach gemacht war, stieß es in die Scheide und übergab es dem Könige. Und der König dachte, daß es dasselbe Schwert wäre, womit Wieland diese gewaltige That vollbracht hatte, und er wähnte nun ein solches Kleinod zu besitzen, dergleichen oder ein größeres nimmer zu finden wäre; ob man auch über alle Welt darnach suchte. So verging nun geraume Zeit.

König Nidung saß aber in seinem Reiche und bei ihm Wieland, der berühmteste Schmied, welchen die Wäringer Wolund nennen. Er schmiedete dem Könige allerlei Kostbarkeiten von Gold und Silber und allen Erzen, woraus man schmieden mag. Wieland war so berühmt in allen Nordlanden der Erde, daß Jedermann seine Geschicklichkeit über Alles lobte und man von jedem Geschmeide, das besser gearbeitet war als gewöhnlich, sagte, der wäre ein Wolund an Geschicklichkeit, der es gemacht hatte. Wieland war nun bei König Nidung in guter Freundschaft und großen Ehren und war der kunstreichste und weitberühmteste aller Schmiede.

Eines Tages, als König Nidung bei Tische saß, da kamen Männer vor ihn und sagten, daß ein großes Heer in sein Reich eingefallen und großen Schaden gethan habe. König Nidung sammelte hierauf ein Heer aus all seinem Reiche gegen diesen Feind, und als das Heer bereit war, machte er sich auf und hatte nicht weniger denn dreißigtausend Ritter. Mit diesem Heere zog er fünf Tage lang, ehe er auf das feindliche traf.

Nun waren beide Heere sich so nahe gekommen, daß nur noch eine Tagereise zwischen ihnen war und es war vorauszusehen, daß am andern Tage darauf der Streit beginnen werde. Und am Abend, als der König sein Gezelt hatte aufschlagen lassen, da fiel ihm ein, daß sein Siegerstein daheim liegen geblieben. Es hatten nämlich die Könige in jener Zeit solche Steine, welche die Kraft hatten, daß jeder den Sieg gewann, der ihn bei sich trug, und dergleichen führten gern Diejenigen, welche in den Krieg zogen oder in Fährlichkeit kamen und streitbare Kämpen waren. Man weiß aber nicht, ob solches wirklich von der Eigenschaft dieses Steines kam, oder von dem Vertrauen herrührte, das sie zu dem Steine hatten. Dem König Nidung war es sehr leid, daß sein Siegerstein daheim geblieben, denn sein Heer war kleiner als das des Feindes, und er fürchtete, daß er den Kürzern ziehen möchte, wenn er seinen Stein nicht noch überkäme. Da ließ er seine Räthe und alle seine klügsten und besten Freunde berufen und fragte, ob einer seiner Mannen im Stande wäre, ihm den Siegerstein zu bringen, bevor der Streit am andern Tage begonnen, und wäre Jemand, der dieses unternähme, so, sagte der König, wolle er ihm die Hälfte seines Reichs zusammt seiner Tochter geben, wenn er ihm den Stein brächte, ehe denn am nächsten Morgen die Sonne im Osten stände. Der König versuchte diese Rede an alle Diejenigen, welche ihm die Wackersten dazu dünkten, und hatten Manche wohl Lust zur Fahrt, aber Wenige getrauten sich, dieselbe in der angesetzten Zeit zu vollenden, und so kam denn der Abend heran.

Als der König nun sah, daß Keiner die Fahrt unternehmen wollte, so rief er Wielanden zu sich und sprach: „Du mein lieber Freund Wieland, willst du diese Fahrt thun?“ Da sprach Wieland: „Herr, auf euer Verlangen will ich fahren, wenn ihr das halten wollet, was ihr verheißen habet.“ Da sagte der König: „Sicherlich wollen wir alles Das vollbringen, was wir gelobet haben.“

Da nahm Wieland einen Hengst, welcher der beste aller Hengste war, von denen man weiß, der hieß Schimming. Wieland hatte diesen guten Hengst aus Süden her, und er war so schnell, wie ein Vogel im Fluge, und allewege stark und muthig. Wieland ritt nun zur Nacht weg und an diesem Tage und in der Nacht so weit, als der König mit dem Heere in fünf Tagen gezogen war; dieser Weg war aber so lang, daß wenig Männer ihn in drei Tagen geritten wären. Er kam um Mitternacht vor die Burg, nahm den Siegerstein, ritt denselben Weg wieder zurück und kam im Heerlager des Königs an, ehe die Sonne im Osten war. Da ließ Wieland seinen Hengst Schimming auf die Weide. Indem ritten ihm sieben Männer entgegen, welche ihre Rosse tränken wollten und vom Gezelte des Königs kamen; es waren König Nidungs Leute, welche in der Nacht die Roßwache gehabt hatten und eben heim reiten wollten. Ihr Hauptmann war des Königs Truchseß und bei ihm drei Ritter und drei seiner Knappen; sie ritten Wieland entgegen, grüßten ihn, er sie wieder. Sie fragten, wie seine Fahrt ergangen wäre, und Wieland erwiderte, daß sie gut ergangen und er den Siegerstein des Königs Nidung bei sich habe. Da sprach der Truchseß: „Mein lieber Freund, hast du den Siegerstein hier? Fürwahr du übertriffst alle andern Männer in allen Stücken, da du diese Fahrt in so kurzer Stunde vollendet hast.“ Wieland antwortete: „Mich dünkt, ich habe diesen Stein und ich glaube dieses Geschäft so ausgerichtet zu haben, als ich bestens konnte.“ Da sagte der Truchseß: „Gieb mir diesen Stein, ich will ihn dem Könige bringen und sagen, daß ich ihn geholt, und ich will dir dafür Gold und Silber geben, so viel als du verlangst, und dir damit auch meine Freundschaft geloben.“ Wieland antwortete: „Truchseß, du hättest eben so wohl als ich die Fahrt thun und den Siegerstein holen können, und ich glaube schwerlich, daß du den Stein aus meinen Händen erhalten wirst; es ist aber nicht fein von dir, solcherlei zu bitten, da ein Anderer den Stein geholt hat und ein solcher Preis darauf steht, und darum, weil ich ihn holte, will ich ihn auch selber dem Könige bringen.“ Da entgegnete der Truchseß: „Du bist thöricht, wenn du wähnest, daß du, ein Schmied und geringer Kerl, des Königs Tochter erhalten werdest, da Männer aus dem besten Geschlechte dieses Landes sie nicht erhalten konnten.“ Wieland aber sprach: „Wenn ich auch nicht seine Tochter erhalte, so muß es doch in allen Landen berühmt werden, daß Wieland den Siegerstein König Nidung's geholt hat.“ Da sagte der Truchseß: „Wenn du den Siegerstein nicht geben willst, da ich dich darum bitte und dir meine Freundschaft und auch Gut dafür biete, so sollst du ihn geben mit Schmach, wie dir gebührt, und Das dafür nehmen, was dir unbehaglich ist. Greifet zu meine Mannen und zieht eure Schwerter, er soll hier den Siegerstein zugleich mit dem Leben lassen.“ Da drang der Truchseß und die Andern mit gezückten Schwertern auf ihn ein. Wieland aber zog sein Schwert, den Mimmung, und hieb den Truchseß auf den Helm, so daß er ihm das Haupt mit dem Helm und Panzer und Bauch spaltete und das Schwert auf dem Sattelbogen stand. Darauf hieb er den einen Ritter in den Hals, so daß ihm der Kopf mit sammt dem Kopf des Rosses abflog; dem andern Ritter hieb er den Rücken über dem Sattelbogen mitten durch, und nun flohen die vier, die noch übrig waren.

Hierauf trat nun Wieland vor den König und überreichte ihm den Siegerstein, und er wurde wohl empfangen. Wieland erzählte aber auch sodann dem Könige den ganzen Verlauf seiner Fahrt und auch, daß er den Truchseß erschlagen habe, und meldete, daß er genöthigt gewesen, dieses zu thun. Da rief der König: „Habe dir großen Undank dafür, du hast meinen besten Freund und liebsten Dienstmann erschlagen; hebe dich weg, du giftiger Mordhund, so schleunig du magst, und komme mir nie wieder vor Augen, und wenn du dich nicht fortmachst, so laß ich dich aufknüpfen und sollst du sterben, wie der schändlichste Dieb.“ Da entfernte sich Wieland von dem Könige und er sprach also: „Solchen Bescheid giebst du mir, König, deßhalb, weil du den Willen hast, daß unser Vertrag gebrochen werde, aber nicht Alle werden solches billigen, obgleich ich selber es eben nicht übel nehme.

So ging Wieland mit großem Schimpf von dem Könige.

Noch am selbigen Tage kämpfte Nidung mit dem Feinde und er blieb Sieger, er befreite das Land und zog mit großem Preise heim, und er dünkte sich es gar wohl ausgerichtet zu haben.

Es verging nun einige Zeit, ohne daß Jemand wußte, wo Wieland hingekommen war. König Nidung aber war daheim in seinem Reiche.

Wielanden verdroß es aber gar sehr, daß er des Königs Freundschaft und dessen Tochter und auch das Reich verloren, das ihm der König doch verheißen, und daß er nun selbst verbannt sei. Wieland sann auf Rache.

Da kam er eines Tages an des Königs Hof, heimlich und unerkannt, begab sich in die Küche und gab sich für einen Koch aus, half daselbst und bereitete mit den andern Köchen die Speisen. Als nun die Speisen vor den König und dessen Tochter kamen, da nahm sie ein Messer und zerlegte damit ein Gericht, das vor ihr auf dem Tische stand; das Messer aber hatte die Eigenschaft, daß, wenn eine Speise irgend vergiftet war, sogleich das Heft desselben erklang. So befand denn die Jungfrau, daß Gift in der Speise wäre, und sagte es ihrem Vater. Dieser gerieth in Zorn und ließ den Urheber aufsuchen, er war aber nicht zu finden.

Als Wieland gewahr wurde, welche Eigenschaft das Messer hatte, da schlich er sich zu dem Tische, nahm das Messer weg und machte ein anderes so gleiches Messer, daß man sie nicht unterscheiden mochte, wenn man sie auch beide beisammen sah, und dieses legte er dahin, wo er jenes weggenommen hatte. Darauf nahm er ein köstliches Gericht, welches der Königstochter vorgesetzt werden sollte, und that darin solches Gift, daß, wenn sie von diesem Gerichte aß, sie wähnen müßte nicht leben zu können, wenn sie nicht den Schmied Wieland zum Manne hätte. Als dieses Leibgericht aber vor der Königstochter stand, da argwöhnte sie, daß irgend ein Gift darin sein müsse; sie schnitt also mit ihrem Messer darein, aber das Messer wollte nicht klingen, wie es sonst pflegte. Das kam ihr denn wunderlich vor, weil sie sicher zu wissen glaubte, daß doch Gift in der Speise wäre. Sie befahl, daß man ihr rohes Fleisch bringen solle, und das geschah. Da schnitt sie mit dem Messer hinein, wo das Fleisch noch blutig war, aber das Messer wollte auch hier nicht erklingen. Da sprach sie zu ihrem Vater: „Herr, jetzt bin ich betrogen, mein gutes Messer ist hinweg und dieses, das ich hier halte, ist ein nachgemachtes, und in meiner Schüssel ist Gift, wer nun solches auch gethan habe." Da sagte der König: „Das Messer konnte Niemand anders schmieden als Wieland."

Und das sagten auch Alle die bei ihm waren. Da ließ der König nachsuchen unter allen seinen Leuten, ob Wieland zurückgekommen wäre. Da ward denn Wieland in der Küche gefunden.

Wieland wurde vor den König Nidung geführt, und dieser sprach also zu dem Schmied: „Du Wieland wolltest hier mich und meine Tochter betrügen, dasselbe soll dir nun vergolten werden; aber deiner Geschicklichkeit wegen sollst du nicht dein Leben lassen, obgleich du übel gethan hast." Da ward er vor den König hingesetzt und der König ließ ihm an beiden Füßen die Sehnen zerschneiden, sowohl die, welche sich vorn nach dem Beine hinauf und hinten in das Knie ziehen, als auch die, welche von der Spanne und der Ferse nach der Wade hinaufgehen, und so lange Wieland seitdem noch lebte, waren ihm beide Füße unbrauchbar zum Gehen.

So lag nun Wieland in des Königs Hofe und ward übel gehalten. Da sprach er eines Tages zu dem Könige: „Herr, wohl habe ich das verdient, daß du mir die Sehnen an beiden Füßen zerschneiden ließest, dafür, daß ich dir übel gethan habe, und jetzt kann ich dir nimmer entkommen, so lange ich lebe, und ich wollte es auch nicht, wenn ich es schon vermöchte.“ Da sagte der König: „Wahrlich, ich will es dir verzeihen und büßen und will dir geben Gold und Silber, so viel du verlangest.“

Der König ließ darauf eine Schmiede bauen und Wielanden dahin bringen. Da saß nun Wieland und schmiedete alle Tage für den König aus Gold und Silber und aus allen andern Erzen, die man schmieden mag. Dem Könige gefiel es wohl, daß Wieland nicht hinweg kommen mochte, und er dünkte sich hierin wohl berathen zu haben.

In dieser Zeit kam der junge Eigil, Wieland's Bruder, an König Nidung's Hof, dieweil Wieland nach ihm gesendet hatte Eigil war einer der wackersten Männer und hatte ein Ding vor Allen zum voraus: er schoß mit dem Bogen besser als irgend Jemand anderes. Der König nahm ihn sehr wohl auf und Eigil war lange Zeit am Hofe.

Da wollte der König einmal versuchen, ob Eigil so gut schießen könnte, wie von ihm erzählt wurde. Er ließ Eigil's dreijährigen Sohn nehmen und ihm einen Apfel auf den Kopf legen, und gebot Eigiln, darnach zu schießen, so daß er weder darüber hinaus, noch zur Rechten, noch zur Linken vorbei, sondern allein den Apfel treffe; es war ihm aber nicht verboten, den Knaben zu treffen, weil man wußte, daß er das schon von selber vermeiden würde, wenn er irgend könnte. Er sollte auch nur einen Pfeil verschießen und nicht mehrere. Eigil aber nahm drei Pfeile und legte den einen auf die Sehne und schoß mitten in den Apfel, so daß der Pfeil die Hälfte desselben mit sich hinwegriß und Alles zusammen auf die Erde fiel. Dieser Meisterschuß ist lange hochgepriesen worden und Eigil ward berühmt vor allen Männern und man nannte ihn nur Eigil den Schützen.

König Nidung aber fragte Eigiln, warum er drei Pfeile genommen habe, da ihm doch nur einer zum Schießen verstattet worden. Eigil erwiderte: „Herr, ich will nicht gegen Euch lügen; wenn ich den Knaben mit dem einen Pfeile getroffen hätte, so waren

Euch diese beiden zugedacht." Der König aber nahm dieses gut auf und dünkte auch Allen, daß er biderbe gesprochen habe.

König Nidung hatte vier Kinder, drei Söhne und eine Tochter, und diese war die schönste und holdseligste aller Jungfrauen, und der König liebte sie sehr. Nun geschah es eines Tages, da die Königstochter mit ihren Gespielinnen in ihren Garten ging und sich erlustigte, daß sie ihren besten Goldring zerbrach, so daß er nicht mehr zu brauchen war. Sie wagte es aber nicht, dieses ihrem Vater oder ihrer Mutter zu sagen, und fragte deshalb eines ihrer Mädchen, wie sie sich bei diesem Unfall verhalten sollte. Da antwortete das Mädchen: „Wieland, der Schmied, kann den Ring bald wieder herstellen." Und solches dünkte Beiden der beste Rath.

Nun ging das Mädchen zu Wieland in die Schmiede und sagte, daß ihre Jungfrau sie mit diesem Ringe hersende, damit er ihn wieder herstelle. Wieland antwortete, daß er keinerlei Geschmeide ohne des Königs Gebot schmieden dürfe. Das Mädchen sagte darauf, daß der König es nicht übel nehmen werde, wenn er etwas schmiede, welches die Jungfrau, seine Tochter, verlange; er aber möge es thun, da sie den Ring weder Vater noch Mutter sehen lassen wolle, ehe er wieder ganz sei; er werde sich auch großen Dank damit verdienen und werde es ihm der König gewiß mit Freundschaft vergelten, sobald er davon vernehme. Wieland erwiderte jedoch: „Ich kann deiner Versicherung hierin nicht trauen; wenn aber die Königstochter selber hierher kommt, so thue ich, was mir möglich ist."

Das Mädchen ging heim und berichtete der Königstochter, daß Wieland nicht schmieden wolle, bevor sie nicht selber zu ihm käme; diese aber sagte: „Das soll nicht im Wege stehen, wenn er dann lieber schmieden will, als sonst; aber er hat wenig Gutes von mir zu gewärtigen, wenn er es nicht thut."

Darauf ging denn die Königstochter hin zu Wieland. Und als sie in die Schmiede getreten, bat sie ihn ihr den Ring wieder herzustellen. Er aber sagte, daß er zuvor erst etwas Anderes schmieden wollte; er warf indem die Thür fest zu, ergriff die Königstochter und lag bei ihr. Darauf stellte er den Ring wieder her, so daß er viel besser war, als er zuvor gewesen. Was aber dabei sich zugetragen, verbargen sie Beide geraume Zeit.

Eines Tages kamen König Nidung's beide jüngste Söhne zu Wieland's Schmiede mit ihren Bogen und baten ihn, ihnen Geschosse zu schmieden. Wieland aber sagte, daß er keine Zeit dazu habe. „Und wiewohl ihr," fügte er bei, „des Königs Söhne seid, so will ich doch für euch nichts schmieden, ohne Willen und Gebot eures Vaters, so wie er mir heute des Tages hat befehlen lassen. Jedoch, wenn ihr wollt, daß ich euch etwas schmiede, so sollt ihr mir zuvor eine Bitte gewähren, und die ist ganz gering." Als sie darnach fragten, sagte er, daß sie rückwärts zu der Schmiede kommen sollten, sobald frischer Schnee gefallen wäre.

Die Knaben achteten es keineswegs, ob sie rückwärts oder vorwärts gingen, und da es im Winter war und eben die Nacht darauf Schnee fiel, so kamen die Königssöhne schon am Morgen vor Sonnenaufgang zu der Schmiede und waren so gegangen, wie Wieland verlangte, und sie baten nun Wielanden zu schmieden. Wieland stellte sich dazu auch nicht säumig, er warf aber die Thür fest hinter ihnen zu, tödtete die Knaben und verbarg sie unter seinen Schmiedebälgen in einer tiefen Grube.

Denselben Tag vermißte man die Königssöhne und Niemand wußte, wohin sie gegangen waren. Der König wähnte, daß sie in den Wald gezogen wären, Vögel und Thiere zu jagen, oder an den Strand, Fische zu fangen. Und als es zu Tische gehen sollte, da wurden sie gesucht, man fand sie aber nirgends. Da kam man auch zu Wieland und fragte, ob sie da gewesen wären. Wieland berichtete, daß sie zu ihm gekommen, aber wieder fortgegangen wären, und er habe sie den Weg nach dem Königssaale nehmen sehen. „Sie baten mich," fügte er bei, „daß ich ihnen Geschosse machen sollte, und hatten ihre Bogen und Pfeile mit hier und am wahrscheinlichsten dünkt mich, daß sie in den Wald gegangen sind."

Da gingen die Boten wieder heim und sahen, daß die Fußspuren der Knaben auch heimwärts gingen, und hatte Niemand Verdacht auf Wieland in dieser Sache. Der König ließ seine Söhne manchen Tag suchen und es dünkte ihm am allerwahrscheinlichsten, daß sie in den Wald gegangen und von wilden Thieren zu Schaden gekommen, oder auch auf der See verunglückt wären, wenn sie an den Strand gegangen. Und es waren mancherlei Vermuthungen darüber und doch traf keine das Rechte.

Wieland aber war eingedenk geblieben der Treulosigkeit und Schmach, die ihm angethan war, denn es fehlte ihm nicht an Grimmigkeit, wie er hier in vollem Maße bewies, und ihm dünkte sich nun schon ziemlich gerochen zu haben, wenn er es auch fürder nicht noch könnte. Nun nahm Wieland die Knaben, schabte alles Fleisch von den Gebeinen, nahm dann ihre Schädel, faßte sie in Gold und Silber und machte daraus zwei große Trinkschalen und aus ihren Schulterblättern und Hüftbeinen machte er Oelschalen und faßte sie in Gold und Silber, und aus andern ihren Gebeinen machte er Messerhefte, aus andern Pfeifen, aus andern Schlüssel, aus andern Leuchter, welche auf des Königs Tische stehen sollten; und so machte er aus allen ihren Gebeinen etwas von Tischgeräth und es wären solches große Kleinodien gewesen, wenn nicht so große Untreue und Falschheit darunter verborgen gewesen wäre. Und der König ließ dieses kostbare Geräth aufsetzen, wenn er vornehme Männer zum Gastgebote bei sich hatte.

Nun hatte Wieland seine Schmach gerochen, indem er den König Nidung mit Hohn und Schande seiner Söhne beraubt hatte und dieser selber aus ihren Gebeinen essen mußte. Dazu ging König Nidung's Tochter mit einem Kinde; solches aber verbarg sie ihrem Vater und sonst Jedermann, von wem sie das Kind hätte. Wieland aber wußte wohl, daß es sein Kind war, und dabei wußte er auch, daß der König, wenn solches auskäme, auch ihn tödten lassen würde. Nun rief Wieland seinen Bruder Eigil zu sich und bat, daß er die Jungfrau zu einer Unterredung zu ihm brächte; das that denn dieser auch. Da kamen denn Beide zusammen und sprachen mancherlei mit einander, und es kam zur Rede, daß Wieland keine andere Frau nehmen wollte, als die Königstochter, sie aber sagte, daß sie keinen andern Mann haben wolle, als Wieland, und damit waren sie Beide zufrieden. Endlich sagte Wieland, daß er meine, sie trage ein Kind von ihm und daß dieses ein Sohn sei. Diesem aber solle sie, falls er ihn nicht zu sehen bekomme, sagen, daß er ihm Waffen geschmiedet und sie dort verwahrt habe, wo das Wasser hinein- und der Wind hinausgehe. Das war da, wo er das Eisen kühlte. Darauf schieden sie.

Eines Tages bat Wieland seinen Bruder Eigil, ihm allerhand Federn zu bringen, beides, große und kleine, denn, sagte er, er wolle sich ein Flügelkleid machen. Eigil zog in den Wald und schoß allerhand Vögel und brachte sie Wielanden. Da machte Wieland ein Flügelkleid, und als es fertig war, da sah es ganz dem ähnlich, als wäre es der abgestreifte Federbalg eines Greifs oder eines Geiers oder des Vogels, welcher Strauß genannt wird.

Darauf bat Wieland Eigiln, dieses Federhemd anzuziehen und damit zu fliegen und zu versuchen, ob es tauge. Da fragte Eigil: „Wie soll ich mich emporschwingen und fliegen und wie mich niederlassen?“ Wieland antwortete: „Du sollst dich gegen den Wind

14

emporschwingen und fliegen magst du beides, hoch und tief, aber niederlassen sollst du dich vor dem Winde." Da fuhr Eigil in das Federhemd und flog empor in die Luft, so leicht wie der schnellste Vogel; als er sich aber niederlassen wollte, da fiel er kopflings herunter und stieß so heftig wider die Erde, daß er kaum noch von seinen Sinnen wußte, so sehr betäubte ihm der Fall Ohren und Schläfe. Darauf sprach Wieland: „Nun sage mir Eigil, sind diese Flügel etwas nütz?" Da antwortete Eigil: „Wären sie so gut zum Niederlassen als sie zum Fliegen sind, so wäre ich jetzt in einem andern Lande und du erhieltest sie dann nimmer wieder." Wieland sagte: „Ich will noch bessern was daran fehlt."

Hierauf fuhr Wieland mit Beihilfe seines Bruders in das Federhemd, schwang sich auf ein Haus und hob sich empor in die Luft und sprach: „Ich sagte dir unrecht, als ich dich lehrte, daß du dich vor dem Winde niederlassen müßtest; denn ich traute dir nicht, daß du mir das Flügelkleid wiederbringen würdest, wenn du erführest, wie gut es wäre, und das magst du wissen, daß alle Vögel gegen den Wind sich niederlassen und eben so sich erheben. Nun aber will ich dir Bruder mein Vorhaben sagen: ich will nun heimfahren, zuvor aber noch zu König Nidung, mit ihm zu reden. Und wenn ich da etwas sage, das den König verdrießt, so daß er dich nöthigt, nach mir zu schießen, so ziele unter meinen linken Arm, darunter habe ich eine Blase gebunden, worin Blut von Nidung's Söhnen ist. So vermagst du wohl deinen Schuß so einzurichten, daß mir kein Schade daraus entsteht, wenn du irgend unsere Verwandtschaft ehren willst.

Hierauf flog Wieland auf den höchsten Thurm der Königsburg und rief laut, daß der König herauskommen solle, mit ihm zu reden. Und als der König aus dem Saale ging und mancher Mann mit ihm und er Wielanden erblickte, sagte er: „Bist du jetzt ein Vogel, Wieland? Was willst du, wohin willst du fliegen?" Da sagte Wieland: „Herr, jetzt bin ich ein Vogel und zugleich auch ein Mensch; ich gedenke von hinnen nun zu ziehen und du sollst mich nimmer wieder in deine Gewalt kriegen; nimmer erlebst du das. Aber ich will mich nicht von dir hinwegstehlen, sondern du sollst jetzt unsern Verkehr hören. Du versprachst mir einst deine Tochter zu geben, und mit ihr die Hälfte deines Reiches, dieweil du sahest, daß dir große Noth und Krieg vor der Thür stand; du machtest mich aber landflüchtig und vogelfrei, dafür, daß ich mich meiner Haut wehrte und Denjenigen erschlug, der zuvor mich erschlagen wollte. Du nahmst solches zum Vorwand, mit mir zu brechen, und lohntest mir meine Arbeit übel. Ich aber blieb dessen eingedenk, und wiewohl ich hilflos und ohnmächtig war, so haben wir uns doch gegenseitig Manches zu Leide gethan. Du ließest mir die Sehnen an meinen beiden Füßen zerschneiden; dafür erschlug ich deine beiden Söhne, und daß ich daran nicht lüge, so geben dessen Zeugniß deine beiden Trinkschalen, die sind aus ihren Schädeln gemacht; und zu all deinem besten Tischgeräth habe ich ihre Gebeine verarbeitet. Und ich will dir jetzt nichts mehr verschweigen. All das Böse, das du mir zuvor angethan hattest, wie ich vorhin sagte, dessen entgalt deine Tochter, indem ich mich so mit ihr vereinigte, daß ich wähne, sie ist schwanger; und daran bin ich Schuld und so endigte sich unser Verkehr.

Indem flog Wieland hoch in die Luft empor. Da rief der König Nidung: „Du junger Eigil, nimm deinen Bogen und schieß ihn in die Brust; nimmer soll er lebend von hinnen kommen für die Frevel, die er hier verübt hat!" Eigil weigerte sich zuerst auf seinen Bruder zu schießen, allein König Nidung sagte, daß er des Todes sein müsse, wenn er den Befehl nicht ausführte, da er eigentlich durch die Frevelthaten seines Bruders schon das Leben verwirkt habe, das er nur dadurch retten könne, wenn er ihn schieße und durch nichts Anderes. Da legte denn Eigil einen Pfeil auf die Sehne und schoß Wielanden unter den linken Arm, so daß das Blut aus der Blase auf die Erde fiel. Da sprach der König: „Das traf gut." Und er und Alle, die das sahen, stimmten ein, daß Wieland diesen Schuß nicht lange mehr überleben würde.

Wieland aber flog heim nach Seeland und wohnte da in seinem Eigenthume, welches Riese Wade, sein Vater, besessen hatte. König Nidung ward kurz darauf siech und starb bald und sein ältester Sohn übernahm das Reich. Derselbe hieß Otwin und war beliebt bei Jedermann, auch hatte er seine Schwester sehr lieb.

Die Königstochter kam nieder und erhielt einen Sohn, welchen man Wittich nannte. Dieser Knabe wuchs an König Nidung's Hofe einige Winter auf und es wird von ihm gesagt, daß an Verstand, Stärke, Schönheit und Wuchs nicht seines Gleichen war in ganz Dänemark, ja wenn man auch noch einmal so weit darnach suchte.

Als Wieland nun daheim vernahm, daß der alte König Nidung verstorben war und sein Sohn das Reich übernommen hatte und dieser auch mit seiner Schwester und ihrem Sohne Wittich in gutem Vernehmen stand, da sandte er zu dem Könige Otwin nach Jütland und bat ihn um Frieden und Freundschaft. Der König wollte sich auch mit Wieland versöhnen und er gewährte ihm sicheres Geleite zu einer Unterredung. Darauf reisete Wieland nach Jütland und ward bei Hofe wohl empfangen, und der König Otwin gab ihm seine Schwester und bat ihn da zu bleiben, wenn er wollte. Wieland erwiderte jedoch, daß es ihm behaglicher dünke wieder heimzufahren in sein Geburtsland und zu seinem väterlichen Erbe, doch versicherte er, daß er dem König in allen guten Dingen zugethan sein wolle, so viel er nur immer vermöchte. König Otwin ließ ihm seinen Willen und verhieß ihm seine Freundschaft. Wieland fuhr also heim nach Seeland und mit ihm seine Frau und sein dreijähriger Sohn Wittich. Der König gab ihm großes Gut und viele Kostbarkeiten, und so schieden sie als gute Freunde.

Wieland lebte nun auf Seeland lange Zeit und war weitberühmt in allen nördlichen Ländern der Welt wegen seiner Kunst und Geschicklichkeit. Und die Königstochter brauchte nun nicht die Waffen da zu suchen, wo Wieland ihr gesagt hatte.

Als nun Wittich zwölf Jahre alt und groß von Wuchs, gewaltig stark, hart von Gemüth, dabei edel und beliebt worden war, fragte ihn Wieland, ob er so große Kunst erlernen wolle, als er ihn lehren könne, so daß kein Dritter noch eben so gut schmieden kann, als sie Beide, Vater und Sohn. Wittich aber antwortete: „Um meiner Mutter willen, so gebe Gott, daß niemals Hammer und Zange in meine Hand kommen."

Wittich wollte zu Dietrich von Bern ziehen und der Vater rüstete ihn bestens aus. Er gab ihm Panzerhosen, die waren stark, wohlgemacht und leicht, dann den Harnisch von hartem Stahl, durchaus zweidrähtig, lang und weit, wie er ihm paßte, als er ihm aber das Schwert überreichte, sagte Wieland: „Mein Sohn, dieses Schwert heißt Mimmung, halt und gebrauch es wohl; ich schmiedete es selbst und ich habe es für deine Hand aufbewahrt, und ich meine, dieses Schwert soll dir schneiden, wenn du nicht etwa ein Schwächling bist." Darauf setzte Wittich sich einen Helm auf das Haupt, der war geschmiedet aus dem härtesten Stahle, mit großen Nägeln beschlagen, dick und stark. Auf demselben war ein Lindwurm gebildet, er war goldglänzend und giftsprühend, und das bedeutete Wittich's Ritterschaft und Grimmigkeit. Sodann nahm er seinen Schild und hängte sich den um den Hals; dieser

Schild war dick und schwer und so, daß ihn ein Mensch nicht mit einer Hand heben konnte. Der Schild war weiß und mit rother Farbe Hammer und Zange darauf gemalt, deßhalb weil sein Vater ein Schmied war. Ueber diesem Bilde obenwärts standen drei Karfunkelsteine, das bedeutete, daß er von der Mutter Seite aus königlichem Geschlechte war. Auch gab ihm Wieland das Roß Schimming, dessen Sattel aus Elfenbein gemacht und worauf eine Natter gebildet war.

Wittich nahm Abschied von seiner Mutter und sprang ohne Steigreif in den Sattel, und Wieland freute sich darob und geleitete ihn auf den rechten Weg und ging dann heim.

Somit tritt Wieland vom Schauplatze der Sage ab. —

Nicht allein bei den Scandinaviern, auch bei den Briten stand das Gewerbe der Schmiede in hoher Achtung. Der Sohn eines Hofbauers oder Leibeigenen durfte ohne Erlaubniß seines Herrn nicht die freien Künste, das Schmiedehandwerk und die Bardenkunst erlernen, weil Priester, Schmied und Barde nicht Leibeigene sein dürfen (Mone, nord. Heidenth. II, 430).

In der Sage tritt uns öfter der Schmied entgegen, er gilt als ein gewaltiger, wohl auch der Zauberei kundiger Mann. So wohnte im Detterberge, drei Stunden von Münster, der Grinkenschmied, der die allerkünstlichste Arbeit machte, von dem noch ein Schloß an der Kirchthür zu Nienberge ist, welches kein Dieb öffnen konnte. Wenn nun ein Bauer Hochzeit hielt, ging er zu dem Berge und sprach: „Grinkenschmidt giff mi en Spitt.“ Der Schmied kam dann vor das Loch und gab einen Spieß, wofür ihm der Bauer einen Braten gab. Einem Bauern, der keinen Braten gab, fiel ein Pferd im Stalle (Grimm, D. S. I, 252). In einer andern Sage erscheint der Schmied als ein Mann, der die diebischen Zwerge bestraft.

Zu Ruhla im Thüringerwalde liegt eine uralte Schmiede, und man sagte seit alter Zeit von einem strengen unbeugsamen Mann: er ist in der Ruhla hart geschmiedet worden. Landgraf Ludwig zu Thüringen und Hessen war anfänglich ein gar milder und weicher Herr, demüthig gegen Jedermann; da hoben seine Junker und Edelleute an stolz zu werden, verschmähten ihn und seine Gebote und schatzten und drückten die Unterthanen aller Enden. Nun trug sich einmal zu, daß der Landgraf jagen ritt auf dem Walde und traf ein Wild an; dem folgte er so lange, daß er sich verirrte und ward benächtiget. Da gewahrte er eines Feuers durch die Bäume, richtete sich darnach und kam in die Ruhla zu einem Hammer- oder Waldschmiede. Der Landgraf war mit schlechten Kleidern angethan und hatte sein Jagdhorn umhängen. Der Schmied fragte, wer er wäre? Er antwortete: des Landgrafen Junker. Da sprach der Schmied: „Pfui des Landgrafen; wer ihn nennet sollte allemal das Maul wischen, des barmherzigen Herrn!" Der Landgraf schwieg und der Schmied sagte zuletzt: „Herbergen will ich dich heute, in dem Schuppen da findest du Heu, magst dich mit deinem Pferde behelfen; aber um deines Herrn Willen mag ich dich nicht beherbergen." Der Landgraf ging bei Seite, konnte aber nicht schlafen. Der Schmied arbeitete die ganze Nacht hindurch, und wenn er so mit dem großen Hammer das Eisen zusammenschlug, sprach er bei jedem Schlage: „Landgraf werde hart, Landgraf werde hart wie dieses Eisen;" und er schalt ihn und sprach: „Du böser, unseliger Herr, was taugst du den armen Leuten zu leben, siehst du nicht, wie deine Räthe das Volk plagen und mähren dir im Munde?" Und er erzählte die ganze lange Nacht hindurch, was die Beamten für Untugend mit den armen Unterthanen übten. Klagten dann die Unterthanen, so wäre Niemand, der ihnen Hilfe thäte, denn der Herr nähme es nicht an, die Ritterschaft spottete seiner hinterrücks, nannten ihn Landgraf Metz und hielten ihn gar unwerth. Der Fürst und seine Jäger trieben die Wölfe ins Garn und die Amtsleute die rothen Füchse in ihren Beutel. Mit solchen und andern Worten redete der Schmied die ganze lange Nacht zu dem Schmiedegesellen, und wenn die Hammerschläge kamen, schalt er den Herrn und hieß ihn hart werden wie das Eisen. Das trieb er bis zum Morgen; der Landgraf aber faßte Alles zu Ohren und Herzen, ward seit der Zeit scharf und ernsthaftig in seinem Gemüth und begann die Widerspänstigen zum Gehorsam zu zwingen.

In den epischen Gedichten des Mittelalters werden auch die Namen von berühmten Schmieden aufbewahrt. Im Parcival des Wolfram von Eschenbach wird der Schmied Trebuchet mehrmals genannt (261, 1 und 643, 18):

Trebuchet der smit
der Erimutel's swert ergruov
davon sich starchez wunder huov.

Im Willehalm (356, 16) erfahren wir den Namen seines Sohnes, Schöyt, „des wisen Trebuchet sun." Einen andern Schmied, Kiun von Munleun, machte dasselbe Gedicht namhaft (429, 28).

Im Rolandlied heißt es (S. 57) von Ganelun:

ia begurte in inmittin
Mulagir daz beste sahs
der smit hiez Madelger,
dasselbe swert worhte er
in der stat zu Regensburch.

Regensburg wird aber bereits im Annoliede (294) als ein Ort bezeichnet, wo man gute Waffen schmiedete:

Da list man Noricus ensis
daz diutit ein swert Beierisch.
wande si wolden wizzen
daz nigeini in baz in bizzin
di man dikke durch den helm slug.

Im Willehalm (295, 1) wird Nördlingen als ein Ort genannt, wo man vortreffliche Schwerter fertigte. In Pitterolf und Dietlieb (Hagen's Heldenbuch, 115 f.) lesen wir:

Er hat ein swert, das was gut,
das in den sin und den mut
vil dicke tewret sere
sin lob und auch sin ere
des half des waffen alle zeit;
er kam nie in deheine streit,
es gestund im je also
daz sein der recke ware fro;
Schrit war das swert genant,
di märe tun ich euch bekant,
an einem buche hört ich sagen:
der swerte wurden drew geschlagen
von einem schmiedemaister gut
der beide, sin un mut
daran wande sere,
daz man in den landen mere
so states nicht enfunde,
wan der den listen wol kunde
das, dann anders jemand da;
er saß in Azzaria
von Tolet zweinzig meile;.
er het auch er derweile
der swerte mere geslagen;
seinen namen wil ich euch sagen
er hieß Myme der alte;
sein kunst vil manigen valte
der lenger war wol genesen
und des todes müste wesen
von der swerte krefte;
zu seiner maisterschefte
ich niemand kan geleichen
in allen fürsten reichen,
an einen, den ich euch nenne
daz man in derbei erkenne.
der was Hertrich genant
und sas in Wasconie lant;
durch ir sinne kraft
so hetten sie gesellschaft
an werche und an allen dingen;
sie mochten wol volbringen
was in ze tune geschach.
Wi vil man starcher liste sach
Weylande der da worchte
ein swert, das unerforchte
Wittiche der Held trug
und einen Helm gut genug
der da Lymme was genant.
Auch worcht er alles das gewant
das zu dem swerte noch gezam
Wittiche trug es one scham
der eren ingesinde;
er het es seinem kinde
geworcht, so er best mochte:
dannoch im nicht dochte

daz er an disem märe
so wol gelobt wäre,
als Myme und Hertrich;
ir kunst was vil ungelich.
die rede bescheid ich ew:
der swerte waren zwelffew
die slugen diese zwen man
als ich euch kund han getan.
Das dreizehend slug Weiland
das was Mimming genant.
Das buch hören wir sagen:
die swert dorste niemand tragen
er enwär fürst oder fürstenkind.

Es ist dieß eine der Hauptstellen über die Schwerter und deren Bedeutung in der Hand der Helden.

Die alten Gedichte bezeichnen uns Regensburg als einen berühmten Sitz der Waffenschmiedekunst in Deutschland. Schon im 14. Jahrhundert legte Solingen im Herzogthume Berg den Grund zu seinem nachmaligen Ruhm in diesem Kunstzweige. In Spanien war Toledo der Sitz der berühmtesten Klingenschmiede.

Die Klingenschmiede hatten, gleich den Steinmetzen, ihre Zeichen, die sie den von ihnen gelieferten Schwertern, meist auf der Klinge, einschlugen und dann mit Silber oder Messing auslegten; in frühester Zeit bestanden diese Zeichen theils in einem Kreuzrade, theils, wie wir ein Beispiel in dem gemalten Codex der Herad von Landsberg haben, wo auf der Klinge eines Ritters OPOL zu lesen ist, in Ort- oder Personen-Namen, einzelnen Buchstaben oder auch Wappen. Ich habe eine Anzahl von Namen von Klingen des historischen Museums zu Dresden in Folgendem zusammengestellt; unter den Zeichen kommt am häufigsten das Kreuz in einem Kreis, der Reichsapfel, das Rad und von Solingen der Wolf vor. Von deutschen Namen bietet das Königl. historische Museum zu Dresden folgende, durchgängig in lateinischer Uncialschrift:

Hans Prum von Mesene.
Heinrich und Peter Pather.
C. Pols, sehr häufig.
Clemens Meigen.
Johan Moum.
Johan Kirschbaum.
Johann Allich.
Peter Wersberg.
Clemens Horn in Solingen.
Meves Berns in Solingen.
Johann Wunds in Solingen.
Andr. und Peter Munsten.
Clemens Koller.
Peter Tesche.
Peter Brock.

Von spanischen Klingenschmieden finden sich folgende Namen daselbst:

Joannes de l'Orta.
Sebastian Hernandez 1599.
Hannes Muerto.
Bastian Armando de Toledo.
Hispango in Toledo.
C. A. Mora el Toledeno 1586.

Andrea Ferar.
Johannes Racoca.
Martinez Deivan.
De Pedro de Belmonte en Toledo del Rei Espaine.
Tomas di Ajala.
Danielo me fecit in Castelo milano 1475.
Schwan la garde de france.
Francisco in Toledo.
Anton und Friderico Picino in Toledo.
Rodriguez em Domingo.

Ich theile demnächst das Register der Waffenschmiede Toledos nach Achille Jubinal (la Armeria Real de Madrid. II. 34) mit, die seit der Mitte des 16. Jahrhunderts sich besondern Ruf erwarben.

Alonzo de Sahagun sen. 1570.
Alonzo de Sahagun jun.
Alonso Perez.
Alonzo de los Rios, auch in Cordova.
Alonso de Caba.
Andr. Martinez, Zabala's Sohn.
Andres Herraez, auch in Cuença.
Andres Munesten, auch in Calatayel.
Andres Garcia.
Antonio de Baena.
Anton Guttierrenz, zwei Meister gleiches Namens.
Anton Ruy, auch in Madrid.
Adrien de Lafra, auch in S. Clement.
Bartholome de Nieva.
C. Alcado, auch in Cuella und Bajados.
Domingo de Orozco.
Domingo Maestre sen. und jun.
Domingo Rodriguez.
Domingo Sanchez Clamade.
Domingo de Aquirre, des Hortuno Sohn.
Domingo de Lama.
Domingo Corrientes, auch in Madrid.
Favian . . de Zafia.
Franc. Ruiz sen. und jun., Anton's Bruder.
Franc. Gomez.
Franc. de Zamora, auch in Sevilla.
Franc. de Alcoces, auch in Madrid.
Franc. Lurdi.
Franc. Cordoi.
Franc. Perez.
Giraldo Reliz.
Gonzalo Simon.
Gabriel Martinez, Zobala's Sohn.
Gil de Alman.
Hortuno de Aquirre sen.
Juan Martin.
Juan de Leizade, auch in Sevilla.
Juan Martinez sen. und jun., welcher Letztere auch in Sevilla arbeitete.
Juan de Alman.
Juan de Toro, Peter Toro's Sohn.
Juan Ruiz.
Juan Martuz de Garata Zabala sen.
Juan Martinez Menchaca, der auch in Lissabon arbeitete.
Juan Ros.
Juan Moreno.
Juan de Salcedo, auch in Valladolid.
Juan de Meladocia.
Juan de Vergos.
Juanes de la Horda 1545.
Juanes de Tolledo.
Juanes de Alguiniva.
Juanes Muleto.
Juanes der alte.
Juanes Uriza.
Julian del Rey, der auch in Saragossa arbeitete. Er war einer der berühmtesten Schwertfeger seiner Zeit, er hatte mehrere Zeichen als das mitgetheilte und unter anderm auch den Halbmond.

Julian Garcia, der auch in Cuença arbeitete.
Julian de Tamora.
Joseph Gomez, Sohn des Franc. Gomez.
Josepe de la Hera, Vater, Sohn, Enkel und Urenkel.
Josepe de la Hera, Sohn des Silvester.
Ygnacio Fernandez, Vater und Sohn.
Luis . . de Niever.
Luis de Cajala, Sohn des Thomas de Cajala.
Luis de Velmonte, Sohn des Pedro de Velmonte.
Luis de Sahagun, Söhne von Alonzo dem ältern.
Luis de Nieva, arbeitete auch in Calatayud.
Lupus Aguado, Sohn des Juanes Mutela, auch in S. Clement.
Miguel Cantero.
Miguel Sanchez, Sohn des Domingo.
Miguel Suarez, auch in Lissabon.
Nicola Hortuno de Aguirre, Enkel des Hortuno.
Petro de Toro.
Petro de Arechica.
Petro Lopez, auch in Orchoz.
Petro de Lazama, auch in Sevilla.
Petro de Lazaretta, auch in Bilbao.
Petro de Orozco.
Petro de Vilmonte.
Rogue Hernandez.
Sebastian Hernandez der ältere, ums Jahr 1637.
Sebastian Hernandez der jüngere, arbeitete auch in Sevilla.
Silvestre Nieto und dessen gleichnamiger Sohn.
Thomas Ayala, um 1625.
Zamoramo el Toledano.

Die Zeichen der zünftigen Toledaner Waffenschmiede bestehen meist in einem eirunden, oben gekrönten, unten spitz zulaufenden Schild, der meist die Anfangsbuchstaben ihrer Namen, dann aber auch Zeichen, wie Scheere, Glocke, Mond, Stern, aber auch den Wolf, z. B. Julian del Rey, der auch in Saragossa, als einer der berühmtesten Schmiede seiner Zeit galt, führte. S. die Tafel bei Jubinal, II, 36.

Nächst den Namen der Schwertfeger und ihren Zeichen kommen aber auch noch andere Inschriften auf den Schwertern vor, z. B. auf dem fälschlich so genannten Welfisholzer Schwerte des Königl. historischen Museums zu Dresden ist in Messing nachstehender Vers eingeschlagen, der auf beiden Seiten der Klinge folgender Gestalt vertheilt ist:

Auf der einen Seite:

+ CHVNRAT. VIL. VERDER. ShENKE
+ HIE. BI. DV. MIN. GEDENKE.

Auf der andern:

✶ + VON. VINTERSTETEN. HOhGEMVT.
✶ + LA. GANZ. DEHAINĒ. IISENhVT.

was also zu lesen ist:

Chunrat vil werder shenke von Wintersteten hohgemut
hie bi du min gedenkē la ganz dehainen iisenhut.

Das Schwert gehörte dem Kaiserlichen Landvoigt in Schwaben, Chunrat Schenke von Winterstetten, der in der ersten Hälfte des 13. Jahrhunderts lebte und öfter in den Urkunden erwähnt wird, und dasselbe vielleicht von Kaiser Friedrich II. zum Geschenk erhalten hat.

Ein anderes Schwert derselben Sammlung hat in großer Uncialschrift das ganze Alphabet, wieder ein anderes die Inschrift; REX. GLORIE. VENI. CVM. PACE. IHS. NAZARENVS. REX. IVDEORVM. Auf andern erscheint das AVE MARIA. Eine Klinge, im Besitz S. K. H. des Prinzen Karl von Preußen, trägt in überaus seltsam verschlungenen Strichen ebenfalls das Ave Maria, wobei aber die Schrift nicht von oben nach unten, sondern von der Spitze nach dem Griffe zu gestellt ist. Im Königl. historischen Museum zu Dresden finden wir ausführliche Inschriften meist erst seit dem 16. Jahrhundert, z. B. Spero in Deum 1587.

In te domine speravi Sebastian Hernandez.
mein Leben vnd end steht alles in Gottes hend.
Christus leiden und sterben macht
dass ich den Tod nicht acht. 1559.
in mea tutela tueatur me Deus 1581.

Es kommen seit dem Ende des 16. Jahrhunderts auch Wappen, zum Theil nach den damals gangbaren Münzen, und dann mit den auf den Originalvorbildern befindlichen Inschriften vor; seit dem 17. Jahrhundert beginnt auch die damalige deutsche Druckschrift sich einzustellen, während man früher nur die römische Uncialschrift anwendete. Ja es kommen ganze Calender auf den Klingen der Schwerter vor. Die Spanier haben bis auf die neueste Zeit die Uncialschrift beibehalten, ja die Züge derselben haben noch in dem 17. Jahrhundert den Charakter des 13., wie z. B. die Inschrift einer spanischen Klinge meiner Sammlung (Nr. 2070):

NO CONTENTO NO QVEIOSO
ANTE MVERTO QVE MVTADO.

Auf den kleinern, zollbreiten und 3 Fuß langen, flachen Degenklingen bemerken wir zuweilen Jahrzahlen, deren Schriftart offenbar einer spätern Zeit angehört. So z. B. eine Klinge im Turniersaale des Königl. historischen Museums mit der Jahrzahl 1243 und der Inschrift Espoer en Dieu 1243 auf der einen Seite und auf der andern: en toi moi fie 1243.

Sodann: 1345.

In mehrern Sammlungen finden sich Klingen mit der Jahrzahl 1414 hinter dem Wolfe, die Schriftzüge sind aber offenbar neuer; eine solche Klinge meiner Sammlung ist 2½ Fuß lang, oben 1¼ Zoll breit und einen Viertelzoll dick, oben ist auf beiden Seiten eine 5 Zoll lange Blutrinne, in welcher auch auf jeder Seite X1414X eingeprägt ist, dahinter ist jedesmal, aber verkehrt, das Wolfzeichen (Nr. 1936 m. S.). Noch deutlicher aber ist dieß an einem Hirschfänger meiner Sammlung (Nr. 1305), wo auch der Wolf ganz modern gezeichnet ist.

In Spanien war, wie bemerkt, Toledo der Sitz der berühmtesten Klingenschmiede, und es werden noch jetzt vortreffliche Arbeiten geliefert, wie denn das Dresdener Museum mehrere treffliche Klingen besitzt, welche König Ferdinand VII. für seinen Schwiegervater, den verewigten Prinzen Maximilian von Sachsen fertigen ließ; sie sind so biegsam, daß man dieselben wie einen Gürtel um den Leib legen kann.

In Deutschland ist **Solingen** im **Herzogthume Berg** der berühmteste Sitz der Klingenfabrikation.

Ueber die Anfänge der noch jetzt blühenden Fabriken fehlen schriftliche Nachrichten. Man vermuthet, daß die ersten Klingenschmiede aus der Steiermark, oder auch aus dem Elsaß eingewandert. Indessen hat man urkundliche Nachrichten, daß schon im Jahre 1401 dem Härter- und Schleiferhandwerke vom damaligen Herzoge Wilhelm das erste Privilegium ertheilt worden, das im Jahre 1808 im Wesentlichen noch in Kraft war. Demnach war die Fabrik in die Handwerke der Schwertschmiede, Härter, Schleifer und Schwertfeger eingetheilt. Die Messermacherfabrik erhielt erst als Handwerk am 14. Januar 1571 das landesherrliche Privilegium, die Scheerenfabrik aber erst im Jahre 1794 eine Zunftordnung.

Das Handwerk der Schwertmacher bestand aus drei geschlossenen Handwerken — nämlich dem der Schwertschmiede, dem der Härter und Schleifer und dem der Schwertfeger. Niemand kann Mitglied von einem dieser drei Handwerke werden, wenn er nicht der eheliche Sohn eines Bruders desselben ist. Ein Schwertschmiedesohn kann also kein Härter, Schleifer oder Feger, ein Härter- und Schleifersohn kein Feger werden. Eben so ist auch das Kreuz- und Knopfschmiedshandwerk abgeschlossen (m. s. Adam von Daniel's vollständige Beschreibung der Schwert-, Messer- und übrigen Stahlfabriken zu Solingen. Düsseld. 1808. 8.).

Die Solinger Klingen zeichnen sich durch besondere Härte und

Elasticität aus und sind in großer Anzahl über die Erde verbreitet. Keine Klinge darf ohne die vom Zeigemeister aufgefertigten beiden Zeichen, das Fabrikzeichen und das Erbzeichen des Fabrikanten, versendet werden. In Solingen werden alle möglichen Klingen gefertigt, und es gehen Bestellungen aus allen Ländern der Erde daselbst ein.

Nächst den Solingern und Spaniern liefern auch Franzosen und Engländer für ihre Heere gute Klingen. In Rußland ist Tula die erste Anstalt dieser Art, die im Jahre 1712 begründet wurde.

Sehr geschätzt waren im vorigen Jahrhundert die Zieglerklingen, aus der Fabrik des kursächsischen Ministers Ziegler in Dresden, ihr Zeichen ist ein halbes Wagenrad mit den Buchstaben G. Z. Sie wurden mit zwanzig und mehr Ducaten bezahlt, sie waren sehr leicht, zum Hieb und Stoß gehärtet, nicht breit, wohl geschliffen, lang, mit sehr starkem Grat und wie ein Scheermesser scharf ausgeschliffen.

Bevor wir nun zur Geschichte und Beschreibung der zweischneidigen Schwerter übergehen, müssen wir einen Blick auf die einzelnen Theile des Schwertes werfen. Das Schwert besteht aus der Klinge, dem Griff mit Knopf und Parirstange und der Scheide, in welcher es bis zum Gebrauch aufbewahrt wird.

Die Klinge, lamina, hieß altnordisch Blad, Blan, mittelhochdeutsch auch der Valz, soll stark, hart und biegsam sein, die biegsamsten sind die Solinger Wolfsklingen und die spanischen Toledoklingen. Man theilt die Klinge 1) in die Parirung, d. h. den stärksten Theil zunächst der Parirstange und dem Dorn oder der Angel, 2) die Schwäche, den Theil zunächst der Spitze, und 3) die Stärke, den zwischen beiden gelegenen Theil; an einigen Orten wird die Stärke und die Schwäche, jede in die ganze und die halbe eingetheilt. Jede Klinge hat einen eisernen Dorn, die Angel genannt, und ein Stück der Klinge am Dorn ist ebenfalls von Eisen. Je schlechter die Klinge ist, desto länger ist dieser eiserne Theil, so daß er bei sehr geringen Klingen wohl 2—3 Zoll lang sein kann, bei feinen aber etwa nur einen halben Zoll beträgt. Der Dorn oder die Angel mit dem Eisen in der Klinge wird aus einem Stücke geschmiedet und die stählerne Klinge selbst schweißt der Klingenschmied besonders aus. Darauf giebt der Härter dem Ganzen die nöthige Härte, die man durch Abkühlung des glühenden Eisens in Wasser, in frischer Luft oder auch dadurch bewerkstelligt, daß man die Klinge bis ans Heft in kochendes Fett steckt, zwei Stunden darin kochen und sie, wenn sie herausgenommen, langsam erkalten läßt. Die gehärtete Klinge übernimmt der Schleifer. Den Schluß der Bearbeitung bietet die Probe, indem man die Klinge biegt, mit ihr auf einen Klotz haut und ihr selbst dann mit einem starken Birkenstock einen tüchtigen Hieb versetzt. Dann erhält sie das Zeichen aufgeprägt.

Der Dorn oder die Angel, dessen Länge und Breite sich nach der Gestalt des Griffes richtet und der bei den Schwertern selten mehr als einen halben Zoll Breite hat, ist bestimmt, den Griff, den Knopf und die Parirstange mit der Klinge zu verbinden. Das Ende des Dorns wird auf dem Knopfe vernietet.

Der Griff hieß alt- und mittelhochdeutsch Halp, Helza, Helze, angelsächsisch Hilte und altnordisch das Hialt oder der Medalkafli. Gemeiniglich wird der Griff das Gehilze genannt (z. B. in den Glossen von St. Florian bei Graff, Diutisca; III, 144), in Willehalm, 140, 16:

sin swert daz umb in was gegurt
dem wasz gehilze guldin,

Heinrich's Tristan 2170:

im was sines swertes gehilz
dort vallende abgesprungen.

Das Gehilze war von Holz, mit Fischhaut überzogen oder mit Metalldraht und Lederfäden umwunden, oder aber mit Metallhülsen, die oft plastisch verziert waren, überzogen; es war in alter Zeit, als die Klinge noch kurz und leicht war, kurz, später wurde es immer länger, so daß es bei den zweihändigen Schwertern oft 2 Fuß Länge erhält.

Der Schwertknopf bildete das Gegengewicht der Klinge; der natürliche Schwerpunkt derselben wurde dadurch nach dem Bedürfnisse des Fechters verändert und hergestellt. Der Schwertknopf wurde schon früh mit dem Apfel verglichen, wie ihn die Franzosen noch nennen. Im Rolandlied (67, 18) heißt es:

Do chom Rolant
er hete einen aphel in siner hant
mit michiler hochuerte
mit gewaztem swerte.

Der Schwertknopf war ursprünglich eine eiserne Kugel, nahm aber schon früh mancherlei Gestalt an, er wurde zur Scheibe platt gedrückt, welche von Dorn oder Angel meist der Länge nach durch den Rand durchdrungen ward. Dann ward er eiförmig, turbanartig gewunden, abgeschliffen mit sechs, acht und mehr Ecken, in verschiedener Richtung gerieft, mit Gold ausgelegt, mit Steinen besetzt oder von der Kunst erfaßt und mannichfach gestaltet und verziert. Es kommen auch Schwertknöpfe von Cristall vor. Der Schwertknopf erhielt sich so lange, als die zweischneidigen Schwerter im Gebrauch waren, dann verschwand er und wurde bedeutend verkleinert mit dem Griffe aus einem Stücke gebildet.

Zwischen der Klinge und dem Griff findet sich die Parirstange oder das Kreuz. Dieß ist an den ältern Schwertern nur wenig breiter, als die allerdings sehr breite Klinge, etwa einen Zoll auf jeder Seite dieselbe überragend, etwas breiter als dick und immer vierkantig. Schon im 13. Jahrhundert wird die Parirstange länger, rund, gewunden, an jedem Ende mit einem Knopf versehen; dann biegen sich die Enden im Halbkreise nach der Schwertspitze, sich oft in mehrere Spitzen theilend. Nachmals wird an der Außenseite des Gehilzes neben der Parirstange ein kreisrunder, horizontal vortretender Bügel sichtbar, der endlich zum Stichblatt, zur Glocke wird und endlich durch einen oder mehrere Bügel, die an den Knopf sich anlehnen, der Außenseite der Hand und der Finger zum Schutze dient.

Die Spitze, altnordisch der Odder, mittelhochdeutsch der oder das Ort, war das Ende der Ecken oder der Schneide des Schwertes, die durch Wetzen und Schleifen immer sehr scharf erhalten wurde.

Die Schwertscheide, altnordisch Skeidir oder Slidrir, altsächsisch Skedia, angelsächsisch Scath, mittelhochdeutsch Scheide, gothisch Fodr, mittelhochdeutsch Fuoter und Bale, bestand aus zwei Holzspähnen, die mit Leder überzogen und dadurch verbunden wurden, daß dasselbe auf der Rückseite der Klinge zusammengenäht ward. Zuweilen kam über dieses Leder noch eine Hülle von Sammet, Seide oder anderm Stoff, gemeiniglich aber ward das Leder dunkel, schwarz oder auch anders und licht gefärbt.

Wolf Dietrich fand Otirt's Schwertscheide (Heldenb. F. 157):

von Gold was ir geschmeide;
solches ist endlicher war
der Bort von grüner seide
gezieret also klar,

wol Fingers dick gleiche
und einer spannen breit.

Die Spitze der Scheide wurde mit einer längern oder kürzern Zwinge, mit dem Ortband aus Metall, meist Messing oder Kupfer, gegen Nässe, wodurch die Klinge anrostet und schwer auszuziehen ist, oder gegen Stöße, geschützt. Der obere Theil der Scheide, das Mundloch, ward ebenfalls mit einem Metallbeschläge umgeben oder wenigstens mit Riemen fest umschnürt und geflochten. Ortband und Mundstück waren zuweilen von Silber oder vergoldetem Erz und mehr oder minder reich verziert. Wir finden in den alten Gedichten öfter erwähnt, wie die Orte der Schwerter an die Sporen der Helden rühren. Metallene Scheiden für zweischneidige Schwerter kommen nicht vor; sie gehören überhaupt erst diesem Jahrhundert an.

Das Schwert in der Scheide wurde, so lange kein Kampf war, von dem Diener des Ritters aufbewahrt, und dann war der Gürtel, an welchem es um die Hüfte befestigt ward, um die Scheide gewunden, wie wir das so oft auf den Grabdenkmalen sehen. Erst wenn ein Kampf bevorstand, übernahm der Ritter das Schwert und umgürtete sich damit; so wie denn das Schwert abgürten ein Zeichen vom Ende des Kampfes und vom Frieden war. Im Willehalm (142, 10) lesen wir:

der marcgrave an den stunden
das swert nicht abgebunden
rukt er für sich in die schoz
sins sitzens da bi in verdroz
ich wäne ir islicher.

Er war nämlich böse auf den König und legte das Schwert, als er sich niedersetzte, nicht ab, sondern stellte dasselbe zwischen seine Beine. Dann daselbst 143, 13:

— nu kam auch Heinrich
der fürste krefte wol gelich
ein barun truoc vor im sîn swert.

Zeichen des Friedens war, das Schwert in die Scheide zu stoßen (Parciv. 754, 23; Willehalm 113, 2; Heinrich's Tristan. 1859):

die helden stiezen beide
diu swert in die scheide,

zum Zeichen des ernstlich gemeinten Friedens.

Die Gürtel waren von Leder und theils mit Seide überzogen, gestickt, mit Edelsteinen, Metall und Perlen besetzt, so daß der Gürtel mit zu dem glänzendsten Waffenschmuck gehörte. Der Gürtel wurde über den die Eisenrüstung deckenden Waffenrock angelegt. Als die Plattenharnische aufkamen, änderte sich die Form desselben. Es ging nämlich von ihm ein aus mehrern neben einander hängenden Riemen von 9—12 Zoll Länge bestehendes Gehänge aus, in welches das Schwert eingehängt wurde, so daß dasselbe fast horizontal an der Seite des Ritters schwebt. Bis zum Anfange dieses Jahrhunderts wurden die Degen an solchen Wehrgehängen, die jedoch immer kleiner und in den Hosengurt eingehakt wurden, getragen, dann kamen die über die rechte Schulter gehängten Kuppeln aus Gurt auf, an denen sich die lederne Hülse befindet, in die der Degen eingehängt und mit einem vom Scheidenbeschläge abstehenden Knopf festgehalten wird.

Der Gebrauch des Schwertes ist ein mehrfacher; es dient zu friedlichen, wie zu kriegerischen Zwecken. Wir finden das Schwert bei Quaden, Alanen und Hunnen als ein Symbol des Kriegsgottes, als welches dasselbe in die Erde gesteckt und verehrt wird, wir sahen es bei Attila, als glückverkündenden Fund und Kleinod. Die Bedeutung des Schwertes, die es als religiöses Symbol schon im Heidenthum gehabt hatte, konnte von den Christen um so eher beibehalten werden, als dasselbe durch die Parirstange dem Kreuze in der Gestalt ähnlich war. Wir finden dieß ausgesprochen in oben erwähnter l'ordre de la cheualerie (Fol. 145), wo es heißt: A cheualier est donnée espee qui est faicte en semblance de croix a segnifier aussicomme nostre seigneur dieux iesu crist vaincu en la croix la mort de la meme lignage à la quelle il estoit iugie par le pechie de nostre premier pere adam. Tout aussi doit cheualier vaincre et destruir les ennemis de la croix par l'espee car cheualier est pour maintenir iustice et pour ce est faicte l'espee taillant de deux pars a segnifier que le cheualier auecques l'espee doit maintenir cheualerie et iustice. So finden wir denn (s. Grimms Rechtsalterth. S. 165), daß das Schwert vor Gerichten gebraucht wurde, um Eide auf dasselbe und zwar auf seinen Griff abzulegen, nachdem man dasselbe mit der Spitze in die Erde gesteckt und somit ein Kreuz aufgerichtet hatte. Die alten Sachsen schworen so auf ihre Schwerter und ihre christlichen Nachkommen behielten diesen Gebrauch bei, und zwar um so unbedenklicher, als das Schwert in ein christliches Symbol umgestaltet worden war.

Die Gesandten, die ihre friedliche Gesinnung darlegen wollten, kamen ohne Schwert; Krieger, die im Kampfe erlegen, faßten ihr Schwert bei der Spitze und reichten es so dem Sieger, Leben und Tod somit in seine Hand legend.

Bei den Gothen fand die Adoption durch das Schwert statt; auch belehnte man Jemand durch das Schwert mit einem Stücke Land.

Das Schwert ist nächstdem das Symbol der Gerichtsbarkeit und der peinlichen Gewalt über Leben und Tod, wie denn die Hinrichtung der Verbrecher damit bewerkstelligt wurde, wo man mit dem Beile nicht enthauptete, oder der Verbrecher diese Auszeichnung zu verdienen schien. Der alte Comes erschien nie ohne Schwert vor Gericht und der Freigraf wurde noch später per gladium et funis traditionem investirt. In den Bildern des Sachsenspiegels hat der Richter das Schwert auf dem Schooße. Zu Anfang des Sachsenspiegels wird auch das Schwert, das geistliche und weltliche, für Papst und Kaiser, als Symbol der Gerichtsbarkeit derselben gesetzt. Der Herzog von Sachsen trug als Kurfürst und Erzmarschall des H. R. Reichs dem Kaiser das Schwert, das er auch im Wappen führte.

Bei Hochzeit und Brautführung trugen die Friesen der Braut ein Schwert vor, zum Zeichen, daß der Mann Gewalt über ihr Leben habe.

Lagen ein Mann und eine Jungfrau in einem Bett und wollte der Mann sie nicht berühren, so legte er ein gezogenes Schwert zwischen sich und sie, wie bereits in den Eddaliedern und in den epischen Gesängen des Mittelalters häufig vorkommt, eine Sitte, die noch im Jahre 1477 bei der Vermählung der Maria von Burgund mit Erzherzog Maximilian geübt wurde. Als nämlich der Bevollmächtigte des Erzherzogs, Pfalzgraf Ludwig von Veldenz, gestiefelt und gespornt das hochzeitliche Bett beschritt, wurde zwischen ihn und die fürstliche Braut ein nacktes Schwert gelegt; eine Sitte, deren Spur Jacob Grimm auch in England nachweist (R. A. 170).

Die Ritter wurden ebenfalls durch das Schwert mit ihrer Würde gewissermaßen belehnt. Die Knappen ließen sich, nachdem sie alle erforderlichen Eigenschaften an den Tag gelegt, auf ein Knie vor dem Fürsten oder Ritter nieder, der ihnen die neue Würde geben sollte, und erhielten von ihm im Namen Gottes, des heil. Michael und des heiligen Georg drei leise Schläge mit der flachen Klinge auf die Schulter oder den Hals. Das nannte man Schwert nehmen. Mit Siegfried nahmen vierhundert und bei seiner und Günther's Hochzeit sechshundert junge Leute das Schwert (Nibel. L. 120 und 2597).

Wir wenden uns nun zur Betrachtung der Formen, die das Schwert im Laufe der Jahrhunderte im christlichen Europa nach und nach angenommen hat. Wir sahen, daß die Schwerter der heidnischen Germanen zur Zeit der römischen Imperatoren nicht von denen verschieden waren, welche die römischen Soldaten führten.

Die Schwerter der Angelsachsen (bei Strutt Pl. 13) waren noch sehr breit, mit einem Grat in der Mitte, mit großem Knopf und einer die Ecken des Schwertes weit überragenden Parirstange. Das Schwert wird an der linken Seite in einer hellbraunen Scheide getragen und zwar an einem um den Leib gehenden Gürtel. Die Länge der Klinge kann man auf 3 Fuß schätzen, ihre Breite aber scheint 4 Zoll zu übertreffen, der Griff ist sehr kurz und theils roth gemalt, was auf Kupfer, theils gelb, was auf Gold deutet. Ein längeres Schwert, etwa 4 Fuß lang, hat der König (Strutt Pl. 14). Bedeutend kürzer sind dagegen die in den fränkischen Capitularien abgebildeten Schwerter.

Auf der Tapete von Bayeux erscheint das Schwert mehr als Nebenwaffe und die Lanze als die vornehmste, neben der Streitaxt. Die Schwerter an der linken Seite der Krieger sind etwa 3 Fuß lang. Doch erscheinen auch kurze gekrümmte und ein langes krummes Seitengewehr.

In den Bildern zu der Herrad von Landsberg hortus deliciarum sehen wir das Schwert, wie es im 11. Jahrhundert geführt wurde, in allen möglichen Lagen. Die Klinge ist durchgehends sehr breit; die eine, welche die von der Spitze zum breiten Ende laufende Inschrift OPOL trägt, ist 6½mal so lang als breit, sie hat eine Blutrinne, in welcher die genannte Inschrift sich befindet, und die zweimal so lang ist als die Breite der Klinge; die Länge des Griffs beträgt drei Viertheile der Klingenbreite und der Durchmesser des Knopfes drei Viertheile der Griffeslängen. Ein anderes Schwert ist kürzer, mit einem Grat. Die Länge der Klinge beträgt 6¼, die der Parirstange zwei, des Griffes eine Klingenbreite. Der Knopf ist dem angemessen. Die Schwerter werden mit einer Hand geführt. Die Scheiden sind dunkel und ohne Metallbeschlag an der Spitze. Wir bemerken oben metallene schmale Bänder, die das

Mundloch umfassen, auf der Oberfläche quer überlaufen, und nachdem sie die Scheide nochmals umfaßt, im Dreieck endigen. An einem Schwert verlängert sich die Seitenfläche der Scheide am Mundloch zu einem Dreieck, welches den mittlern Theil der Parirstange da, wo der Griff sie berührt, bedeckt. Ein Schwert zeigt einen gewundenen Griff; dieses breite Schlachtschwert hängt an einer um die Lenden gegürteten Kuppel. Dieser Gürtel ist meist so befestigt, daß das eine in zwei schmale Fortsätze auslaufende Ende durch einen Schlitz am andern Ende des Gürtels durchgesteckt und festgebunden ist. Eigentliche Schnallen mit Ringen bemerkt man nirgends, obschon Kleider erscheinen, die mit Schnallengürteln zusammengehalten sind. Neben jedem Fürsten trägt der Waffenträger, Armiger, das Schlachtschwert aufgerichtet mit der Spitze nach oben, aber in der Scheide mit lose herabhängendem Gürtel in den Armen (m. s. Engelhard, der hortus deliciarum der Herrad von Landsberg. S. 87, Taf. 3. 4). Ganz in derselben Weise sind auch die Bilder der Pfälzer Handschrift des Rolandliedes (herausg. von Wilh. Grimm. Gött. 1838). Die Länge dieser Klingen dürfte 3 Fuß nicht überschritten und die Breite derselben etwa 3—4 Zoll betragen haben.

Fig. 288.

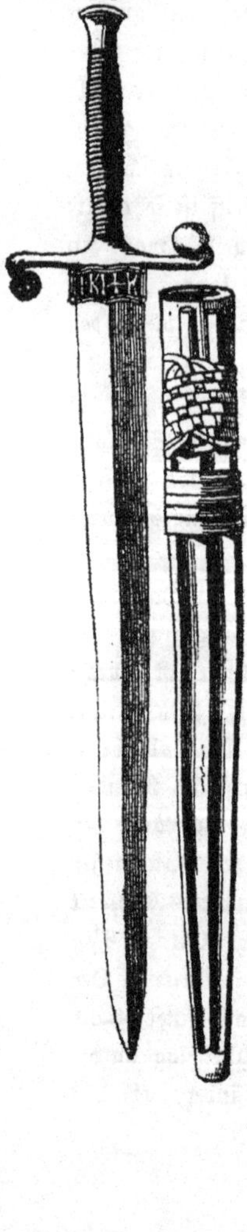

Das Königl. historische Museum zu Dresden, dessen Kern allerdings vornehmlich aus Waffen des 16. Jahrhunderts besteht, hat einige Klingen, welche dem 12. Jahrhundert angehören und die mit den oben beschriebenen Schwertern überein kommen. So befindet sich in der 8. Abtheilung des Schlachtsaales ein Schwert, dessen Klinge 2 Fuß 7 Zoll lang und 2½ Zoll breit ist. Der Griff gehört, so wie die Scheide, an welcher Behältnisse für Messer und Pfriemen angebracht sind und die oben mit Lederriemen wenig zierlich umwunden ist, einer spätern Zeit an. Eigenthümlich ist es, daß der Griff nebst der Parirstange ganz mit Leder überzogen ist und daß von der Parirstange eine

Lederhülse 2 Zoll lang herabreicht, welche auf die Scheide anstößt. Der Messingbeschlag auf der Vorderseite zeigt die zusammen gehängten, erhaben vortretenden Buchstaben H. K. Als Ortband dient ein kurzer Messingbeschlag, der auf der Vorderseite dieselben erhabenen Buchstaben zeigt. Die Rückseite desselben ist in viele kleine Vierecke durch eingeritzte Linien getheilt, in denen, ebenfalls eingeritzt, H und K mehrfach erscheinen.

Außer diesem Schwerte sind noch drei andere Klingen des 12. Jahrhunderts vorhanden, die aber durchweg moderne, d. h. dem 16. Jahrhundert angehörige Gehilze oder Griffe haben. Die eine derselben ist 2¼ Zoll breit und 2 Fuß 11 Zoll lang. Sie hat in der Mitte einen Grat. Sie trägt das Zeichen X X. Eine zweite, ebenfalls mit modernem Griff, hat genau dieselbe Länge und Breite, aber neben dem Grat zwei breite bis an die Spitze gehende Rinnen. Eine dritte ist sogar 3½ Zoll breit und 2 Fuß 8½ Zoll lang, mit starkem Grat in der Mitte, aber modernem Griff, mit birnenförmigem, der Länge nach gerieftem Eisenknopf.

Wir kommen nun zu den Schwertern des 13. Jahrhunderts. Hier wird unsere Untersuchung durch datirte Denkmale wesentlich gefördert.

Zunächst sind die Statuen der Stifter des Doms zu Naumburg, welche Lepsius (Alterthümer und Stifter des Doms zu Naumburg. 1822) bekannt gemacht hat, zu betrachten, welche der Mitte des 13. Jahrhunderts angehören. Die Schwerter sind bedeutend länger wie die vorigen; während die vorher erwähnten kaum 3 Fuß in der Länge erreichen, sind die Naumburger durchgängig zwischen 3 und 4 Fuß lang, auch etwas schmäler als die vorigen. Die Griffe sind noch kurz, aber sehr mannichfaltig gestaltet; die Parirstangen durchgängig länger, aber durchweg noch stark und gerade. Die Griffe sind meist rund und mit Bünden umgeben, die mehr oder minder dicht an einander stehen. Ein Knopf ist kugelförmig, der eine etwas abgeplattet, einer sechsseitig, einer vierseitig zugespitzt, der eine aber bildet eine Halbkugel mit der nach oben gerichteten Basis. Ein Griff ist vierkantig, der andere platt, beide ohne Knopf. Die Scheiden haben sämmtlich metallene Beschläge am Mundloch, deren Seitenflächen nach dem Griff zu in ein Dreieck auslaufen, die den Griff noch etwa 2 Zoll lang in sich aufnehmen und bedecken. Die Spitzen sind mit Ortbändern versehen, die Gürtel um die Scheiden gewunden.

Fig. 289.

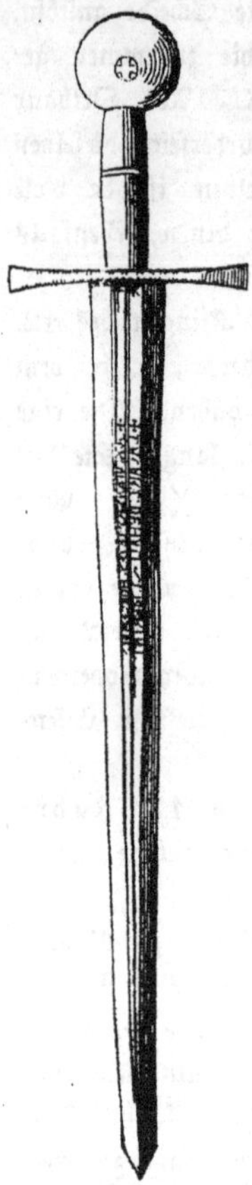

Derselben Zeit gehört das unter dem Namen des Welfishölzer Schwertes bekannte und bereits in Hoffmann's und Haupt's altdeutschen Blättern bekannt gemachte schöne und wohlerhaltene große Schlachtschwert des Konrad, Schenken von Winterstetten, an, dessen Inschrift wir oben kennen lernten. Konrad Schenk von Winterstetten und Herr von Neuffen, Kaiser Friedrich's II. Landvoigt in Schwaben und Burgund, Bruder des Minnesängers Ulrich von Winterstetten, kommt mehrfach in Hohenstaufischen Urkunden zwischen 1219 — 1240 vor. Ulrich von Thürheim gedenkt seiner rühmlichst im Tristan (V. 29). Sein Oheim war Bischof Heinrich von Than, Bischof zu Constanz. Er stiftete das Cistercienser Nonnenkloster Baindt bei Ravensburg und war überhaupt einer der bedeutendern Männer seiner Zeit.

Das Schwert selbst hat eine 3½ Zoll breite Klinge von 3 Fuß 10½ Zoll Länge, mit einer Blutrinne, die 12 Zoll vor der Spitze aufhört. Der mit Leder überzogene Griff ist an der stärksten Stelle 2 Zoll breit und etwa halb so dick und 8 Zoll lang. Die eiserne Parirstange ist 12¼ Zoll lang. Den Knopf bildet eine eiserne Scheibe, 5 Zoll breit und 1 Zoll dick.

Es gehört dieses Schwert unstreitig unter die größten Kostbarkeiten des reichen Museums.

Auf dem von Büsching herausgegebenen Grabmale Herzog Heinrich's IV. von Breslau (Berl. 1828) sehen wir auch das Schwert des Herzogs in buntgemalter Abbildung. Dieses Schwert ist nicht so lang als das vorige, Parirstange und der kugelförmige abgeplattete Knopf, zwischen denen der von der Hand bedeckte Griff nicht sichtbar wird, sind golden. Die schwarze, mit keinem Ortband versehene Scheide endigt oben in ein abgestumpftes Dreieck, welches die Parirstange überragt. Sie zeigt einen grünen Grat und unter dem Blechbeschlag grünes Schnurengeflecht. Der grüne Gürtel ist oben mit einer goldenen Schnalle und am andern Ende mit einem Metallbeschlag versehen, auf der Oberfläche desselben er-

Fig. 290.

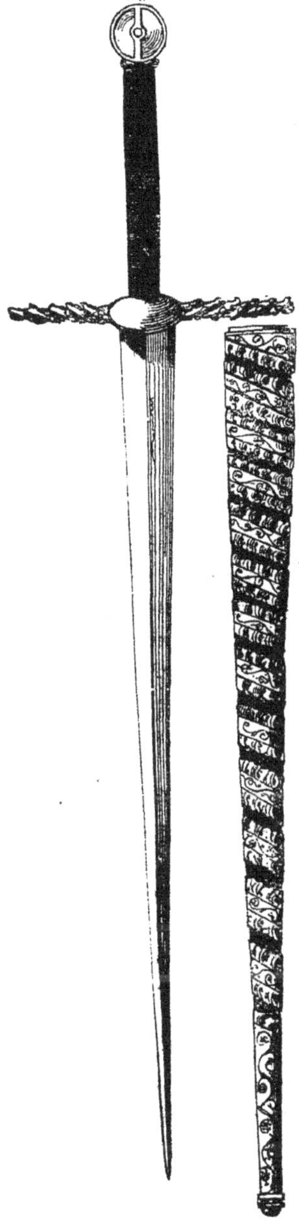

blickt man abwechselnd runde goldene Scheiben und heraldische Doppellilien. Der Grabstein aus gebranntem Thon ist vom Jahre 1299.

Aehnliche Erscheinungen bieten zahlreiche Grabsteine des 13. Jahrhunderts. Die Schwerter werden mannichfaltiger in der Form der Griffe und Parirstangen. An dem marmornen Grabmal des im Jahre 1267 verstorbenen Earl of Richmond in der Collegiatkirche von Aquabella in Savoyen erscheint ein Schwertknopf von Kugelform, dessen eine abgeplattete Seite ein Kreuz zeigt (Archæologia Brit. XVIII. S. 187, Pl. 9. 10). Auf der Grabplatte des Hugue Vidome de Chalons in Champagne, der 1279 starb, hat das im Gürtel steckende Schwert eine Parirstange, deren Enden nach unten gezogen sind. Ein Schwert mit ähnlichem Bügel finden wir auch auf einem Siegel des erstgeborenen Grafen Robert von Flandern vom Jahre 1295 (bei Heineccius Taf. XV). Der Graf hält es, zu Roß sitzend, gezogen in der ausgestreckten Rechten, während seine Linke den Schild hält. Von dem Schwertknopfe geht eine Kette aus, deren Ende auf seiner Brust befestigt ist. Mit einem eben so geketteten Schwerte erscheint Graf Ludwig von Flandern auf einem Siegel vom J. 1329, dann 1375 der Graf Heinrich v. Schaumberg, und seitdem kommt dieses Schwert öfter in Siegeln vor.

In das 13. Jahrhundert scheint

noch eins der schönsten Schwerter im 7. Felde des Paradesaales des Dresdener historischen Museums zu gehören. Die Klinge dieses Schwertes ist 3 Fuß $2\frac{1}{2}$ Zoll lang, $2\frac{3}{8}$ Zoll breit, mit einem scharfen Grat zwischen zwei flachen Rinnen; sie gehört zu den Wolfklingen. Der Griff, mit vergoldetem Silberdraht überzogen, ist 6 Zoll lang, auf demselben ist ein Cristallknopf von $2\frac{1}{2}$ Zoll Breite und 2 Zoll Dicke. Er ist in Silber gefaßt und auf der einen Seite ist der einköpfige Adler, auf der andern ein in vier Felder getheilter Wappenschild von Silber sichtbar, von denen zwei einen aufrecht stehenden Löwen, zwei aber Querbalken zeigen, die in weiß und roth emaillirt sind. Die Parirstange ist $11\frac{1}{2}$ Zoll breit und wie ein gerader Ast gestaltet, von welchem die Zweige abgeschnitten sind. Die Scheide von Holz ist mit rothem Sammet überzogen, um welche ein trefflich ciselirtes und emaillirtes und vergoldetes Silberband gewunden ist, das am Mundloch und an der Spitze zum breiten Beschläge mit entsprechenden Zierrathen sich gestaltet. (Fig. 290.)

Seit dem Ende des 13. Jahrhunderts beginnen die Ritter ihre Kettenpanzer auf der Brust, dann auf den Schultern, Ellenbogen und Knieen mit Eisenplatten zu bedecken; schon zu Anfang des 14. Jahrhunderts erscheinen ganz mit Platten stiefelartig bedeckte Schienbeine auf Siegeln, wie auf Grabdenkmalen. In der zweiten Hälfte des 14. Jahrhunderts hat der Plattenharnisch die Ringpanzer ganz verdrängt. Schon der Grabstein des Grafen Karl von Alençon, der im Jahre 1346 starb, zeigt vollständige Plattenrüstung, eben so der des Bertrand von Guesclin vom Jahre 1380, und des Barnabas Visconti in der alten Capelle St. Johann in Conca zu Mailand, wo das Kettengeflecht nur noch theils als Decke, theils als Futter der Platten erscheint.

Diese veränderte Rüstung blieb nicht ohne Einfluß auf die Gestaltung der Schwerter, die fortan theils länger wurden, theils, um ihnen mehr Gewicht zu geben, anstatt der einen Schneide einen derben Rücken nach Art der Messer und Barten erhielten. Wir werden später sehen, wie die Schweizer auf der einen und die Polen, Ungarn und Türken auf der andern Seite die weitere Ausbildung der einschneidigen Klinge fortführten, so daß die zweischneidige Klinge nur noch für den Galanteriedegen übrig blieb.

Indessen erhielt sich das zweischneidige Schwert fortwährend bei den Turnieren. In der Abhandlung des René d'Anjou über die Turniere in der Dresdener Handschrift (O. 61) lesen wir Fol. 12:

De la mesure et fachon des espees et masses ny a pas trop a dire fors que de la largueur et longueur de la lamelle. Car elle doit estre large de quatre dois affin quelle ne puisse passer par la veue du heaulme et doit auoir les deux Tranchans large d'ung doit d'espee. Et affin qu'elle ne soit pas trop pesante elle doit estre fort vuydee par le milieu et mosse deuant. Et toutte d'une venue se bien pou non depuis la croysie jusques au bout et doit estre la croysie si courte quelle puisse seulement garantir vng cop qui par cas dauanture descenderoit et viendroit glissant du long de l'espee jusques sur les dois et doit estre aussy longue que le bras auec la main de celui qui la porte. Das Stichblatt an dieser Klinge ist von Eisen, Griff und Parirstange Gold.

Fig. 291.

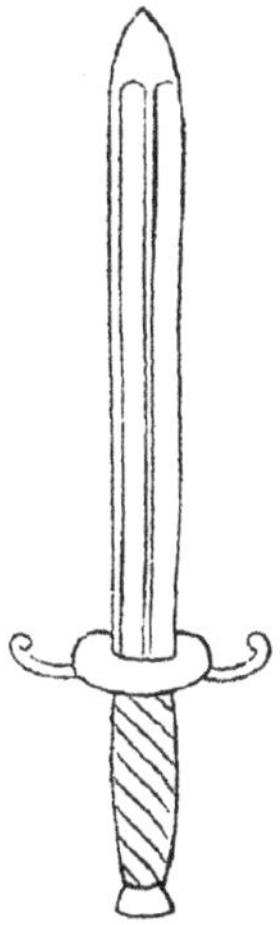

Auch gestattete dieselbe Turnierordnung, daß der Ritter sein Schwert wie seine Keule mit einer Schnur am Arme oder am Gürtel befestigen durfte, damit wenn sie ihm aus der Hand glitt, er nicht erst vom Pferde zu steigen brauchte.

In ähnlicher Weise waren nun auch die Turnierschwerter und diejenigen, welche die vornehmen Herren des 15. und 16. Jahrhunderts bei Hofe und in der Gesellschaft zu tragen pflegten. Die Klingen waren bald länger, bald kürzer, werden aber immer schmäler; Griff, Knopf und Parirstange erlitten die meisten Veränderungen. Vor allem wurde der Griff länger, oft in zwei Abtheilungen getrennt, von denen die eine an der Parirstange stärker war als die andere, die dem Griff näher ist. Der Griff ward theils mit Metalldraht, theils mit Darmsaiten umwunden, oder auch mit Leder, Seidenstoff, Sammet, Fischhaut überzogen. Neben der Parirstange brachte man Bügel an, um die Hand gegen abgleitende Hiebe zu schützen: diese Bügel nahmen die mannichfaltigste Form an; theils treten sie als eine oder zwei kreis- oder eirunde, einfache oder doppelte Bogen nur an der Außenseite, d. h. derjenigen Fläche der Klinge unter dem Griffe hervor, welche zwischen Hüfte und Arm zu liegen kommt; theils sind sie auch auf der Rückseite der Klinge angebracht. An manchen Schwertern fehlen diese horizontal von der Klinge abstehenden Bügel gänzlich, dagegen ist die Parirstange sehr lang und deren Spitzen sind entweder abwärts gebogen, spiralförmig zusammengerollt oder auch nach den Seiten in entgegengesetzter Richtung ausgebogen, so daß die Grundfläche der Parirstangen die Form des S annimmt. Wir finden aber auch Schwerter, an denen unter der Parirstange oberhalb der Klinge noch zwei Ringe angebracht sind, in welchen der Zeige- und Mittelfinger Platz finden. Der Knopf hat meist eine eiförmige Gestalt und ist mannichfach gerieft, abgekantet, birnenförmig, in eine Spitze, einen Knauf, eine Perle ausgehend. Gegen die Mitte des 16. Jahrhunderts findet sich auch ein Bügel ein, der den Zweck hat, die Außenfläche der Hand gegen Hiebe zu schirmen. Er geht gemeiniglich von dem Punkte aus, wo die Parirstange am Griffe sitzt, und wendet sich dem Knopfe zu. Der Bügel ist oft in seiner Mitte verstärkt und breiter als an den Enden.

Diese Griffe oder Degengefäße sind bis zum Ende des 17. Jahrhunderts meist von Eisen. In Nürnberg fertigte Gottfried Leihgebe solche Degengefäße nebst entsprechenden Mundstücken und Ortbändern aus Eisen, das er erweichte, schnitzte und dann wieder härtete.

Einer der schönsten Schwertgriffe dieser Art befindet sich in meiner Sammlung (Nr. 900). Er besteht aus drei Theilen — Parirstange, Griff und Knopf. Die Länge des Ganzen beträgt 8¼ Zoll, wovon auf die Parirstange 2½, auf den Griff 3½, und auf den Knopf 2¼ Zoll kommen. Die Parirstange hat 7¼ Zoll Länge, sie schließt sich an ein flaches Mittelstück an, dessen Vorder- und Rückseite einen römischen Soldaten zeigen, der in der Rechten den Spieß unter der Spitze faßt und mit der Linken den Fuß auf den Boden stemmt. Von da aus windet sich rechts wie links die Stange ab, deren jedes Ende den armlosen Körper eines gerüsteten Römers darstellt. Darunter sind zwei an das Oberende der Klinge reichende Delphine, welche auf jeder Seite einen Ring bilden. Das Mittelstück oder der eigentliche Griff hat 1¼ Zoll im Durchmesser und eine gestreckte Eiform. Die Vorder- und Rückseite zeigt einen römischen Soldaten in der angegebenen Stellung zwischen allerlei Bändern und Gewinden, in welche kleine goldene Punkte eingeschlagen sind. Der kugelförmige Knopf ist in der obern Hälfte mit vier Bügeln verziert, in denen vier römische Soldaten sitzen; von da gehen Blattgewinde aus, zwischen welchen

Fig. 292.

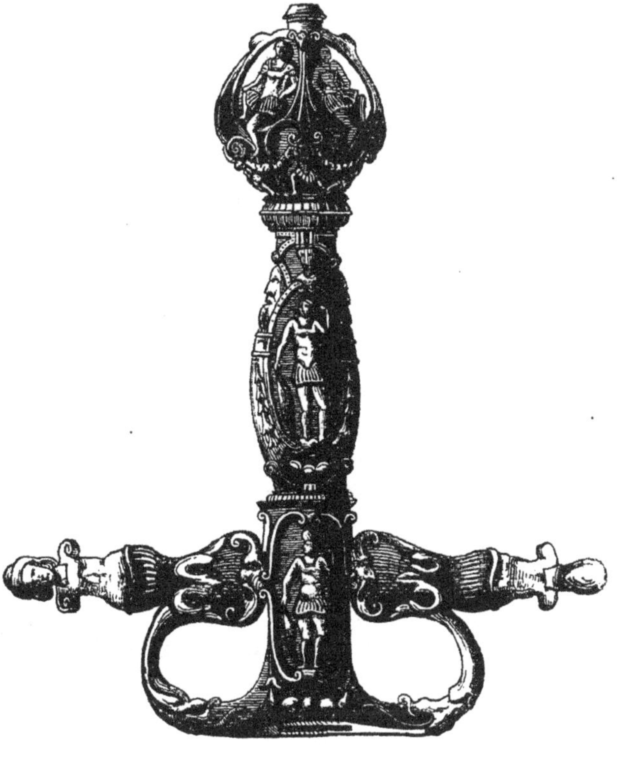

römische Soldaten stehen, welche die Enden der obern Bügel auf dem Rücken tragen.

Das Königl. historische Museum bewahrt in dem Paradesaal eine Anzahl ähnlicher aus Spanien stammender geschnitzter Schwertgriffe, deren Oberflächen mit kleinen kriegerischen Scenen geschmackvoll verziert sind.

Im 17. Jahrhundert, wo das zweischneidige Schwert von dem einseitigen Degen und Säbel verdrängt wurde, kommen die Messingbügel und Griffe in Gebrauch, die dann meist ein Stichblatt und später einen Korb für die Hand erhalten. Die Klinge des Schwertes wird nun um so schmaler, je mehr aus dem südlichen Europa das Fechten auf den Stoß sich Eingang verschafft. Die Klingen der Degen erhielten einen stärkern Grat in der Mitte, ja es wurden sogar dreiseitige Degen gemacht, neben denen jedoch auch solche vorkommen, deren Klingen eine sechsseitige

Basis haben. Je weniger nun die Degen zu eigentlich kriegerischen Zwecken benutzt wurden, desto schwächlicher ward ihr Aeußeres, wenn auch zu den Klingen der beste Stahl verwendet wurde. Man färbte den obern Theil der Klinge blau und brachte Goldmalerei darauf an, man ahmte die orientalische Damascirung auf der Oberfläche nach, ja man parfümirte sogar um die Mitte des vorigen Jahrhunderts die Degenklingen mit Ambra (s. Krünitz, Encyclopädie. VIII, 646). Die Degengefäße der Militairpersonen waren meist von Tombak oder vergoldetem Messing, die der Civilpersonen aus polirtem Stahl; man belegte die Griffe mit Elfenbein, Perlmutter, Ebenholz, Bernstein und andern Stoffen, ja man hatte Degengriffe von emaillirtem Kupfer und von Porzellan. Das Stichblatt fehlte niemals oberhalb der Parirstange.

Den Gegensatz des Galanteriedegens bildet der große Zweihänder mit zweischneidiger, theils gerader, theils geflammter Klinge, wodurch er zum Flammberg wird. Große zweihändige Schlachtschwerter kommen einzeln wohl schon im 14. und 15. Jahrhundert vor; man trug sie auf dem Rücken und sie hatten die Bestimmung, die Panzer zu zerhauen. Turniermäßig waren sie nicht, auch niemals allgemein übliche Reiterwaffe. Sie kommen bei dem Fußvolke vor, weniger jedoch bei den Feldsoldaten, den Landsknechten, als bei der Bürgerbewaffnung, und hier kaum vor dem 16. Jahrhundert; in den Verzeichnissen der Kriegs- und Waffenvorräthe der Stadt Dresden vom Jahre 1583 kommen bei 456 Langspießen und 414 langen Rohren (Flinten) nur 6 Schlachtschwerter vor.

Im Königl. historischen Museum sind die Flammberge und großen Schlachtschwerter ziemlich zahlreich vertreten. Sie sind im Allgemeinen 7 Fuß lang, wovon auf den Griff 2 Fuß kommen. Die Parirstange hat auf jeder Seite einen horizontal abstehenden Griff, unterhalb derselben ist die 2 Zoll breite Klinge 12½ Zoll mit Leder überzogen; bei 10 Zoll Abstand von der Parirstange stehen zwei aufwärts gerichtete, halbmondförmige, 2¼ Zoll lange Haken, gewissermaßen als Vorläufer der Parirstange von der Klinge ab, und ragen blank aus der schwarzen Lederhülle vor. Viele der geraden wie der schlangenförmig geschliffenen Klingen tragen das Zeichen des Wolfes, ein Flammberg im sechsten Felde des Schlachtsaals (Nr. 101) hat aber als Zeichen einen durchbohrten, ziemlich roh gezeichneten Ochsen. An den Flammbergen des historischen Museums bemerkt man deutlich, daß der Schwertfeger die

Klingen von Hause aus mit geraden Schneiden gefertigt hat, und daß die Schlangenlinie erst durch Ausschleifen später hervorgebracht wurde.

Das geflammte Schwert erscheint auch auf chinesischen Porzellanbildern, namentlich auf zwei Schalen des 16. Saals der Königl. Porzellan- und Gefäße-Sammlung zu Dresden. Dieser Flammberg ist wohl 4 Fuß lang, die schwarze Klinge ist durchbrochen und sitzt in einem goldenen Griffe.

Die einhändigen kurzen Flammberge erschienen weniger häufig als die langen.

Die großen gewaltigen Ceremonienschwerter sind wohl die am seltensten vorkommende Form. Im Königl. historischen Museum zu Dresden werden deren zwei Stück aufbewahrt, von denen die Klinge des einen im Schlachtsaal 5 Fuß 9 Zoll lang und 3 Zoll breit ist; 2¼ Zoll von der Spitze endigen zwei Grate, zwischen denen Rinnen hinlaufen. Der einfache eiserne mit Holz belegte Griff hat 2 Fuß 3 Zoll Länge, der Knopf 4½ Zoll Durchmesser, die Parirstange ist 2 Fuß 3 Zoll lang und an jedem Ende mit einem Messingknopfe beschlossen, von ihr gehen horizontal zwei kreisrunde Bügel ab. Die Zeichen der Klinge sind verschliffen.

Noch größer ist ein Ceremonienschwert im ersten Felde des Turniersaals, die Klinge ist 8 Fuß lang und unter der Parirstange 20 Zoll breit. Diese Schwerter wurden

Fig. 293.

zu Pferde geführt und mit dem Knopfe auf den Sattelknopf aufgestemmt.

An dem großen Ceremonienschwert, so wie an mehreren großen Schlachtschwertern ist an der Parirstange eine halbovale Scheibe von Leder angebracht, welche die Hand deckt, wenn das Schwert mit der Spitze in die Höhe gehalten wird.

In ähnlicher Weise führte am alten französischen Hofe der Connetable das Königliche Schwert. Es war eine große mit Lilien besäete Klinge und diente nie als Waffe. Der Connetable, Vorsteher der Marschälle von Frankreich, trug dieses Schwert nackt, die Spitze emporgerichtet, bei feierlichen Einzügen und Festen vor dem König her. War der König abwesend, so trug ein Ritter das Schwert vor dem Connetable her.

Zu den zweischneidigen Schwertern gehören endlich auch die Richtschwerter, die aber durchgängig eine breite, mehr oder weniger abgerundete Spitze haben. Man weiß nicht mit Bestimmtheit, wann die Enthauptung mit dem Schwerte zuerst geübt worden. In Hans Burgmeier's Holzschnitten zum Weißkunig sehen wir mehrfach die Enthauptung rebellischer Unterthanen und besiegter Feinde mit dem Schwerte dargestellt, z. B. Blatt 110, 172 und 202. Es geschieht dies mit dem langen gewöhnlichen Schwerte. Das Schwert, womit am 9. October 1601 der Kanzler Crell im Jüdenhofe zu Dresden enthauptet wurde, befindet sich im Königl. historischen Museum zu Dresden; es ist die Klinge 2 Fuß 11 Zoll lang und 2½ Zoll breit, sie hat von oben herab eine 6 Zoll lange Blutrinne. Die Klinge trägt den Namen des Schwertfegers: CONVADVS POLS, der Länge nach, darunter ist der Quere mit moderner liegender Uncialschrift eingeschlagen: Cave Calviniane D. N. K. (D. Nicolaus Krell).

In der Sammlung der Benedictiner-Abtei Göttweig in Oesterreich befindet sich ein Richtschwert mit folgender Inschrift auf der einen Seite:

DER · KAVFT · E · DAS · VAIL 1444
WIRT · VND · FIND · E · DAS · VER · LORN · WIRT.
DER · STIRPT · E · DAS · ER · KRANCH · BIRT.

Daneben ist das Rad mit 6 Speichen im Umriß. Die andere Seite zeigt den Namen des Schwertfegers MICHEL · PRVNER. Dabei ein Galgen und ein Kreuz.

Dieselbe Inschrift trägt ein Richtschwert in dem Carolino-Augusteum zu Salzburg.

Gewöhnlich nimmt man in den Rüst= und Waffen=Sammlungen alle Schwerter mit abgestumpften und runden Enden für Richtschwerter. Dieß ist jedoch nicht der Fall. Abgesehen davon, daß die Richtschwerter bei Burgmeier durchweg spitz geschliffen sind, haben auch die Turnierschwerter keine Spitze. Die meisten Richtschwerter sind unter 3 Fuß lang und sehr breit, und dienten vielleicht ehedem als Schlachtschwerter, die sodann, als diese Form für den Krieg nicht mehr genommen wurde, in Richtschwerter umgestaltet wurden.

Dieß sind die in Europa üblichen zweischneidigen Schwerter, die in früher Zeit auch im Orient vorkommen. So finden wir in den Bildern der maurischen Alhambra zu Granada Ritter und Richter mit kurzen breiten Schwertern, deren Klingen an die der Christen des 10. und 11. Jahrhunderts erinnern. Sie haben einen kurzen ciselirten Griff mit einem Knopf; zwischen Griff und Parirstange befindet sich ein großer, in dem Durchmesser die Breite der Scheide weit überragender Knopf, wenn damit nicht etwa eine, die Parirstange vertretende halbkreisförmige Ausladung der Schneiden angedeutet sein soll. Die Scheiden sind am Mundstück und etwas weiter unten nach der Mitte zu, so wie an der Spitze mit Metallbeschlägen versehen. An dem Mundlochbeschläge ist rechts und links an der Seite ein Ring für den Gürtel angebracht (Murphy arabian antiquities of Spain. Lond. 1813. Bl. 42 u. 45).

In der Königl. Rüstkammer zu Madrid befindet sich ein Schwert, welches Don Juan d'Austria besessen, es hat eine $1^7/_8$ Zoll breite Klinge, welche in einem Griff in derselben Weise eingesetzt ist, die wir an den Bronzeschwertern kennen lernten. Der Griff ist $3^1/_4$ Zoll lang, über demselben befindet sich eine Scheibe von $1^3/_4$ Zoll Durchmesser, darunter ein Bügel, der $4^1/_2$ Zoll breit ist und an der Klinge 3 Zoll weit herabreicht und sie somit umschließt und festhält. Die Verzierungen des ganzen Griffs sind arabischer Art. Die eine Seite der Klinge trägt zwischen Ranken und Medusenköpfen das mit einem Helme gekrönte Wappen des Prinzen, auf der andern aber ein Kreuz in einem Kreise, in dessen vier Feldern zwei Löwen und zwei Lilien sichtbar werden (s. La Armeria Real de Madrid von Jubinal. I. Taf. 7. S. 21). Der Griff ist von Gold und weiß, blau und roth emaillirt.

Sonst kommen im Orient weder im Islamitischen noch in Indien und China gerade zweischneidige Schwerter vor. Man findet wohl einzelne Exemplare in Nubien und im Kaukasus, sie wer=

den aber nur als Seltenheiten und Kostbarkeiten aufbewahrt, tragen auch meist Inschriften spanischer oder deutscher Waffenschmiede an sich. Auf chinesischen Vasenbildern kommt Schwert und Flammberg sehr selten vor, ersteres ist dann zweischneidig.

Das einschneidige Schwert

ist, wie ich bereits oben bemerkte, weit jüngern Ursprungs. Während die Klinge des zweischneidigen Schwertes durchweg gerade ist, — man hat nur die zweischneidige gekrümmte Klinge als Dolch bei Persern und Arabern — ist die einschneidige Klinge meistentheils gekrümmt, und diese Form scheint die uranfängliche zu sein, wie sie denn im ganzen Orient die herrschende ist und vom Rothen Meere bis an den Stillen Ocean sich erstreckt. Auch in Europa ist bei weitem die Mehrzahl der einschneidigen Klingen gekrümmt. Gemeiniglich bezeichnete man das einschneidige gekrümmte Schwert mit dem Namen **Säbel**.

Fig. 294.

Eine der ältesten Formen des Säbels dürfte wohl die auf den **altägyptischen Denkmalen** vorkommende kurze, breite, krumme Waffe darbieten, welche **Shops** oder **Khops** genannt wurde. Die Waffe finden wir in den Händen der Soldaten, wie der Feldherren und der Könige. Die Klinge war an der Spitze schmal, auf der concaven Außenseite geschliffen, hatte einen starken Rücken und war in einen Griff gefaßt, der unten sich wie ein Blumenkelch entfaltete. Für gewöhnlich erscheint die Klinge blau, was auf Stahl deutet, der Griff aber gelb. In der Hand des Königs ist die Klinge roth dargestellt. Die Länge dieser Waffe, die man wohl füglich als gekrümmtes Hackemesser bezeichnen kann, wird kaum $1\frac{1}{2}$ — 2 Fuß erreicht haben.

Eine ähnliche Waffe kommt noch heutigen Tages bei den **Negern von Benguela** vor. Es ist dieß eine krumme einschneidige Klinge von $14\frac{1}{2}$ Zoll Länge. Da wo sie in dem Griff sitzt, ist sie $1\frac{1}{4}$ Zoll breit, sie schwillt allgemach bis zu 3 Zoll Breite an und endigt in eine rückwärts austretende Spitze. Das Heft ist aus hartem braunem Holze und mit dem Knopf fast 5 Zoll lang. Der eigentliche Griff ist 3 Zoll lang und mit starkem Mes-

Fig. 295.

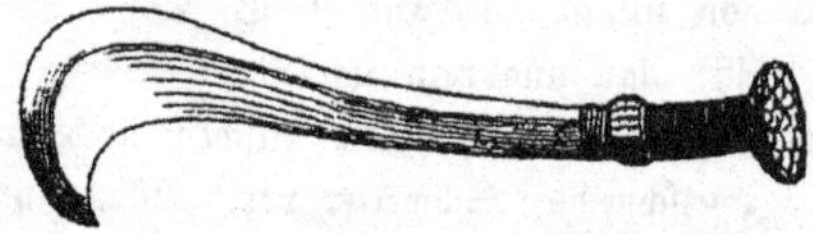

singdraht umwunden. Der Knopf bildet eine Scheibe von 3 Zoll Durchmesser und 1 Zoll Stärke. Die untere an den Griff anstoßende Seite ist mit zwei Reihen Messingnägeln, die zwei Kreise bilden, besetzt; die Oberseite enthält 34 Messingnägel. Zwischen dem Griffe und der Klinge ist ein eiförmiger Knopf von 1 Zoll Dicke angebracht, der die Stelle der Parirstange vertritt und mit breiten Messingbändern benagelt ist, die an der Vorderseite am dichtesten aufliegen. Unterhalb dieser knopfartigen Parirstange ist die Klinge fünfachtel Zoll lang mit starkem Messingdraht umwunden (Nr. 1673 u. S.). Die alten Berichterstatter über die Neger an der afrikanischen Westküste, Müller, Bosman, Isert, Bowdich bemerken, daß diese Säbel gemeiniglich eine hinten offene Lederscheide haben, daß der Knopf mit Pferdehaar-Schnüren, Riemen oder auch einer Muschel und Gold verziert sei, und daß er meist sehr stumpf sei, so daß man unterschiedene Male zuhauen muß, ehe der Kopf von dem Rumpfe eines Menschen gebracht wird.

Fig. 296.

Bei den alten Aegyptern finden wir als weitere Entwickelung dieser Form eine breite gerade Klinge mit rückwärts gebogener Spitze und kurzem Handgriff. Die Waffe kann wenig über 2 Fuß lang gewesen sein und ähnelt in der Form am meisten den Tischmessern des vorigen Jahrhunderts. Auf den Denkmalen erscheint der Griff gelb und die Klinge blau, was man für Stahl nehmen muß (Rosellini monum. civili. Taf. 121).

Nächstdem erscheinen auf den chinesischen Vasenbildern Säbel, die bei weitem länger sind; die längsten haben eine Klinge von vier Spannen, etwa 3 Fuß Länge; sie ist schmal und gegen das Ende hin auch am Rücken geschliffen, so daß sie in eine scharfe Spitze endigt. Der Griff ist spannenlang mit S-förmiger Parirstange, unter welcher eine blumenkelchartige Tülle hervorragt, in die der Griff eingefaßt ist. Wir bemerken auf den Vasen des 15. und 16. Saales der Königl. Porzellan- und Gefäße-Sammlung auch kürzere aber nur wenig gekrümmte Säbel, und zwar in jeder Hand des Fechters einen. Es erscheinen auch kurze, 2 Fuß lange nach der Spitze hin sehr breite Säbel, mit denen man die Lanze des Gegners zu pariren sucht. Dann finden wir in den Vasenbildern Säbelklingen, die auf einen kurzen Lanzenschaft aufgesteckt sind, ferner ziemlich gerade Säbel, deren Spitze sich in drei Theile sondert, die wie ein Dreizack herausragen. Im Allgemeinen finden wir jedoch als Hauptwaffe der Reiter auf den Vasenbildern die Lanze, und die berittenen Lanzenträger immer ohne Säbel an dem Gürtel.

In der jetzigen chinesischen Armee ist der Säbel vornehmlich Waffe der Infanterie. Er wird reglementmäßig aus vier Pfund Eisen und neun Unzen Stahl geschmiedet, wozu man zwanzig Pfund Steinkohlen gebraucht. Der Griff ist gemeiniglich aus schwarzem Holze, das Stichblatt, so wie das Beschläge der Scheide aus Kupfer. Die Scheide ist aus Holz, mit der Haut des Fisches Tse-yu überzogen und lackirt. Ein ganzer Säbel kostet der Regierung etwa einen Speciesthaler (s. Mémoires concernant les Chinois. VII, 368).

Die Säbel der Japaner sind berühmt wegen der Trefflichkeit und großen Härte ihrer Klingen. Die japanischen Säbelklingen sind gemeiniglich etwas über 3 Fuß lang und 1—1½ Zoll breit, wenig gekrümmt und in einen oft mehr als fußlangen Griff von festem, schwarzen, polirten Holze eingelassen, der durch ein kleines Stichblatt von Messing von der Klinge getrennt, auch am obern Ende mit Kupfer beschlagen ist. Knopf und Parirstange fehlen. Man führt diese langen Säbel mit zwei Händen. Minder gewichtige Säbel werden mit der rechten Hand gehandhabt, die linke Hand führt einen zweiten, der zum Pariren der Hiebe dient. Chinesen und Japaner tragen den Säbel an einem Gürtel an den Hüften, doch so, daß der Griff nicht wie bei uns nach vorn gerichtet ist, sondern, daß die Spitze der Klinge nach hinten steht. Mit dem japanesischen Säbel wird ein ziemlich starker Nagel glatt abgehauen. Waffenschmiedezeichen habe ich bis jetzt nicht auf japanischen Klingen bemerkt.

Die Säbel der Araber, Türken und Perser sind bei weitem mehr gekrümmt als die der Chinesen. Die Klingen sind selten über 3 Fuß lang, öfter aber noch darunter. Sie sind meist schmal und kaum zollbreit, die convexe Seite der Klinge sehr scharf geschliffen, zwischen Rücken und Schneide befindet sich nur seltener eine tief ausgeschliffene Rinne. Die Klingen sind leicht und schwirren, wenn sie geschwungen werden. Die Griffe sind durchgängig kürzer als die europäischen und theils von Metall, theils von Wallroß oder Elfenbein, Cristall, Jade oder Nephrit, oft geschnitzt, mit Corallen, Saphiren, Rubinen, bei den Persern auch mit Türkisen und Perlen besetzt. Die Parirstangen der orientalischen Säbel sind meist gerade und bis 6 Zoll lang. Bügel, die von der Parirstange bis zum Knopf reichen, kommen nicht vor. Die Scheiden sind meist von Holz, mit Leder, Fischhaut, Taffet, Sammet überzogen und am Mundstück, in der Mitte und am Ende mit Metall beschlagen, das oftmals prächtig gravirt und ciselirt, auch mit Edelsteinen besetzt ist. Um einige persische Scheiden des Königl. historischen Museums zu Dresden ist ein breites Band von englischem Pflaster gewunden, d. h. Taffet, der mit einer klebenden Substanz getränkt ist, um Hiebwunden rasch verschließen zu können.

Die geschätztesten Klingen sind sogenannte Damascener, d. h. die alten in Damask aus hartem Stahl und weichem Eisen gefertigten Klingen, deren Oberfläche wellen- und atlasartig schimmert.

In neuer Zeit fertigt man auch in Persien vortreffliche Klingen und zwar in Schiraz. Ein bewährter Augenzeuge, der bekannte Reisende Erich von Schönberg (in s. Patmakhanda. II, 421), berichtet darüber: Der Perser weiß gar viel zum Lobe der Klingen von Schiraz zu sagen, doch sind meist alle Angaben, die uns von dieser Seite zugehen, auf Erfahrung angeblich beruhend denen entgegenzutreten eben wieder Erfahrungen nöthig waren, und wer hätte als Reisender wohl Gelegenheit zu versuchen, welcher Säbel den Menschen am schnellsten und leichtesten zerlegt, welcher am besten im Blut schneidet und welche Schärfe am längsten im Blute steht u. s. w. Ich will, fährt derselbe Berichterstatter fort, von alle Dem nur Das erwähnen, was mich meine Augen lehren bei dem Vergleich dieser Schirazklingen mit andern Säbeln. Den persischen Säbel von Schiraz halte ich für besser im Stahl und härter als den Säbel von Damaskus alter Fabrik, dagegen halte ich die Form, die ganze Stellung und den Bau des persischen Säbels dem von Damaskus nachstehend; die persischen Säbelklingen sind nicht breit, dagegen lang, sehr gebogen und stark, dabei gewinnen sie alle ein Uebergewicht in der Spitze, und es gehört eine besondere Uebung und Gewohnheit dazu, um mit dem persischen Säbel nicht flach zu hauen, da er sich bei der geringsten schiefen Bewegung in der Hand wendet. Dieser Uebelstand wird aber noch erhöht durch die Schwäche des Griffs. Der Griff eines persischen Säbels ist so schwach, daß die Hand, sich schließend, sich fast berührt, was Dem wenigstens, der nicht besonders darauf geübt ist, ein wirkliches Festhalten des Säbels sehr erschwert, wogegen der Griff des Säbels von Damaskus ungleich stärker und auch länger ist, so daß man einen vollen, festen Griff hat, um auch der weniger an die Waffe gewöhnten Hand zu erlauben, die Klinge mit der leisesten Wendung sicher zu dirigiren. Daß der persische Säbel für Den, der ihn bei diesen Uebelständen gerade zu führen versteht, einen ungleich kräftigern Hieb geben wird, als der Damascener aus Damaskus ist nicht zu bezweifeln, da sein besonderes Uebergewicht in der Spitze, so wie die sehr gebogene Form und der schwache in der Hand leicht Nachzug erlaubende Griff dem Säbel eben die Eigenschaft verleihen, um einen großen Zug zu geben. Doch es gehört vorzugsweise Uebung dazu und eine sehr sichere Führung, um irgend Besonderes mit der Waffe zu bewirken, denn ohne diese werden die Hiebe ungleich oft flach fallen. Was die Arbeit der Klinge aber selbst anlangt, so läßt diese nichts zu wünschen übrig; der Damast ist sehr fein und schön, der Stahl vortrefflich und die Bearbeitung fein und gut. Eigenthümlich für die persischen Säbel ist, daß dieselben nur in Stahl oder Eisen gefaßt sind und nicht, wie in der Türkei, Damaskus u. s. w., in Messing, Silber oder dergleichen. Die Scheiden sah ich oft mit Gold beschlagen, nie aber die Griffe; doch dergleichen Scheiden sind mir auch nur einzeln vorgekommen, und vorzugsweise Alles aus Stahl oder Eisen; das Bessere, Feinere dann mit sehr feinem Damast beschlagen, mit Goldverzierungen u. dergl. geschmückt. Ich möchte glauben, daß dieser Erscheinung irgend ein besonderes Vorurtheil zu Grunde liegt, und unwillkührlich erinnere ich mich der Erzählung der Indier, die behaupten, ein früherer Badschah alter Zeit habe bei Ueberwindung der Afghanen diesen für ewige Zeiten das Tragen von Säbeln mit eisernen Griffen verwehrt, eine Schande, als Strafe ihres Verhaltens, indem ihre Hände zu arabisch, um den eisernen Schwertgriff zu führen. Der Nationalschwertgriff der Indier ist nämlich ganz aus Eisen oder Stahl und weicht in der Form von dem persischen Schwertgriffe ab, der der Afghanen hat weiße oder schwarze Hornschalen, auf die sich eben die Erzählung der Indier bezieht.

Nächst den Damascenern und den persischen Säbeln haben die von Guzerat besondern Ruf; sie ahmen den persischen Damast täuschend nach. Die ältern Klingen werden mit 15—20, neuere mit 5—10 Rupien (die Rupien zu etwa 10 Thalern) das Stück bezahlt. Alte Klingen gelten für bewährt und stehen daher höher im Preise als neue. Außer den Damascenerklingen fertigt man in Guzerat auch einfache schlichte Klingen von großer Schönheit und Güte. Erich von Schönberg (Patmakhanda. I, 310) erzählte man dort, daß wenn ein reicher Landbesitzer einen Säbel machen lasse, so kaufe er sich zu diesem Zweck 240 Pfund gutes Eisen und dieses werde so lange durchgearbeitet durch Treiben und Glühen, bis nur noch so viel Eisen von der ganzen Masse übrig als nöthig, um eine Klinge daraus zu schmieden. Die daraus gefertigte Klinge werde dann dadurch geprüft, daß man damit einem jungen Büffel den Kopf auf einen Hieb abhaue. Ist die Klinge gut, so soll dieses Experiment jedesmal gelingen. In gleicher Hinsicht sagte man, daß die persischen Klingen sich dadurch werthvoll machten, daß das Blut durchaus keine schwarzen Flecke an denselben zurücklasse, was bei andern Klingen der Fall sei, und daß dieselben dadurch nicht stumpf würden, wie andere Klingen.

Gute Klingen werden im Oriente zu außerordentlichen Preisen verkauft. Alexander Burnes (Kabul 136) sah eine, die 5000 und zwei andere, deren jede 1500 Rupien (die Silberrupie zu etwa 1 Thaler) geschätzt waren. Erstere war ein Säbel von Ispahan, gefertigt von Zaman, dem Zöglinge Asad's, mit einem Sclaven Abbas' des Großen. Sie war aus Akbaristahl und hatte Gulano Schah Kalora von Sind gehört, dessen Name darauf stand. Ihr Werth bestand in dem Wasser, das man gleich einem Seidenband entlang der ganzen Klinge verfolgen konnte und das durch keine Krümmung oder Kreuzung durchbrochen war. Die zweite war ein persischer Säbel vom Wasser Bagumi, dessen Linien nicht gerade liefen, sondern wie ein gewässertes Seidenzeug herabwallten. Der Name Nadir Schah stand auf der Klinge. Der dritte war eine schwarze Khorassanklinge vom Wasser Bidr, sie hatte weder gerade, noch wallende Linien, sondern war mit dunkeln Flecken gesprenkelt. Alle diese Säbel waren leicht und lagen gut in der Hand, der schätzbarste war der gekrümmteste. Der Stahl an allen dreien klang wie eine Glocke; er soll sich durch das Alter verbessern. Ein Beweis von der Vortrefflichkeit eines Säbels ist, daß man mit Gold darauf schreiben kann; höhere Beweise sind, daß er einen starken Knochen glatt durchschneidet und ein seidenes in die Luft geworfenes Tuch trennt.

Die abendländischen Helden übten mit ihren trefflichen Schwertern besonders gewaltige Kraftstücke, sie trennten, wie wir oben sahen, die gepanzerten Feinde von oben nach unten oder auch in die Quere. Die Orientalen verlangen von ihren Säbeln, daß sie wohl auch dazu geschickt seien; allein sie legen ganz besondern Werth auf Uebungen, die eine feine Ausbildung der Hand erfordern, wie z. B. ein indischer Häuptling offenbarte. Er befahl einem Manne seiner Umgebung, den Oberkörper zu entkleiden und sich mit dem Rücken auf den Boden zu strecken. Dann bedeckte er die nackte Brust des Liegenden mit einem seidenen Tuche und durchschnitt dasselbe im Vorübergehen mit seinem Säbel, ohne auch nur im geringsten die darunter befindliche Haut zu ritzen (Orlich, R. in Ostindien. I, 203).

Die Orientalen, Indier wie Perser, verwenden daher großen Fleiß auf die Ausbildung der Hand, sowohl zu kräftiger, als geschicklicher Führung des Säbels. Zunächst muß die Faust stark und gelenkig gemacht werden. Man befestigt daher bei der Uebung Gewichte an die Hand, mit denen sie den Säbel führen müssen, indem sie denselben hoch und niedrig, vorwärts und rückwärts, langsam und rasch bewegen. Während der Uebung legte man auch noch eiserne Gewichte auf die Schultern. So ist es in Persien (Chardin IV, 126).

Die Indier stellen den Fechtlehrling mit dem Vorkörper dicht in eine Zimmerecke und lassen ihn hier den Säbel aus der Scheide ziehen; er ist dadurch genöthigt, den rechten Arm so dicht als möglich am Leibe zu behalten.

Die indischen Fürsten haben unter dem zahlreichen Gefolge ihrer Hofhaltung immer auch Fechter, die sich durch besondere Geschicklichkeit auszeichnen und deren Leistungen oft an das Unglaubliche gränzen. Erich von Schönberg sah am Hofe des Königs von Oude zu Lucknow auf einem freien Platze die Uebungen der königlichen Fechter. Ihre Schwerter waren mit langem, eisernem Vorderarm, oder Handharnisch, oder langem, Panzerhandschuhähnlichem Griffe versehen, und der Griff wie der Dolchgriff (s. o. Fig. 275) und die lange dünne Klinge 1½ Zoll breit. Nachdem sie allerlei theatralische Stellungen ausgeführt, wobei die Klinge in eine zitternde Bewegung dergestalt gesetzt war, daß die Spitze 6 — 7 Zoll von der geraden Linie abwich, begannen die eigentlichen Proben der Geschicklichkeit der Hand und der Schärfe der Klingen.

Der Fechter legte eine kleine Kaurimuschel mit der scharfen Seite in eine kleine Vertiefung des Sandes und hieb nun den runden, emporstehenden Theil derselben ab, was er mehrmals wiederholte. Auf gleiche Weise durchhieb er eine Betelnuß. Dann legte er eine Orange auf den Boden und schnitt mehrere schmale Streifen von derselben ab, und zwar vom untern auf dem Boden ruhenden Theile anfangend, so daß der obere Theil der Frucht zuletzt daran kam. Nachher durchhieb er mit derselben Klinge Kugeln von festem Holze und 4 – 4½ Zoll Durchmesser, und dann die davon abgehauenen Stücke, und zwar in der Richtung der Holzjahre, dann ein Stück Sandstein von 5—6 Zoll Dicke und 12 Zoll Höhe. Darauf durchhieb er eine in ein Tuch eingeschlagene Orange, ohne daß das Tuch verletzt wurde. Endlich legte er eine Muschel auf die Hand eines andern und hieb von derselben ein Stück ab, theilte dann auch noch ein Senfkorn mit dem Schwerte. Der Berichterstatter (Erich von Schönberg, Patmakhanda. I, 133) gewann die Ueberzeugung, daß bei einigen dieser Kunststücke Taschenspielereien stattgefunden.

Wie im Abendlande so legt man auch im Orient großen Werth auf Schwerter, die in den Händen berühmter Männer gewesen. Ismael Abulfeda berichtet über die Waffen, welche der Prophet hinterlassen (Leben Mohamed's, Cap. 70). Unter den Waffen, welche der Prophet Gottes besessen, war auch der Säbel, genannt Dsulfakar, d. h. der Durchbohrer, den er als Beutestück aus der Schlacht von Bedr brachte und welcher dem Mombas Al Hegjahi, dem Sohne des Alsahamitam gehört hatte. Drei andere Säbel nahm er den Söhnen Kainoba ab. Als er von Mekka nach Medina floh, nahm er zwei Säbel mit, mit deren einem er in der Schlacht von Bedr kämpfte.

Andere Geschichtschreiber sagen, Mohamed habe neun und mehr Säbel gehabt, Dschannabi führt sie einzeln an: 1) Mabur, der nadelspitzige, war der erste Säbel, den er besaß; 2) Al-Adhb, der gespitzte; 3) Dsulfakar, den er in keinem Treffen von sich legte und der nachher dem Ali gehörte; 4) Al-Kola, der Säbel aus Kola in Assyrien, der Stadt, wo er gefertigt ward, wo man vortreffliche Klingen schmiedete; 5) Al-Battar, der scharfschneidige; 6) Al-Hatf, der Tod; 7) Al-Medham, der wohlschneidende; 8) Al-Rosub, der tiefeindringende; 9) Al-Kadhib, der zierliche, schneidende. Außerdem besaß der Prophet noch einen zehnten Säbel, den er von seinem Vater geerbt hatte (s. Abulfeda vita Mohamedis c. J. Gagnier, S. 153).

Fig. 297.

Der Säbel des Propheten wird auch mehrfach auf den Klingen abgebildet und ist demnach in der Gestalt eines Zweizacks, dessen Ende in zwei Spitzen ausläuft. Eine Schwertklinge des Türkenzelts im historischen Museum enthält unter dem Griffe eine arabische Inschrift, die Herr Professor Fleischer in Leipzig also übersetzt: Es ist kein Heiliger als Ali, und kein Schwert als der Dsulfakar, das von Mohamed geerbte in zwei Spitzen auslaufende Schwert Ali's. Mein Vertrauen steht auf Gott.

Fig. 298.

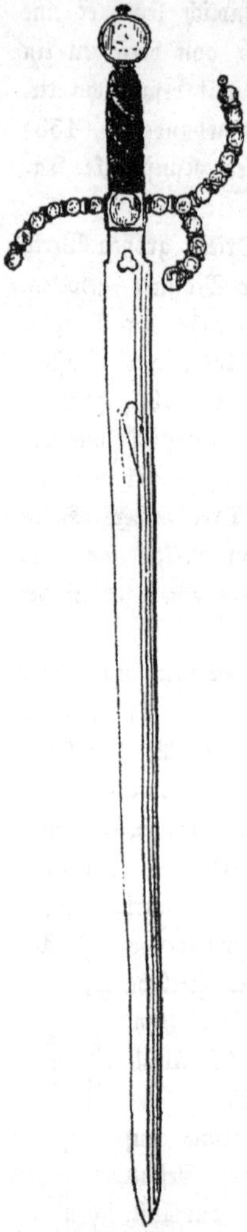

Ein sehr schöner Säbel derselben Sammlung hat einen Griff von 5½ Zoll Länge, der Knopf und die Parirstange sind mit 48 griechischen und lateinischen goldenen Münzen besetzt. Die Klinge aus feinem Damast ist 3 Fuß 2 Zoll lang und 1⅝ Zoll breit. Auf der einen Seite derselben steht ein persischer Vers des Inhalts: „So lange dir eine Hoffnung bleibt, setze deine Hoffnung auf mich," auf der andern ist der Dsulfakar abgebildet.

Andere Klingen tragen die Namen ihrer Verfertiger, ihrer Herren, fromme Sprüche, Lobpreisungen der Herrscher in persischer, arabischer und türkischer Sprache, z. B. „Ruhm unserm Herrn, dem Sultan, dem gerechten, dem thätigen, dem für die Religion streitenden König, Sultan Osman, Mohamed's Sohn" (1618 bis 1622) auf der einen Seite der Klinge; auf der andern steht: Gefertigt für die Krieger im Jahre 1017, Arbeit von Mohamed, dem Sohne Joseph's, aus Hamoh in dem wohlbefestigten Damaskus, in der von Gott geschützten Feste.

Eine andere Klinge enthält zwei persische Distichen des Inhalts: O Schwert, mögen durch dich die Gegner der Religion vermindert werden; möge der Garten des Sieges durch dein Wasser fröhlich blühen, dein Besitzer nimmt seine Zuflucht zum Gebete des Schwertes; möge mit dir der Hauch des Dsulfakar dein Begleiter sein.

In der genannten Sammlung kommen noch folgende Schmiedenamen vor: Atha Mohamed in Kairo, Ali aus Ispahan (s. v. Quandt, Andeutungen für Beschauer des histor. Museums. Dresden 1834, S. 166 ff.).

Wir fanden bisher als Sitze tüchtiger Schmiede Schiraz, Ispahan, Kairo, dann Damask. Chardin rühmt besonders die

Klingen von Kom in Persien. Die Klingen von Damask waren die berühmtesten, sie wurden über das Rothe Meer nach Indien geführt. Indessen hatte Timur-Bey die meisten Klingenschmiede von Damask nach Khorassan übergeführt, so daß die neuern Reisenden sich in Damask vergebens nach den berühmten Schmiedewerkstätten umgesehen haben.

Die westorientalischen Klingen sind meist am Griff stärker als an dem allgemach spitzzulaufenden Ende. Die persischen sind weniger gekrümmt, als die türkischen, die fast halbkreisförmig und wie Sicheln gestaltet sind. Die indischen Säbel dagegen werden gegen das Ende breiter, auch hat der Rücken zwei, ja zuweilen drei Einbiegungen. Diese Klingen haben einen starken Zug.

Die Säbel der Inseln der Malayen im indischen Archipelagus, namentlich die der Einwohner von Java und Sumatra, sind einfacher, breiter, stärker und weniger gekrümmt.

Fig. 299.

Die eine javanische Klinge meiner Sammlung ist gerade 2 Fuß lang, am Griff 2 Zoll breit und 1½ Achtelzoll dick. Vom Griff an laufen dicht am Rücken drei Rinnen 18 Zoll lang hin. Die Klinge hat eine 5 Zoll lange, 1½ Zoll breite Angel, auf welcher mit drei Nieten auf jeder Seite doppelte Hornschalen befestigt sind, die oben nach der Schneide hin vogelkopfartig ausladen, wodurch gewissermaßen der Knopf ersetzt wird. Der Griff hat über 1 Zoll Durchmesser. Auf der einen Seite der Klinge ist eine Art doppelter Hakenfigur, Sonne, Mond und Sterne eingeschlagen (Nr. 4390 m. S.).

Der andere Säbel ist nur 19 Zoll lang im Ganzen, wovon 4 Zoll auf den Griff kommen. Die Klinge ist oben 1½, unten 2 Zoll breit, dreiachtel Zoll dick und an der Spitze auch auf der Rückseite 6 Zoll hinauf geschliffen. Der Griff ist wie bei dem vorigen (Nr. 4389 m. S.).

Auf Sumatra und Amboina werden die Griffe noch mit Menschenhaaren verziert. Die Schmiedearbeit ist wenig besser als die der Neger.

Eine dem türkischen Reiche eigenthümliche Waffe ist der Yatagan oder das gekrümmte

Messer, dessen Schneide von der concaven Seite der Klinge gebildet wird. Der hier abgebildete Yatagan befindet sich im Türkenzelt des Königl. histor. Museums zu Dresden, seine Klinge hat 25 Zoll Länge und am Griff 1½ Zoll Breite. Der Griff ist 5½ Zoll lang. Die Scheide ist aus Silber getrieben. (Fig. 299.)

Von den Türken haben auch die Serben und andere südslawische Nachbarn derselben den Yatagan angenommen, den sie sämmtlich in dem um den Leib gelegten Gürtel, neben den Pistolen führen. Der Yatagan dient dem gefallenen Feind den Kopf abzuschneiden.

Wir wenden uns nun zu den Säbeln der Europäer.

In einer dem Ende des 14. Jahrhunderts angehörigen Handschrift der Königlichen Bibliothek zu Dresden A. 49, welche auch eine der ältesten Abbildungen der Kanone enthält (s. C.-G. IX, Taf. VI, S. 441), kommen unter den Waffen kurze an den ägyptischen Shops erinnernde Säbel mit sehr breiter Klinge fast noch häufiger vor, als die geraden, langen, zweischneidigen Schwerter. Sie haben eine nach der Spitze gerichtete Parirstange, einen runden oder kantigen großen Knopf und längern Griff. Es wird damit gefochten und geköpft. Die Griffe sind gelb, also von Messing.

In derselben Handschrift erscheint auch (F. CCCXXXviij) ein Schwert, dessen Klinge neunmal so lang ist als der etwa 4—5 Zoll lange Griff, und dessen breiteste Stelle 1½ Grifflängen hat. Es ist ebenfalls gekrümmt. Hier haben wir Waffen vor uns, dergleichen in Wirklichkeit wohl nie vorhanden waren, welche aber die Phantasie des Künstlers unfehlbar nach den Erzählungen von Pilgrimmen ausführte, die aus dem heiligen Lande zurückkamen und von den Schrecknissen erzählten, welche die Türken dort verübten.

Dagegen bringen die Holzschnitte des Hans Burgmeier zum Weißkunig uns Säbel zur Darstellung, welche offenbar nach Originalen gefertigt sind, die der Künstler vor Augen hatte.

So treten bei einem Gastmahle Männer auf, die als Türken verkleidet und deren Gesichter mit Vogelmasken verhüllt sind; ihnen hängt an der linken Seite an zwei Riemen ein gewaltiger breiter Säbel, dessen Spitze scharf abgekuppt ist. Die Griffe haben Parirstangen und an dem vorwärts gebeugten Griff ist ein Ring (Bl. 30).

Aehnliche Säbel führen die Polen oder Ungarn, welche der Kaiser in der Vorhalle empfängt (Bl. 49). Mit diesem Gewehr erscheinen sie denn überall in allen Holzschnitten.

Einen ähnlichen, doch kleinern Säbel trägt der junge Fürst (Bl. 33), wo wir ihn zu Pferde mit Bogen und Pfeil auf der Vogeljagd erblicken. Auch erscheinen Landleute mit noch kürzern krummen Säbeln an der linken Seite.

Allgemach scheint aber der Säbel sich über Ungarn und Polen her dennoch Eingang verschafft zu haben, denn wir finden bereits in dem Fechtbuch von Joachim Meyer, vom Jahre 1570, das Fechten mit den Dusäcken schon vollkommen ausgebildet und auf 49 Blättern dargestellt. Der Meister sagt, daß das Fechten im Dusäck, welcher seinen Ursprung aus dem Schwert, als aus dem rechten Quell alles Fechtens nimmt, sehr gebräuchlich. Der Dusäck ist nach dem Schwert die gewöhnlichste Waffe, die zu einer Hand gebraucht wird. Doch ist diese Fechtart, wie er selbst andeutet, schon eine Veränderung der ursprünglichen und alten.

Der Dusäck, mit welchem Meyer seine Schüler übte, war aus Holz, nicht länger als der Arm, also etwas über 2 Fuß, und Klinge, Griff und Bügel, Alles aus einem Stücke geschnitzt; er hatte einen sehr starken Rücken. (Fig. 299 a.)

Fig. 299 a.

In den Kriegsgebrauch gingen jedoch damals die Säbel durchaus noch nicht bei Deutschen und Franzosen über, wohl aber führten deren die Ungarn und Polen, die öfter mit den Türken in Berührung kamen, denen sie Waffen abnahmen und die sie dann zum Schmuck, wie zum Gebrauch anwendeten.

Im historischen Museum zu Dresden finden sich im Schlachtsaal nur einige ältere krumme Säbelklingen, die durchgehends ziemlich lang, 3 Fuß 6 Zoll, und dick sind, ihre Breite beträgt nicht über 1½ Zoll. Die Griffe sind von Eisen, theils mit, theils ohne Bügel.

Desto mehr polnische und ungarische Säbel bietet das Türkenzelt, darunter sind deren, welche historischen interessanten Personen angehörten, wie z. B. dem Stephan Bathory, dem König Johann Sobieski (Fig. 300) und Andern. Diese Klingen sind durchgehends länger, breiter und stärker als die ächt orientalischen, die Griffe haben eine massivere Form, die Parirstange ist länger, oft geht von der Parirstange ein Kettchen nach dem Obertheile des Griffs, der meist von Messing ist. Die Scheiden ähneln den orientalischen, sind aber nicht so zierlich gearbeitet, wie denn alle diese Klingen, wenn sie nicht wirkliche Damascener sind, plumper sich darstellen.

Fig. 300.

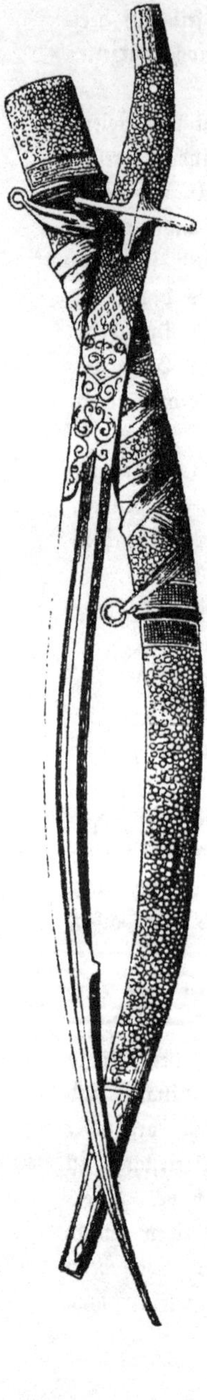

In meiner Sammlung (Nr. 1890) befindet sich eine Säbelklinge, die ganz den Charakter dieser osteuropäischen Waffen an sich trägt. Diese Klinge hat in gerader Linie vom Griff bis zur Spitze 3 Fuß 2½ Zoll Durchmesser. Sie ist 1¾ Zoll breit und der Rücken oben dreiachtel Zoll dick, die Angel ist 5½ Zoll lang. Die Klinge ist gleich vom Rande an stark geschliffen, der Grat ist dreiachtel Zoll von der Schneide entfernt. Auf der rechten Seite ist eine Sonne zwischen allerlei Ornamenten eingerissen, auf der linken sehr verschliffene Ornamente und Spuren einer Inschrift: Ferrum arcendum. Solche Klingen kommen in alten Inventarien unter dem Namen Arabella vor.

Diese Säbelklingen kamen vielleicht zum ersten Male im Schmalkaldenschen Kriege im Jahre 1547 nach Deutschland, wo in der Armee Karl's V. auch Husaren erscheinen. In Moller's Freibergischer Chronik (A. 230) werden die Reiter Husseer genannt, ihre Zahl auf 2400 angegeben und gemeldet, daß sie in Berthelsdorf einquartiert wurden. Die Husaren waren im Jahre 1458 vom König Matthias von Ungarn errichtet worden, sie dienten als leichte Reiterei und traten auch 1547 als solche auf. Sie bildeten nebst den spanischen Hakenschützen den Vortrab des kaiserlichen Heeres (s. Klotzsch und Grundig, Sammlung vermischter Nachrichten zur sächsischen Geschichte. III, 119, nach dem Berichte eines Augenzeugen).

Im Dreißigjährigen Kriege erschienen außer Husaren auch noch Kroaten mit dem kaiserlichen Heere, die gleichermaßen anstatt des Schwertes den Säbel führten. Sie machten sich namentlich im Jahre 1632 in Sachsen sehr unbeliebt. Das Regiment Crabaten hauste in der Gegend von Freiberg auf eine entsetzliche Weise, verwüstete die Umgegend mit Rauben, Plündern, Sengen und Brennen.

Bei der Belagerung von Wien im Jahre 1683 finden wir den Säbel auf beiden Seiten, der türkischen und der christlichen. Johann Sobieski führte denselben. Sein Säbel, eine derbe, mäßig gekrümmte Klinge mit einem Griffe von Holz steckt in einer Scheide von Spahn, der mit Chagrin überzogen ist.

Als nun im Jahre 1697 Kurfürst Friedrich August I. von Sachsen den polnischen Thron bestiegen, fanden sich häufig polnische Herren in Dresden ein und erregten durch ihre an den Orient erinnernde Tracht und Ausrüstung die allgemeinste Aufmerksamkeit. Es wurden nun auch beim kursächsischen Heere Janitscharen eingeführt und nach Art der türkischen Originale mit krummen, langen Säbeln, den eigenthümlichen, aus einem Kastanärmel gebildeten Mützen und übrigen Tracht- und Waffenstücken versehen. Nächstdem erscheinen auch Ulanen, tatarische Truppen im polnischen Heere, in ihrer nationellen Bewaffnung. Im Jahre 1742 starb einer derselben, Towarzysz Abractimowicz, in Dresden und wurde von seinen Cameraden an der Königsbrücker Straße begraben. König August II. ließ über seinem Grabe eine Statue in dem Ulanencostüme errichten, die längst verschwunden ist, und 1762 ward ein Anderer, Mustafa Sulkiewicz, bei Dippoldiswalde begraben und mit einem Denkmal beehrt, das 1779 von den Officieren des Königl. preuß. Infanterieregiments von Saldern erneuert wurde (s. meinen Sammler im Elbthal. S. 145, und Hasche's Magazin. I, 447). Auch die Ulanen führten krumme Säbel.

Solche erhielten auch seit dem Anfange des vorigen Jahrhunderts die Grenadiere, man nannte sie Pallasche, sie waren gegen 3 Fuß lang, mäßig gekrümmt und der Bügel noch durch einen Korb oder auch durch ein Schild mit dem Namen des Kriegsherrn verstärkt.

Nächstdem erhielten auch die im französischen, wie in den deutschen Heeren errichteten Husaren schon im Siebenjährigen Kriege den krummen Säbel, der seitdem auch bei der Infanterie immer mehr Eingang fand, wogegen die schwere Reiterei den geraden einschneidigen Degen behielt. Auch die Officiere der Infanterie behielten den geraden Degen.

Allgemein wurde der kurze krumme Säbel als Infanteriewaffe, als Seitengewehr, erst in den französischen Revolutionskriegen.

Napoleon trug seit dem ägyptischen Feldzuge einen krummen orientalischen Säbel; seinem Beispiele folgten die übrigen französischen höhern Officiere. Später kehrte er zu dem geraden Degen zurück, der auch in den deutschen Heeren sich noch bis zu den Feldzügen von 1813 ff. erhielt. Die französischen Infanterieofficiere führten jedoch schon in den Feldzügen von 1809 krumme Säbel in lederner, messingbeschlagener Scheide. Nach dem Jahre 1815 kommen krumme Officiersäbel in eiserner Scheide allgemach in Brauch. In der Kaiserl. österreichischen Armee wurden sie im Jahre 1849 allgemein bei den Officieren der Infanterie eingeführt.

Das krumme Infanterieseitengewehr hat mannichfaltige Gestalten angenommen. Das Seitengewehr der französischen Infanterie vom Jahre 1813 (Nr. 3000 m. S.) ist ziemlich gewichtig. Es ist die Klinge 25 Zoll lang, oben 1½ Zoll breit und dreiachtel Zoll dick, sie verjüngt sich nach der zweischneidigen Spitze. Der aus Messing gegossene Griff ist 6 Zoll lang, am Bügel 1⅝ Zoll breit und 1 Zoll stark. Das Gewehr steckt in lederner Scheide mit Mundstück und Ortband von Messing, es wurde an einem über die rechte Schulter gehenden Riemen neben dem Bajonet getragen und in den Riemen eingeschnallt. Auf dem Rücken der Klinge ist die kaiserliche Manufactur genannt, wo sie gefertigt wurde.

Gleiche Seitengewehre führen noch jetzt einige Königl. sächsische Regimenter. Die Baiern nahmen dasselbe Gewehr an, änderten jedoch die Form des Bügels. Das österreichische Seitengewehr hat eine ähnliche Form, doch ist Bügel und Scheidenbeschlag von Eisen.

Eine nur selten vorkommende Abwandelung der Form des Säbels ist die sägeförmig ausgezackte Schneide, die jedoch nicht unter die wirklich gangbaren Waffen zu rechnen ist.

Wir wenden uns zu dem geraden Schwert mit einer Schneide und starkem Rücken, das allgemach gar mannichfaltige Gestalten je nach dem Gebrauche angenommen hat, zu dem dasselbe bestimmt war.

Der Ursprung desselben dürfte kaum vor der allgemeinen Einführung der Plattenharnische sich nachweisen lassen. Die Plattenharnische machten für den Krieger eine Handwaffe wünschenswerth, die gewichtiger war, als das zweihändige Schwert, und doch auch nicht zu groß und zu schwer, so daß man sie noch mit einer Hand führen konnte. Man gab daher eine der beiden Schneiden auf, mit denen beiden man doch nicht zu gleicher Zeit schneiden konnte, und verstärkte den dadurch gewonnenen Rücken.

Die Schweizer führten zuerst diese Waffe, dann treffen wir sie bei den Landsknechten des Kaisers Maximilian. Sie waren nur etwa 3 Fuß lang, am Griff gegen 3 Zoll breit und mit abgerundeter Spitze; der Griff hatte theils neben der Parirstange noch einen horizontal abstehenden Bügel, theils einen nach dem Knopf zugehenden einfachen oder doppelten Bügel zum Schutze der Handfläche.

In Hans Burgmeier's Holzschnitten sind diese kurzen breiten Seitengewehre mehrfach abgebildet, sie werden an einem Gürtel um den Leib getragen und hängen horizontal auf der linken Hüfte. In den Inventarien des Königl. historischen Museums zu Dresden werden sie Plötze genannt. Neben dem kurzen Seitengewehr war der lange Spieß die Hauptwaffe.

Als nun aber bei der Infanterie seit der zweiten Hälfte des 17. Jahrhunderts der Spieß von der Muskete und Flinte verdrängt wurde, so erhielt der gemeine Mann neben derselben einen Degen, den er, wenn die Arbeit mit der Feuerwaffe vorüber, zum Handgemenge oder beim Sturm gebrauchen sollte. Dieser Degen war ums Jahr 1670 bei der französischen Infanterie sehr schwer und lang; er wurde in der ledernen Scheide an einem über die rechte Schulter gehängten breiten Wehrgehenke getragen. Diese Degen fanden an dem Marschall de Puysegur einen großen Gegner; er verlangte sie kürzer. Solche lange, schwere Degen führten auch die Soldaten des großen Kurfürsten von Brandenburg. Die Klinge hatte bis zur Hälfte einen starken Rücken und ging von da an in zwei Schneiden über.

Späterhin kam das Bajonet auf, und von da an nahmen einige Kriegsherren ihren Infanteristen die Degen ab, wie denn z. B. noch jetzt die Linieninfanterie der Kaiserl. österreichischen Armee anstatt des Seitengewehrs nur das Bajonet in der Scheide an der linken Seite trägt.

Die Dragoner und Cürassiere erhielten dagegen das lange einschneidige Schwert mit gewichtigem Griff und Korb und haben dasselbe in den meisten Armeen beibehalten, obschon es in einigen von dem Säbel verdrängt worden ist. Griff und Bügel sind theils von Eisen, theils von Messing, die Klinge ist theils glatt, theils hohl ausgeschliffen und 3 bis gegen 4 Fuß lang. Es wird dieser Degen jetzt meist an einer Kuppel um den Leib getragen, von welcher ein längerer lederner Riemen abgeht, der um die Mitte der Scheide, und ein kürzerer, der am Mundstück befestigt ist. Um den Griff ist das Porte-épée geschlungen, das beim gemeinen Mann von Leder, bei den Officieren von Seide in den Farben des Kriegsherrn gemacht und mit Gold= oder Silberfäden durchwirkt ist. Die Porte=épées der Infanteristen sind gemeiniglich aus Wolle und je nach den Regimentern oder Bataillonen gefärbt. Dicht unter dem Griffe ist gewöhnlich ein Stückchen farbiges Tuch oder buntes Wollengeflecht angebracht, durch welches die Klinge gesteckt wird, das sodann zwischen Parirstange und Mundstück der Scheide sichtbar wird.

Die einschneidige Schwertklinge ist fernerweit nach den Zwecken der einzelnen Truppentheile anders gestaltet worden.

Die Scharfschützen und Jäger führen den Hirschfänger oder das Waidmesser. Die Klinge desselben ist einschneidig, stark, 1½—2 Zoll breit, mehr oder minder hohl geschliffen und von der Hälfte an mit zwei Schneiden versehen. Die Länge der Klinge beträgt zwischen 2 und 3 Fuß. Der Griff hat eine Parirstange, seltener einen Bügel. Das Heft desselben ist meist mit Horn, Bein oder Perlmutterschalen belegt, Mundstück und Ortband von Messing oder Silber, die Scheide von Pergament oder Leder, in früher Zeit wohl auch von grünem Sammet. An der obern Außenseite der Scheide sind besondere Behältnisse für den Nickfänger, ein einschneidiges, gerades Messer, angebracht, das im Kleinen die Gestalt des Hirschfängers nachahmt, oder es stecken Messer und Gabel an dessen Stelle neben einander. Der Hirschfänger ist die eigentliche Waffe des Jägers, die zum Abfangen der verwundeten Hirsche und Rehe, so wie zum Aufspießen der wilden Schweine dient, wofür man in alter Zeit den Spieß, die Saufeder, benutzte. Die Jäger und Scharfschützen der deutschen Heere, welche die Jägertracht beibehalten haben, führen auch den Hirschfänger neben der gezogenen Büchse. Einige Waffenkenner unterscheiden Hirschfänger und Waidmesser am Griff und nennen letzteres die kurze Jagdwaffe, die nur eine Parirstange an dem messerförmigen Griff, aber keinen Bügel hat.

Für die Artillerie ist ebenfalls aus dem Schwert eine besondere Waffe, das Faschinenmesser, erwachsen. Das Faschinenmesser ist 1½ Fuß lang, 2 Zoll breit, mit einem sehr starken Rücken, Messinggriff und Parirstange ohne Bügel. Die Form desselben ist bei den verschiedenen Heeren sehr mannichfaltig. In Sachsen führte die Artillerie vor dem Jahre 1815 Faschinenmesser, deren Klingen yataganartig gestaltet und mit einer convexen Schneide versehen waren. Die ganze Klinge war 26 Zoll lang, wovon

$5^3/_4$ Zoll auf die Angel kamen; die Klinge war am Griff $1^3/_4$ Zoll breit und einen Viertelzoll stark und, wie bemerkt, etwas gekrümmt. Auf die Angel waren zwei Schalen gelegt und durch drei Nietlöcher befestigt. Bei andern Heeren war das Faschinenmesser ganz gerade, nur 18 Zoll lang, aber 2 Zoll breit. Im Jahre 1790 erhielt die ganze preußische grün gekleidete leichte Infanterie solche Faschinenmesser. Das Faschinenmesser hat den Zweck, die zu den Faschinen nothwendigen Holzsträucher mit einem Schlage in die gehörige Länge zu hauen. Es wird in einer Lederscheide an der linken Seite getragen.

Außer diesen allgemein üblichen und massenhaft im Kriege auftretenden Formen des einschneidigen Schwertes haben sich aber für kleinere Kreise noch andere herausgebildet, wozu der bei den deutschen Studenten noch übliche Schläger zu nennen ist. Er hat eine mehr als 3 Fuß lange, mehr als zollbreite Klinge, die drei Viertel ihrer Länge nach einen allmälig sich verjüngenden und in eine zweischneidige Spitze übergehenden Rücken hat. Der Griff ist von Holz und mit Fischhaut oder Leder überzogen, er hat einen Bügel und Parirstange und hinter derselben eine meist aus Messing oder Neusilber gegossene halbkugelförmige Glocke. Die Scheide ist von Leder mit Messingbeschläge, oder ganz aus Eisen oder Messingblech. Die Klinge ist meist ein Viertel ihrer Länge blau angelaufen und mit Goldarabesken verziert.

Das Haurappier unterscheidet sich von demselben dadurch, daß es eine zweischneidige und schmälere Klinge hat und daß Bügel, Parirstange und Glocke aus Eisen gemacht sind. Der Hieber dagegen, der aus Göttingen stammt, hat eine säbelförmige Klinge.

Eine ganz eigenthümliche Waffe ist der chinesische Doppeldegen. Derselbe besteht aus zwei geraden, einschneidigen Klingen, deren jede $20^1/_2$ Zoll lang und am Griff fünfachtel Zoll stark und $1^1/_2$ Zoll breit ist. Der Griff ist $4^1/_2$ Zoll lang, aus Holz und mit einem Bügel von Bronze versehen. Beide Degen sind so gearbeitet, daß sie neben einander in eine einzige Lederscheide gesteckt ein Ganzes bilden, welches fünfviertel Zoll am Griffe dick ist; die Innenseite der Klingen und Griffe passen vollkommen auf einander. Ich verdanke dieses interessante Stück (Nr. 4907 m. S.) der Güte des Herrn Major von Vitzthum.

Unter die Nachkömmlinge des Schwertes gehören endlich auch die Stoßdegen, die aus Spanien, Italien und Frankreich stammen. In Deutschland ward die Sitte, das Schwert zum Stoßen zu gebrauchen, wohl kaum vor dem Einrücken spanischer Kriegsvölker unter Karl V. bekannt. Bis dahin brauchte man für diesen Zweck den Spieß.

Joachim Meyer sagt in seinem Fechtbuche (Fol. L.), das im Jahre 1570 gedruckt wurde: „So viel das Rappierfechten, welches jetziger Zeit eine sehr nothwendige und nützliche Uebung ist, anlanget, ist kein Zweifel, daß es bei den Deutschen eine neu erfundene und von andern Völker zu uns gebrachte Uebung ist; denn obwohl bei unsern Voreltern in ernstlichen Sachen gegen den gemeinen Feind das Stechen auch zugelassen, so haben sie doch solches in schimpflichen Uebungen nicht allein nicht zugelassen, sondern auch solches in keinen Weg in ihren zusammen geschworenen Kriegsleuten, oder andern, so außerhalb des gemeinen Feindes zwieträchtig zusammen gerathen, gestatten wollen, welches dann noch heutiges Tags bei ehrlichen Kriegsleuten und andern bürgerlichen Deutschen gehalten werden solle. Derhalben wäre das Fechten im Rappier ein Ueberfluß, wo nicht durch Beiwohnung fremder Völker das Stechen, wie auch viel andere Sitten, so den alten Deutschen unbekannt, bei uns eingewurzelt wären. Dieweil aber solche fremde Gebräuche sich bei uns von Tage zu Tage an vielen Orten mehren, ist nunmehr auch von Nöthen gewesen, daß uns nicht allein solche ausländische und fremde Gewohnheit der Völker offenbar und bekannt seyen, sondern daß wir uns derselbigen nicht weniger als sie, so viel zu nothwendiger Gegenwehr dienstlich, üben und geschickt machen, auf daß wir ihnen, wenn es von Nöthen seyn wird, uns zu beschirmen desto füglich begegnen und obsiegen können."

Joachim Meyer bekennt, daß er die Fechtart auf den Stoß von den fremden Völkern selbst erlernt habe. Im Jahre 1661 erschien in Frankfurt a. M. eine kurze Beschreibung, handelnd vom Fechten auf den Stoß und Hieb, worin bereits alle Ausdrücke für diese Fechtart ihren ausländischen Ursprung verrathen. Es ist die Rede von Paraden, Contreparaden, Caviren, Concaviren, Recaviren, Fintiven, Prisca-Stoccaden, Contra-Stoccaden, Bassaden, Volten, Mensur u. s. w.

Die ältern deutschen Stoßdegen, des 16. und 17. Jahrhunderts, die Panzerstecher, waren zweischneidige, 3—4 Fuß lange Degen, die von der Hälfte der Klinge spitzig zulaufen. Von dieser Art sind auch die spanischen Degen. Der bereits wegen seiner Inschrift von mir erwähnte Degen (Nr. 2070 m. S.) hat eine am Stichblatt 1½ Zoll breite Klinge von 2 Fuß 8 Zoll Länge, die in 11½ Zoll Entfernung vom Stichblatt sich plötzlich um fünfachtel Zoll verjüngt, bis dahin aber auch auf beiden Seiten hohl ausgeschliffen ist. Von hier an wird sie sechsseitig und endigt in eine scharfe viereckige Spitze. Der Stahlgriff mit Knopf, Parirstange, Stichblatt und Bügel ist 6 Zoll lang.

Nächst dem sechsseitigen Degen hat man auch deren mit drei und mit vier Schneiden und Graten, die bald mehr bald minder hohl ausgeschliffen, breit und stark sind. Alle haben ein Stichblatt.

Der Stoßdegen aber bildet gewissermaßen für uns den Uebergang zu dem

Speer oder Spieß,

oder Lanze, Gleve, der für den Stoß in der Nähe länger ist, für den Wurf aber einen kürzern Schaft und eine kürzere Spitze hat.

Der Spieß wird bereits auf den niedern Stufen angetroffen und wir sahen denselben z. B. in den Händen der Ureinwohner Australiens aus Holz und mit Knochen, Zähnen, Gräten und Steinsplittern bewehrt, auch als Harpune mit der Spitze aus Wallroßzahn oder Holz bei den Polarvölkern des Nordens beider Continente.

Es ist möglich, daß von den zahlreichen Messerklingen, die wir in der nördlichen Erdhälfte von Europa, Asien und Amerika finden, einige als Spitzen für Lanzen gedient haben. Welche davon diese Bestimmung hatten, läßt sich jedoch nicht mit Bestimmtheit angeben.

Wir wenden uns daher sofort zu den Spießen mit eherner Spitze, die unter den Alterthümern der germanischen und romanischen Nationen, wenn auch nicht in so großer Anzahl, wie die Dolche und Schwertklingen erscheinen. Die eine Messerklinge der Schweriner Sammlung (Lisch XXV, 9), ganz von der Form der javanischen (Nr. 511 m. S.), diente vielleicht als Speerspitze.

Der Spieß ist das auf eine lange Stange von festem Holze gesteckte Messer, er ist von der Länge der Messerklinge und zweischneidig wie dieselbe; wenn aber das Messer mit dem Dorn oder der Angel in den Griff eingelassen ist, so ist dagegen die Speerklinge meist mit einer anstatt der Angel vorhandenen Tülle auf den zugespitzten Stock aufgesteckt und hier mit einem Nagel festgehalten.

Man hat bronzene Speerklingen in allen Theilen von Deutschland, in Holland, Scandinavien, Britannien, Frankreich, Italien u. s. w. gefunden, alle von derselben weidenblattartigen Form, mit einer in die Klinge hineinreichenden, auf derselben runde Grate bildenden Tülle.

Fig. 301.

Von fünf Speerklingen aus Bronze, die in meiner Sammlung vorhanden (Nr. 180, 456, 831, 557 und 1008), waren die drei ersten, aus Frankreich stammend, für Lanzen, die beiden letztern, deren erste in der Gegend von Schlieben, die andere in Mähren gefunden ist, für kleinere Wurfspieße bestimmt.

Die erste (Nr. 456 m. S.), Fig. 301, mit hellgrünem Roste überzogen, ist 11 Zoll lang; die Schneide beginnt 3 Zoll von der Mündung der Tülle, welche 1¼ Zoll im untern Durchmesser hat und, sich verjüngend, bis an die Spitze zwischen den Schneiden fortläuft; bei 1½ Zoll Länge ist die Tülle unter den Schneiden quer durchbohrt. Eine Stricknadel dringt fast 7 Zoll in dieselbe ein. Die größte Breite der Klinge beträgt 2¼ Zoll und verstärkt sich von der Schneide an, bis wo sie an die Tülle rührt, bis zu einem Viertelzoll; rechts und links von der Tülle, da wo die Schneide ansitzt, ist die Klinge, wie erwähnt, durchbohrt; wozu diese beiden Löcher von einem Viertelzoll Durchmesser gedient haben, ob sie Schnüre faßten, um die Befestigung am Schaft zu verstärken, ob ein Fähnlein daran gehängt worden, läßt sich nicht ermitteln.

Die zweite Klinge (Nr. 831 m. S.) zeigt andere Verhältnisse. Sie ist im Ganzen 11½ Zoll lang. Die Tülle hat 1 Zoll Durchmesser, sie ist am Loch mit neun eingegrabenen Ringen umgeben, bei fünfachtel Zoll Durchmesser ist sie quer durchbohrt und es sitzt noch der eiserne Stift darin, hinter welchem im Innern der Tülle noch jetzt ein Stück Holz vom ehemaligen Schafte sich bewegt. Die Tülle reicht bis an die Spitze, ist jedoch mehr abgeplattet, als bei dem vorhergehenden Exemplar; die Schneiden beginnen 2½ Zoll vom Mundloch. Die größte Breite derselben beträgt beinahe 2 Zoll. Hier ist sie auch auf jeder Seite durchbohrt, wie die vorige.

Die dritte Lanzenspitze, ebenfalls hellgrün berostet, ist im Ganzen 7 Zoll lang, wovon 5 auf die Klinge kommen, die Tülle hat am Mundloch siebenachtel Zoll Durchmesser, ist quer durchbohrt und enthält noch Reste von dem mit Grünspahn durchdrungenen Holze. Die Breite der Klinge beträgt 1½ Zoll.

Die beiden übrigen Exemplare sind nun bei weitem kleiner, das eine nämlich 3, das andere 4 Zoll lang; ersteres würde einen kräftigen Pfeil abgegeben haben, während das zweite, welches etwas verbogen in der Erde gefunden wurde, für einen Wurfspieß bestimmt war.

Das Schweriner Museum (Lisch, Frider. Francisc. Taf. VIII) hat Speerspitzen von 5—8 Zoll Länge. Auf derselben Tafel des Lisch'schen Werkes sind noch drei andere Klingen abgebildet und als Lanzenspitzen bezeichnet, welche, wie die von mir beschriebenen bronzenen Dolchklingen, am obern Ende mit zwei bis vier für die Nietnägel bestimmten Löchern versehen sind. Ich muß diese Klingen für Messer- und Dolchklingen erklären.

Unter den Alterthümern von Uelzen im Hannöverischen wurde vom Herrn Baron von Estorff eine schöne Bronzespitze gefunden, an der sich ganz deutlich an der abgebrochenen Spitze zeigt, daß sie ganz hohl gegossen war. In derselben steckt noch der ganz wohlerhaltene Schaft von Holz (Alterth. von Uelzen. Taf. VII, 1). Nicht minder merkwürdig ist eine zweite, ebenfalls an der Spitze gebrochene Bronzelanzenspitze, durch deren Tülle eine eiserne messerförmige Klinge hindurchgesteckt ist.

Am Rheine fand man mehrmals bronzene Lanzenspitzen (Emele S. 60, Taf. XXII, 2). In der Fürstlich Solms-Braunfelsischen Sammlung (Nr. 181—183) sind deren drei noch vorhanden, von denen die Tülle der einen auswendig mit vier bandartigen angegossenen Reifen verziert ist (Schaum, Alterth.-S. zu Braunfels. S. 83). Sie ist 7 Zoll lang; die zweite, von 6½ Zoll Länge, hat eine sechseckige Tülle (s. Beckmann, Beschr. der Mark Brandenb. I, Taf. 12; Schreiber, Hünengräber, S. 38; Pickel, Alterth. S. 2 und 28). Die Bronzelanzen der alten Europäer sind in der Form nur wenig von einander abweichend. Desto größere Mannichfaltigkeit herrscht unter den eisernen Spießen und Speeren.

Die einfachsten Speere sind unstreitig die der Kaffern und Betjuanen, welche aus einer eisernen Klinge bestehen, die in den Schaft aus hartem Holze eingelassen und an der Verbindungsstelle mit Riemen von Darm oder Haut umwunden werden.

Ein solcher Spieß (Nr. 1538 m. S.) hat einen Schaft von hellbraunem, sehr festen Holze und 5 Fuß Länge und ist oben fünf-

Fig. 302.

achtel, unten einen Viertelzoll dick. Die Spitze besteht aus einer eisernen, zweischneidigen, weidenblattförmigen Klinge, welche in der Mitte einen Grat bildet; auf jeder Seite ist die eine Hälfte allemal hohl geschliffen; sie sitzt an einem 7 Zoll lang sichtbaren starken Dorn im Holze fest. Die Breite der Klinge beträgt 1 Zoll. Gegen die Nässe ist die Klinge mit einer braunen Lederscheide versehen, die 6 Zoll lang und 1½ Zoll breit ist; die Naht ist auf der Mitte, die glatte Haarseite nach innen; die Hülle kann mit zwei Riemchen festgebunden werden.

Dieses ist bei den Kaffern die herrschende Form der Hassagaien oder Wurfspeere. Manche Schäfte sind länger, wie denn der längste meiner Sammlung 6 Fuß 3 Zoll mißt. Die Klingen sind ebenfalls theils in der Länge, theils in der Form verschieden. Die längste Klinge unter den meinigen hat 14 Zoll Länge, bei 1½ Zoll Breite, von der Länge geht 1 Zoll für den Dorn ab. Eine andere hat 12½ Zoll Länge an sich und mit dem Dorn 15 Zoll. Die kleinste meiner Klingen hat 3½ Zoll ohne und mit dem Dorn 7 Zoll Länge, ihre Breite beträgt dreiviertel Zoll. Alle Klingen haben Grate; an allen ist die eine Hälfte auf der Vorderseite hohl, auf der Rückseite platt geschliffen. Von 13 Hassagaien derselben Form haben nur zwei einen ganzen und so kurzen Dorn, daß die Schneiden das Holz berühren. Zwei darunter sind am Untertheile des Schaftes mit Lederriemen mehrere Zoll lang umschnürt.

Fig. 303.

Eine andere Hassagaie der Kaffern (Nr. 1539 m. S.) hat einen dünnern Schaft von einem halben Zoll Durchmesser und 5 Fuß 3½ Zoll Länge. In denselben ist die mit dem Dorn 5¼ Zoll aus dem Schaft hervorragende Klinge mit Widerhaken eingelassen und an der Verbindungsstelle mit Lederriemen umschnürt.

Die künstlichst gearbeiteten Hassagaien der Südafrikaner sind die der Betjuanen nördlich vom Cap unter 25. Grad südlicher Breite. Sie haben einen wenig über 5 Fuß langen dünnen Stiel, in welchen die eiserne Klinge eingelassen, und der an der Verbindungsstelle mit Lederriemen umwickelt ist. Die Klinge hat Widerhaken, die mehr als einen Zoll ziemlich parallel mit dem Dorne fortlaufen. Der Dorn, meist ein- bis zweimal so lang als die eigent-

Fig. 304.

liche Klinge, ist auf zwei Seiten doppelt gezahnt und bildet so vier Reihen sich entgegengesetzter kleiner Widerhaken. Der in den Schaft zu steckende Theil des Dorns ist 3 Zoll lang und rauh gehalten. Die Breite der Klinge beträgt 1 — 2 Zoll. Sie hat einen Grat und an einigen Exemplaren ist die eine Hälfte der Klinge ebenfalls hohl ausgeschliffen, deren Rückseite dann glatt gehalten ist.

Diese Hassagaien oder Wurfspeere sind sehr schwank und gerathen, wenn man sie in der Hand trägt, leicht in eine zitternde Bewegung. Die Kaffern führen stets mehrere in der linken Hand unter dem Schild, in der sie auch die kurze, mit dem halbkugelförmigen Knopfe versehene Keule oder den Kirri halten, womit sie die ihnen entgegengeworfenen feindlichen Hassagaien in der Mitte zu treffen und auf die Seite zu werfen suchen. Sie werfen damit auf 80 — 100 Schritt.

Fig. 305.

Die Hassagaien der Neger von Benguela und Ambriz sind mit großen Klingen versehen, die in eine Tülle endigen, mit der sie auf den 4—5 Fuß langen Schaft von fast Zollstärke aufgesteckt sind.

Die eine dieser Hassagaien, welche Herr Dr. Tams im Jahre 1842 aus Loando mitbrachte (Nr. 1653 m. S.), hat einen Stiel von 5 Fuß 1½ Zoll Länge, so weit er sichtbar. Darauf ist die aus dünnem Eisenblech geschmiedete Klinge von 7¼ Zoll Länge und 2¼ Zoll Breite, an einer 4 Zoll langen, vorn offenen Tülle aufgesteckt. Die Klinge hat auf jeder Seite in der Mitte einen runden, scharf und stark hervortretenden Grat.

Ein anderer Wurfspieß aus Mossamedes (Nr. 1652 m. S.) hat einen Stiel von 3 Fuß 9 Zoll Länge aus dichtem braunem Holze. Die ganz eigenthümlich gestaltete Spitze ist gegen 19¾ Zoll lang, 3½ Zoll breit, mit einem breiten, flachen, schienenartigen Grat auf jeder Seite und einer 4 Zoll langen, offenen Tülle.

Ein zweites Exemplar (Nr. 1655 m. S.) hat einen längern Schaft und eine kürzere Spitze.

Fig. 306.

Eigenthümlich in der Form, aber bereits von den ältern Berichterstattern (z. B. W. J. Müller's Fetu. S. 131) erwähnt und beschrieben, ist der ebenfalls aus Mossamedes stammende Spieß, der folgendergestalt zusammengesetzt ist. Er besteht nämlich aus einer blattförmigen Spitze von 9 Zoll Länge und $1^{5}/_{8}$ Zoll Breite, mit einem Grat in der Mitte, die an einer 12 Zoll langen Tülle auf einen 17 Zoll langen Holzschaft gesteckt ist, in dessen Untertheil eine 2 Fuß $3^{1}/_{2}$ Zoll lange, dreiachtel Zoll starke runde Eisenstange eingelassen ist. Tülle und Holz sind mit einem Streifen Fell theilweise überzogen. Der Theil, wo die Eisenstange im Holze sitzt, ist durch einen büschelförmigen, langhaarigen Kuhschwanz gestoßen, der quastenartig Holz und Eisen, 1 Fuß lang, umgiebt.

Es sind dieß eigenthümliche Formen, die übrigens für eigentlich kriegerische Zwecke ziemlich untauglich sind.

Bei den mit kaukasischem Blute gemischten Völkern von Oberäthiopien und Nubien giebt sich auch in der Form der Spieße die Verwandtschaft mit den Beduinen kund.

Sie führen zum Theil Wurfspieße, die an die südlichen und westlichen Neger erinnern; so z. B. der große Wurfspieß der Elliabs (5. Gr. nördl. Breite), den ich der gütigen Fürsorge des Herrn Edmé Jomard in Paris verdanke. Der vor dem Eisen sichtbare Schaft hat nicht weniger als 6 Fuß $3^{1}/_{2}$ Zoll Länge und fünfachtel Zoll Stärke. Er ist aus festem, glatten, braunem Holz und am untern Ende $3^{1}/_{2}$ Zoll lang mit schmalen Lederriemen umwunden. Der eigentliche Speer, das Eisen, ist $18^{1}/_{2}$ Zoll lang, wovon 12 Zoll auf die zweischneidige Klinge kommen, die in der Mitte zu einem Grate aufsteigt und $2^{1}/_{4}$ Zoll breit ist. Um nun diesen Speer fortzuschleudern, legt man denselben auf die linke Hand, mit der rechten aber steckt man eine Hülse an das untere umschnürte Ende des Stiels und schleudert ihn damit fort (Fig. 307 b). Diese Hülse besteht aus einem ausgehöhlten Stück Holz von 13 Zoll Länge, das oben 1 Zoll Durchmesser hat und spitz zuläuft; am obern offenen Ende ist es mit naß aufgelegtem Leder, darunter, in der Mitte und unten am spitzen Ende aber mit Eisenbändern spiralförmig umwunden. Vier Zoll vom Mundloch wird die Hülse von einem aus Leder geschnürten Ring umgeben, an welchem ein zusammengenähter Riemen hängt, woran das Instrument an der Handwurzel gehalten wird. Es ist dieß eine andere Art des australischen und polarischen Wurfstockes und dient wie dieser dazu, die Kraft des Wurfes zu verstärken.

Fig. 307.

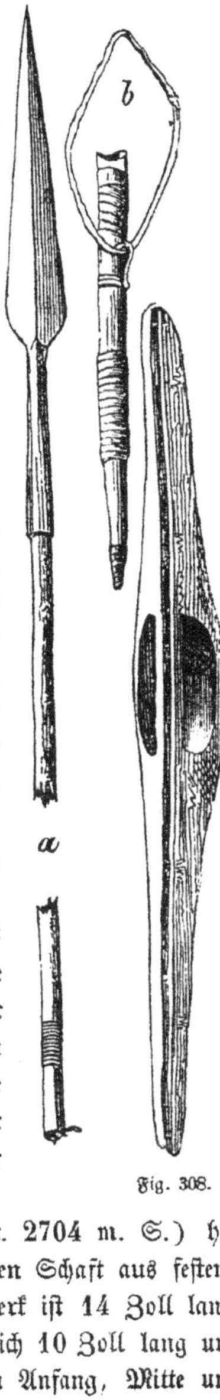

Hierzu gehört nun ferner ein ganz eigenthümlich geformtes Werkzeug (Fig. 308), dessen Bestimmung darin besteht, die vom Feinde auf den Mann geworfenen Wurfspieße abzufangen und, zur Seite ableitend, für ihn unschädlich zu machen. Es ist ein roh zugeschnittenes Holzstück von 25½ Zoll Länge. Die Innenseite oder die untere ist gerade und enthält der ganzen Länge nach eine Rinne, die Außenseite oder die obere ist gewölbt und in der Mitte 4 Zoll dick; in dieser ist für die Hand eine Höhlung ausgearbeitet, welche der Handoberfläche einen Schirm darbietet, während die Innenfläche der Hand den Theil umfaßt, der die Rinne enthält. In diese Rinne legt der Elliab den zweiten Wurfspieß.

Der Speer der Beduinen ist etwas länger und dient sowohl zum Werfen als wie zum Stoßen. Er ist durch die Beduinen über ganz Nordafrika verbreitet worden. Das Eisen ist schmal und dolchartig. Indessen haben die Nordafrikaner auch noch den Speer mit breiter Klinge neben dem schmalen beibehalten; nur ist die Arbeit besser als bei den Negern.

Fig. 308.

Der nordafrikanische breite Spieß (Nr. 2704 m. S.) hat einen halbzollstarken, 3 Fuß 7½ Zoll langen Schaft aus festem, glatten, dunkelbraunem Holze. Das Eisenwerk ist 14 Zoll lang. Die Klinge, zweischneidig mit Grat, ist ziemlich 10 Zoll lang und 2½ Zoll breit; die vorn offene Tülle ist am Anfang, Mitte und Ende mit drei eingepreßten Reifen umgeben.

Fig. 309. 310.

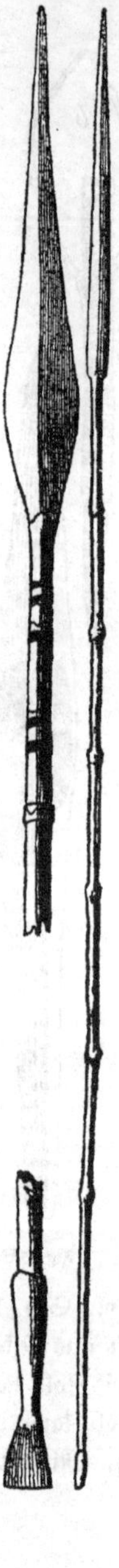

Diese Form ist nun weiter entwickelt in einem andern Spieße (Nr. 2703 m. S.). Der Schaft besteht aus hellbraunem, biegsamen, zollstarkem Holze; er ist gegenwärtig nur 4 Fuß lang, war aber unfehlbar ursprünglich mindestens 2 Fuß länger, wie aus den Abbildungen der nordafrikanischen Waffen bei Denham erhellt. Die Spitze ist ein 23 Zoll langes Eisen, wovon 15 Zoll auf die zweischneidige, 2¼ Zoll breite Klinge mit Grat kommen. Die Tülle ist vollkommen geschlossen und in der Mitte mit zwei kupfernen Ringen geschmückt, an die sich in mehrern Richtungen Linienzierrathen anschließen, deren auch der Anfang der Klinge selbst nicht entbehrt. Das Ende oder der Fuß des Schaftes ist mit einem 6 Zoll langen meiselförmigen Eisen, dessen horizontale Scheide 1½ Zoll lang ist und ebenfalls wie die Spitze eine Tülle zum Aufstecken hat, bewehrt; dieses hat den Zweck, den in den Boden gesteckten Speer tiefer eindringen zu lassen. Diese Lanze, die oft die doppelte, ja dreifache Länge des Mannes hat, dient vorzugsweise zum Stoß (Fig. 309). Denham fand deren in Bournou, die zwei parallel laufende Spitzen hatten, welche von einer und derselben Tülle ausgingen.

Bei den Barrys kommt ein Wurfspieß vor, der mit der oben beschriebenen Holzscheide geworfen wird. Der Schaft aus braunem Bambu ist 4 Fuß 8 Zoll, das Eisen aber 2 Fuß 4½ Zoll, wovon 6½ Zoll auf die vollkommen geschlossene Tülle kommen, die oben vierkantig an die Klinge anstößt; die schilfförmige Klinge ist 1½ Zoll breit und da, wo sie aus der Tülle ausgeht, vierkantig; zwei Kanten gehen als Schneiden fort, zwei aber treten an die Mitte der Klinge zurück und verlaufen sich als scharfer Grat. Am andern Ende des Schaftes sitzt ein starker eiförmig abgerundeter Cylinder von Eisen, durch dessen unteres Loch ein eiserner Nagel in den Schaft geschlagen ist. (Fig. 310.)

Diese Form ist diejenige, welche, allerdings mit mannichfachen Abwandelungen, die Araber führen. Die Wüstenbeduinen führen diese Lanze an

Bambustäben von 10—15 Fuß Länge. Die Spitzen sind oft vierkantig und die Grate endigen in Spitzen, welche ein paar Zoll neben der Tülle herlaufen und als Widerhaken dienen. Leon de Laborde (Taf. 62) stellt eine solche Spitze dar, an deren jedem Widerhaken in Faden zwei Kugeln hängen.

Diese Lanzen kommen aus Irak und Bagdad zu den Arabern. Der eiserne mit stählerner Spitze versehene Knopf ist oft mit Gold und Silber in persischer Arbeit ausgelegt und das untere Ende hat stets einen eisernen Schuh. Die Lanze bleibt oft aber auch ohne alle Verzierung, manchmal jedoch hat sie zwei kugelförmige Büschel von schwarzen Straußenfedern, so groß wie zwei Fäuste, unter der obern Spitze, deren äußerster mit weißen Straußenfedern verziert wird; zwischen beiden ist der Schaft mit rothen Tuchstreifen umwickelt. Die Beduinen von Oman führen Lanzen von 15 Fuß Länge, die sie aber niemals zum Wurf gebrauchen. Die Beduinen des peträischen Arabiens haben die Lanze mit der Flinte vertauscht. Die Tuariks in Nordafrika haben Lanzen, die ganz von Eisen und oft mit Bronze oder Gold ausgelegt sind und die sie stets bei sich führen. Sie werfen sehr weit damit. Kurze Lanzen zum Wurf kommen im südlichen Arabien vor, eben so bei den Schaykyns in Nubien (Burckhardt S. 42. 192; Wellsted I, 139; Lyon travels in northern Africa. 110; Cailland I, 65).

Die Javaner führen Lanzen von besonders schlanker und eleganter Form. Die Klinge ist von 17 Zoll Länge, trefflich ge-

Fig. 311.

schmiedet, zum Theil damascirt; der starke runde Dorn ist 6½ Zoll lang und unten etwas schraubenförmig gewunden, um ihn besser in den 6 Fuß langen Schaft von Bambu eindrehen zu können. Zwischen dem Dorn und der Klinge ist ein gewundener Knauf, unter welchem eine runde starke Scheibe sich befindet, die auf dem Schaft platt aufsitzt. Der Knauf, wie der Rand der Scheibe ist an dem vorliegenden Exemplar (Nr. 4114 m. S.) mit Gold belegt. Da, wo die Klinge aus dem Knauf tritt, hat sie fünfachtel Zoll im Durchmesser; sie tritt zu beiden Seiten in einem Winkel heraus und verjüngt sich dann in den Schneiden; in der Mitte läuft auf jeder Seite ein Grat fort. Die Klinge ist fein damascirt. Wenn sie nicht für den Kampf gebraucht wird, ist sie mit einer hölzernen Scheide bedeckt, die an diesem Exemplar von schwarzer, an andern von rother Farbe ist.

In den indischen Heeren führten die Fußvölker kurze Lanzen mit breiten Klingen, die Reiter längere mit schmälern Spitzen. Die Garde des Großmoguls war mit prachtvollen Lanzen bewaffnet, deren Schäfte aus lackirtem Rohr mannslang und 1½ Zoll stark waren. Auf diesem Schaft sitzt eine 9 Zoll lange Hellebarde von Silber, die überaus reich mit Arabesken von Pflanzen und Figuren aus der indischen Mythologie bedeckt ist, aus welcher oben eine 2 Zoll breite, 13 Zoll lange stählerne scharfe Klinge heraustritt. Die Schäfte sind gemalt und oben mit Edelsteinen besetzt, unten aber ebenfalls mit Metall beschlagen.

In dem chinesischen Heere wird gegenwärtig die Lanze nicht mehr geführt; auf den zwölf Kupfertafeln, welche Kaiser Kieng-Long in Paris stechen ließ und welche den Krieg mit den nördlichen Tataren darstellen, führen nur die Letztern Lanzen.

Desto häufiger kommt die Lanze in den chinesischen Vasenbildern der Königl. Porzellan- und Gefäße-Sammlung in Dresden vor. Sie erscheint hier meist in den Händen der Reiter mit vergoldeter Spitze und sie ist etwas über Mannslänge, an der Tülle aber immer mit einem rothen Flocken Haar oder Fäden geschmückt. Die Klinge ist blattförmig, mit glatten oder gewellten Schneiden, dann schlangenförmig wie der javanische Kriß, dann nach oben hin breit und in eine dreieckige Spitze endend. Die Lanzenstange ist immer roth angestrichen. Demnächst erscheinen Lanzen mit breiten Säbelklingen, von deren Rücken meist noch ein besonderer Haken emporragt; eine Lanze hat eine lange, schmale, gerade Spitze; mit derselben ist eine halbmond- oder sichelförmige Klinge durch zwei kurze Metallbänder so verbunden, daß die convexe Seite nach außen gerichtet ist. Mit dieser Waffe reißt auf einem Vasenbilde ein Krieger dem Gegner den Säbel aus der Hand. Es kommen auch gabelförmige Lanzen vor. Ich habe diese Formen auf der 8. Tafel des 6. Bandes meiner Culturgeschichte zusammengestellt.

Eine Rolle des Königl. Kupferstichcabinets zu Dresden, welche den Paradeaufzug eines chinesischen Kaisers darstellt, zeigt uns im Gefolge desselben mehrere Soldaten, welche kurze Lanzen auf den Schultern tragen, die mit Säbelklingen bewehrt sind. Diese Klingen sind reich ciselirt und theilweise vergoldet, auch mit Quasten von bunter Seide am Ende der Stange versehen.

In alter Zeit machten die Chinesen ihre Spieße aus gewöhnlichem harten Holz, das die Faust ausfüllte und nach oben und unten zu sich verjüngte, auch mit Bambu belegt war. Das Eisen mußte vier Unzen wiegen. Die Form war einfach, die Klinge zweischneidig und von der Form der indischen Dolche, unter derselben war eine Quaste und das untere Ende der Stange mit Eisen beschlagen (Mémoires concern. les Chinois. VIII, 372).

Die Eleuten, die Mongolen, Kalmyken, die Kirgisen, die meisten tatarischen Völkerschaften führen Spieße, die jedoch durch die Feuerwaffe immer mehr verdrängt werden. Auf den Denkmalen der alten Assyrer, Babylonier und Perser kommt der Spieß als eine ganz allgemein übliche Waffe vor. Er ist etwas über Mannslänge und mit lindenblattförmiger Spitze versehen. Unter den in Persien gefundenen Alterthümern sah Morier eine eherne dreiseitige Lanzenspitze mit einer Tülle zum Aufstecken. Länger sind die Spieße in der Darstellung der Alexanderschlacht auf der Mosaik von Pompeji.

Die Speere der alten ägyptischen Krieger waren etwas unter Mannslänge und mit einer großen rautenförmigen Metallspitze versehen; sie wurden von der schweren Infanterie und den Garden des Königs geführt. Das Königl. Museum in Berlin besitzt einen solchen Speer von Bronze, er ist mit einer Tülle versehen und ward mit einem Nagel am Schafte festgehalten.

Die Garden des Königs Ramses III. führen Speere, welche in das Holz eingelassen und durch Umwindung mit Draht darin festgehalten zu sein scheinen. Dieser König trägt selbst einen zierlichen, scheinbar aus Metall gearbeiteten Speer, an dessen der Spitze entgegengesetztem Ende sich bunte Malerei und eine Kugel befindet, durch welche ein Faden geht.

Die leichte Infanterie des alten Aegyptens führte den kürzern Wurfspieß. Dieser bestand theils in einem schlanken in eine Spitze ausgehenden Stab, oder aber in einem dünnen Schaft, welcher eine blatt- oder rautenförmige Spitze hatte und zum Theil mit Widerhaken versehen war. In der Form der Spitzen, wie in der Bemalung der Schäfte fand große Mannichfaltigkeit statt. Der lange Spieß kommt bei den Aegyptern nicht vor.

Wir wenden uns nun zur Geschichte des Speeres in Europa; wir beginnen mit dem homerischen Zeitalter, wobei wir

Köpke's treffliche Arbeit zu Grunde legen. (Ueber das Kriegswesen der Griechen im heroischen Zeitalter. Berl. 1807. S. 115). Der Speer bestand aus dem langen Schaft von Eschenholz, der 6 und mehr Fuß lang war. Hektor's Lanze war elfellig. Daher heißt der Speer des Achilles Melia, die Esche. Der Speer hatte eine Spitze von Erz, die wahrscheinlich die Form der von mir abgebildeten Spitzen hatte. Wie bei den Orientalen war auch die untere Seite des Schaftes mit Erz beschlagen. Man stieß sie damit in den Erdboden während der Nacht oder Waffenruhe.

Die in den Streit gehenden Helden nahmen gemeiniglich zwei Speere mit sich, so tritt Paris mit zwei Speeren auf, um die Griechen zum Kampf aufzufordern, so Sarpedon und Asteropaios, so auch Odysseus.

Der Speer ward theils eingestemmt und mit der Spitze gegen den Feind gestoßen, oder, und zwar am häufigsten, über dem Kopfe gewuchtet und gegen denselben geworfen; dieser suchte durch Ausweichen oder Vorhalten seines Schildes den Wurf unschädlich zu machen. Hektor (Il. XXII, 289):

sprachs und im Schwung entsandt' er die weithinfallende Lanze
traf und verfehlete nicht; grad auf den Schild des Peleiden.
Doch weit prallte vom Schilde der Speer.

Da zürnte Hektor und schaute bestürzt, denn er hatte keinen zweiten Speer bei sich. Bei Zweikämpfen wurde gelooset, wer den ersten Wurf thun sollte, wie zwischen Paris und Menelaos (Il. III, 340). Vergl. Rustow und Köchly, Gesch. des griech. Kriegswesens, S. 18.

Das Kriegergefolge der Heroen führte den Wurfspieß, der kleiner und leichter als der Speer und nur für den Wurf bestimmt war. Er war scharf und spitzig und schwirrte abgeworfen in der Luft. Er wurde mit dem Schilde abgewehrt. Er war nächstdem vorzüglich Jagdwaffe.

Der Speer blieb, als das Fechten in geschlossener Ordnung allgemeiner wurde, Eigenthum des Infanteristen; er ward jedoch nunmehr nicht zum Wurf, sondern nur zum Stoß gebraucht; der Speer war 7—9 Fuß lang und ganz von der Form der alten Speere der Heroen. An die Stelle des Erzes trat jedoch das Eisen. Die geschlossenen Reihen der Spartaner rückten im langsamen Schritt, mit den etwas vorwärts geneigten Spießen, übrigens vom Schilde gedeckt, dem Feinde unter Gesang entgegen.

Diese Speerträger, die mit Helm, Panzer und Beinschienen gerüstet waren, bildeten die vordere Reihe, es waren die bewaffneten Bürger, hinter ihnen standen in mehrern Gliedern die leichtbewaffneten Sclaven, die mit Wurfspießen den Feind beunruhigten (s. Rustow und Köchly, griech. Kriegswesen. S. 48 ff).

Der Speer war auch bei den Macedoniern noch die Hauptwaffe neben dem Schwert, eben so war er dieß bei den Etruskern und bei den Römern. Bei Etruskern wie bei Römern standen die mit dem großen Spieß bewaffneten Bürger im ersten Gliede. Den kürzern schweren Wurfspieß führte die dritte Reihe, die Triarier, die von dem Wurfspieß Pilum, Pilani genannt wurden, während die erste Reihe von ihrer Waffe, dem Speer oder der Hasta, Hastati hießen.

Der schwere Wurfspieß oder das Pilum war ursprünglich eine samnitische Waffe, welche Camillus im römischen Heere zum Kampfe gegen die Gallier einführte; es war ein ziemlich gewichtiges Gewehr. Es bestand aus einer 6 Fuß langen hölzernen Stange, die theils rund, theils vierkantig war, wo dann jede der vier Seiten 1 Zoll Dürchmesser hatte. Daran befand sich eine eiserne 1½ Zoll lange Spitze, die durch lange Schienen und Bänder mit dem Schaft verbunden war, so daß man das Holz nicht durchhauen konnte, da es seiner ganzen Länge nach durch das Eisen beschirmt war. Die Waffe hatte auch einen Widerhaken. Auf den Gebrauch des Pilums wurden die Soldaten sorgfältig eingeübt. Gemeiniglich begann der Angriff auf den Feind mit dem Abwerfen der Pila; zuweilen kam man demselben so rasch auf den Leib, daß man dazu nicht Zeit hatte, sondern gleich zum Schwerte greifen mußte (z. B. Cäsar, B. G. VI, 8).

Außer diesem schweren Pilum hatte man auch leichtere für die Veliten, die seit dem zweiten punischen Kriege errichtet wurden und in zerstreuten Haufen zu fechten pflegten; sie hatten einen leichten, langen Speer; später wurden auch die Jaculatoren bei den Legionen eingeführt, die mehrere Wurfspieße führten.

Auf der Trajansäule sehen wir den römischen Soldaten auf dem Marsch mit dem mehr als mannslangen Speer, an welchem er sein Gepäck in gleichmäßiger Ordnung befestigt hat. Später wurde der Spieß aufgegeben.

Den langen Spieß finden wir auch bei den Germanen und zwar bei dem Fußvolk wie bei den Reitern. Er wurde vornehmlich zum Stoße, nicht zum Werfen, gebraucht, und als Stoßwaffe bleibt er das ganze Mittelalter hindurch, ja noch im 16. Jahrhundert in Ehren, nachdem er auch an die Infanterie übergegangen war.

Der Speer war eine der Hauptwaffen des romanischen wie des germanischen Ritters, und mit demselben wurde allemal der Kampf begonnen. Der Speer war mit einer eisernen, meist blattförmigen Spitze, dem Spieß, versehen, die mit einem starken Grat in der Mitte und einer Tülle zum Aufstecken versehen war, um deren Mundloch zuweilen ein Ring lief. In der Form stimmen sie mit den oben mitgetheilten Bronzespeeren wesentlich überein; die Länge richtete sich nach Laune und Bedürfniß des Ritters. Eine ziemlich wohl erhaltene Speerspitze meiner Sammlung (Nr. 1549) ist 16½ Zoll lang und etwas über 1½ Zoll breit. Die Tülle saß 3½ Zoll lang auf dem Schafte, der 1¼ Zoll Durchmesser hatte. Andere Spitzen sind kürzer und weichen, obwohl um Weniges, in dem Verhältniß der Tülle zur Klinge unter einander ab. Der Schaft war wie bei den griechischen Heroen von Eschenholz (z. B. Rolandlied. 281, 10). Die Länge des Schafts betrug 8—10 Fuß. Im Rolandliede kommen goldgewundene Spieße (197, 7), d. h. Speerspitzen mit Goldverzierungen, dann auch (118, 13) ein Spieß vor, auf dem auf einer weißen Fahne in Gold Thiere und Vögel gestickt waren.

Fig. 312.

Ein prachtvoller Speer wird im Bitterolf und Dietlieb beschrieben, V. 7085:

> einen schaft, was lazurvar
> vil starch und zahe, was hurnein,
> ia was im an dem orte sein
> von rotem golde ein tulle, daran
> ein speer geschifft von Agran.

Die Speere in den Bildern der Herrad von Landsberg sind ohne Fähnlein oder Quasten, ganz einfach und glatt. Die Spitze oder das Spieß war scharf geschliffen. Kräftige Leute führten wohl auch besonders große Speere, wie z. B. im Trojalied (1384): Nestor, der einen Schaft, groß wie eine Runge, führte.

Wenn der Kampf begann und die Gegner sich näher kamen, so neigte man den Speer und schlug ihn unter die Arme und senkte ihn über den Schild zum Stiche; dann ließ man das Pferd losgehen und suchte den Speer auf die Brust oder auf den Schild des Gegners anzustoßen, gemeiniglich zerbrach er und die Trümmer, die Trunzune, flogen in der Luft herum, wie Spreu vor dem Winde. Da ward viel gestochen und manchen Speer zerbrochen; sie stuben auf als Wind, wie es in den alten Gedichten heißt. Es kam vor, daß der Schaft bis an die Hand zerbarst, oder auch, daß die Spitze in den Leib des Gegners traf und hier stecken blieb, nachdem der Schaft abgebrochen war. Die genauesten Beschreibungen des Kampfes mit dem Speer giebt uns Ulrich von Lichtenstein in der Schilderung seines abentheuerlichen Zuges als Frau Venus von Trient bis Böhmen, auf welchem er vom 25. April bis zum 22. Mai 1227 nicht weniger als dreihundert und sieben Speerschäfte zerstach und eben so viele auf seinem Leibe zerstechen ließ.

Die Knappen oder Garzune trugen dem Ritter die Speere nach, gemeiniglich zwei oder drei Stück.

Erst wenn der Speer zerbrochen war, griff man zu dem Schwerte, und nun rückten sich die Ritter näher auf den Leib.

Neben dem Speer kommt im Nibelungenlied noch eine andere speerartige Waffe vor, die den Namen Ger führte und geworfen wurde. Sie scheinen gleich der als Framea zur Lanzenklinge umgestalteten Art vorn eine breite Schneide gehabt zu haben. Siegfried und seine Begleiter führten, als sie am Hofe von Worms erschienen, diese Waffe neben dem Schwerte, sie führten scharfe Geren (Nibel.-L. 302):

> Sivrit der fürt ir einen wol zweier spannen breit
> der zu seinen echen vil harte vreislichen sneit.

Der Ger, den die starke Brunhild führte, war aber noch viel stärker (Nibel.-L. 1773 f.):

> Do truch man der vrowen vil swäre unde groz
> einen ger vil scharpfen den sie alle zite schoz
> starch und ungefüge, michel unde breit
> der ze sinen echen vil harte vreislichen sneit.
> von des geres swäre horet wunder sagen
> wol virdehalbiu messe was darzu geslagen
> den trugen chume dreie Brunhilde man.

Diesen Ger warf die Jungfrau mit solcher Gewalt auf den Schild, den Günther und Siegfried hielten, daß er die Helden straucheln machte und das Feuer aus dem Stahlrande brach. Als nun Siegfried den Ger warf, kehrte er die Schärfe nach hinten und schoß mit der Gerstange auf seine Gegnerin.

Wir finden sodann Günther und seine Helden mit ihren scharfen Geren auf der Jagd und Hagen erschoß den Helden Siegfried auch mit dem Gere in den Rücken.

Dann erscheinen die Gere in der Schlacht, sie werden durch die Schilde geschossen, die Burgunden führen dieselben, wie auch die Heunen. Iring von Dänemark (Nibel.-L. 8241) trug den Ger hoch und deckte sich mit dem Schilde. Hagen lief ihn mit dem seinigen an und schoß ihm Gere durch den Schild, daß die Gerstangen hoch herausragten.

In den spätern Gedichten kommt der Ger besonders als Jagdwaffe gegen größere Thiere, wie Drachen (Iwein 4770) vor, gegen die er geschleudert wurde.

Eine den Riesen eigenthümliche Waffe ist in den alten Heldengedichten die eiserne Stange. Riese Asprian hat im König Rother (649) eine stählerne Stange von vier und zwanzig Ellen Länge. Im Herzog Ernst (4180) wird gesagt, daß die Riesen zu ihrer Wehr starke Stangen tragen, womit sie zu streiten pflegen, und im Iwein (5021) dünkt dem Riesen, daß er Waffens genug habe an einer Stange, die er trug. Eine gewaltige Eisenstange trug der Riese, der den Nibelungenschatz hütete, und er zerschlug damit des Helden „gespenge" (Nibel.-L. 1977). In der Handschrift der Königl. Bibliothek zu Dresden führt Goliat als Riese eine gewaltige Eisenstange.

Die Ritter aber führten den Speer neben dem Schwert. So erscheinen sie auch in den Abbildungen bei den fränkischen Capitularien, auf der Tapete von Bayeux und auf andern Denkmalen.

Unter den Alterthümern kommen neben den breiten Speerklingen mit der Tülle auch noch zwei andere Formen vor, von denen die eine meines Wissens nur in den Burgwällen der Umgegend von Herzberg, Schlieben, Luckau und Golßen bis jetzt gefunden wurde.

Es sind dieß lange, vierkantige Eisenspitzen von zweidrittel bis dreiviertel Zoll Durchmesser und 18—24 Zoll Länge, welche eine Tülle von 3½ Zoll Länge und 1 Zoll Durchmesser haben. Sie erinnern an die langen Spieße der Araber, sind aber sehr roh gearbeitet und meist vom Roste zerstört, verbogen und unvollständig erhalten. Ich vermuthe, daß sie den Avaren angehört haben, welche bis in die Zeiten König Heinrich's I. und Kaiser Otto's öfter die Lausitzen, Meißen und Thüringen mit ihren Schwärmen überzogen und verwüsteten. Man findet in der Nähe derselben viel Pferdezeug, kleine Hufeisen, Trensen, Nägel u. dergl.

In Liefland, Preußen kommen Lanzenspitzen vor, die anstatt der Tülle einen Dorn haben, mit welchem sie in den hölzernen Schaft eingelassen und dann mit Riemen umschlungen und festgehalten wurden. Die eine dieser eisernen Klingen (Nr. 791 m. S.) ist bei Ascheraden an der Düna gefunden und mir vom Staatsrath Herrn J. F. von Recke im Jahre 1835 verehrt. Sie ist im Ganzen 15 Zoll lang, die Spitze jedoch abgebrochen. Die eigentliche Klinge hat 6½ Zoll Länge und 1½ Zoll Durchmesser, der Dorn verstärkt sich 3 Zoll lang und bildet hier eine scharfe Kante mit Fläche, die auf dem Schaftende auffaß; von hier aus setzt sich der dünnere Dorn fort. Es waren dieß wohl die Speere der alten Ureinwohner des Landes.

Wir sahen schon oben, welchen Einfluß die Einführung des Plattenharnisches auf die Umgestaltung des Schwertes übte. Ein solcher fand auf den Speer ebenfalls statt. Die Lanze ward allerdings noch für die Turniere beibehalten, und zwar in der anfänglichen bescheidenen Länge, wie sie in den Bildern der Herrad von Landsberg dargestellt ist. Allein die zum Turnier bestimmte Lanze erhielt eine stumpfere Spitze und erlitt auch anderweite Abänderungen.

Die österreichischen Ritter, welche gegen die Schweizer kämpften, führten ebenfalls noch den Speer, hatten denselben aber bereits verlängert. In der Ordre de cheualerie (Dresdn. Handschr. O. 61) wird er noch erwähnt und die Bedeutung, die er für den Ritter hat, aus einander gesetzt. Es heißt (Fol. 145): A cheualier est donnee lance pour segnifier verite car verite est chose droite tout aussicomme vne lance et verite doit aller par deuant faussete et le panozel seguifie que verite se demonstre a tous et na pas paour de faussete ne de tricherie et verite est soustenement de esperance et aussi des autres choses qui sont segnifiees par la lance au cheualier.

In dem Turnierbuch des René d'Anjou kommt die Lanze nicht vor, die Ritter kämpfen nur mit Schwert und Keule und die Lanze oder der Speer ist auch nicht mit abgebildet, wie die übrigen Waffen.

Gegen das Ende des 15. Jahrhunderts wurden die Harnische für das Scharfrennen ungewöhnlich dick und schwerfällig gemacht. Der Speer blieb darin nicht zurück, er wurde nun 5 — 6 Ellen lang und am untern Ende wohl an 4 Zoll, am obern 3 Zoll dick, die Hand wurde durch eine dicke trichterförmige Eisenhülle beschützt, die Speerspitze war mit einer aus mehrern emporstehenden Zacken bestehenden Krone von Eisen bewehrt, damit die Stöße desto besser haften möchten. Mit diesen Lanzen ritten nun die Ritter auf einander los und es galt, den Gegner durch die Gewalt des Stoßes vom Pferde zu stoßen. Oft fielen aber beide Theile herab, oft strauchelten auch die Rosse und kamen mit dem Hintertheil auf den Boden. Das wesentliche Verdienst hatten bei diesem gewaltsamen Zusammenrennen die Rosse. Die Königl. Bibliothek zu Dresden besitzt drei Bände, in denen die Scharfrennen der Kurfürsten Johann, Johann Friedrich und August von den Jahren 1487 an verzeichnet und in bunten Farben auf Pergament gemalt sind; im Königl. historischen Museum aber sind die Rüstungen zu sehen, die bei einem Scharfrennen zu Anfang des 16. Jahrhunderts gebraucht wurden, und dabei werden denn auch die kolossalen Speere aufbewahrt.

Allgemach gingen die Turniere ganz ein und es traten die Ringelrennen und Caroussels an deren Stelle. Die Lanze wurde wieder zierlicher, der obere Theil mit einer feinen messer- oder pfriemenartigen Spitze bewehrt, der untere aber ging eiförmig zu, und in der Mitte dieses Theils befand sich der Einschnitt mit dem dünnen Griff für die Hand. Diese Partie der Lanze finden wir, namentlich gegen den Anfang des 18. Jahrhunderts, überaus zierlich geschnitzt und vergoldet und bemalt. Sie wurde mit einer Hand, zum Theil auch bei Damenrennen von Frauen geführt und mußte, da es hier mehr auf Gewandtheit als auf Kraft ankam, leicht zu handhaben sein. Man stach damit im Vorbeireiten nach Scheiben, Türkenköpfen, Ringen u. s. w.

Für den Kriegsgebrauch finden wir den langen Speer, den Rennspieß bei der Reiterei; er ist 10 — 16 Fuß lang, glatt, mit blattförmiger Spitze, die Stange ist meist in den Farben des Kriegsherrn angemalt. In den Heeren des 16. Jahrhunderts wird er neben dem Streithammer, Schwert und Pistolen von einzelnen Abtheilungen geführt.

Ganz eigenthümlich war der lange Spieß aber dem schweren Fußvolk, den Lanzknechten, deren Hauptwaffe er ausmachte. So sehen wir die Lanzknechte in Hans Burgmayer's Holzschnitten zum Weißkunig mit Speeren, die 12 — 18 Fuß lang und ganz einfach sind. Auf dem Marsche trägt sie der Mann meist auf der linken

Schulter. Neben dem Speer hat er noch das breite, mittelgroße Schwert mit Bügel. Dieser Speer erhielt sich bis in das 17. Jahrhundert, und in dem Exercirreglement des Fürsten Moritz von Oranien und Nassau vom Jahre 1617 sind die Bewegungen und Handgriffe dargestellt, welche der Soldat mit dem langen Spieße vorzunehmen hat. Es sind an vierzig verschiedene Stellungen zur Abwehr wie zum Angriff.

Joachim Meyer widmet in seinem Fechtbuch dem Spieß einen besondern Abschnitt, den „vom Fechten in der Stangen, Helleparten und vom langen Spieß," welche zusammen die langen Wehren genannt wurden.

Um das Jahr 1662, wo der lange Spieß bereits aus allen Heeren verschwunden war, erschien zu Hall in Sachsen bei Melchior Oelschlegeln die „Kurtze, jedoch deutliche Beschreibung des Pique-Spielens, wie auch des Trillens auf der Pique, wie solche recht nach heutiger Art zu gebrauchen, mit denen nothwendigen Kupffern außgezieret." 59 S. qu. 8. mit 43 Tafeln. „Erstlich ist zu wissen," so beginnt das Buch, „wie Du Dich bei den Piquen-Spielen verhalten sollest, denn Du mußt die Piquen den Augen gleich und den rechten Daumen unter der Piquen halten, in dem marschiren wird die Pique und Dein rechter Arm gleich geführet, Deinen linken Arm aber gebrauche indem er runter henget, wie er sich selber bewegt, auch muß solches alles ohne affecten geschehen." Nun folgt die Anleitung zu den vier verschiedenen Spielen, nämlich auf der Erde, in der Luft, mit dem Degen und mit den Glissaden. Der Spielende beginnt immer mit einer Reverenz, wobei er den Hut in der linken Hand sich tief verneigt. Das Trillen mit der Pike giebt die Stellungen und Bewegungen an, die einem Reiter gegenüber anzunehmen sind, es beginnt mit einer Reverenz und endigt mit dem Ziehen des Degens.

Mit der zweiten Hälfte des 17. Jahrhunderts verschwindet der Speer als wesentliche Waffe aus den europäischen Heeren. Zuerst ward er 1675 bei den Oesterreichern und dann bei den übrigen Heeren abgeschafft; an seine Stelle trat das Bayonnet. Mittlerweile hatte sich schon seit der Mitte des 14. Jahrhunderts mit und in den Städten aus der Verbindung des Speeres und der Axt eine neue Form, die Hellebarde, d. h. die halbe Barte, gebildet, die sich zu großem Formenreichthum entwickelte. An den spitzigen, messerartigen Spieß setzte man an die eine Seite eine Axtklinge, an die andere eine keilförmige Spitze oder einen Hammer an und hatte so an einer 5—8 Fuß langen Stange eine Wehr, die zu Hieb und Stoß gleichermaßen geeignet war. Wir finden bereits in den Handschriftenbildern des 14. Jahrhunderts mehrere Formen der Hellebarde dargestellt, dann erscheint sie in Hans Burgmayer's Holzschnitten zum Weißkunig und kommt häufig in den Waffensammlungen neben den Flegeln und Morgensternen, den Pusikanen und Sturmsensen vor. Zuweilen gleichen die Hellebarden den Hackemessern, zuweilen ist die halbmondförmige Klinge mit der convexen, zuweilen mit der concaven Seite nach außen gerichtet. Hendel nimmt in seinem Archiv für deutsche Schützengesellschaften (I, 101) sieben verschiedene Arten der Hellebarde an, es sind deren jedoch bei weitem mehr vorhanden. Das Eisen der Hellebarden ist groß, gewichtig, spitzig und scharf, so daß es Alles, was damit getroffen wird, zu Boden schlägt und schon vermittelst seiner Schwere durch den Panzer dringt.

Fig. 313.

Im Weißkunig treffen wir vornehmlich die nebenstehende Form an, deren Tüllen in Schienen übergehen, welche den Schaft vor dem Zerhauen schützen. Wir finden nun, was die Beilklinge betrifft, diese mit convexer, concaver, mehr oder weniger abgerundeter, längerer und kürzerer Schneide; die Spitze ist theils gerade, mehr oder weniger breit, lindenblatt- und rautenförmig, öfter auch geflammt wie der Kriß; der dem Beil entgegengesetzte Theil ist, wie hier, theils ein Haken, nach unten oder auch nach oben gewendet, zuweilen doppelt, theils geht er gerade aus wie eine Dolchklinge, und es finden sich ferner Hellebarden, die anstatt der Beilklinge an jeder Seite einen nach unten gewandten, oft lilienblattförmigen Haken haben. Die Klingen der Hellebarden sind stark, oft mit eingeschlagenen Zierrathen geschmückt. Die Hellebarden der alten kursächsischen Schweizergarden hatten in der Zeit, wo der Kurfürst Reichsvicarius war, Klingen, welche die Gestalt des Reichsadlers darstellten. Sonst findet man auf den Hellebarden gemeiniglich Namenszug und Wappen des Kriegsherrn. Zuweilen sind die Klingen durchbrochen. Gemeiniglich ist eine Quaste in den Farben des Landes oder der Stadt unter der Klinge angebracht.

Die Hellebarden dienten namentlich zur Vertheidigung der Thore und Mauerzinnen, denen der Feind dann die Sturmsensen entgegenbrachte. In den Bildern Hans Burgmayer's sehen wir die

Thorwächter und Stadtsoldaten mit Hellebarden bewaffnet; es finden sich daselbst aber auch auf den Flügeln der Landsknechthaufen Hellebardenträger. Joachim Meyer giebt in seinem Fechtbuch Anleitung zur Handhabung der Hellebarde.

Die Hellebarde blieb in den europäischen Heeren auch dann noch zurück, als die langen Spieße bereits abgethan worden waren; sie wurde Zeichen und Waffe der Subaltern- und Unterofficiere bei dem Dienst in der Garnison. In Sachsen wurde sie im Jahre 1807 abgeschafft. Die Stadtsoldaten von Leipzig behielten dieselbe bis zum Jahre 1823. Seitdem ist sie ganz aus den Händen der Soldaten verschwunden und nur noch den Nachtwächtern der Städte und den Tagewächtern in den Dörfern verblieben. Wo der Wachtdienst Reihe um ging, wurde dem Bauer, an welchem die Reihe im Dienst war, der Spieß von seinem Vorgänger zugebracht.

Der geniale Sohn August's des Starken und der Gräfin Aurora von Königsmark wollte den langen Speer wieder in Anwendung bringen und er widmete demselben in seinen kriegerischen Träumereien eine besondere Aufmerksamkeit. Er wollte besonders die Dragoner damit bewaffnet wissen. Auch Montecuculi, Seume und andere Kriegskenner redeten dem Spieße das Wort.

Noch zu seiner Zeit erscheint er in dem polnischen Heere bei den Tataren, und Ulanen und im Königlich preußischen Heere führten denselben die im Jahre 1745 errichteten Bosniaken, eine Art leichter, den Kosaken ähnlicher Reiterei. Für die Kaiserlich österreichische Armee wurden die ersten Ulanenregimenter im Jahre 1790 und 1791 errichtet. Im Jahre 1808 wurden die preußischen Bosniaken in Towarczys umgewandelt; es waren meist polnische Edelleute, die sich in dem Feldzuge von 1807 in Ostpreußen auszeichneten. Im Jahre 1808 wurde ein Ulanenregiment errichtet, aus welchem später noch mehrere gebildet wurden. Gegenwärtig besteht die Landwehrcavalerie aus Ulanen. In der Napoleonischen Armee wurden 1807 die ersten Lanziers nach polnischem Muster errichtet, und 1811 ein sächsisches Dragonerregiment in Ulanen umgewandelt; später errichteten auch Baiern und Würtemberg Ulanenregimenter. Und so kam denn in Westeuropa die Lanze, mit buntem Fähnlein, abermals zu Ehren.

In der russischen Armee waren es ursprünglich Kosaken und Tataren, Kalmyken und Kirgisen, welche die Lanze als Nationalwaffe führten. Nachmals wurden auch eigene Lanzierregimenter errichtet, außerdem aber einige Kürassierregimenter mit Lanzen bewaffnet.

Die Lanze der Ulanen ist 8—16 Fuß lang und zollstark. Der Schaft ist aus Eschen- oder Buchenholz und unten mit einem eisernen Schuh, oben mit einer 8—10 Zoll langen stählernen zweischneidigen, zollbreiten und halbzolldicken Spitze versehen, von deren Tülle zwei 18—24 Zoll lange Schienen zum Schutze des Schaftes ausgehen. Zwischen Tülle und Spitze ist meist eine eiserne Kugel angebracht, um das zu tiefe Eindringen zu verhindern. Zwischen den Schienen ist ein zweifarbiges Fähnlein in den Landesfarben aufgenagelt. Die Lanze trägt der Reiter auf dem Marsch am rechten Oberarm an einem Lederriemen, der Schuh der Lanze ruht in einer am rechten Steigbügel angebrachten ledernen Hülse. Zum Gefecht faßt der Reiter die Lanze unter den rechten Arm und senkt die Spitze vorwärts, außerdem aber handhabt er sie zum Stoße nach vorn oder rückwärts, wie zum Pariren auf die geeignete Weise; die Waffe hat sich in der Hand geschickter Reiter als überaus wirksam bewährt.

Ums Jahr 1796 machte man in Weimar den Versuch, die Lanze bei der Infanterie aufs neue einzuführen. Man gab nämlich den Jägern Stöcke von 5 Fuß Länge, die oben mit einer kurzen, in Schienen endigenden Spitze versehen, unten aber ebenfalls beschlagen waren. Der Mann trug sie an einem Riemen über die rechte Schulter gehängt. Im Felde befestigte er den Hirschfänger mit dem Griff daran. Im Jahre 1805 wurde diese Art Spieß abgeschafft.

Der Landsturm Preußens ward 1813 ebenfalls mit Lanzen bewaffnet, so wie 1848 in Deutschland hier und da Compagnien der Bürgerwehr Lanzen erhielten, unter denen auch die Hellebardenform mehrfach aufkam.

Für die Jagd kommt der Spieß vielfach in Anwendung. Diana führt den Wurfspieß, die Helden des Nibelungenliedes erlegen das Wild mit dem gewichtigen Ger. Vornehmlich wurde aber der starke Spieß mit scharfer, langer und gewichtiger Spitze zur Saujagd angewendet und deshalb Saufeder genannt. Die Saufeder hat eine 2 Zoll starke Stange aus festem Holze und von 7—8 Fuß Länge. Die lindenblattförmige starke Klinge, oft durch eingeschlagene Arabesken von Messing oder Gold verziert, sitzt mit der Tülle darauf fest. Unter der Tülle sitzt oft eine Querstange von Eisen, wie ein Kreuz angebracht, um das zu tiefe Eindringen in das Thier zu verhindern; so erscheint der Jagdspieß in den Bildern der Herrad von Landsberg In späterer Zeit ward diese

Querstange durch einen hölzernen Knebel ersetzt, der an einem ledernen Riemen daran gebunden war, wodurch dieser Spieß den Namen Knebelspieß erhalten hat. Das Königliche historische Museum in Dresden hat in dem Jagdzimmer mehrere sehr schöne Saufedern, deren Schäfte zum Theil mit Lederriemen umwunden und mit gelben Nägeln beschlagen sind, damit sie sicherer in der Hand ruhen. Einige sind auch mit Quasten verziert. Im 17. Jahrhundert trugen die schwedischen Hakenschützen diesen Spieß, namentlich 1626 gegen die polnische Reiterei; sie steckten denselben in den Boden und brauchten ihn als Schießgabel. Dann bildete man auch spanische Reiter daraus, indem man sie gekreuzt in die Erde steckte. Im Jahre 1688, wo die Pike bei der Kaiserlichen Infanterie schon abgeschafft war, stellte man doch noch gegen die türkische Cavalerie spanische Reiter auf, wie auch noch 1703 in der Schlacht bei Saladin.

Fig. 314.

Zum Schluß dieser Abtheilung möge die Beschreibung der sogenannten Lanze des Longinus folgen, welche unter den Kleinodien des Deutschen Reiches ehedem in der Heiligengeistkirche zu Nürnberg, gegenwärtig in der Kaiserlichen Schatzkammer zu Wien aufbewahrt wird. Es ist ein zweischneidiges spitziges Speereisen von 21 Zoll Länge. Die Klinge ist 2½—3 Zoll breit und in der Mitte durchbrochen. Auf die Tülle kommen 2 Zoll, das Loch ist 1½ Zoll weit; sie hat zwei kleine Löcher, um sie mit einem Nagel fester an den Schaft zu heften. In dem durchbrochenen Theile ist der Nagel vom Kreuze durch Silberdraht festgehalten. Es sind vier solcher Drahtverschlingungen vorhanden, deren erste andeutet, wie weit der Speer in Christi Seite eingedrungen. Den Speer und den Nagel umgiebt in der Mitte ein 6 Zoll langes und 2½ Zoll breites Goldblech, das der Länge nach auf jeder Seite die Umschrift hat: † LANCEA . ET . CLAWS . DOMINI (s. Ebner's Beschreibung der Reichskleinodien von Murr. Nürnb. 1790. S. 66).

Der Speer wird auch, wie wir bereits oben sahen, zum Erlegen der im Wasser lebenden Säugethiere und der Fische angewendet. Man fertigt nun derartige Harpunen aus Eisen, deren größte und schwerste die noch gegenwärtig beim Wallfischfang gebräuchliche ist. Der Spieß besteht aus einer eisernen zweischneidigen Spitze von 3 Fuß 5 Zoll Länge und 3 Pfund Schwere. Die eigentliche Spitze hat bis zum Dorn 4 Zoll Länge und ist am Punkte der Vereinigung dreiviertel Zoll dick. Die Schneide aber läuft in zwei Widerhaken aus, die 5½ Zoll Länge haben; der anfangs vierkantige Dorn geht bei 4 Zoll Länge in die runde Form über und schließt an die konische Tülle, die 6 Zoll Tiefe und am Mundloch 1½ Zoll Weite hat. Die Tülle ist außen mit getheertem Bindfaden umwunden. Der Harpunenstiel hat 6 Fuß Länge (Nr. 4580 m. S.). Dazu gehört eine hölzerne mit Faden umwundene Scheide. (Fig. 314.)

Fig. 315.

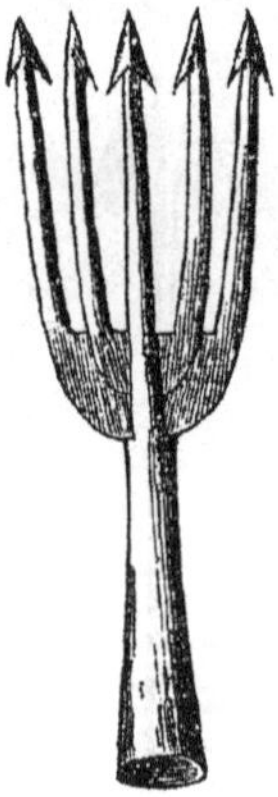

Die Fischgabeln, deren man sich in Triest zum Thunfischfang bedient, sind ebenfalls aus Eisen und nicht wenig schwerer. Das vor mir liegende Exemplar (Nr. 2895 m. S.) ist 12¾ Zoll lang, es besteht aus einer Spitze, die oben mit Widerhaken versehen ist und unten in eine gegen 5 Zoll lange, 1¾ Zoll weite kegelförmige Tülle ausgeht; das Eisen ist über der Tülle 2¾ Zoll lang, in der Quere durchbohrt, und durch diese Oeffnung sind nun zwei Eisenstücke getrieben und unten durch einen Keil festgehalten, welche nach oben hin die vier übrigen Spitzen bilden, deren äußerste je zwei, deren innerste je einen nach der Mitte gerichteten Widerhaken hat. Vom ersten bis zum letzten Widerhaken ist eine Linie von 5 Zoll Durchmesser. Die Spitzen haben aber freistehend 4 Zoll Länge.

Anders und der Wallfischharpune ähnlicher im Bau ist die Fischgabel, deren man sich in Schlesien und der Niederlausitz, z. B. in Naumburg am Bober bedient. Das durch die Güte des Herrn Bergakademisten Paschke mir von dorther gewordene Exemplar (Nr. 4805 m. S.) ist 25⅝ Zoll lang. Der 12½ Zoll lange, einen halben Zoll dicke, runde Dorn geht oben in eine halbrunde, 3¼ Zoll breite Fläche aus, die sich nach vorn spatenartig verdünnt und 8¼ Zoll lang ist, von 3 Zoll an aber achtmal der Länge nach durchschnitten ist, wodurch, da man die Durchschnitte aus einander gedehnt, neun Spitzen gebildet werden, an deren vier Kanten bis in die Hälfte ihrer Länge kleine Widerhaken durch Einhauen hervorgebracht sind. Hier sind auch sämmtliche Spitzen mit Bindfadengeflecht verbunden, so daß sie nicht tiefer in den Fisch eindringen und denselben zu sehr zerstören können. An die andere Seite des Dorns schließt sich die kegelförmige, stumpfe, tiefe und 1¾ Zoll weite Tülle, die einmal für den Schaftnagel durchbohrt ist. Mit dieser Fischgabel begiebt man sich bei Fackelschein des Nachts im Kahn auf den Fluß und erwartet nun stillhaltend das Erscheinen der Hechte, die dann damit durchbohrt werden.

Der abgeworfene Speer giebt den Uebergang zu den

Schießwaffen,

von denen wir bereits in der Schleuder und Wurfkugel, dem Blaserohr und dem Bogen mit dem Pfeil die Anfänge kennen lernten.

Die Metalle treten auch hier formenändernd ein und wir finden dieß zunächst in der Schleuder, deren steinernes Geschoß aus Metall und zwar aus Blei gemacht wird. Am Trasimenischen See bei Perugia findet man noch jetzt nicht selten Wurfbleie von lanzenförmiger Gestalt mit zugespitzten Enden von 1½—2 Zoll Länge, die aus der blutigen Schlacht vom Jahre 217 v. Chr. stammen, wo Hannibal die Römer durch Hilfe seiner balearischen Schleuderer schlug. Als die Römer Spanien erobert, nahmen sie auch die Schleuderer unter ihre leichten Truppen auf und brauchten dieselben mit Erfolg gegen den Feind. Die durch die Schleuder geworfene Bleikugel hat ziemlich die Größe der aus der Flinte abgeschossenen.

Die steinerne Wurfkugel fanden wir in den Grasebenen von Südamerika, die metallene kommt auf den Vasenbildern als Waffe der Reiter vor. Sie wird an einer langen Schnur geschwungen, die der Reiter aber nicht aus der Hand läßt, und dient dazu, die Schilde der Feinde zu zertrümmern. Sie ist eiförmig, faustgroß und oben noch mit mehrern kleinern Nebenkugeln versehen. So auf einer Vase des 15. und einer Schale des 16. Saales der Königlichen Porzellan- und Gefäß-Sammlung in Dresden.

Das Blaserohr erlitt durch die Metalle die mindesten Veränderungen, bis man statt des menschlichen Odems plötzlich expandirte Luft als Treibmittel der Kugel anwendete, und durch Verbindung des Blaserohrs mit dem Bogen die Kugelarmbrust schuf.

Bogen und Pfeil dagegen gewannen, wie alle Werkzeuge, wesentlich an Vollkommenheit durch den Einfluß und die Anwendung der Metalle auf dieselben.

Der Bogen, den die Bewohner der Urwälder und der Südseeinseln aus einfachem Holze machen, wurde wesentlich vervollkommnet, nachdem zu dessen Herstellung zwei Holzarten verwendet, vor allem aber erhielt der Pfeil erst seine rechte Ausbildung, nachdem die Spitze von Metall gemacht werden konnte.

Die ältesten Pfeile waren, wie dieß mit Axt- und Messerklinge ja auch der Fall war, den steinernen genau nachgebildet, doch konnte der Umfang vermindert und die Form bei weitem eleganter dargestellt werden. Der Pfeil wurde fortan die verkleinerte Nachbildung der Lanze.

Fig. 316. 317. 318.

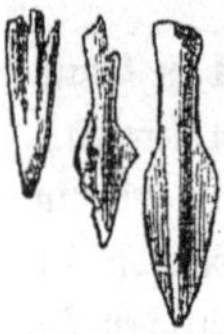

Zu den ältesten Formen des Pfeils gehört unstreitig die nebenstehende. Es ist eine 1⅝ Zoll lange, einen halben Zoll breite, dünne Spitze aus Bronze (Nr. 644 m. S.). Sie ist gegossen und auf beiden Seiten des Grates dünner gehalten. Sie ist wie die ältern steinernen Vorbilder zum Einlassen in den Schaft. Man fand ähnliche am Rhein (Emele XXII, 9), wo auch eine mit doppeltem Widerhaken gefunden wurde. Bronzepfeilspitzen mit Dorn zum Einlassen in den Schaft, aber lanzettförmig und ohne Widerhaken, besitzt das Friderico Franciscеum in Schwerin mehrere Exemplare von 2½—5 Zoll Länge und einem halben bis ganzen Zoll Breite. (Fig. 316.)

Darauf folgen, wie bei den Lanzen, die Pfeile mit Tüllen. Die kleinsten Exemplare sind noch nicht 2 Zoll lang und haben etwa dreiviertel Zoll Breite, während ihr Querdurchmesser über den Grat kaum einen Viertelzoll überschreitet. Ein aus dem Mansfeldischen stammendes Exemplar meiner Sammlung (Nr. 818) ist mit rautenförmiger Spitze 1¾ Zoll lang, wovon 1 Zoll auf die Klinge, das Uebrige auf die Tülle kommt, deren Loch über einen Viertelzoll Durchmesser hat. Die Schweriner Sammlung besitzt mehrere Pfeilspitzen derselben Größe, deren Schneiden aber abgerundet und blattförmig gebildet sind. (Fig. 317.)

Ein aus Mähren stammendes Exemplar (Nr. 1008 m. S.) ist 3 Zoll lang und 1¼ Zoll breit, die Klinge hat 2 Zoll Länge. Die Tülle, dreiviertel Zoll weit, geht ziemlich bis an die Spitze der Klinge und erscheint als starker, abgerundeter Grat. Auf jeder Seite der Klinge tritt zwischen der Schneide und der Tüllenfortsetzung aus der Fläche noch ein mit der letztern parallellaufender Grat heraus. In der Tüllenwand waren zwei Löcher für die Schaftnägel, wie an den Lanzenspitzen, wovon das eine ausgebrochen ist. (Fig. 318.)

Dieß sind die Hauptformen der ehernen Pfeilspitzen, die bis jetzt bekannt sind, aus denen sich, nachdem das Eisen in Gebrauch gekommen, die übrigen zahlreichen Formen entwickelt haben.

Wir betrachten zunächst die Geschosse der **afrikanischen Völker**. Die Bogen, Pfeile und Köcher der Buschmänner lernten wir bereits kennen.

Fig. 319.

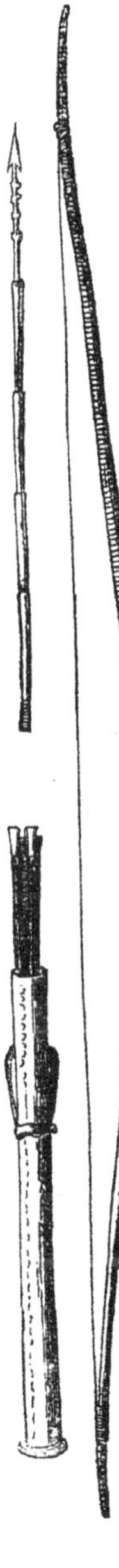

Die Pfeile, Bogen und Köcher der Elliabs in Oberäthiopien, 5. Grad nördlicher Breite, sind eine weitere Entwickelung derselben. Der Pfeil besteht aus einem knotigen Rohrschaft von $2^1/_2$ Fuß Länge. Das untere Ende, welches auf die Sehne gestellt wird, ist gegen 2 Zoll lang, mit schmalen Riemchen von rothem Leder umwickelt; in das obere ist eine eiserne Spitze eingelassen, die 7—9 Zoll aus dem Schafte hervorragt. Die eigentliche Klinge ist über einen halben Zoll breit und 2 Zoll lang; ihre Schneide aber verlängert sich abwärts zu zwei Widerhaken, die einen halben Zoll lang mit dem Dorn parallel laufen, welche an jeder Seite noch zwei bis drei kleine Seitenwiderhaken an sich haben.

Diese Pfeile stecken in einem Köcher aus dickem Leder, das mit Röthel und Fett gefärbt ist. Der Köcher ist 2 Fuß $7^1/_2$ Zoll lang, walzenförmig und hat 2 Zoll im Durchmesser. An der einen Seite läuft eine nach außen gerichtete Naht hin. Unten ist ein Boden eingesetzt, der ebenfalls nach außen eine starke Naht zeigt. $9^1/_2$ Zoll von der Mündung ist der Köcher mit einem Lederriemen sechsmal umschlungen, von dem aus ein Tragband ausgeht, womit er am Oberarm aufgehängt werden konnte.

Der dazu gehörige Bogen ist aus Bamburohr gemacht und 7 Fuß 5 Zoll lang, in der Mitte $1^1/_2$ Zoll stark, ein wenig abgeplattet und an den beiden Enden, deren Querdurchmesser nur einen halben Zoll beträgt, mit viertelzollbreiten Blechbändern 6 Zoll lang umwunden. Von da an ist der Bogen 21 Zoll lang mit Schlangenhautband, dann 6 Zoll mit Blechstreifen auf jeder Seite umwunden. Es folgt dann abermals auf der einen Seite, die 3 Zoll lang mit Schlangenhaut umwunden ist, Blech. Die Mitte des Bogens bleibt frei. Die Sehne ist aus starken gedrehten Riemen (Nr. 2256 ff. m. S.).

Fig. 320.

Die Schießwaffen der Neger an der Westküste von Afrika, namentlich die Pfeile, sind anders gestaltet und mannichfaltiger. Die Schafte bestehen aus einem hellgelblichen, knotigen Rohr von 25 — 28 Zoll Länge, das an beiden Enden mit Faden dicht umschnürt ist. Am untern Ende ist das Rohr fast zolllang durchschnitten, und eine Kerbe für die Sehne angebracht und oberhalb desselben ist der Schaft 1 Zoll lang dicht mit Faden umschnürt; in dieser Umschnürung stecken die Enden von 12 — 14 meist schwarzen rund geschnittenen Federn von 1½ Zoll Länge, deren oberes Ende abermals durch eine zolllange Umschnürung an den Schaft gedrückt wird. So umgiebt denn diesen Theil des Schaftes eine eiförmige Federbürste. In das obere Ende des Schaftes ist ein 5 — 7 Zoll langes Stück hellbraunes hartes Holz eingelassen, auf welchem dann die eigentliche eiserne Pfeilspitze mit ihrer Tülle festsitzt. Diese Pfeilspitze ist theils blatt- oder lanzettförmig, theils mit zwei Widerhaken versehen, zwischen ihr und der Tülle ist stets ein mehr oder minder langer Dorn. Die Länge der Pfeilspitze mit der Tülle beträgt 3 — 6½ Zoll (Nr. 1647 ff. m. S.).

Ein Pfeil dieser Abtheilung (Nr. 1646 m. S.) ist in sofern von den übrigen abweichend, als der ganze Schaft aus einem Stücke Holz besteht, welches bis an die Tülle 2 Fuß 5 Zoll Länge hat. Er ist nur mit acht Federn von 2½ Zoll Länge, aber in derselben Weise wie die vorigen bewehrt. Die Spitze ist mit der Tülle 6 Zoll lang, die Klinge nur 1 Zoll lang und einen halben breit, während die vorherbeschriebenen zwischen 2—3½ Zoll Länge hatten.

Der Bogen, der zu diesen Pfeilen gehört, ist ganz einfach aus hellbraunem festen Holze gemacht. Die Länge der Sehne beträgt, von Spitze zu Spitze, 5 Fuß 9 Zoll, die Sehne aus wenig gedrehten Lederriemen steht in der Mitte 5 Zoll von dem 1¼ Zoll starken Bogen ab. Die Enden der Sehnen sind einfach um die Enden des Bogens geschlungen.

In dieser Weise sind nun mehr oder minder abweichend sämmtliche Bogen und Pfeile der afrikanischen Völkerschaften, auch die der Mongoni und anderer Stämme von Burnu, welche Denham besuchte. Bemerkenswerth ist, daß wir diese Formen bereits auf den Denkmalen der ägyptischen Könige der 18. Dynastie sehen, und zwar mit allen Eigenthümlichkeiten in der Befiederung und den Spitzen.

Die Köcher der Völker des Sudan zeichnen sich durch eine Art Bemalung aus; ein solcher Köcher meiner Sammlung (Nr. 1749) ist 22½ Zoll lang, sein Durchmesser beträgt 2½ Zoll. Er besteht aus dem Schaft einer Aloe und ist mit glattem Leder sauber überzogen. Um denselben sind fünf breite und ein schmaler Ring von Leder gelegt, die dunkelbraun gefärbt sind. Die Grundfarbe des Köchers ist ein lebhaftes Braunroth, in dieses hat man nun als Einfassung um die Ringe und den obern Rand durch Abschälung der Epidermis Dreieckzierrathen hervorgebracht, die sich weiß von dem dunkeln Grunde abheben. Von dem mittelsten Ringe hängt ein 2 Zoll breites, 14 Zoll langes Lederband, dessen glatte rothe Oberfläche theils schwarzgefärbte, theils ausgeschälte weiße Linien und Vierecke verzieren, dahinter ist ein eben so langer, 2½ Zoll breiter Riemen aus weichem hellbraunem Leder befestigt, der, in 20 schmale Streifen zerschnitten, quastartig herabfällt. Von den vorletzten Reifen geht ein gleiches Ornament aus. An zwei andern Reifen ist der 2½ Zoll breite Tragriemen befestigt. Die Pfeile sind denen der Elliabs ähnlich, nur ohne die Widerhaken am Dorn und ohne die Umwickelung an dem untern Ende. Die Pfeile ragen 6 Zoll lang aus dem Köcher heraus.

Ein anderer Köcher aus dem Sudan (Nr. 2708 m. S.) ist 22 Zoll lang und 1½ Zoll im Durchmesser. Er ist aus einer Pflanzenröhre gebildet und unten mit einem ledernen Boden geschlossen. Das Holz ist von oben und unten mit schmalen Riemchen umwunden und mit fünf 1½—2 Zoll breiten Ringen aus schwarzem glänzenden Leder umgeben. Der zweite und vierte dieser Ringe ist mit einem dicken, einen Viertelzoll breiten Lederreifen umgeben, an welchem der zollbreite lederne Tragriemen, je an zwei Lederfaden, befestigt ist. Auch dieser Tragriemen ist auf der Oberfläche mit eingeritzten Längslinien verziert. Die zehn darin aufbewahrten Pfeile sind ganz den vorigen ähnlich und die Spitzen in das hellgelbe knotige Rohr eingesetzt, das an der Verbindungsstelle mit schmalen Lederriemen umwickelt ist.

Die Jäger und Hirten der Polarzone, von denen das Eisen bearbeitet wird, haben zunächst durchgängig überaus sorgfältig gearbeitete Bogen, die aus zweierlei Holz gefertigt sind, aus Laubholz und aus Nadelholz. Diese Verbindung von hartem und weichem Holze hat dieselbe Wirkung, wie die Verbindung von Zinn und

Kupfer, von Eisen und Stahl, ja von Mann und Frau, activer und passiver Rasse. Das daraus gefertigte Werkzeug wird elastischer, tauglicher, dauerhafter.

Die Bogen der ehemaligen Lappländer und der jetzigen Tungusen und anderer sibirischen Völker sind gegen 6 Fuß lang, mit einer Sehne aus gedrehten Därmen oder Riemen.

Man nimmt zur Anfertigung derselben ein Stück Birkenholz, das $1\frac{1}{2}$ Zoll breit ist, und verbindet dasselbe auf der untern, dem Schützen zugewendeten Seite vermittelst Fischleims mit einem härtern Nadelholz, wozu die Lappen Fichtenholz wählten. Die so vereinigten Hölzer werden nun auf der Außenseite sorgfältig abgeglättet und bei den Lappen mit Birkenbast oder Rinde, bei den Ossiaken mit einem gelblichen Pigment überzogen, so daß man die Zusammenfügung gar nicht bemerken kann. Der Bogen ist nur wenig gekrümmt, die beiden Enden stehen vom Schützen abgewendet nach oben, die innere Seite ist mehr abgerundet, die äußere, namentlich zwischen dem Handgriff und den Enden, breit, der Theil, welchen die linke Hand beim Abschießen umfaßt und wo der Pfeil aufgelegt wird, rund. An dem einen Ende wird die Sehne fest angeschnürt und das andere Ende des Bogens hat einen nach oben gerichteten Einschnitt, in welchen beim Gebrauche der in eine Schlinge endigende Theil der Sehne eingehängt wird (s. bes. Erman's Reise um die Welt. I. 563. 568; Georgi's Reise, I, 259).

In ähnlicher Art ist der Bogen der Tungusen, welche aber die Mitte des Bogens, wo die Hand denselben faßt, dann die beiden Enden desselben und den Theil, der zwischen Ende und Niete liegt, an einer Stelle mit Sehne umwickeln, und auch eine solche über den äußern Umfang der Sehne von einem Ende bis zum andern legen, wie ich aus einer in Zarskoe Selo gefertigten Tungusenstatue ersehe, die ich der Güte des Herrn Baron von Schoepping in Moskau verdanke (Nr. 4870 m. S.).

Die Pfeile der Tungusen, die bekanntlich die besten Schmiede unter den Eingeborenen Sibiriens sind und die solche für ihre Nachbarn anfertigen, sind sehr mannichfaltig.

Die Pfeile der Tungusen haben einen Schaft von Birkenholz, der 2 Fuß 3 Zoll bis 2 Fuß 5 Zoll lang und sauber abgerundet ist, oben, wo die Spitze in denselben eingelassen, schwillt er etwas an, unten, wo er eine Kerbe in sich hat, ist er zu Seiten derselben schmäler; damit aber die anziehenden Finger kräftiger eingreifen können, ist er in der Parallelrichtung der Schneiden verstärkt.

Unten wie oben ist er zolllang mit Riemen von Haut oder Fäden von Pflanzenstoff umwickelt. Einen Zoll von der Spitze sind drei 8 Zoll lange beschnittene halbe Raubvogelfedern aufgeleimt. Das zum Pfeilschaft nöthige Birkenholz wird erst gespalten. Um ihn glatt zu machen, schneiden sie in ein Hölzchen, das einen halben Cylinder bildet, eine Kerbe, setzen in dasselbe das Messer schräg ein und fahren damit wie mit einem Hobel über den Pfeil. Die Pfeilklingen sind sehr mannichfaltig. Die Lappen und Ossiaken hatten rautenförmige und blattförmige. Bei den Tungusen finden wir rautenförmige Pfeile mit kurzen Widerhaken, 4½ Zoll lang, 1 Zoll breit, ganz platt und ohne Grat, dann Pfeilklingen von 5⅛ Zoll Länge, mit breiter Angel, 1¾ Zoll, von der eine zweischneidige Spitze mit Grat ausgeht, deren Schneiden 1¼ Zoll lang fortlaufen (Nr. 3633 m. S.). Ferner eine meiselförmige Pfeilspitze, die erst rautenförmig fortgeht und sodann in eine halbzollbreite Schneide endigt. Sie ist über 4 Zoll lang und da, wo sie in den Schaft übergeht, mit einigen Quer- und Schräglinien unter einer Längslinie verziert. Diese Klinge ist die schwerste und hat die längste, 10 Zoll lange Befiederung (Nr. 3631 m. S.). Es folgen nun die Pfeilklingen mit zwei Spitzen. Die eine derselben (Nr. 3630 m. S.) ist 2¼ Zoll lang, da wo sie auf dem Schafte sitzt auf der breiten Seite mit zwei Querlinien, und dann an der Stelle, wo die Klinge sich in zwei Spitzen trennt, auch am Rande mit zwei Querstrichen verziert. Die Spitzen sind 1⅜ Zoll lang und die Innenseite derselben ist scharf geschliffen, während die äußere Seite scharfkantig ist. Eine zweite Klinge derselben Art ist 5½ Zoll lang und von Spitze zu Spitze 1 Zoll breit. An der Stelle, von welcher die Spitzen ausgehen, ist die Klinge platt, dann behält sie in der Mitte einen breiten Grat, der auf jeder Seite in eine scharfe Schneide übergeht. Endlich ist eine tungusische Pfeilspitze zu erwähnen (Nr. 3634 m. S.), die im Ganzen mit dem Dorn 9⅝ Zoll lang ist, der Dorn ist 2⅛ Zoll lang und saß bis hierher im Schaft, von da geht rechts und links von dem schmalen Rande ein zolllanger Seitenarm in einem Winkel von 70 Graden nach unten ab, der Fortsatz des Dorns windet sich schraubenförmig 1 Zoll lang empor und wächst sodann bei 2 Zoll Fortsetzung bis auf einen halben Zoll Breite. Diese breite Fläche geht nun in die 4 Zoll

Fig. 321.

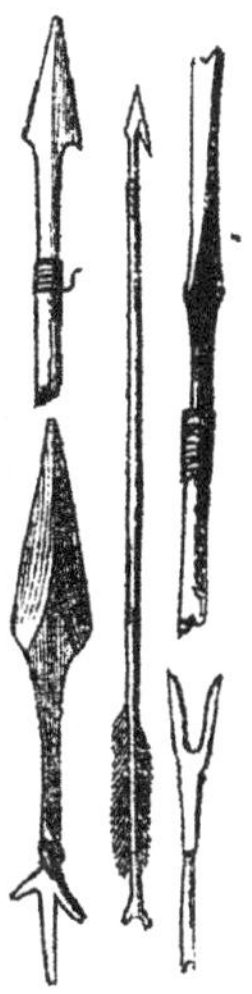

lange eigentliche Klinge über, deren größte Breite 3½ Zoll von der Spitze 1½ Zoll beträgt. Es ist dieß der Pfeil, womit das größere Wild erlegt wird, dem der Tunguse gewöhnlich einen Pfeil voraussendet, an dessen Spitze eine durchbohrte Holzkugel anstatt der Klinge befestigt ist, die abgeschossen einen pfeifenden Ton verursacht, der das Wild stutzen und stehen macht.

Fig. 322.

Die Köcher der Tungusen sind ganz eigenthümlich. Ich beschreibe sie nach zwei Exemplaren meiner Sammlung (Nr. 3627 f.) und der bereits erwähnten Tungusenstatue. Die Köcher sind aus weichem Holz, gegen 3 Fuß lang, unten 7½ Zoll, oben 5 Zoll breit. Der auf dem Rücken liegende Theil ist platt, der nach außen gewendete im Innern halbrund, nach außen aber mit einem scharfen Grate, der unten 3 Zoll, oben aber 1½ Zoll von der äußern Grundfläche des Rückenstücks sich erhebt. Der Köcher hat unten einen hölzernen dreieckigen Boden. Das Ganze ist außen mit weißer, nicht eben grober Leinwand überzogen; sie besteht aus mehrern einzelnen Stücken und ist mit ihren Rändern auf das Holz geklebt, wozu wahrscheinlich Fischleim angewendet wurde. Das Ganze war ehedem, ehe es in meinen Besitz kam, mit feinem Hasen= oder Marderfell überzogen, wovon jedoch nur wenige Spuren übrig sind. Die Außenränder des einen waren neunmal auf jeder Seite durchbohrt, durch die Löcher gelbederne Riemchen gesteckt, an denen hellblaue, dunkelblaue, hellgelbe und weiße große chinesische Glasperlen je zu zwei und drei befestigt waren, von denen kleine Quasten gelber Riemchen herabhingen. Der obere Rand ist auf der vordern Seite mit einer 2 Zoll breiten, in der Mitte jedoch im Dreieck 4 Zoll herabgehenden Perlenstickerei geschmückt, die in weißen, gelben, blauen, rothen und schwarzen kleinen Glasperlen ausgeführt ist. Von der Rückenwand geht oben ein 9 Zoll langer, 4 Zoll breiter Klappendeckel aus gelbem Rennthierleder herüber, der auf der Außenseite mit blauem Kattun eingesäumt und mit Fischleim braun gefärbt ist, auf diesen sind von rosarothem und hellblauem Kattun Ornamente aufgesetzt, zierliche Ränder mit Renthiersehne gestickt und unter gelben, grünen und schwarzen kleinen Glasperlen andere aufgestickt. Der Klappendeckel endigt in ein Dreieck, von dessen jeder Seitenecke eine blaue und eine rothe, von der mittelsten aber eine blaue Glasperle zwischen zwei rothen herabhängt, von welcher kurze Lederquasten herabhängen. Die Ränder des Köchers waren jedenfalls mit den schönen dunkelblaugrün schimmernden Brustfedern der nordischen Taucherente besetzt. Von jeder Seite des Köchers geht wie an unsern Tragkörben, ein Riemen aus, mit welchem derselbe über die Schulter perpendiculär auf der Mitte des Rückens befestigt wird, wie an der Statue deutlich zu sehen ist. An dem untern Köcherende, und zwar rings um denselben, zieht sich ein Hundefell mit langen dunkelrothen Haaren.

Die Geschosse der westlichen Mongolen, zu denen auch die Kalmyken gehören, zeigen einen weitern Fortschritt, da dieselben als Reitervölker denselben eine andere Einrichtung geben mußten. Dadurch erhielten namentlich die Pfeilköcher eine veränderte Gestalt; dann mußte auch für den Bogen ein Köcher beschafft werden, um denselben unabhängiger tragen zu können. Die Köcher fanden nun ihren Platz anstatt auf dem Rücken, fortan an den Hüften des Reiters, und zwar wurde der Pfeilköcher an einem um den Leib gehenden Gürtel, der Bogenköcher an der rechten Seite getragen und zwar so, daß die emporragende Spitze desselben nach hinten gerichtet blieb. Wer diese jetzt bei allen nord- und südasiatischen Völkern übliche Sitte aufgebracht, läßt sich nicht ermitteln, daß sie uralt, beweisen die Denkmale von Persepolis.

Fig. 323.

Die Bogen der westlichen Mongolen bestehen aus einem Kern von Holz, dessen dem Schützen zugewendete Rückseite mit Horn, dessen Oberfläche aber mit Birkenrinde belegt ist.

Ein mongolischer Bogen meiner Sammlung (Nr. 1441) ist 4 Fuß 1 Zoll lang und fast 1½ Zoll breit. Er besteht aus zwei Lagen Holz; er ist an der Innenseite mit einer halbzollstarken Hornschale belegt, die aus zwei kurzen und zwei langen Stücken besteht, von denen erstere an die emporgerichteten, die Pfeilsehne haltenden Spitzen gränzen. Die Stelle, welche die linke Hand umspannt, ist bedeutend durch eingeschobene Holzkeile verstärkt, so daß sie 1½ Zoll im Durchmesser hat. Die

Oberfläche und Außenseite des Bogens ist mit Birkenrinde bekleidet. Die emporstehende Spitze, welche die Sehne festhält, ist 5 Zoll lang. Da, wo die Hornbelegung der Unterseite beginnt, steht ein Zapfen hervor. Das hier anstoßende Hornblatt ist 6 Zoll lang. An der Stelle, wo es an das zweite bis gegen die Mitte reichende anstößt, ist ein 1¼ Zoll langer Bund von schmalen Riemen angebracht. An einem zweiten Exemplare (Nr. 3005 m. S.), wo dieser fehlt, hat das Horn sich vom Holze abgelöst und aufgerichtet. Diese Bögen wollen sehr sorgfältig behandelt sein, außerdem verwerfen sie sich oder brechen. Die Sehne ist aus gedrehtem Leder und einen Achtelzoll stark.

Die zu diesen Bögen gehörenden Pfeile sind je nach ihrer Bestimmung sehr mannichfaltig. Die Länge derselben beträgt 2 Fuß 6—10 Zoll. Sie sind durchgängig oben etwas schwächer als unten, wo sie anschwellen, um der ziemlich halbzolllangen Kerbe genügenden Raum zu gewähren. Die Spitze ist meist lanzett- oder rautenförmig und von 1¼—2 Zoll Länge, mit und ohne Grat in der Mitte, immer aber nach dem vierkantigen Dorn zu stärker und an der untern Abtheilung keine Schneide bildend. Die Klinge ist stets in den Schaft eingelassen und an ihrer Verbindungsstelle mit rothen Lederriemchen umwickelt. Die Pfeile sind mit drei geschorenen Raubvogelflügelfedern von 5—7 Zoll Länge besetzt, die meist bis an die Kerbe reichen. Die Richtung der Federn deutet meist eine Spirale an. Beide Enden der Federn sind mit Birkenrinde meist zollbreit umgeben, die mit schwarzen eingepreßten Linien verziert ist. Die Federn sind aufgeleimt, außerdem aber an einer oder mehrern Stellen durch zwei Seidenfäden fester an den Schaft geschnürt.

Für das größere Wild hat man schwere Pfeile, deren Schaft 2 Fuß 7½ Zoll lang ist. Die rautenförmige Spitze ist mit dem nach dem Schaft hin stärker werdenden Dorn 4½ Zoll lang, die Klinge 3½ Zoll lang und 2 Zoll breit mit Grat, aber nur an den nach oben stehenden Schneiden geschliffen.

Ein anderer Pfeil meiner Sammlung (Nr. 1249) hat einen Schaft von 2 Fuß 6 Zoll Länge, er ist mit drei 6½ Zoll langen Geierfedern, die an drei Stellen mit einer gelben und zwei Paar rothen Seidenfäden festgehalten werden, beklebt; die Außenseite der Kerbe, so wie das obere Ende der Federn sind mit Birkenrinde umlegt, welche mit eingepreßten Punkten verziert ist. Die Spitze ist rautenförmig mit abgerundeten Ecken, 1⅝ Zoll lang und fünfachtel Zoll breit und nur an den obern Schneiden geschliffen. Sie ist innen durchbrochen.

Die größte Ausbildung von Bogen und Pfeil finden wir bei den Persern, Arabern und Türken. Es liegt uns über Bogen und Pfeil eine vortreffliche Abhandlung des Altmeisters im orientalischen Wissen, des Freiherrn Hammer-Purgstall vor, die er im Jahre 1851 (März) in der philosophisch-historischen Klasse der Kaiserl. Akademie der Wissenschaften zu Wien vorgetragen hat und die der folgenden Mittheilung zur Grundlage dient.

Seit der Eroberung Constantinopels, sagt der berühmte Orientalist, ist nirgends das Interesse für Bogen und Pfeil so lebendig als in der Hauptstadt des Osmanischen Reichs, wo ein besonderer Platz den Uebungen im Pfeilschießen gewidmet und mit den Denkmalen der weitesten Schüsse geschmückt ist. Das Schießen mit Bogen und Pfeil gehörte von jeher in der Türkei zu den edlen Leibesübungen der Sultane. Der berühmteste derselben war Sultan Murad IV., bei dessen berühmten Festaufzügen unter den in funfzig Rotten getheilten sechshundert Zünften in der fünfundzwanzigsten Rotte die Bogenmacher, die Pfeilmacher, die Armbrustmacher, die Bogenschießmeister, die Bogenschützen, die Pfeilschützen und die Bogenringmacher mit ihren Schutzheiligen als eben so viele Zünfte erschienen. Die altpersische Sage erzählt von dem Aresch, daß sein Pfeil aus Persien bis an den Oxus flog und hierdurch die Gränzen des Reichs bestimmte. Der Vater Seldschuk's, des Gründers der türkischen Dynastie der Seldschuken, hieß Jakak, d. h. ein starker Bogen; als sein Sohn Arslan an den Eroberer Indiens, an Mahmud von Gasna, gesandt worden und von diesem gefragt ward, mit wie viel Mannen er im Fall der Noth dienen könne, hatte er seinen Bogen und zwei Pfeile in der Hand; da nahm er den einen in die Rechte und sagte: wenn ich diesen in unsere Gestüte sende, so erscheinen hunderttausend Mann zu Pferde, und wenn ich den in meiner linken ins Gebirge sende, sitzen funfzigtausend Reiter auf. Mahmud ließ den Redner einsperren und berieth in seinem Reichsrathe, ob er die unruhigen Türken aus ihrem Lande jenseits des Oxus nicht nach Khorassan verpflanzen, oder ob er nicht Allen den Daumen abhacken lassen sollte, um sie zu Bogenschützen untüchtig zu machen.

Ueber das Bogenschießen ist im Orient eine überaus reiche Literatur vorhanden, deren Bestandtheile und Einzelnheiten eben so wenig hier einer ausführlichern Mittheilung bedürfen, als die zahlreichen Sprüche und bildlichen vom Bogen hergenommenen Redensarten in dem Koran und den Dichtern des Morgenlandes. Herr von Hammer-Purgstall weist nicht weniger als zehn verschiedene Arten des Bogens nach. Kepade oder Kepase wird derjenige genannt, der seiner leichten Spannung willen von Anfängern zur Erlernung, von bereits eingelernten Schützen zur täglichen Uebung im Spannen gebraucht wird. Er ist 12—13 Männerfäuste, also, die Faust zu 4 Zoll gerechnet, etwa 4 Fuß lang. Tirkesch heißt der Bogen, der 13—16 Fäuste lang, von den Tscherkessen und Persern und turkomanischen Stämmen mehr zur Jagd als zum Vergnügen gebraucht wird, und dessen Pfeile sehr lang und mit eisernen Spitzen versehen sind. Es ist der eigentlich persische Bogen, der sich von dem arabischen dadurch unterscheidet, daß seine Pfeilspitzen mit Eisen beschlagen sind. Tatar jailerie heißen die tatarischen, etwas kleinern Bogen. Ssagrili laws ist der mit Pferdehaut, Chagrin, überzogene Bogen, der auch bemalt und vergoldet wird. Kapse kuran ist der Bogen, dessen Biegung auf beiden Seiten ganz nahe an den Griff fällt, der sich auch sehr leicht spannt und daher den Anfängern in die Hände gegeben wird. Hilar kuran ist derjenige Bogen, der sich am schwersten spannt, aber auch am weitesten schießt, Athis jaileri aber derjenige, der gegen Hitze und Kälte abgehärtet ist und mit dem man im Freien Wettschießen hält.

Die Orientalen haben nun für jeden der einzelnen Theile des Bogens besondere Benennungen, für die Bogenenden, den Griff, dessen Nachbarstellen, die Erhöhung der Saite, womit der Griff umwickelt wird, das Stück Tuch, womit das Ende zum Schutz der Sehne belegt ist, den Einschnitt am Bogenende; eben so haben die Bogen nach ihren Eigenschaften, der krumme, harte, weitschießende, der gelbe, rothe, tönende, scharf- und weitschießende, eigenthümliche Benennungen. Die Zahl der von Herrn von Hammer-Purgstall mitgetheilten Benennungen beträgt nicht weniger als einhundert vier und dreißig.

Unter den vom Bogen hergenommenen Sprichwörtern hebe ich folgende aus: „O wäre doch der ganze Bogen stark, wie dessen Fuß," d. h. wie sein, stets vom stärksten Bein geschnitztes Ende; „Du willst, daß der Bogen töne, ehe du gespannt hast die Sehne," d. h. vor der Zeit; „er läßt den Bogen nach, der keine Sehne hat," d. h. er spricht leere Drohungen. Das berühmteste Sprichwort, das in Geschichten, Gedichten und in Geschäften angewandt wird, ist: „Gieb den Bogen dem Schnitzer desselben,“ d. h. stelle zu jedem Geschäft den Tüchtigsten an. Die Anspielungen mit Pfeil und Bogen sind zahllos, besonders vom Pfeile des Worts und dem Bogen des vom Alter gekrümmten Rückens.

Von den Pfeilen macht der Berichterstatter zehn verschiedene Arten namhaft: Peschrew ist der dünnste, der am weitesten fliegt, er ist mit weißen Schwanfedern in Form eines Blattes befiedert. Ein tüchtiger Schütze schießt damit auf tausend bis zwölfhundert Schritte. Der Pfeil Hagi ist um ein Geringes schwerer als der vorige, das Schwanengefieder desselben ist von länglicher Form, und er fliegt etwas weniger weit. Der beste Pfeil heißt Asmaisch, er ist um zwei Finger länger als der vorhergehende und ebenfalls mit Schwanenfedern besetzt. Ebrisch ist ein Pfeil, um dessen Achse rundum Federn gekrauset sind, die wie Zupfseide aussehen und dessen Name von struppigen Augenbrauen hergenommen ist. Er fliegt nicht weiter als hundert Schritte und wird nur zu den Uebungen auf dem Schießplatze benutzt. Der Pfeil Habde puthasi ist mit Adler- oder Schwanenfedern besetzt und geht sehr weit. Hawagesi ist der Pfeil mit einer Holzspitze ohne Federbefiederung; er ist schwer und dient nur zum Einüben. Karabathak ist mit den Federn der schwarzen Taucherente bewehrt und steht an Tragweite dem Hagi zunächst. Die Pfeile Jeksuwar und Sergendan, Einzelreiter und schwindelnd, sind nicht mehr üblich und durch den Peschrew verdrängt. Ueber die Entstehung dieser Namen berichtet der türkische Reisende in seiner Beschreibung von Constantinopel Folgendes: Nachdem der Sultan Mohamed II., der Eroberer von Constantinopel, die Beute unter die Sieger ausgetheilt, ließ er die Götzenbilder Wudd, Jagus, Jauf, Siwa und Nesr (der Reisende legt den christlichen Heiligenbildern die Namen der berühmtesten arabischen Idole bei), welche mit Juwelen besetzt in der Aja Sofia vorgefunden wurden, nach dem Pfeilplatze bringen und als Ziel zum Pfeilschuß aller moslimischen Helden aufstellen, deßhalb wird ein Pfeil, welcher das Ziel (Putha) trifft, noch heutzutage von den Bogenschützen ein Götzenpfeil (Putha-Okà) genannt. Eins von diesen Götzenbildern ward erst unter der Regierung Sultan Ahmed's I. in Stücke zerschlagen. Eins hieß, weil es auf der Südseite stand, Asmaisch, und die Pfeile trafen es, wenn vom Nordwind begünstigt; die Stelle, wo es stand, heißt heute Tos koparan ajaghi, d. i. der Fuß des Stauberregers; auf ein anderes Idol, Hagi genannt, das auf der Nordwestseite stand, ward am leichtesten von der Südostseite aus getroffen; von dem Götzenbilde Pelenk, das auf der Westseite stand und worauf man von der Ostseite schoß, hat der Schuß Pelenk seinen Namen. Kurz nachdem zwölf Götzenbilder auf den vier Seiten des Pfeilplatzes aufgestellt waren, hatte ein großes Wettschießen statt und die alten Bogenschützen, welche mit einander wetteifernd darnach schossen, erfreuten den seligen Geist des erlauchten Sad Wakkas (des ersten Bogenschützen des Islam), daher der Gebrauch der Einwohner Istambuls, an Feiertagen sich auf dem Pfeilplatze zu versammeln und sich im Bogenschießen zu üben.

Die arabischen Sprichwörter, die vom Pfeile hergenommen worden, sind sehr zahlreich. Ich wähle nur einige derselben aus den 30 durch Herrn von Hammer mitgetheilten: Der Pfeil kehrt auf die ihn Abschießenden zurück. Ihm ward der Schuß eines spitzenlosen Pfeils zu Theil. Nichts Gutes ist am Pfeile, der vom Bogen fällt. Durchdringender als ein Pfeil. Er wendet die zum Loosen bestimmten Pfeile (die erst nach der Schlachtung des Kameels umgewendet werden sollen) um, während das zu schlachtende Kameel noch weidet, d. h. er handelt voreilig. Er schoß so, daß der Pfeil vor dem Ziele niederfiel, und er behauptet, das Ziel getroffen zu haben. Glätte ist keine gute Eigenschaft am Pfeile, der durch dieselbe vom Bogen fällt. Gleich wie eine Federschwinge der andern. Seine das Ziel verfehlenden Pfeile sind wie die dasselbe durchdringenden Anderer. Er kam mit seinem Pfeile, dessen Spitze gebrochen, zurück, d. h. unverrichteter Dinge. Kehre, wenn du willst, zum Einschnitte meines Pfeils zurück, d. i. zur vorigen Freundschaft. Pfeilschießender als Der, welcher nach dem Einschnitte des Pfeils greift. Laß ihn abfliegen, den befiederten Pfeil, der schon auf dem Bogen liegt. Bis der abgeschossene Pfeil zur Stelle zurückkehrt, wo er mit seiner Kerbe lag, d. h. nimmer. Vorsicht vor dem Pfeilschuß. Gott ließ ihm nicht Wimper, nicht Klaue, nicht befiederten, noch unbefiederten Pfeil. Er ist der verläßlichste Pfeil meines Köchers. Zu dem Sprichwort: Reuevoller als Kosaji gab folgende Geschichte Anlaß. Kosaji hatte sich Bogen und Pfeil aus dem schönen gelben Holze Neba geschnitzt und in der Nacht Gazellen aufgelauert; fünfmal kamen Rudel derselben vorbei und fünfmal schoß er einen seiner fünf Pfeile ab; jedesmal sah er Funken dem Felsen entsprühen, so daß er in der Meinung, nur Fehlschüsse gethan zu haben, als ihm kein Pfeil mehr übrig war, zornig darüber seinen Bogen aus dem Holze Neba zerbrach.

Als es Tag wurde, sah er fünf Gazellen todt vor sich liegen und die blutigen Pfeile in einiger Entfernung davon. Sie hatten die Gazellen durchbohrt, aber noch Kraft genug behalten, um an den Felsen zu prallen und demselben Feuer zu entlocken. Aus Reue darüber, seinen schönen Bogen zerbrochen zu haben, biß er sich in den Daumen und schnitt sich denselben ab. Daher das Sprichwort: Reuevoller als Kosaji. Endlich noch das Sprichwort: „Nicht du hast geschossen, als du den Pfeil geschossen, sondern Gott hat geschossen."

Die Pfeile brauchte man zum Loosen und zum Hasardspiel. Im Glücksspiele war der siebente Pfeil der glücklichste, er hieß Miglak und wird öfter von den Dichtern erwähnt. Auch die arabischen Dichter vergleichen die Augen ihrer Geliebten den Pfeilen: „Deine Augen schießen Pfeile in das Herz."

Die türkischen Sprichwörter vom Pfeile sind: Nimmer kehren zurück entflohene Pfeile und Worte. Nimmer werden mit einem Pfeile zwei Vögel geschossen. Wider des Schicksals Pfeil schützt Panzer und Schild der Geduld. Adler trifft der Pfeil, den ihre Federn befiedern.

Die arabische Sprache hat 188 besondere Benennungen für die verschiedenen Pfeile, ihre einzelnen Theile, Verrichtungen, Eigenschaften und was darauf Bezug hat. So Itla, das Darreichen des Pfeils der Nachbarschaft und des Schutzes. Der Schutzgewährende giebt seinem Gaste, wenn er ihn verläßt, einen mit seinem Namen und Zeichen versehenen Pfeil, damit er auf dem Wege nicht belästigt werde.

Die Sehne des Bogens ist nicht minder Gegenstand der Aufmerksamkeit. Die arabische Sprache hat neun Synonyme; besondere Namen haben die Enden der Sehne, die an den Bogen befestigt werden, die Schlingen aus Leder, womit dieß bewerkstelligt wird und deren jede fertige Sehne zwei hat. Für die Behandlung und Handhabung der Sehne, die Berührungen, das Anziehen, das Schwirren derselben sind 27 Ausdrücke vorhanden.

Außerdem macht Herr von Hammer noch 21 besondere zu Bogen und Pfeil gehörige Kunstwörter namhaft, wozu zunächst die Namen der Töne und Laute gehören, welche beim Pfeilwurf von einem geübten Schützen nicht gehört werden sollen. Sie sind die Mißtöne der Faust, des Armes, der Schulter, der rechten Gesichtseite und des Zeigefingers und entstehen durch fehlerhafte Handhabung des Bogens. Außerdem wird hierbei erwähnt Muschemma, der 2 Fuß lange Riemen aus Wachsleinwand, welcher um den Griff des Bogens geschlungen wird, um die den Griff fassende linke Hand auszufüllen, damit sie den Bogen fester und sicherer halten kann. Ferner Thorba, das Ziel, wonach man zur Uebung aus naher Entfernung mit leichtem Bogen schießt. Es besteht aus einem runden, länglichen, in der Mitte mit sehr fester Baumwolle gestopften, an den beiden Enden mit Hobelspähnen und Pfeilholz gefülltem Polster aus Sackleinwand. Der Pfeil, womit man darnach schießt, ist dick und federlos. Dirhem, eigentlich eine Silbermünze, wird in der Kunstsprache der Bogenschützen für Gewicht gebraucht und bedeutet insbesondere das Gewicht der bei der Verfertigung eines Bogens um das Bein zu windenden Saiten, welche, je nachdem sie mehr dem Griff oder den beiden Erhöhungen, welche den Griff begränzen, oder den Bogenenden umwunden werden, in verschiedener Schwere angebracht sind.

Für die verschiedenen Arten, nach dem Ziele zu schießen, sind verschiedene Ausdrücke vorhanden, z. B. Ssararik heißt es, wenn der Pfeil das Ziel trifft, dann aber niederfällt; Ojuk, wenn er das Ziel nicht trifft, sondern auf die Seite fällt; Chawasik, wenn der Pfeil das Ziel trifft und als er herabfallen wollte, daran haften bleibt; Chawarik, wenn der Pfeil das Ziel durchbohrt und auf der andern Seite wieder hinausgeht; Charabi, wenn der Pfeil das Ziel so trifft, daß er von demselben abspringt.

Siper ist eine eirunde, einen Finger lange und einen halben Finger breite Platte aus Bein, gewöhnlich aus der harten körnigen Schale vom Rücken eines Fisches, welche oberhalb mit einer Rinne aus hartem Leder versehen ist; diese Platte wird an die linke Hand so gebunden, daß der Pfeil in der ledernen Rinne zu ruhen kommt; da sie der Hand zum Schutze gegen Verwundung durch das Gefieder des abgeschossenen Pfeils dient, so heißt dieselbe auch mit Rücksicht auf ihre eirunde Gestalt der Schild.

Padaschup ist eine eigenthümliche Ceremonie der Pfeilschützen. Die eine Partei sitzt dem Ziele gegenüber auf den Knien, während die andere mit dem Bogen auf der rechten Schulter in der Nähe des Ziels steht. Die dem Ziele gegenüber Sitzenden stehen auf, hängen ihren Bogen auf ihre Schulter und gehen, indem sie Allahekber ausrufen, gerade auf das Ziel los; die in der Nähe des Ziels Stehenden kommen ihnen, ebenfalls Gott ist groß rufend, entgegen, sie schütteln sich dann die Hände, legen ihre Pfeile vor den Scheich des Pfeilplatzes, worauf die andere Partei an die

Stelle der ersten dem Ziele gegenüber auf die Knie sitzt, die bestimmte Anzahl von Pfeilen schießt, dann den Bogen auf die Schulter hängt und dann wieder Gott ist groß rufend, mit der andern Partei die Hände schüttelt. Die Partei, deren Pfeile am zahlreichsten das Ziel getroffen, empfängt sodann das Koschu, d. h. den Preis des Wettschießens. Ist die Zahl der das Ziel treffenden Pfeile gleich, so theilen sie denselben. Dieß ist die Art des Wettschießens der Söhne Ismails. Der erste der Gefährten des Propheten, welcher den Bogen auf die rechte Schulter hing, war sein Eidam Ali Ben Ebi Talib. Als er auf diese Art vor dem Propheten erschien, sagte dieser: Auf diese Art angethan und den Bogen tragend, erschien der Engel Gabriel mir am Tage der Schlacht von Bedr.

Der Bogen wird aus vier verschiedenen Arten Holz gemacht, die sämmtlich zu Pinus gehören, es werden noch jetzt davon in Constantinopel Bogen gemacht. Die Araber nehmen dagegen zu ihren Bogen das gelbe Holz Neba, das auch durch seine Härte ausgezeichnet ist. Ein Dichter singt von ihm:

Mich schützt der gelbe Bogen, den mir Sawe schuf,
Deß helles Tönen schallt, wie vieler Männer Ruf.
Es klinget sein Getön, wenn er zurückgeprallt,
wie störr'ger Stämme Ruf weit durch die Wüste schallt.

Man nahm aber auch noch andere Arten Holz, Neschem, Scherjan, Hmi, Schewat und andere. Der Berichterstatter theilt mehrere Proben arabischer Dichter mit, die Bogen und Pfeil schildern; ich hebe davon nur folgende aus:

Dem Jäger Hohn und Weh, dem es nicht war gelungen
zu spalten mit dem Pfeil die Weichen und die Lungen.
Er zielt auf sie, sie aber weicht ihm aus zur Linken,
abwendend sich von ihm in ihrem Lauf, dem flinken.
Er naht sich langsam ihr mit scharfgespitzten Waffen,
mit Bogen und mit Pfeil, worin nicht Spalten klaffen,
mit Pfeil, deß Spitze nimmer schwankt und dessen Schaft
in schnellem muntern Lauf die Beute sich errafft;
geschmückt mit weichen Federn, deren kurze Saiten
dicht in einander fügend sich zum Wurf bereiten,
mit Pfeil, der kurz wie Schwanz des Wolfs, der Unheil bringt,
der nicht wie Schlang zur Seite geht, der tief eindringt.
Mit Bogen, tönendem, deß Griff die Hand anfüllt,
wenn selber nähernd sich damit, der Jäger zielt.
Er tönet, wie der Wittwen und der Waisen Stöhnen,

wenn sie sich nach dem Mann und nach dem Vater sehnen,
mit Eisen lang und dünn, das schneidig zugespitzt,
von dessen Spitze Gluth dem Feind ins Auge spritzt;
der Bogen gelb, geschnitzt aus einem Neba-Zweige,
worauf Splintlinien, wie Straßen und die Steige.
Sie wandte sich, ich zielt auf ihre Eingeweide
und schwirrend flog der Pfeil, wie Zweig von junger Weide.
Den obern Theil des Pfeils, die Federn tränkte Blut.

Zur Bearbeitung des Pfeils hat man besondere Instrumente, um denselben gehörig zu runden und abzuglätten. Den Pfeil selbst theilt man in 24 Grade und diese sind wieder abtheilungsweise verschieden benannt: der erste bis vierte Grad heißt der Schlund, von da bis zehn und ein halb kommt der Nabel, bis zum siebzehnten das Beinkleid und von da beginnt der untere Fuß. Man hat besondere Maße aus Bein für die Dicke des Pfeils; Feilen, Raspeln, Hobel sind für besondere Theile des Schaftes vorhanden.

In Persien war der Bogen in früher Zeit eine sehr beliebte Waffe, er ist hier aber, wie ein neuerer Reisender, Herr Erich von Schönberg (in s. Pakmakhanda. II, 406), berichtet, durch das Schießgewehr sehr verdrängt worden. „Wir finden jedoch," sagt er, „den Bogen noch im Gebrauch, je weiter wir nach Osten kommen, und schon unter den Turkomanenstämmen von Okus, ja schon in der Nähe Moscheds kommen noch einzelne Bogenschützen vor. Die Bogen, wie dieselben von Turkomanen geführt und wie sie auch früher in Persien gemacht wurden, sind größer, breiter und stärker als die indischen. Dieser kurze, gekrümmte Bogen kommt bei allen Völkern Centralasiens vor. Er besitzt eine große Kraft, erfordert aber stete Aufmerksamkeit und sorgfältige Behandlung. Im Bogenschießen ist der Pfeil eine sehr wesentliche Sache; ist der Pfeil nicht ganz richtig und gut, so geht der Schuß nicht gerade, ist derselbe aber mit aller Sorgsamkeit gearbeitet, so ist auch sein Preis ein verhältnißmäßiger. Ohne viele Uebung, ohne tägliches Bogenschießen ist ein guter Bogenschütze nicht denkbar; ins Weite schießen giebt zwar eine Uebung für Arm und Hand, aber nicht für Sicherheit des Schusses; auf ein Ziel zu schießen kostet aber mehr oder weniger, nicht nur hier und da einige, sondern meist viele Pfeile, die zerspringen und dergleichen. Ein Mann, der sonach die Mittel, um täglich bei seinen Uebungen mehrere Pfeile zu verlieren, nicht besitzt für den ist es nicht wohl ausführbar, daß er täglich schießt; ohne täglich zu schießen, wird er aber ein schlechter, wenigstens gewiß kein guter, sicherer Schütze sein. Um sonach ein guter Bogenschütze zu sein, ist es nothwendig, daß er wohlhabend ist oder die Ausgabe der Pfeile nicht zu beachten hat; Leute, die aber eine gewisse Wohlhabenheit besitzen, wenden sich in diesem Zeitalter nur ausnahmsweise diesen Uebungen zu. Die Kunst des Bogenschießens muß somit aus sehr einfachen Gründen sehr vernachlässigt werden, und sie kommt daher nur bei den Nomaden vor, wo der Schütze seine Pfeile selbst machen und so leicht den Schaden ersetzen kann." In Persien fand Herr von Schönberg ganz eiserne Pfeile, die ohne eine Spur von Federn waren. Er fand sie jedoch nur nach langer Nachfrage auf dem Bazar von Schiras. Sie waren ganz verrostet, man forderte einen übermäßigen Preis dafür. Sie haben ihrer Schwere wegen eine geringere Tragweite. „Wohl mit Recht," sagt derselbe Berichterstatter, „hat man den Gebrauch der Feuerwaffe dem Bogen vorgezogen, doch muß man gleichwohl zugestehen, daß der Bogen auch Manches für sich hat. Erstens nämlich behauptet der Bogenschütze, daß er mit dem Bogen als einzelner Mann sich gegen mehr Angreifer vertheidigen könne, als ein mit dem Feuergewehre Bewaffneter;" ferner ist der Gebrauch des Bogens so zu sagen lautlos, ein sehr wesentlicher Vorzug; anderntheils, ein nicht weniger zu beachtender Vortheil, ist der Bogen gefahrlos für Den, der ihn führt, und Zufälligkeiten in dieser Hinsicht nicht ausgesetzt.

Bogen und Pfeil waren ehedem auch bei den Tscherkessen allgemein geführte Schießwaffen. Sie sind wenigstens für den Krieg in neuester Zeit durch das Feuergewehr ganz verdrängt worden. Ehedem trug man Bogen- und Pfeilköcher am Gürtel. Sie waren aus rothem Leder, mit Ornamenten aus Messingblech beschlagen, oder auch mit Silbertressen zierlich besetzt. So kommen die Tscherkessen noch in den aus dem Anfang dieses Jahrhunderts stammenden Abbildungen vor. Gegenwärtig wird das Bogenschießen nur noch als heilsame Uebung gemeiniglich mit dem Pferderennen verbunden. Das Ziel ist ein kleiner Gegenstand, der an einer hohen Stange befestigt ist. Die Schützen reiten einer hinter dem andern auf und setzen kurz vor dem Ziele ihre Pferde in Bewegung, zielen links von der Stange perpendiculär hinauf und treffen meist das Ziel.

Wenden wir uns nun zur nähern Betrachtung der vorderasiatischen Bogen und Pfeile. Die Abbildungen der Bogen auf den Denkmalen von Korsabad zeigen uns durchgängig die Waffe bedeutend größer als sie gegenwärtig in jenen Gegenden vorkommt.

Die Bogen sind sehr einfach und scheinen aus Rohr gefertigt. Einer der Heerführer (Botta, Taf. 39), der auf dem Streitwagen steht, führt einen Bogen, der an den Enden, wo die Sehnen eingehangen sind, mit auswärts umgebeugten Vogelköpfen verziert ist, die entweder aus Metall oder aus Elfenbein gefertigt und angesetzt gewesen sein mögen. Auf den persepolitanischen Reliefs erscheinen lange, über die Schulter gehängte Bogen, aber auch kürzere in dem Bogenköcher an der Seite des Kriegers hängend.

Die Bogen, die sich noch jetzt in Persien finden, stammen meist aus späterer Zeit, wo die Perser, wie ältere Reisende, namentlich Olearius melden, noch eifrige Bogenschützen waren. Chardin, der in der zweiten Hälfte des 17. Jahrhunderts in Persien war, giebt (IV, 124) die beste Auskunft über die Art, wie man dort den Bogen führte. Die Handhabung desselben sah man als eine der nützlichsten und stärkendsten Uebungen für die Jugend an. Sie bestand darin, daß man den Bogen spannte, ihn wohl in der Hand des ausgestreckten linken Armes hielt und mit der rechten Hand dann die Sehne ruhig anzog, ohne daß eine der beiden Hände zitterte. Zu Anfang giebt man dem Schüler einen leichtern Bogen und dann allgemach einen immer schwerer zu spannenden. Die Meister lehren den Bogen nach vorn, nach hinten und zur Seite gewendet handhaben, auch nach oben oder unten gerichtet, in hundert verschiedenen Richtungen und Stellungen, allemal aber rasch und ruhig. Man hat sehr schwer zu spannende Bogen und man prüft ihre Kraft folgendermaßen. Man hängt den Bogen an einem Nagel an die Wand und bringt dann Gewichte an die Bogensehnen an der Stelle, wo die Kerbe des Pfeiles aufsitzt. Die härtesten Bogen brauchen wohl fünfhundert Gewichte, bevor sie sich spannen. Wenn der Schüler den gewöhnlichen Bogen handhaben kann, giebt man ihm einen andern, den man durch große eiserne Ringe beschwert, durch die man die Sehne steckt. Man hat solche Bogen, die einhundert Pfund wiegen. Sie handhaben diese Bogen springend, auf einem Fuße hüpfend, auf den Knien liegend, laufend, was durch die Erschütterung der Ringe einen gewaltigen Lärm hervorbringt. Die Meister nennen die Uebung wohlgelungen, wenn der Schüler den Bogen fest und ohne zu zittern in der Hand hält und die Sehne mit der rechten Hand bis an das Ohr so heranzieht, als wollte er sie an dasselbe anhaken. Für diesen Zweck tragen die Bogenschützen einen Ring am Daumen, der nach innen einen Zoll breit ist, über den dann die Sehne abgleitet.

Dieser Ring ist von Horn, Elfenbein oder Jade. Der König hatte einen, der aus einem harten, aber leichten Knochen von roth- und braunfleckiger Farbe gemacht war, der auf dem Kopfe eines Ceylonschen Vogels wachsen soll. Wenn der Schüler den Bogen gut zu handhaben versteht, so muß er dann einen Pfeil in die Luft und zwar möglichst hoch schießen. Man achtet den Bogenschützen für geschickt, der in einem Bogen von fünfundvierzig Graden schießt. Dann übt man den Schuß ins Weite, es genügt aber nicht allein zu treffen, sondern der Pfeil muß auch gerade und fest sitzen, ohne zu zittern. Dann lernt man mit Kraft und Gewicht schießen. Man stellt in der Höhe von vier Fuß einen vorn offenen Kasten von zwei Fuß Durchmesser auf, der eine etwas geneigte Oberfläche hat und mit gesiebtem, feuchten Sande gefüllt wird, wie ihn die Gießer zu den Formen nehmen. Der Schütze nimmt nun den Bogen und den unbefiederten Pfeil, und nun erscheint ein Diener mit einem dicken Kieselsteine in der Hand und führt damit einen derben Schlag gegen die Mitte des Sandes im Kasten. Damit soll weniger die zu treffende Stelle angegeben als vielmehr der Sand nur härter gemacht werden. Nun schießt der Schütze und der Pfeil dringt in der Regel bis zur Hälfte ein. Man zieht denselben heraus und zielt nun auf dieselbe Stelle so lange, bis der Pfeil ganz in dem Sande steckt. Die Uebung gilt für gelungen, wenn der Pfeil in möglichst wenigen Schüssen in den Sand eindringt. So lernt denn der Schüler weit, genau, scharf und kräftig schießen. Beim letzten Schusse sagt man, gleichsam um sich zu ermuthigen: möge dieser letzte Schuß das Herz Omer's zu durchbohren im Stande sein. Die Pfeile zur Uebung haben ein rundes, kurzes, abgestumpftes Eisen, wogegen die Pfeile zum Gebrauche lanzettenförmige Klingen haben. Zu Chardin's Zeiten galten die persischen Bogen für die allerbesten und schönsten im ganzen Orient. Der Stoff, woraus sie gefertigt sind, ist Holz und Horn, von denen eins auf das andere gelegt wird, es wird mit Ochsensehne bedeckt und mit sehr glatter und dichter Baumrinde überzogen. Der Bogen wird sodann gemalt und gefirnißt, was die Perser trefflich verstehen; man kann sich in diesen Bogen spiegeln und kann keine lebendigere Farbe sehen. Die Güte eines Bogens besteht, wie man in Persien sagt, darin, daß er sich so lange schwer spannen läßt, bis die Hälfte des Pfeils darauf ist, daß er aber dann weich und leicht wird, bis die Kerbe des Pfeils auf der Sehne sitzt. Die Bogensehne macht man aus gezwirnter Seide von der Stärke eines Federkiels. Die Köcher sind aus Leder und mit Gold und Seide gestickt. So weit Chardin.

Gegenwärtig gelten die Bogen der Turkomanen für die besten. Sie sind aus dem Horn des Büffels oder Steinbocks gefertigt, die untere Seite ist abgerundet, die obere mit Thiersehne oder einem Stück Haut belegt und bemalt und vergoldet.

Die ältern persischen Bogen sind länger als die der Turkomanen, sie sind gemeiniglich 3 Fuß lang und 1½ Zoll breit, am mittlern Theile gemeiniglich 1¼ Zoll dick. Das Mittelstück, welches von der linken Hand umfaßt wird, bildet eine nach oben gerichtete, nach den Seiten sich sanft verlaufende Erhöhung, die schmä-

Fig. 324.

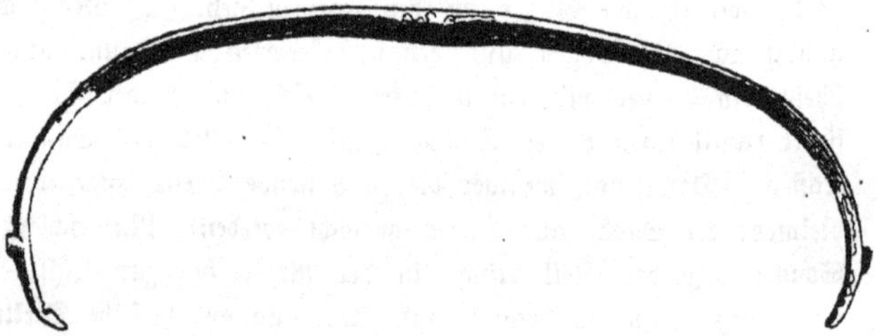

ler ist als die beiden daran stoßenden breitern, aber dünnern Stücke des Bogens. Letztere, die von den Orientalen der obere und untere Theil genannt sind, werden gegen die Spitzen hin schmäler und dicker. Auf das letzte Viertel der Oberseiten ist nun eine hölzerne Spitze aufgesetzt, die zwar aus einem einzigen, aus dem Ganzen geschnitzten Holze besteht, aber zwei Theile bildet, wovon der eine auf dem mit Horn belegten Bogenende aufsitzt und hier 5 Zoll lang festgeleimt ist, der andere aber in einem stumpfen Winkel emporragt. Der festgeleimte Theil bildet nach oben einen Grat, der emporragende enthält auf der Oberseite die Kerbe für die Bogensehne und ist an der Seite mit einer schmalen Beinplatte belegt, damit die Kerbe dem Druck der Sehne desto bessern Widerstand leiste. Um die Sehne nicht unmittelbar auf die Unterfläche des Bogens auftreffen zu lassen, ist jedes Ende derselben mit einem kleinen Blättchen von Bein belegt. Die mit Horn belegte Unterfläche oder Innenseite des Bogens ist sorgfältig abgeglättet, wogegen die platte Oberfläche, die mit Thiersehne und einem von Chardin als Baumrinde bezeichneten, durch das Alter brüchig werdenden Stoff belegt ist, scharfkantig erscheint. Diese platte, nur gegen die Enden hin gratartig emportretende Oberfläche ist bunt gemalt und vergoldet. Der eine persische Bogen (Nr. 1241 m. S.), dessen dunkelbraune Hornbelegung der Innenseite wohl vom Steinbock ist, hat eine Oberfläche von goldgelber Farbe, das 4 Zoll lange Mittelstück ist oben und unten je mit einem, auf den beiden Seiten je mit den Enden sich berührenden indischen Ovalornamente bemalt. Diese Ornamente bestehen in jenem an den beiden Enden zugespitzten Oval, das wir so oft in den indischen Webereien sehen. Das Mitteltheil desselben ist roth, die Einfassung schwarz, beide aber reich mit Gold verziert. Der platte Theil der Oberfläche beider Seiten, zwischen den gratigen Enden und dem Mitteltheil, ist mit acht niedlichen in Goldumrissen gezeichneten Blumenzweigen geschmückt, an den beiden gratigen Enden aber wiederholt sich das indische zweispitzige Ovalornament. Die Ränder sind mit einer breiten Goldlinie verziert. Die emporragende Kerbenspitze ist ebenfalls bemalt und vergoldet. Ein zweiter Bogen (Nr. 2555 m. S.) hat eine rothe Oberfläche, auf welcher in Gold kleine vierblätterige Blumen aufgemalt sind, zwischen denen in großer Schlangenlinie eine Pflanzenranke je mit drei Blättern sich hinzieht. Auf der einen Kerbenseite des vorhergehenden liest man den Namen des Bogenmachers Mahmud in rothen Buchstaben.

Die zu dem Bogen (Nr. 1241 m. S.) gehörende Sehne ist von gedrehter Seide und mit gezwirnter Seide überwickelt. Sie ist 3 Fuß 8 Zoll lang, fast einen Viertelzoll stark und hat an jedem Ende eine 1½ Zoll lange Schlinge. Die Oberfläche der Sehne ist in drei Farben umwickelt, die Enden sind röthlich gelb, dann folgt 7 Zoll lang citrongelb, dann eben so lang die Farbe der Sehnenenden und das 7 Zoll lange Mittelstück von grüner Farbe.

Ein dritter Bogen (Nr. 1411 m. S.) ist nur 4 Fuß lang, sonst ganz so gebaut wie die vorigen; seine Hornbelegung ist von hellgrauem Horn, also von dem Büffel.

Alle drei Bogen sind, wie fast sämmtliche in den europäischen Waffensammlungen befindliche altorientalische, stark nach außen gekrümmt, so daß die mit Horn belegte Unterseite nach außen gerichtet ist und es nur selten gelingt, sie zu spannen und mit einer Sehne in der Spannung zu erhalten.

Die gespannten neuern Bogen, die man in Sammlungen findet, sind meist turkomanische oder auch indische Bogen. Die erstern sind nach dem Muster der persischen gemacht und meist sehr schön mit Arabesken bemalt. Herr von Schönberg besitzt einen solchen, der breiter, als die gewöhnlichen, auf der Oberseite mehrere Jagdscenen darstellt, unter andern auch eine von dem Jagdschwarm überraschte badende Frau. Ein guter Bogen aus einer berühmten Bogenmacher=Werkstätte wird oft mit 50—60 Thalern bezahlt.

Die zu diesen vorderasiatischen Hornbogen gehörigen Pfeile sind sehr mannichfaltig. Die gewöhnlichen Pfeile haben rautenförmige Spitzen von 1½—2 Zoll Länge und einem halben und mehr Zoll Breite. Sämmtliche Pfeile sind mit dem Dorn in den Stiel eingelassen und an der Verbindungsstelle mit feinem Zwirn umwickelt; nur wenige ganz besonders feine und zierlich gearbeitete Spitzen entbehren dieser Umwickelung, allein keine derselben hat eine Tülle, womit sie auf den Stiel gesetzt ist. Anstatt der Fäden haben einige eine Umwickelung mit schmalem rothgefärbten Leder. Von 28 vorderasiatischen Pfeilen meiner Sammlung hat der kürzeste 2 Fuß 5⅜ Zoll Länge, der längste 3 Fuß. Die größte Stärke der Pfeilschäfte ist 1½ Viertelzoll. Die Schäfte sind an der Spitze am dünnsten, sie schwellen dann an und verdünnen sich vor dem Anfang der Befiederung aufs neue. Zur Befiederung dienen vornehmlich die Schwungfedern der Raubvögel, der Adler, Geier, Falken; die Federn sind meist oben und unten am kürzesten, immer aber in sanftem Bogen abgeschnitten und, wo sie am breitesten, einen halben Zoll breit. Die Länge derselben beträgt von 5—9, 10 Zoll. Man findet Pfeile die mit drei, so wie mit vier parallel neben einander laufenden Federn besetzt sind, an denen man zuweilen eine mehr oder weniger spirale Richtung bemerkt. Jedenfalls besteht ein Unterschied zwischen den Pfeilen der verschiedenen vorderasiatischen Völker, namentlich der Araber, Perser, Türken, Kaukasier und anderer, allein man hat zur Zeit noch zu wenig genaue Beschreibungen dieses für die Culturwissenschaft so bedeutsamen Instruments.

Ich lasse nun die Beschreibung der in meiner Sammlung befindlichen Pfeile folgen, ohne näher bestimmen zu wollen, welchem Volksstamme sie angehören, wo ich nicht genauere Notiz davon habe.

Nr. 2711. Exercirpfeil, der Schaft aus Nadelholz ist 2 Fuß 2¾ Zoll lang, am Anfang der abgebrochenen Kerbe einen Achtelzoll dick, er ist an der Spitze bis zu fünfachtel Zoll Durchmesser angeschwollen; die Spitze, die unmittelbar mit dem Schafte eine Linie im Profil bildet, ist 2 Zoll lang und besteht aus brau=

nem, ins Weißliche übergehenden Büffelhorn. Er ist mit drei an 6 Zoll langen weißen Federn besetzt. (Fig. 325 b.)

Fig. 325.

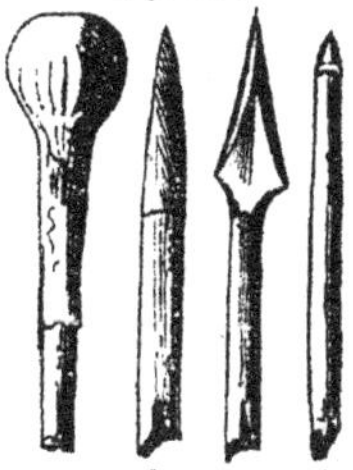

a b c d

Nr. 1251. Exercirpfeil, 2 Fuß 7½ Zoll lang, gegen die Mitte ein wenig stärker als an den Enden, anstatt der Spitze mit einer ledernen, gepolsterten Kugel von siebenachtel Zoll Durchmesser versehen. Die Fassung reicht fast 3 Zoll am Schafte herab. Er ist mit drei schwarzen Federn besetzt, die unten, nahe der Kerbe, mit zwei gelben Metallfäden fester am Schaft gehalten werden. Die Kerbe ist immer roth gefärbt. (Fig. 325 a.)

Nr. 1250. Exercirpfeil, der mit der oben gegebenen Beschreibung bei Chardin übereinstimmt und demnach mit Sicherheit für persisch genommen werden darf; er ist 2 Fuß 5½ Zoll lang, wovon ein halber Zoll auf die Spitze kommt, die oben abgerundet zwischen sich und dem Schafte einen schmalen Kupferring hat. Der Schaft ist roth gefärbt und 4 Zoll lang mit drei schwarzen Federn besetzt, die oben mit einem schmalen Ring von Goldpapier festgehalten sind, dann aber ist der Raum zwischen den Federn mit spiralisch von da aus bis ans Ende hinlaufenden feinen Fäden weitläufig umwickelt. Der Zwischenraum zwischen den Federreihen ist roth lackirt, an der Kerbe aber vergoldet. (Fig. 325 d.)

Diese drei Pfeile hat das Alter ein wenig gekrümmt.

Nr. 1243. Kriegspfeil von 3 Fuß Länge; die rautenförmige Spitze ist 1⁶⁄₈ Zoll lang und sechsachtel Zoll breit, sie hat einen Grat, der Durchmesser schwillt nach Art der indischen und persischen Dolche nach oben sehr an, so daß die Spitze oben dicker ist als am Schaft; sie ist von oben herein zweischneidig scharf geschliffen, da, wo sie im Schafte sitzt, ist dieser 4 Zoll lang mit rothen dünnen Lederriemchen spiralisch umwickelt. Der Schaft, wie die vorherigen aus Nadelholz, ist mit vier weißen, braungefleckten Geierfedern von 9 Zoll Länge und wenig spiraler Richtung besetzt. Die Federn sind an den Schaft geleimt, und zwar über einen ganz dünnen Golddraht, der bis an die Kerbe 54mal spiralisch herabreicht. Am obern Ende der Federn ist der Schaft 1 Zoll lang mit einem dünnen Goldblättchen umgeben, 5½ Zoll von der Kerbe ist der Raum zwischen den Federn zinnoberroth über die Goldfäden lackirt und an beiden Enden vergoldet. Die Kerbe und der Raum zwischen den Federn ist 1½ Zoll lang weiß lackirt und mit goldenem und türkisfarbenem Rande nach oben hin verziert. Das Innere der Kerbe ist roth gefärbt. Das Gleichgewicht dieses Pfeils befindet sich 17 Zoll von der Spitze. (Fig. 325 c.)

Nr. 1425. Baschkirenpfeil von 2 Fuß 9 Zoll Länge, die rautenförmige Spitze mit geringem Grat ist oben wenig stärker als unten und nur oben geschliffen, 1¾ Zoll lang, einen halben Zoll breit, oben mit Fäden und darüber an 3 Zoll lang mit dünnen rothen Lederriemchen umwunden. Der hellbraune Schaft aus weichem Holz hat sich durch das Alter sehr gekrümmt. Er ist mit vier weißen und braunen Federn 4½ Zoll lang besetzt und zwischen den Federn 1 Zoll lang, 2¼ Zoll aufwärts von der Kerbe, mit mennigrother Wasserfarbe bemalt, auch das Innere der Kerbe ist roth gefärbt.

Nr. 3096. Kriegspfeil von 2 Fuß 8 Zoll Länge, die Spitze, rautenförmig mit Grat, wie alle nur an den beiden obern Seiten geschliffen, ist eingelassen in den Schaft und mit dünnen Fäden umwunden. Der Schaft ist mit vier schwarzen Federn 6¼ Zoll lang besetzt und nebst der Außenseite der Kerbe dunkelroth bemalt. Er ward im Jahre 1813 von Herrn Dr. Julius Sillig von einem Baschkiren in Dresden erkauft und mir später verehrt. Der Schwerpunkt ist 13 Zoll von der Spitze.

Nr. 1242. Kriegspfeil, 2 Fuß 8½ Zoll lang, die Spitze über 1½ Zoll lang und einen halben Zoll breit, der Schaft ist stärker als gewöhnlich. Die vier schwarzen 6 Zoll langen Federn sind oben und unten mit schmalem Lederband umwickelt, die untere Hälfte 1¼ Zoll roth gemalt, das Innere der Kerbe bleibt farblos.

Nr. 1246. Kriegspfeil, 2 Fuß 10 Zoll lang, mit dünnem Schaft und verhältnißmäßig sehr kleiner rautenförmiger Spitze von 1 Zoll Länge und einem halben Zoll Breite. Die Länge der vier aufgeleimten Federn beträgt 8½ Zoll. Sie sind 2½ Zoll von der Kerbe mit einigen gelbseidenen Fäden fester mit dem Schaft verbunden, von hier an ist der Raum zwischen den Federn nebst der Außenseite der Kerbe dunkelroth gefärbt.

In den Pfeilspitzen dieser und anderer Baschkirenpfeile herrscht hinsichtlich der Länge und Form große Uebereinstimmung, manche sind mehr rautenförmig, andere ähneln unsern Radirmesserklingen.

Unter die seltener vorkommenden Formen gehören die folgenden Pfeile:

Nr. 1249. Pfeil von 2 Fuß 6½ Zoll Länge; die Spitze mit zwei Widerhaken, deren Dorn in den Schaft gelassen, hat nur siebenachtel Zoll Länge. Das Schaftende ist mit einem dreiachtel Zoll breiten eisernen Ringe umschlossen, darunter aber mit Fäden 1 Zoll lang dicht umwunden und dieser, so wie ein Theil des Schaftes, dunkelroth gefärbt. Der Schaft ist fast zur Hälfte roth gefärbt und mit drei weißen, braunfleckigen Federn geschmückt, die an der Kerbe durch einige Fäden festgehalten sind. (Fig. 326 c.)

Fig. 326.

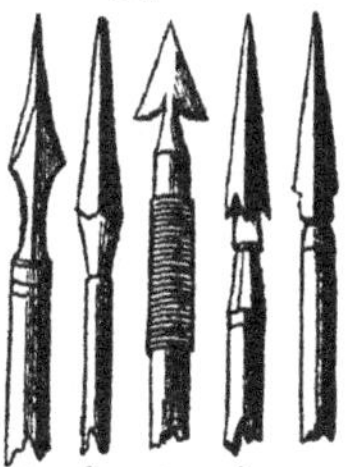

Nr. 1253 bildet den Uebergang zu den vierkantigen Spitzen. Der ganze, wohl persische Pfeil ist 2 Fuß 7 Zoll lang. Die Spitze aus schönem Stahl ist $1\frac{1}{2}$ Zoll lang bis auf den schlanken Schaft. Die Grundform der Spitze ist rautenförmig, vom Dorn aus geht sie platt bis über die Mitte, dann tritt auf beiden Seiten ein Grat sehr scharf hervor, der zu einer halbzolllangen Schneide wird. Unter dem kegelförmig sich erweiternden Grat sitzt ein schmaler Reif von Messing und zwischen diesem und dem Schaft einer von Elfenbein. Der Schaft ist mit drei schwarz und weißen 7 Zoll langen Federn bewehrt. Zwischen den Federn bemerkt man feine spiralisch um den Schaft gewundene Fäden, die mit rautenförmigen Mustern überlegt sind. Derselbe Raum ist wie die Außenseite der Kerbe mit carmoisinrother Lackfarbe bestrichen. Oberhalb der Federn ist ein 2 Zoll langer Raum des Schaftes kornblumenblau mit Goldrändern bemalt. Das Gleichgewicht ist $14\frac{1}{2}$ Zoll von der Spitze im Schaft. (Fig. 326 a.)

Ich lasse nun die vierkantigen Pfeile folgen, von denen ich zwei Arten kenne, den mit und den ohne Widerhaken.

Der letztere (Nr. 1244 m. S.) ist 2 Fuß $9\frac{1}{2}$ Zoll lang, die Spitze hat $1\frac{3}{4}$ Zoll Länge, sie tritt vierkantig aus dem runden Dorn heraus, und jede Seite derselben ist einen Viertelzoll breit. Da wo sie in den Schaft gelassen, ist dieser mit Fäden umwickelt und $2\frac{1}{2}$ Zoll mit dunkelrother Lackfarbe bestrichen. Am Schaft sind drei gegen 9 Zoll lange weiße Federn aufgeleimt, der Raum zwischen den Federn ist $2\frac{1}{2}$ Zoll von der Kerbe $1\frac{1}{2}$ Zoll lang mit zinnoberrother Lackfarbe bemalt, die ehedem goldene Ränder hatte. (Fig. 326 b.)

Nr. 1456 ist um einen Zoll länger, mit vier schwarzen $7\frac{1}{4}$ Zoll langen Federn beschwingt. Die Spitze ist 2 Zoll lang, fast dreiachtel Zoll breit und die Kanten treten als schwache Widerhaken daran hervor. Der Schaft ist oben 4 Zoll lang mit schmalen rothen Lederriemen spiralisch umwickelt. (Fig. 326 e.)

Nr. 1247 ist ein sehr schönes und zierliches Exemplar von

2 Fuß $6\frac{1}{2}$ Zoll Länge. Die stählerne Spitze ist $1\frac{3}{4}$ Zoll lang, die Spitzen der Widerhaken reichen bis $1\frac{1}{4}$ Zoll dreiseitig herab, der darunter befindliche, nett gearbeitete Theil ist vergoldet und sitzt auf dem Schaftende scharf und rund auf. Drei schwarze $5\frac{1}{2}$ Zoll lange Federn beschwingen den Schaft, der oberhalb der Federn einen halben Zoll lang vergoldet ist, von da ist er bis $1\frac{1}{2}$ Zoll von der Kerbe mit 23 feinen Goldfäden spiralisch eingelegt, über welche die Federn geleimt sind, der übrige Theil des Schaftes außerhalb der Kerbe ist grün lackirt und theilweise vergoldet. Der Schwerpunkt ist 13 Zoll von der Spitze entfernt. (Fig. 326 d.)

Es folgt nun der dreischneidige Pfeil (Nr. 1248 m. S.). Die ganze Länge beträgt 2 Fuß 6 Zoll; die Spitze ist $1\frac{1}{4}$ Zoll lang, sie sitzt glatt am Schafte auf, ohne besondere Umwickelung. Am Schafte sitzen drei weiß und schwarze $4\frac{1}{2}$ Zoll lange Federn. Oberhalb der Federn läuft ein schmaler Goldrand um den Schaft, zwischen denselben ist er purpurroth lackirt. Das Ende ist zwischen den Kerben grün, auf denselben golden bemalt. Der übrige Schaft ist bis an die Spitze dunkelroth bemalt. Der Schwerpunkt befindet sich 14 Zoll von der Spitze.

Die Pfeile werden nun von den Reitervölkern Vorderasiens an der linken Hüfte in dem Köcher getragen, der bei allen dieselbe Form hat. Ich theile hier die Abbildung eines tscherkessischen Pfeilköchers aus dem 17. Jahrhundert mit, der sich im Königl. historischen Museum zu Dresden befindet. Der Köcher ist aus braunem Leder, dem ein Holzgestell als Grundlage dient, das unten knieförmig gebildet ist. Die Länge der geraden Seite beträgt 21 Zoll, die größte Breite aber 9 Zoll. Er wird an der linken Seite getragen. (Fig. 327 a.)

Der Bogenköcher dagegen ist 2 Fuß 5 Zoll lang und an der breitesten Stelle 14 Zoll breit. Er ist aus starkem Leder und hat an den Seiten drei parallel laufende Nähte von Seide. Er ist wie der Pfeilköcher mit Zierrathen aus getriebenem und vergoldeten Kupfer auf der Vorderseite beschlagen und wie jener mit einem besondern Gürtel versehen, der ebenfalls mit Kupferornamenten besetzt und 3 Fuß lang ist. Man hat am Altai Ueberreste von ähnlichen Gürteln in den alten Gräbern gefunden. (Fig. 327 b.)

In dieser Weise sind nun auch die Köcher der Mongolen, Tataren, Türken, Perser und andern Reitervölker des moslemischen Asiens, ja wir finden dieselben in Herberstein's Abbildungen der russischen Reiter.

Der Bogenköcher ist an der Unterseite immer offen, so daß das Ende des Bogens daraus hervorragt. Die Vorderseite ist

a Fig. 327. b

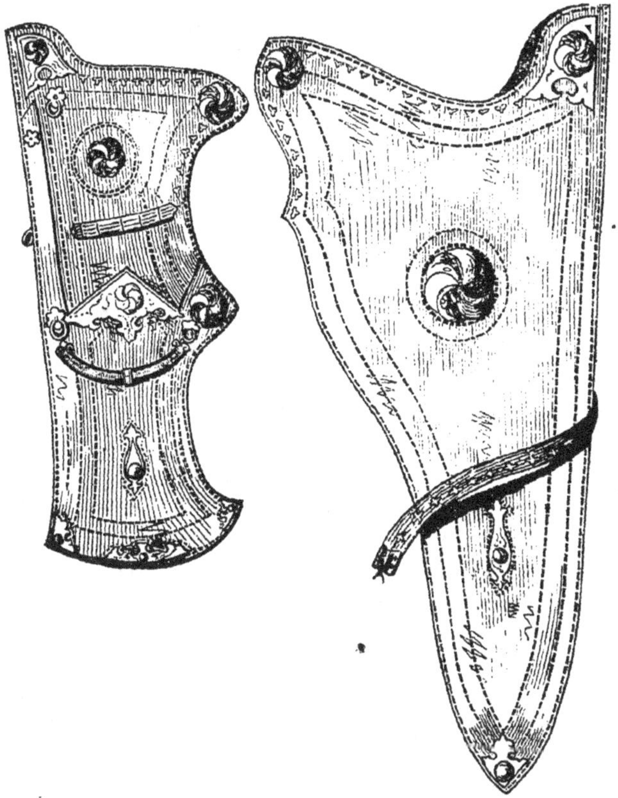

mannichfaltig verziert, das Leder ist theils gepreßt, theils mit kupfernen oder bronzenen getriebenen Ornamenten beschlagen: zuweilen ist der Köcher auch mit Sammet überzogen und mit Metallfäden oder Seide gestickt, dann finden wir auch Köcher, die mit eingepreßten Ornamenten versehen sind. Ein mongolischer Köcher (Nr. 3621 m. S.) ist 2 Fuß 3 Zoll lang und 15 Zoll breit. Er ist aus starkem Leder, die braunrothe genarbte Haarseite desselben ist nach innen gewendet; die rauhe Außenseite ist ganz eigenthümlich verziert. Rings um den Rand laufen nämlich vier tief eingeschnittene Linien. Von den zwischen denselben vorragenden Leisten ist die erste roth, die zweite grün, die dritte schwarz in Oelfarbe gemalt. An der obern Seite nach innen ist ein Ornament in derselben Art angebracht, zwei andere sind an den Seitenrändern und ein größeres, ein Oval, dessen Spitze sich in eine Arabeske endigt, befindet sich in den genannten Farben in der Mitte. Die Grundfläche des Köchers hat die natürliche hellbraune Lederfarbe (vgl. C.-G. VII, 337).

Das Pfeilgeschoß der Ostasiaten, der Chinesen und Japaner, ist in der Form mit dem westasiatischen übereinstimmend, nur etwas kürzer; ein Exemplar (Nr. 1655 m. S.) ist 3 Fuß 9 Zoll lang von Spitze zu Spitze. Die Sehne steht 7½ Zoll von dem Handgriff ab. Der Bügel ist über 2 Zoll breit, aber dünner als der persische. Er ist auf beiden Seiten schwarz lackirt und mit rothen, goldenen und weißen Linienornamenten bemalt. Die Spitzen, die sich scharf vom Bügel absetzen, sind roth gemalt. Die an den persischen Bogen unten zwischen Bügel und Sehne befestigten Elfenbeinplatten fehlen, dafür ist die Sehne hier mit dem Bügel durch Umbindung mit Fäden verbunden und vor dem Ausweichen und Ueberschnappen gesichert. Der Bogen besteht ganz aus Bambu. Die Sehne ist aus Seide gedreht.

Dieser Bogen ist mit großer Sorgfalt gearbeitet, so daß einer dem Staate selbst über zwei Thaler kostet. Der Köcher desselben besteht aus buntgemalter und gefirnißter Leinwand, er wird an einem Ledergürtel getragen. Der schwächste Bogen hat, wie die Chinesen sagen, siebzig Pfund, d. h. der Schütze muß so viel Kraft zur Spannung desselben anwenden, als wollte er ein Gewicht von siebzig Pfund heben. Man hat aber auch Bogen von achtzig bis hundert Pfund; die Bogen aber, welche dieses Maß überschreiten, dienen nur zum Staate, und es giebt nur selten einen Mann, der sie zu handhaben im Stande ist.

Die Pfeile der Chinesen stimmen mit den persischen im Wesentlichen überein; sie haben meist eine rautenförmige Spitze und sind befiedert und gekerbt. Man führt sie in einem dem vorigen ähnlichen Köcher, der mehrere Längenabtheilungen hat, worin die verschiedenen Arten, meist zwölf Stück beisammen, in gehöriger Ordnung stecken. Die eine Art hat anstatt der Metallklinge ein hartes, mehrfach durchbohrtes Holz. Diese benutzt man zur Uebung. Es kommen auch gabelförmige Pfeilspitzen, nach Art der tungusischen vor. Man benutzt auch die Holzpfeile, um bedrängten Freunden Briefe daran zuzustellen.

Der Bogenschütze faßt den Bogen wie der Perser mit der linken Hand und den Pfeil mit Daumen und Zeigefinger der rechten. Die Soldaten üben sich fleißig. Das Ziel besteht in einem mit Sand oder Stroh gefüllten Fasse, das auf einen Bock gestellt wird und dessen Deckel die Zielscheibe bildet.

Fig. 328.

Perser, Turkomanen und Chinesen bewehren den Daumen der rechten Hand mit einem Ringe aus Hirschhorn, Elfenbein, Knochen, Jade oder Carneol, der die Innenseite des Fingers schirmt und auf welchem die Sehne um so besser abgleiten kann. Dieser Ring gehört zu jedem vollständigen Schießzeug. Die Vorderseite ist abgerundet und einen halben Zoll breit. Ein Exemplar (Nr. 775 m. S.) aus fleischrothem Carneol hat 1½ Zoll Durchmesser.

Der in Indien ursprünglich heimische Bogen ist ganz anders gestaltet und aus Bambu gefertigt. Er ist nur wenig gebogen, 4 Fuß 6 Zoll lang und 1½ Zoll breit, einen halben Zoll dick. Ein Exemplar (Nr. 1553 m. S.), welches über Singapore nach Havre de Grace kam, ist schwarz lackirt und mit grünen, rothen und gelben Ornamenten bemalt. An den Spitzen finden sich Quereinschnitte für die Sehne, die Stelle, wo die linke Hand den Bogen faßt, ist mit einer besondern Vorlage von 5½ Zoll Länge auf der Innenseite verstärkt, die mit starken Baumwollenfäden sauber und fest angeschnürt ist. Der Bogen ist sehr schwer zu spannen (Fig. 329 a.)

Fig. 329. c

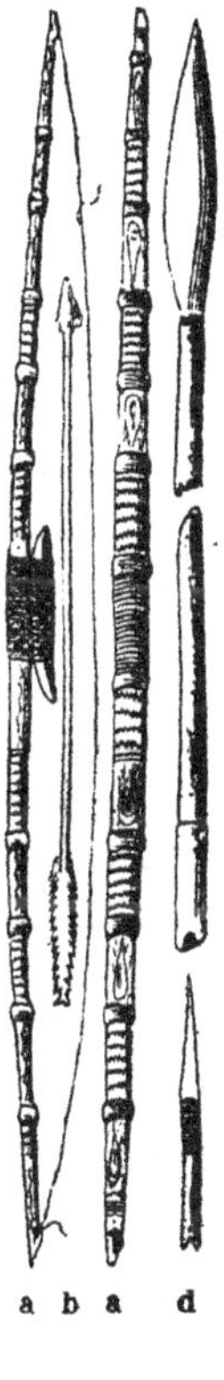

a b a d

Die dazu gehörigen Pfeile sind aus einem harten, dünnen Rohr gemacht und 2 Fuß 6 Zoll lang. Die eiserne, vierkantige Spitze ist 1¼ Zoll lang und ziemlich roh gearbeitet; der Schaft ist da, wo sie eingesetzt ist, nicht umwickelt, wohl aber 1 Zoll lang mit rothen, schwarzen und gelben Ringeln umgeben; an der Kerbe ist das Pfeilende in Gelb und Roth geringelt und es läuft ein schwarzes Zickzack dazwischen hin. Die Schäfte sind mit drei, meist schwarzen, 2—3 Zoll langen Federn bewehrt; der Raum, wo die Federn sitzen, ist theils roth, theils grün bemalt, theils auch nur schwarz geringelt. An einigen Exemplaren sind die Federn durch zarte, spiralisch gelegte Fäden fester an den Schaft gehalten. Hinter der Befiederung nach der Spitze zu ist der Schaft mit gelbem Grunde versehen und darauf sind in Roth, Schwarz und Grün allerlei Ringel, Wellenlinien, Zickzack, Rauten und dergleichen Zierrathen in größter Mannichfaltigkeit gemalt (Nr. 1656 ff. m. S.). Diese Pfeile werden in Bündeln von 12 Stück verkauft. (Fig. 329 d.)

Die Pfeile der indischen Volksstämme sind sehr verschieden. Ein Pfeil der Piels (Nr. 2633 m. S.), den ich, wie die beiden folgenden, der Güte des Herrn Erich von Schönberg verdanke, ist 2 Fuß 8 Zoll lang, aus dünnem, harten Rohr. Die ziemlich platte eiserne Spitze ist 4¼ Zoll lang und siebenachtel Zoll breit; er ist mit vier schwarzgrauen, 6 Zoll langen Federn beschwingt, die mit starker, carmoisinroth gefärbter Darmseite an den Schaft geschnürt sind. Eben so ist auch der Schaft da, wo die Spitze hineingeht, mit rothen Fäden umwunden. Der Schaft ist von der Spitze an 7½ Zoll lang in Roth und Silber geringelt auf gelbem Grunde. Drei Zoll von den Federn ist er braunroth gefärbt und mit silbernen Linien umwunden und mit sich kreuzenden Bändchen bemalt; die Kerbe ist versilbert und umschnürt. (Fig. 329 c.)

Der indische Panzerpfeil (Nr. 2631 m. S.) ist 2 Fuß 4 Zoll lang, aus gelbem Rohr. Dieser hat eine runde, 4½ Zoll lange Eisenspitze, die an einem mehr als 9 Zoll langen Dorn im Rohre sitzt und da, wo sie das Rohr berührt, einen vergoldeten Reif zeigt. Er ist mit drei geraden, 5 Zoll langen Federn besetzt. Der Raum zwischen den Federn, so wie die Außenseite der Kerbe ist metallgrün bemalt, das Innere der Kerbe roth. Oberhalb der Federn, so wie im Zwischenraum derselben sind in Gold, Weiß und Roth überaus niedliche gemusterte Reifen gemalt. Der Schwerpunkt dieses gewichtigen Pfeils ist 8 Zoll von der Spitze.

Der schönste der Pfeile Indiens ist unstreitig der von Lahore (Nr. 2630 m. S.). Er ist 2 Fuß 6 Zoll lang, von feinem, hellbraunem Rohr. Die zweischneidige Spitze mit hohem Grat ist 1¼ Zoll lang und einen halben Zoll breit. Er ist mit drei weiß und schwarzen 4¼ Zoll langen Federn beschwingt. Der Schaft ist von der innen roth gefärbten Kerbe an metallgrün grundirt, worauf zwischen schwarzen Umrissen goldene Blumen- und Blätterarabesken zwischen vier Reifen angebracht sind, deren Grund weiß und roth ist. Von der Spitze an ist der Schaft 1½ Zoll lang versilbert und grün, roth und golden gereift. Drei Zoll weiter herab ist ein ähnlicher zollanger Ring mit Goldgrund und bunten Arabesken. (Fig. 329 b.)

Uebrigens sind durch die Mongolen auch westasiatische Bogen nach Indien gelangt, die von Horn und Holz gemacht sind. Sie werden namentlich von den Leibwächtern der eingeborenen Fürsten geführt. Herr von Schönberg verlangte eine Probe der Bogenschützen des Dalib Singh zu sehen und der Vezier desselben sandte ihm die als die besten geltenden Schützen zu. Sie kamen an, reichlich mit Bogen und Pfeil versehen. Der Reisende ließ nun aus einem Korbe mit Orangen den Stoff zum Ziele nehmen. Die Orangen wurden je vier und fünf an einen Faden befestigt und in geringer Entfernung von einander an einen Stab frei aufgehangen. Die Schußweite betrug 60 Schritt. Das Schießen begann, allein die Pfeile wollten nicht treffen, trotzdem, daß Jeder mehrere Bündel von dreißig Stück versendete; sie ermüdeten und nur einem Einzigen gelang es, zwei Orangen zu treffen. Die Schützen sagten zu ihrer Entschuldigung, daß sie seit langer Zeit nicht geschossen hätten, da sie keine Aufmunterung dazu hätten. Ehedem war das anders, und noch Rundjit Singh hielt auf diese Waffenübung. Zu seiner Zeit lebte ein Freibeuter, von dem man erzählte, daß er von einem Reiter angegriffen, die Stirn von dessen Pferd und ihn selbst mit einem Pfeilschusse durchbohrt habe (Patmakhanda. I, 194).

In den altägyptischen Sculpturen und Gemälden finden wir Bogen und Pfeil als einen wesentlichen Theil der Bewaffnung, die ich bereits in meiner Culturgeschichte (V, 371) nach den Denkmalen geschildert habe. Die Bogen der Aegypter bestanden theils aus einfachem Holz, theils aus zweierlei über einander geleimtem Stoff, Holz und Horn. Eine dritte Art von Bogen scheint mit dem indischen Aehnlichkeit gehabt zu haben.

Die Pfeile waren 2—3 Fuß lang, der Schaft war knotig und zierlich bemalt, auch befiedert, zum Theil mit abgerundeten Federn, wie wir sie bei den Negern kennen lernten. Die Spitzen waren von Holz, Knochen oder Elfenbein, Feuerstein oder Metall. Es kommen wohl auch Metallspitzen und zwar von mannichfacher Form vor, allein für den gewöhnlichen Kriegsgebrauch hatte man die lanzettförmigen Spitzen aus Feuerstein, wie wir sie oben (S. 50, Fig. 88) kennen lernten.

Der Pfeilköcher glich dem der jetzigen Völker des östlichen und nördlichen Afrika, er ward an einem Riemen über die rechte Schulter getragen; er war immer bunt bemalt und mit einem Deckel versehen, der bei den frühern als Löwenkopf gestaltet war. Der Bogenköcher bedeckte das Mittelstück. Die Bogenschützen zu Fuß trugen um das linke Handgelenk einen breiten gelben Ring. Für gewöhnlich war der Bogen nicht gespannt. Sollte er schußgerecht gemacht werden, so stellte der Schütze denselben senkrecht vor sich auf den Boden zwischen seine Füße, drückte mit dem linken Knie und dem linken Arm den Bogen nach außen und schlang mit der rechten Hand die Sehne um das obere Ende des Bogens fest. Darauf faßte er mit der vollen linken Hand die Mitte des Bogens, legte mit der rechten den Pfeil darauf, brachte die Kerbe auf die Sehne, zog sie nach der Brust und entsendete so das Geschoß, wie wir auf den Denkmalen dargestellt sehen.

Die althellenische Mythologie führt unter den Götterwaffen auch Bogen und Pfeil auf. Apollon mit dem silbernen Bogen und dem goldenen Köcher, der Bogenberühmte, führte dieses Geschoß, so wie auch Artemis die Jägerin und Herakles.

In den homerischen Gedichten erscheint der Hornbogen, der jedenfalls dem jetzigen westasiatischen ganz ähnlich war, wie aus der Beschreibung in der Odyssee (XXI) zur Genüge hervorgeht. Die Freier veranstalten ein Wettschießen und holen aus der Waffenkammer den alten Bogen des Odysseus heraus, der, da er so lange nicht gebraucht worden, jedenfalls die Gestalt der alten orientalischen Bogen angenommen hatte, die seit den Türkenkriegen in unsern Rüstkammern sich erhalten haben. Sie versuchen denselben zu spannen, d. h. die Sehne einzuhaken; da es nicht geht, holen sie Fett und wollen am Feuer das Horn der Innenseite erweichen. Das hilft aber auch nicht. Da nahm Odysseus die Waffe zur Hand:

> Als er den mächtigen Bogen geprüft ringsum und betrachtet,
> so wie ein Mann, wohlkundig des Lautenspiels und Gesanges,
> sonder Mühe aufspannt am neuen Wirbel die Saite,
> fügend an jedem Ende den schön gesponnenen Schafdarm,
> so nachlässig nun spannte Odysseus den mächtigen Bogen,
> dann mit der rechten Hand versucht er erfassend die Sehne,
> lieblich erklang ihm die Sehne und hell wie die Stimme der Schwalbe.

Daß die Bogen nicht aus bloßem Steinbockhorn gemacht waren, sondern einen Ueberzug von Holz und Thiersehne hatten, versteht sich von selbst. Sie waren jedenfalls eben so bemalt und vergoldet, wie die orientalischen, und namentlich die Spitzen, die Sehnenkerbe in ähnlicher Weise verziert. Dieser Bogen erscheint auch auf den Denkmalen (z. B. Inghirami. I, 31. 46; III, 284; IV, 820).

Nächstdem hatte man wohl auch einen leichtern, nur aus Holz gefertigten Bogen, der dem der Westafrikaner ähnlich ist und gespannt einen Halbkreis beschreibt.

Die Pfeile waren von Rohr, wie Plinius (H. N. XVI, 66) bemerkt, befiedert und mit metallener Spitze versehen, die zumeist zum Aufstecken war. Man hatte schwere und leichte Pfeile, die in einem Köcher auf dem Rücken in der Weise getragen wurden, wie wir an den Dianastatuen sehen. Der trojanische Pfeilschütze in der äginetischen Gruppe trägt seinen Köcher auf der linken Hüfte. Er, so wie der griechische, schießt knieend, weil ihn so seine Genossen besser decken konnten. Der Köcher glich in der Gestalt dem altägyptischen und afrikanischen und war mit einem Deckel verschlossen.

Die spätern Griechen behielten Bogen und Pfeil bei und im macedonischen Heere war die Hälfte des Schützencorps mit Wurfspießen, die andere mit Pfeilen bewaffnet; zusammen waren es 2000 Mann. Die Bogenschützen waren geborene Macedonier aus der niedern Klasse, die zu Fuß fochten.

Bei den Römern bildeten der Speer und das Schwert die Hauptwaffen, und auf den beiden Kaisersäulen finden wir Bogen und Pfeil nur in den Händen der Barbaren. Die Römer hatten jedoch Bogenschützen seit dem zweiten Punischen Kriege. Sie nahmen späterhin meist Kreter dazu. Ihren Nutzen erkennt J. Cäsar an. Sein Gegner Pompejus hatte deren viele, wie denn — zur Zeit der Schlacht von Dyrrhachum die pompejanischen Soldaten eines der Castelle, das Cäsar's Truppen inne hatten, dergestalt mit Pfeilen überschütteten, daß man nach dem Entsatz nicht weniger als 30,000 Pfeile darinnen fand und der Schild des Centurionen Scäva mit 230 Schüssen durchbohrt war (B. C. III, 54). Ein andermal warfen die pompejanischen Pfeilschützen die Reiter Cäsar's (B. C. III, 93). In der Schlacht von Idistavisus hatte Germanicus Pfeilschützen zu Fuß und zu Roß bei sich.

Ueber die Beschaffenheit der römischen Pfeile und Bogen fehlt es an nähern Nachrichten.

Bei den Galliern war der Pfeil sehr im Gebrauch, wie Cäsar (B. G. VII, 31) bemerkt. Die Fennen bezeichnet Tacitus (Germ. 46) als Pfeilschützen, ja er sagt, daß der Pfeil ihre vorzüglichste Waffe und daß sie denselben wegen Mangel an Eisen mit Knochen zuspitzen. Bei den übrigen Germanen war der Bogen mit dem Pfeile bekannt. Ammian Marcellin (XIV, 10) berichtet, daß, als im Jahre 354 Constantius mit seinem Heere bei

Basel über den Rhein gehen wollte, um die Alamanenkönige Gundomar und Vadomar anzugreifen, die Römer wegen eines wahren Pfeilhagels die Schiffbrücke nicht zu Stande bringen konnten.

Pfeilspitzen kamen einzeln mehrfach in deutscher Erde vor in Stein, Bronze und Eisen. In dem Grabe des Schloßgartens zu Merseburg ist neben der Streitaxt ein Bogen mit Sehne in die Steinplatte eingeätzt, und in einem Grabe am linken Saalufer zwischen Dospig und Galitsch fand man 1740 neben einem Basalthammer einen hölzernen Bogen. In den Todtenbäumen von Oberluft bei Stuttgart kamen Bogen und Pfeil vor.

In der altgothischen Sprache heißt der Bogen bogo, althochdeutsch poko, altsächsisch bogo, mittelhochdeutsch boge, altnordisch bogi, schwedisch boga, dänisch bue, der Krümmung halber, von biugan, überall männlich. Der altnordische Name des Bogens, Almr, deutet auf seine Verfertigung aus Ulmenholz, auch kennt man schon den Hornbogen. Der Köcher heißt althochdeutsch chochar und bogefuoter, mittelhochdeutsch kocher, niedersächsisch köker (Grimm, d. Gr. III, 444). Der Name Pfeil, in der althochdeutschen Sprache Pfil, stammt aus dem lateinischen Pilum; der althochdeutsche, ursprüngliche Name ist Strala, aber weiblich, den auch die Slawen die Strela nennen, wie denn das Städtchen Strehla an der Elbe zwei Pfeile im Wappen führt. Der altnordische Name ist ör und der Flein, der angelsächsische die Flan, der niedersächsische Flitze.

Giftpfeile kommen bei den Baiern und Franken vor. Die Lex Baiuwariorum hat Tit. II, C. 6 de sagitta toxicata eine besondere gesetzliche Bestimmung hinsichtlich des Gebrauchs derselben: si quis cum toxicata sagitta alicui sanguinem fuderit cum XII solidis componat eo quod in unwan est. Gregor von Tours (II, S. 64) spricht von Pfeilen, die mit giftigen Pflanzensäften bestrichen, die, wenn sie auch nur die Oberfläche der Haut berührten, den Tod zur Folge hatten. Sonst sind mir Giftpfeile fürder nicht im deutschen Mittelalter vorgekommen, wo überhaupt Bogen und Pfeil weniger in Gebrauch waren als die Armbrust. Bogen und Pfeil erscheinen in den großen mittelhochdeutschen Gedichten vorzugsweise in den Händen der Sarazenen. Im Willehalm 375, 8 heißt es:

> von in ward manec slehter zein
> durch den schuz uns an den pfil gezogen,

do begunten schnatern die Bogen
so die storche im Neste.

Im Rolandlied (95, 15) führt ein Heidenkönig dem Masolie 15,000 Hornbogen zu, wie denn alle seine Freunde ihm in großer Anzahl ihre Bogenschützen zuschicken. Die Stärke der arabischen und türkischen Pfeilschüsse wird in dem Trojalied (4494 ff.) als sehr bedeutend geschildert; die Pfeile schlugen durch den Ritter, er mochte tragen was er wollte. Als Wigamur von dem Meerwunder entlassen wird, hat er nur Bogen und Pfeil, die er denn auch beibehält, als er von einem todten Ritter sich eine Rüstung genommen (413):

einen Bogen nam er in die hand
und einen kocher mit geschüzz.

Wie die Bogen des deutschen Mittelalters beschaffen gewesen, läßt sich nicht mehr nachweisen, da deren nicht mehr vorhanden. Aus dem Orient mögen viele persische und sarazenische mitgebracht worden sein; die inländischen waren wohl nur aus Holz. Die in einer Handschrift der Königl. Bibliothek zu Dresden (A. 69) dargestellten Bogen (F. 116) sind etwa von 3 Fuß Länge, aus Holz und sehr stark, sie wurden bei einer Belagerung gebraucht. Die Sehne scheint durch ein Ende hindurchgesteckt, auf dem andern aber aufgehängt zu sein. Die Pfeile sind gleich lang wie der Bogen und befiedert. Die eisernen Spitzen sind entweder rautenförmig und etwa 4—5 Zoll lang, oder auch mit Widerhaken. Derartige Pfeilspitzen sind mehrfach gefunden worden; sie sind durchgängig zum Aufstecken mit einer Tülle versehen.

Fig. 330.

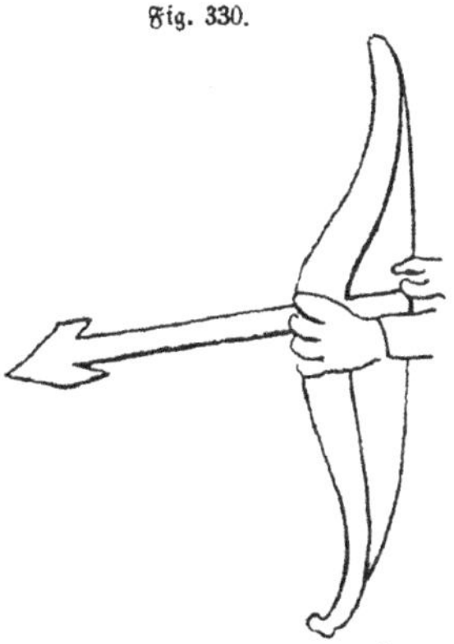

Wir haben blattförmige Pfeilspitzen von 4½ Zoll Länge, mit blattförmiger, 1¾ Zoll breiter Spitze mit Grat. Der Pfeilschaft war einen halben Zoll stark (Nr. 4508 m. S.). Eine andere (Nr. 2828 m. S.), gefunden in den Trögelbergen bei Frankenhain, unweit Schlieben, ist 6 Zoll lang, dreiviertel Zoll breit; das Loch der Tülle hat fünfachtel Zoll Durchmesser und es steckt noch der Stift darin, der das Eisen mit dem Holzschaft verband.

Die Spitze wurde mit Messerklingen, Scheere und der kleinen Art (Fig. 204) zusammengefunden. Kleinere von 4¼ Zoll Länge und fünfachtel Zoll Breite wurden im Elbthale bei Coßwig gefunden (Nr. 2066—68 m. S.). Eine sehr schöne Pfeilspitze wurde in den Ruinen des Schlosses Frauenstein gefunden (Nr. 982 m. S.). Die Spitze ist 3½ Zoll lang, unten über die Widerhaken 2½ Zoll breit; die Tülle ist außen sechseckig und hat einen halben Zoll Weite. Von der Tülle aus geht ein scharfer Grat bis an die Spitze, die Widerhaken haben gleiche Länge mit der Tülle und sind nach innen schön geschwungen.

Fig. 331.

Nachdem findet man auch einen kantigen Pfeil von 4 Zoll Länge, durchgängig zum Aufstecken; die Kantenflächen haben einen halben Zoll Durchmesser, eben so wie das Loch der Tülle. Ein solcher (Nr. 983 m. S.) ward in der Mauer des Schlosses Reinhardsgrimma gefunden. Das Schaftholz steckt noch in der Tülle.

Dreiseitige eiserne, sehr schlanke Pfeilspitzen von 3—4½ Zoll Länge (Nr. 4439 m. S.) aus Schweden sind zum Einlassen in den Schaft eingerichtet.

Im Allgemeinen findet man in deutscher Erde bei weitem weniger Pfeilspitzen als Bolzenspitzen, die bei weitem minder schlank und leicht sind als erstere.

In Scandinavien erscheint der Pfeil nicht blos als Waffe, sondern auch als Signal. Brach ein Feind ins Land, geschah ein Raub oder Mord, so wurde schnell ein Pfeil herumgeschickt und allem Volk entboten, sich zu versammeln und dem Thäter nachzueilen. Der Pfeil hieß Heror, Hornpfeil; er war von Holz mit eiserner Spitze. Bei den Longobarden war der Pfeil das Symbol der Freilassung. Bei den Baiern ward das Einwerfen eines Pfeiles in den Hof eine Fehdeerklärung (Grimm, R. A. S. 167).

Pfeile und Bogen wurden von den Deutschen vorzugsweise zur Jagd gebraucht. Kaiser Friedrich war ein tüchtiger Bogenschütze, wie er denn bei der Belagerung von Mailand eigenhändig einen Pfeil in die Stadt sendete.

Den Kaiser Maximilian sehen wir in Burgmayer's Holzschnitten zum Weißkunig öfter mit der Handhabung dieses Geschosses beschäftigt. So erscheint er unter seinen Gespielen (Bl. 15) als Bogenspanner. Er hat denselben mit dem Ende, wo die Sehne fest an den Bogen angebunden ist, zum Boden gestemmt und drückt mit dem rechten Knie gegen die Innenseite des Bogens; mit der linken hat er den Bogen kurz vor dem Ende an sich gegen die Brust gezogen und mit der rechten Hand versucht er die Schlinge der Sehne in die Kerbe zu bringen. Es ist ein einfacher Holzbogen. Auf dem 140. Blatt sehen wir ein Scheibenschießen mit dem Bogen. Auf dem 33. Blatt sehen wir den Kaiserlichen Jüngling zu Pferde, an der linken Seite einen krummen Säbel, darüber an einem über die rechte Schulter gehenden Riemen einen schön verzierten ovalen Köcher, in welchem befiederte Pfeile stecken; mit der ausgestreckten Linken hält er einen orientalischen Bogen, auf dessen Sehne er einen etwa $2\frac{1}{2}$ Fuß langen Pfeil mit Widerhakenspitze auflegt, womit er nach einem vor ihm auffliegenden Vogel zielt. Das Pferd ist in Galopp gesetzt.

Als Kriegswaffe finden wir den Pfeil und Bogen besonders bei den Polen und andern Slaven, wie Dietmar von Merseburg in seiner Chronik mehrfach erzählt, der sie als vorzügliche Vertheidigungswaffen nennt (VI, 149; VII, 210 der Wagner'schen Ausg.). Im Weißkunig treffen wir mehrfach Infanteristen mit Bogen und Pfeil (z. B. Bl. 170. 181).

Bogen und Pfeil wurden auch als Jagdwaffen von der Armbrust verdrängt, die sich bei uns bis auf den heutigen Tag erhalten hat. In England dagegen wird heute die Schießübung mit dem langen Bogen und Pfeil gepflegt. Die Engländer waren im Mittelalter, wie sie in ihren Kriegen mit den Franzosen und Schotten zeigten, die ersten Bogenschützen Europas. In England gehört das Bogenschießen zu den Lieblingsvergnügungen der höhern Stände und zwar beider Geschlechter. In den Parks und auf den Lawns der Gärten sind Zielscheiben aufgesteckt, und es gehört zu den gewöhnlichsten Familienunterhaltungen, mit Pfeil und Bogen darnach zu schießen. Unter den jüngern und ältern englischen Damen findet man nicht selten geschickte Bogenschützinnen; man schenkt ferner den Kindern vortreffliche Bogen, um sie früh zu diesem Nationalvergnügen anzuregen.

Der in England übliche Bogen ist von Mannslänge; dazu gehören Bogen, Handschuh, Köcher und Pfeile, die vortrefflich gearbeitet sind, und in London und den größern Städten finden sich Kaufläden, welche mit allen zur Archery gehörigen Bedürfnissen reichlich ausgestattet sind.

Die Bogenschießkunde hat ihren eigenen Geschichtschreiber gefunden in Georg Agar Hansard (The book of archery. London 1841. 8.).

Für die Pflege der Bogenschießkunst bestehen besondere Clubs, z. B. die Toxophilite-Society in London und die Royal-Company of Archers of Scotland, die Gesellschaft der St. Leonhards-Archers. Bei diesen Gesellschaften betheiligen sich alle Stände, alle Geschlechter, und selbst die Geistlichen finden es nicht unter ihrer Würde, denselben anzugehören.

Diese englischen Bogen sind von 50—70 Pfund Spannkraft. Die Entfernung 60—100 Yards. Dem Schützen werden bei jedem Rennen 30—40 Pfeile zugestanden.

Der Gebrauch von Bogen und Pfeil und die Freude an der Uebung desselben kam jedenfalls durch die Normannen nach England. Wir finden wenigstens auf der Tapete von Bayeux zahlreiche Schützen mit dem langen Bogen. Wir begegnen ferner in den niederländischen Städten schon sehr früh den Bogenschützengesellschaften; die Bogenschützengesellschaft des h. Sebastian zu Gent ward 1322 aufs neue bestätigt von Ludwig von Creci, Grafen von Flandern, und seinem Nachfolger Ludwig von Male. 1266 ward in Namur eine Bogenschützengesellschaft von dem Grafen Gui bestätigt. Die Schützengilde von Gent hatte ihren besondern Hof, wo sie ihre Schießübungen abhielt, ihren König und Beamten. Sie hatte auch Bogenschützen unter sich, die um Sold für die Stadt ins Feld zogen und vom Rathe erwählt waren. Sie schworen in die Hand eines Schöffen. Zogen sie wirklich ins Feld, so erhielten sie außer ihrem Solde auch besondere Summen für ihre Bekleidung, ihre Beamten und ihre Pfeifer. 1474 sandte die Stadt Mecheln 30 Schützen des h. Sebastian, die sie auf ihre Kosten grün gekleidet hatte, nebst Kriegsmunition und Fahnen an den Herzog Karl von Burgund, um ihm die Stadt Nuyen belagern zu helfen. Die Gilde von St. Sebastian, ein Heiliger, der bekanntlich durch Pfeilschüsse gemartert wurde, war verpflichtet, bei Processionen zu erscheinen; sie entfaltete bei ihrem Festschießen oftmals große Pracht. Eins der prachtvollsten Festschießen war das, was vom 7. Mai bis 11. Juni 1531 in Brüssel abgehalten wurde. Der große Platz war reich geschmückt und mit Blumen bepflanzt, es waren reiche Preise ausgesetzt, der erste bestand in vier silbernen Tellern (s. Felix de Vigne, recherches historiques sur les costumes civils et militaires des Gildes etc. Gent 1847. S. 28).

An die Stelle von Bogen und Pfeil trat in Europa schon früh die

Armbrust,

welche Griechen und Römer wenigstens in sofern bekannt war, als sie ihr Feldgeschütz in der Form der Armbrust entwickelt hatten, das heißt, es stellte sich namentlich im Festungskriege das Bedürfniß dar, größere Lasten, als der menschliche Arm oder die Bogensehne zu schleudern im Stande ist, aus möglichster Entfernung auf den Feind zu werfen. So entstanden die großen Wurfmaschinen. Man machte also den gewöhnlichen Bogen möglichst groß und stark; da ihn nun aber die Hand nicht mehr zu umspannen, oder doch wenigstens der Arm ihn nicht mehr frei hinauszuhalten vermochte, so wurde zunächst eine Vorrichtung nothwendig, welche den linken Arm und die Hand ersetzen mußte. Es war dieß ein Balken, an dessen Ende der kolossale Bogen befestigt wurde. Nun galt es aber auch Vorrichtungen zu erdenken, welche die Sehne dieses gewaltigen Bogens anspannten, welche dieselbe so lange in der Spannung erhielten, bis der Pfeil aufgelegt und zum Versenden eingezielt war, und endlich auch die Sehne wiederum entließen. Die Anspannung der Sehne brachte man nun durch den Hebel und die Winde zu Stande, die man entweder auf die Arme des Bogens oder auf die Sehne selbst wirken ließ. Man dehnte die Sehne, sie in der Mitte fassend, aus, daß sie die Enden des Bogens nach sich ziehen mußte, oder man wieß durch Zusammendrehung der Sehne eine Bewegung an, so daß sie ihre Ausdehnung verringern mußte, wenn man die Enden des Bogens von außen oder von oben nach innen oder unten drängte. Die Sehne zog sich zusammen und verharrte so lange zusammengezogen, als der Druck auf die Bogenarme stattfand.

Wie man das Alles bewerkstelligte, das ist gegenwärtig weder durch Worte noch durch Zeichnungen und Modelle genügend darzustellen. Die Kriegsforscher haben sich seit Valturius und Justus Lipsius bis auf Helwig und Blesson vergeblich bemüht, ein deutliches Bild dieser Kriegsmaschinen zu entwerfen. So viel scheint aber gewiß, daß die kolossale Armbrust für die Fortschleuderung von Balken schon früh versucht worden ist.

Um Steine und andere Lasten fortzubewegen, diente die Schleuder als Vorbild, die der Schütze zunächst durch Schwingung in eine lebhafte Bewegung bringt und deren Last er dann durch einen scharfen Ruck, durch plötzliches Anhalten aus ihrem Standpunkte in die Ferne sendete. Bei dieser kolossalen Schleuder galt es nun, den Arm durch irgend welche Vorrichtungen zu ersetzen. Es scheint, daß man zunächst in der Nachahmung der ganzen menschlichen Gestalt ein feststehendes Gestell gebildet habe, an welchem entweder eine Stange oder ein Strick, den Arm nachahmend, in Bewegung gesetzt wurde. Wir sind nicht im Stande, trotz der eben nicht dürftigen Nachrichten der Schriftsteller, ein genügendes Bild von den Einzelnheiten dieser kolossalen Schleudern zu entwerfen.

Diese Maschinen wurden zunächst bei Belagerungen in Anwendung gebracht; sie wurden eigens gebaut, wenn man Zeit dazu hatte, denn es bedurfte zur Herstellung derselben großer Kraftanstrengung und vieler Zeit. Die ersten Maschinen mögen überaus einfach gewesen sein. Das Bestreben, ihre Wirkung zu verstärken, führte zu Versuchen, die eine Vervielfältigung der einzelnen Theile zur Folge hatten, die nothwendig in Künstelei und Verwickelung endigen mußte.

Mit den Wurfmaschinen wurden kolossale Pfeile, metallbewehrte Balken, Steinkugeln, Brennstoffe, todte, verwesende, die Luft verpestende Thierkörper, in die Festungen der Feinde geschleudert.

Nun machte man aber auch Maschinen, um die Mauern der feindlichen Festungen zu erschüttern oder einzurennen. Man baute einen Bock mit drei oder vier Beinen, zwischen denen an Ketten oder Stricken ein Balken in der Schwebe hing, dessen Vordertheil mit Metall bewehrt war. Man ahmte die Köpfe der Schafböcke nach, die sich bekanntlich durch Zusammenstoß ihrer hornbewehrten Schädel bekämpfen, eine Sitte, die sie mit den Negern gemein haben. Dieser schwebende Balken wurde nun durch menschliche Kraft mit seinem Kopfe gegen die Mauer getrieben. Da nun vorauszusehen war, daß die Belagerten sich alles Ernstes gegen ein solches Beginnen wehren und der Maschine, wie den sie treibenden Menschen allen nur erdenklichen Schaden zuzufügen, daß sie mit Feuer und Flüssigem, mit Steinen und andern Lasten, den Feind zu zerstören sich angelegentlichst bemühen würden, so wurde die Maschine, der Sturmbock oder Widder, mit einem Dache versehen, unter dessen Schutze er seine Arbeit beginnen konnte.

Diese Maschinen hatten bereits die Griechen und wandten sie bei Belagerungen und Stürmen an, wo eine Festung eine langwierige Belagerung erforderte. Diese Maschinen waren förmliche Gebäude, die man nicht mit sich in die Ferne schleppen konnte, sondern die man an Ort und Stelle erbauen mußte. In den

Schlachten waren diese umfangreichen Maschinen, deren künstliche Construction übrigens häufige Beschädigungen zur Folge hatte, die öfter und dann immer gerade, wenn es am nothwendigsten, den Dienst versagten, nicht anwendbar.

Den Römern, den eigentlichen Bildnern der antiken Kriegskunst, gelang es endlich doch, diese Maschinen auch für den Felddienst brauchbar zu machen. Wir finden, daß in den Kaiserlichen Heeren eine bewegliche Artillerie vorhanden war und daß sie einen wesentlichen, nützlichen Bestandtheil des unter dem Namen der Legion bekannten Kriegskörpers ausmachte. Vegetius belehrt uns, daß die Legion nicht blos durch die Anzahl ihrer Soldaten, sondern auch durch ihre Werkzeuge den Sieg errang. Vor allem braucht sie Geschosse, denen kein Panzer, kein Schild widersteht. Jede einzelne Centurie hatte Carroballisten oder Fahrgeschosse, welche von zwei Maulthieren gezogen und von einem Contulernium oder elf Mann bedient, geladen und gerichtet wurden. Je größer diese Geschosse sind, desto weiter und kräftiger werfen sie. Sie vertheidigen nicht allein die Lager, sondern sie wirken auch im Felde, indem man sie hinter die Schlachtordnung der schweren Bewaffnung aufstellt. Ihrer Gewalt widerstehen weder gepanzerte Reiter noch beschildetes Fußvolk. Bei jeder Legion pflegten 55 Fahrgeschosse zu sein, dann 10 Onager, so daß jede Cohorte einen solchen auf einem von zwei Ochsen gezogenen Wagen mit sich führte, damit sie sich, wenn die Feinde an den Lagerwall herankamen, mit Pfeilen und Steinen vertheidigen konnte. Die Legion hatte Ballisten, Onager, Scorpione, Arcuballisten und Fustibalen, außer den Pfeilschützen und Schleuderern.

Bei der Belagerung von Massilien durch C. Trebonius wurden Balken von 12 Fuß Länge mit metallenen Spitzen durch die größten Ballisten an die Mauer geworfen, die Alles zertrümmerten, was sie trafen (Cäsar, B. C. II, 2).

In der Schlacht der Vitellianer gegen Galba bei Cremona stellte die 15. Legion eine ungeheure Ballista auf ihren Lagerwall, welche große Felsblöcke auf den Feind schleuderte (Tacitus, Hist. III, 23).

Als Nero die Stadt Rom angesteckt, ließ er die festen Mauern der alten Gebäude, die nicht einstürzen wollten, mit Wurfgeschossen wankend machen (Sueton, Nero. 38).

Auf der Trajansäule sehen wir solche Wurfgeschosse dargestellt (Bellori 30. 45). Sie werden von zwei Maulthieren gezogen und haben mit den Armbrüsten die meiste Aehnlichkeit.

Als die beiden wirksamsten Geschütze nennt Vegetius die Ballista, die mit Darmsaiten gespannt wird und zwei große vorragende Arme hat, womit bei geschickter Bedienung außerordentliche Wirkungen hervorgebracht werden, und den Onager, der Steine warf. Scorpione nannte man Handballisten; sie warfen kleine Pfeile (s. die weitern Nachweisungen in meiner Culturgesch. VIII, 461).

Auf den römischen Denkmalen sehen wir nirgends die eigentliche Armbrust abgebildet. Sie scheint also wenigstens nicht im Heere als eine probemäßige Waffe vorhanden gewesen zu sein.

Wohl aber erscheint sie schon sehr früh bei den germanischen Nationen. Sie ist die gereifte Frucht der Bemühungen der antiken Kriegsmänner mit den großen Maschinen; es ist jedoch die Frage, ob die Armbrust nicht etwa seit den Kreuzzügen aus dem Orient zu uns gekommen ist. Sie erscheint nämlich kaum vor dem 12. Jahrhundert in Europa als eine allgemeiner geführte Waffe.

Ihre Erwähnung im Nibelungenlied verdient Beachtung. Hier heißt es von Siegfried (3826):

ouch fürt er einen bogen
den man mit antwerche müse zihen dan
der in spannen solde, er'n het ez selbe getan.

Zur Spannung eines langen Bogens sind aber niemals besondere Vorrichtungen gebraucht worden, und es scheint somit wohl eine Armbrust angedeutet. Dazu führte Siegfried „Strale von güldenen tüllen, die sahs, Klingen, wol hende breit."

Den Namen Armbrust, althochdeutsch Armbrust, leitet J. Grimm (D. Gr. III, 444) vom mittellateinischen Arbalista, französisch arbaletre, und dieses vom römischen Arcuballista — Bogenschleuder, her. Ein späterer Ausdruck ist Rüstung und Schnepper. Im Parcival des Wolfram von Eschenbach und dem Tristan des Gottfr. von Würzburg erscheint die Armbrust als gewöhnliche Jägerwaffe. Tristan trägt (16649) seine Pirsearmbrust und sein Horn (s. auch V. 17248 und 17270). Im Parcival heißt es (35) die Sehnsucht der Liebe und des Kampfes:

daz begunde dem rekken
sine brust bede erstrecken
so die senwen tut daz armbrust;

und dann 180, 29:

daz wazer fuor nach polze siten
die wol geviedert und gesniten

sind so sie armbrustes span
mit senewen swanke trübet an.

Die älteste Abbildung der Armbrust fand Felix de Vigne in den Fresken der alten S. Johannes- und Pauls-Capelle am Brügger Thore zu Gent, die dem Ende des 13. Jahrhunderts angehören. Es sind hier die Aufzüge der alten Gilden dargestellt, und der erste Zug der St. Georgs-Gilde erscheint hier mit Armbrüsten bewaffnet. Die ganze Brüderschaft trägt Maschenpanzer und Helmkappen. Sie gehörten zur städtischen Armee. Sie hielten aber auch feierliche Wettschießen, bei denen ansehnliche Preise ausgesetzt waren. Die Armbrust fand bald allgemeinen Eingang und wir finden fortan in den Handschriften dieselbe öfter abgebildet und in Urkunden erwähnt. Der Adel und die Fürsten bedienten sich derselben als einer bequemen Jagdwaffe, die sicherer war als der Wurfspieß und kräftiger als der Schuß mit dem langen Bogen. Mit der Armbrust schoß man Bolzen, die kürzer und stärker als die Pfeile waren und eine gewichtigere Spitze hatten. Anstatt der Federn war der Bolzen mit zwei hölzernen Blättern bewehrt. Die Armbrust sehen wir als Jagdwaffe in den Bildern des Sachsenspiegels (Mone, deutsche Denkm. XV, 6). Hier reitet der Ritter allerdings im Maschenpanzer, aber sonst nur mit der Armbrust bewaffnet, zur Friedenszeit in den Forst. Der Sachsenspiegel bestimmt, daß ein Mann, der mit der Armbrust durch einen fremden Forst reitet, seinen Bogen oder seine Armbrust nicht gespannt führen soll.

Als Jagdwaffe erscheint die Armbrust im 15. Jahrhundert in H. Burgmayer's Holzschnitten zum Weißkunig bei weitem häufiger als Bogen und Pfeil. Wir sehen (Bl. 15) den Kaiserlichen Knaben mit der Armbrust nach einem Baume in die Höhe zielen, und (Bl. 40) später im Galopp mit derselben seitwärts nach unten. Wir sehen ferner den Kaiser auf der Gemsenjagd in den Alpen, die Sohlen mit Steigeisen bewehrt, die große Armbrust in der Hand, mit der er eben eine Gemse in der Höhe gefällt hat. Als Kriegswaffe treffen wir sie im Weißkunig nicht an, obschon wir mehrfach Bogen und Pfeil, neben dem Handrohr, in den Schlachten hier angewendet sehen (z. B. Bl. 202. 203).

Auf einem Cranach'schen Bilde im Königl. Jagdschlosse Moritzburg vom Jahre 1540 erblicken wir den Kurfürsten Johann Friedrich auf der Jagd mit der Armbrust. Das Königl. historische Museum zu Dresden bewahrt noch die Jagdrüstungen der Kurfürsten Friedrich des Weisen und Moritz. Im Jahre 1609, wo die Fastnacht am Dresdener Hofe durch feierliche Aufzüge, Carousfels und Jagden gefeiert wurde, erscheint die Armbrust nicht mehr in den Händen der Jäger. Doch blieb sie immer noch eine gar beliebte Waffe, die von Fürsten wie von Bürgern zur Uebung geführt wurde.

Als Kriegswaffe kam die Armbrust namentlich im 13. Jahrhundert in Aufnahme, als die Städte gegenüber dem Adel des Landes besondere Macht entwickelten. Wir finden sie in den Niederlanden, in Franken und Schwaben, in Meißen. Um 1285 soll bereits in Nürnberg und Augsburg das Armbrustschießen von den Bürgern geübt worden sein. Die Armbrustschützengesellschaft zum heil. Georg in Gent hatte das Recht, an der Spitze der städtischen Bewaffnung zu stehen. Im Felde führten sie kurze Schilde. Auch in Frankreich mußten die Bürger der Städte sich im Schießen üben, und die städtischen Fußvölker bildeten den Kern des Heeres. Die Bogenschützen in Frankreich und den Niederlanden waren ursprünglich für den Krieg eingerichtet.

Die Uebungen wurden fleißig gepflegt und durch Feste verschönert. Schon im Jahre 1394 wurde in Tournai ein großes Wettschießen abgehalten, wobei sich Theilnehmer aus dreißig Städten und achtzehn Flecken von Brabant, Flandern, Hennegau und Frankreich einfanden. Die von Brügge zeichneten sich durch prachtvolle Kleidung, die von Gold strahlte, aus, die von Ypern und Douay durch Geschicklichkeit im Schießen. Auch Pariser waren gekommen. Die Preise bestanden in silbernen Gefäßen von 3—5 Pfund Gewicht; sie kamen an Schützen von Ypern, Douay und Brüssel. Im Jahre 1388 beschloß die Gemeinde von Brügge, alljährlich der St. Georgenbrüderschaft 48 Stück grünes Tuch zu Uniformen zu liefern. Im Jahre 1394 erschienen die Brügger Schützen beim Schießen zu Tournai; sie waren alle in Seidendamast gekleidet und mit goldenen Ketten geschmückt. 1497 erschien die St. Georgenbrüderschaft von Brügge mit ihrem König, dem Grafen Philipp dem Schönen von Flandern, auf dem Schießen von Gent, allesammt in der prachtvollsten Kleidung. Sie brachten 5 Wagen mit, 40 Musiker, ihre Fahne und ihren Narren, der auf einem von zwei Hunden gezogenen Karren saß, außerdem aber 216 Pferde. In den Jahrbüchern ihrer Gilde war das ganze Fest in flandrischen Versen beschrieben. 1540 erneuerte Karl V. ihre Privilegien.

Im Jahre 1442 war in Antwerpen ein großes Armbrustschießen nach dem Papagei, wobei Herzog Johann IV., ein sehr geschickter Schütze, König ward. 1451 war ein großes Armbrustschießen in Tournai, wobei viele Menschen zusammenströmten. Es zogen 59 Schützengesellschaften am 11. August in die Stadt ein, darunter die von Lille, geführt von Anton, dem Bastard von Burgund.

In Mons wurde 1316 vom Schöpfenrath eine Brüderschaft der Armbrustschützen gegründet; sie hatte vierzig Mitglieder, welche die Verpflichtung hatten, mit dem Grafen ins Feld zu ziehen und die Stadt zu vertheidigen nach dem Befehl des Stadtraths. Wenn der Graf in die Stadt kam, schritten sie ihm als Ehrenwache bewaffnet voran; sie trugen als Auszeichnung einen silbernen Bogen auf ihren Röcken.

1458 wurde in Mecheln ein großes Armbrustschießen gehalten, wozu aus fremden Städten viele Schützen sich einfanden, unter denen die von Antwerpen den Preis davon trugen. 1498 ward in Gent ein Schießen gehalten, welches 6—7 Wochen dauerte. Die Schützen von Antwerpen erschienen in langen rothen Röcken, mit 600 Pferden und 100 Wagen, deren jeder mit rothem Tuch bedeckt war, was dann an die Armen von Gent verschenkt wurde.

Den 28. Juli 1534 ward in Mecheln ein großes Armbrustschießen gehalten, wobei die Schützen von Antwerpen den Preis erlangten. Solche große Festschießen waren im Mittelalter in den Niederlanden sehr häufig und die Städte wetteiferten mit einander, sie möglichst prächtig einzurichten. Es strömten stets eine große Menge von Fremden dabei zusammen.

In Deutschland war es nicht anders; die Städte stellten gleichermaßen die bewaffnete Bürgerschaft an. Ueber die Zeit vor dem Hussitenkriege mangelt es an Nachrichten. Daß aber solche Schützengilden vorhanden waren, ist gewiß. In dem Hussitenkriege versahen sich die Städte von Böhmen, der Lausitzen, Meißen, Franken mit großen Vorräthen von Schießbedarf, namentlich von Bolzen mit eisernen Spitzen, die in großen hölzernen Kasten aufbewahrt wurden. Man hat dergleichen in den Städten Königinhofen, Bamberg, Meißen in großer Anzahl in neuer Zeit wieder aufgefunden. In Meißen wurden viereckige Schilde von Holz, die mit Leinwand überzogen und in Oelfarben bemalt, etwa 2 Fuß breit und 3 Fuß hoch, gefunden. Diese Schilde dienten zur Deckung der auf der Stadtmauer befindlichen Schützen.

Nach dem Hussitenkriege wurden diese Schießübungen von der Bürgerschaft fleißig fortgesetzt. In den meißnischen Städten hatten sie gemeiniglich für diesen Zweck einen Theil des zwischen der Stadtmauer und dem Stadtgraben gelegenen Zwingers inne, wo dann ein Thurm der Stadtmauer zur Aufbewahrung der Schießgeräthschaften und bei üblem Wetter auch als Schießstand diente. Das Ziel war gemeiniglich ein aus Holz geschnitzter Vogel, der auf einer 30—40 Fuß hohen Stange befestigt war. Die Schießübungen fanden in den Sommermonaten ein= oder zweimal in der Woche statt, alljährlich ward jedoch ein großes öffentliches Vogelschießen gehalten, an welchem auch andere Personen, die nicht Mitglieder der Schützengilde waren, Antheil nehmen konnten. Für die besten Schüsse waren Preise ausgesetzt, die in Geld, Gefäßen u. dergl. bestanden. Der Schütze, welcher den besten Schuß gethan und durch Zersplitterung des Vogelkörpers das Schießen beendigt hatte, ward der König. Er ward mit angemessener Feierlichkeit auf dem Schießplatz umher und dann unter Musik in die Stadt hineingeführt, wobei ein Schmaus die ganze Schießübung für das laufende Jahr beschloß.

Im Hussitenkriege, dann auch im Reformationszeitalter, gingen die meisten Denkmale der sächsischen Armbrustschützengesellschaften verloren. Eine der ältesten Notizen ist die, daß im Jahre 1479 in Oschatz eine Zielstatt, ein Schützenufer und eine Schützenwand vorhanden gewesen. Im Jahre 1551 wird daselbst ein Schießhaus im Zwinger, der Armbrustschützengraben und Schießhof erwähnt. Im Jahre 1580 erhielt das Schießhaus neue Fenster. Im Jahre 1605 ward das Schießhaus vor die Stadt verlegt. (Hoffmann, Geschichte von Oschatz. S. 160.)

Die Armbrustschützengesellschaft der Stadt Chemnitz reicht ebenfalls ins 15. Jahrhundert hinauf. Sie war so wohlhabend, daß sie im Jahre 1505 dem Ritter Georg Harras zu Lichtenwalde gegen Verpfändung seiner Einkünfte von Ebersdorf 100 Gulden vorstrecken konnte. Die Gesellschaft bestand unter dem Schutze des Raths, der zwei seiner Mitglieder als Hauptleute dabei hatte. Die Gesellschaft wählte aus ihrer Mitte alljährlich einen Senior und Vertreter. Sie hatte einen eigenen Rüstmeister und Zieler. Alljährlich in der Woche nach Pfingsten nahm das Schießen mit der Armbrust oder Stahlrüstung seinen Anfang und ward Dienstags jeder Woche fortgesetzt im Zwinger=Schießgraben. Zum Schluß des Sommers ward einen Tag Abschießen gehalten. Das Schießen be=

stand noch im Jahre 1822 (Kretzschmar, Chemnitz. S. 392). Bei weitem später entstanden die Büchsenschützen.

In Freiberg, wo seit dem Jahre 1500 Herzog Heinrich, ein Freund und Kenner der Waffen und ritterlichen Uebungen, Hof hielt, hatte dieser schon im Jahre 1508 mit den Bürgern nach dem Vogel geschossen und ist auch König geworden, worauf er den ersten Schild an die Schützenkette anhängen ließ.

Das Schießen mit dem Stahl oder im Stahl erhielt in Dresden namentlich unter Kurfürst August neue Anregung. Schon 1552 schoß er dort und gewann das Beste; 1572 baute man auf dem Schießplan ein neues Schützenhaus, das sodann den Armbrustschützen, nach kurfürstlicher Anordnung, den Sommer hindurch Sonntags zu ihrer Uebung angewiesen war. Neben demselben bestand aber noch eins im Zwinger zwischen dem Erbischen und Donats Thor, das erst 1632 wegen des Krieges abgebrochen wurde. Im Jahre 1572 fand in Freiberg ein ganz besonders feierliches fürstliches Gemeinschießen mit dem Stahl zum Circulblatt statt. Im März war dem Rathe von Dresden das Schützenkränzlein und die Fahne übersendet worden, worauf der Rath sein Ausschreiben ergehen ließ. Am 2. Juni begann das Schießen, zu welchem sich Kurfürst August mit seinem Sohn Christian, dem Kurprinzen, Herzog Franz von Lauenburg, mehrere Grafen von Mansfeld, Solms und Linar, mehrere Hofbeamte, viele Edelleute der Umgegend, Schützenmeister und Abgeordnete der Städte Dresden, Leipzig, Chemnitz, Meißen, Wittenberg, Annaberg u. s. w. einfanden. Die große Zielwand war an einen erhabenen Thurm gestellt, an welchen das kurfürstliche und das Stadt=Wappen gemalt waren. Oben stand das Schützenuhrwerk mit Glöcklein und stählernem Spiegel, darüber die Statue eines schwarz und gelb gekleideten Bergmanns. Wer einen guten Schuß ins Blatt gethan, dem hielt er eine Stufe silberhaltigen Erzes hin, den schlechten Schützen verhöhnte er durch eine Wendung, die ihm sein Bergleder zuwendete. Für den zwölfjährigen Kurprinzen, der die schwere Stahlrüstung noch nicht handhaben konnte, war ein kleiner Stand besorgt. Der Bürgermeister bewillkommnete den Landesherrn und dessen Sohn nebst dem Prinzen von Lauenburg in einer langen, wohlgefaßten Rede, die der Hofmarschall beantworten mußte, die Fürsten reichten allen anwesenden Rathspersonen die Hände. Darauf erfolgten die Wahlen der Siebener und die Eintheilung der Schützen. Am Stande der Fürsten hielt eine starke Fahne der Bürgerschaft Wache. Dabei fehlte es nicht an allerlei Kurzweil. Der Rath ließ Dem, welcher einen schönen Zweckschuß gethan, durch die Siebener unter Vortritt der Stadtpfeifer und Bergsänger einen zinnernen Teller mit einer Semmel und Bratwurst nebst einem Glase guten Weins überreichen, dazu eine schöne mit Seide und Gold ausgenähte Bergkappe und eine seidene schwarz und gelbe Fahne. Wer ins Weiteste geschossen, dem mußte der Pritschemeister auf einem hölzernen Teller ein Stück Schwarzbrod mit einem Quark und ein Glas Bier, ein graues Schachthütlein mit brennendem Grubenlicht und eine Leinwandfahne überreichen, wobei viel Schäkerei und Schimpf getrieben wurde. Dieß geschah nach jedem Umschießen. Der Kurfürst und ein armer Bürger von Annaberg, Franz Lindener, hatten am besten geschossen und sollten um den Preis losen, der Kurfürst überließ dem armen Manne aber freiwillig den Hauptgewinn. Während des Schießens hatte der Rath allerlei Kurzweil veranstaltet, Wettlauf, Bauerntanz, Würfelspiel, Kletterstangen, wobei Mancher abfiel, der die oben aufgehängten Tücher, Felle, Bergkappen u. s. w. holen wollte. Dann rückten zwei Abtheilungen Bergjungen mit gepappten Grubenbeilen von verschiedenen Seiten rottenweise mit Trommeln und Pfeifen an und — wie der Chronist sagt — sind nicht weit von Herzog Christiani Stande frisch zusammen gangen, haben erstlichen mit den Grubenbeilen, hernach mit treigen (trockenen) Fäusten sich einander tapfer abgeschmieret und sich dabei also erbittert, daß man sie kaum wieder scheiden und von einander bringen können. Deßhalb sei hernach gepritschet und etliche auf eine große Kuhhaut geschupfet worden, so mit besonderer Lust anzusehen gewesen, wie denn der eine, den man dazu zuvor abgerichtet, sich gewaltig artig dabei geberdet, viel Gaukelei mit den Händen getrieben und ob er schon hoch empor geworfen, doch meistentheils wieder auf die Füße gekommen. Der Kurfürst wurde darauf mit seinem ganzen Gefolge vom Rathe zu Gaste geladen. Das Schießen dauerte bis zum 5. Juni (Moller, Theatr. Frib. II. 302 ff.). Im Jahre 1595 hielt der Administrator von Kursachsen, Herzog Friedrich Wilhelm, mit Gemahlin und zwei Prinzen ein ähnliches Schießen in Freiberg, welches aber nur einen Tag währte, jedoch eben so eingerichtet war, wie das vom Jahre 1572.

Berühmt und noch jetzt in voller Blüthe in den ersten Tagen des Augustmonats wiederholt ist das große Vogelschießen der Armbrustschützen der Residenzstadt Dresden. Die Vogelschilder fangen schon 1513 an, Kurfürst August ward 1548 und 1554 König; 1556 schoß Landgraf Philipp von Hessen mit. In demselben Jahre war ein eigenes Stadtschießhaus erbaut worden. Von dem Vogelschießen im Jahre 1612 ist eine besondere Abbildung vorhanden, die ich in meinem Sammler für Geschichte und Alterthümer im Elbthale (S. 7) näher erläutert habe. Wir sehen hier den reichen und lustigen Apparat, wie er noch jetzt alljährlich acht Tage lang Tausende von Menschen ergötzt, die hier aus weiter Ferne zusammenströmen. Im Siebenjährigen Kriege war die Dresdener Vogelwiese nicht abgehalten worden. Im Jahre 1763 am 1. August ward sie wieder zum ersten Male mit besonderer Feierlichkeit abgehalten. Der Hof nahm persönlich Antheil. Am 4. August 1777 feierte man das zweihundertjährige Bestehen der Vogelwiese mit ganz besondern Veranstaltungen. Es fehlte nicht an Ehrenpforten, Inschriften und Erleuchtungen mit Feuerwerk.

In Leipzig besteht seit alter Zeit die Gesellschaft der Armbrustschützen neben einer jüngern Büchsenschützengesellschaft. In Bischofswerda und andern sächsischen Städten sind deren auch vorhanden. Kurfürst August scheint denselben seine besondere Aufmerksamkeit zugewendet und die Herstellung derselben in allen Städten seines Landes eifrig betrieben zu haben.

Die Armbrüste des 15. Jahrhunderts, die wir auf den Wandgemälden von Gent in den Händen der St.-Georgsgilde sehen, scheinen ganz von Holz zu sein. Sie sind etwa 4 Fuß lang, bestehen aus einem Schaft, der oben breiter als unten ist und durch den der Bügel, von gleicher hellbrauner Farbe wie der Schaft, gesteckt ist, die Sehne hat 2½—3 Fuß Länge; der Bügel bildet fast einen Halbkreis. Oben am Schaft ist ein Haken für den Hebel. Die Schützen tragen ihr Gewehr auf der linken Schulter.

Fig. 332.

Auf dem Rathhause zu Quedlinburg bewahrte man eine kolossale Armbrust auf, die im Jahre 1336 dem Grafen von Reinstein abgenommen worden war. Der Bogen war acht Spannen lang, in der Mitte handbreit, drei Finger dick, von bedeutender Schwere und aus einem Stück Fischbein. Die Bolzen waren stark mit Eisen beschlagen (s. Uffenbach's Reisen. I. 141 f.).

Die Armbrust, welche in Burgmayer's Holzschnitten erscheint, ist bei weitem zierlicher und kleiner und etwa unsern halben Rüstungen ähnlich. Wir sehen den Helden zu Pferd und im Galopp damit nach unterwärts zielen. Eigenthümlich ist der Bolzen mit einer halbmondförmigen Spitze. (Fig. 332.)

Ganz dieselbe Armbrust erscheint in den Holzschnitten zum Theuerdank an mehrern Orten bei der Jagd auf Gemsen, Rehe und Vögel, bei Fußgängern und Reitern. Auch kommt sie im Gedicht selbst vor und es werden die Fälle geschildert, wo diese Waffe ihrem Träger gefährlich werden kann. Unfalo sucht durch eine Armbrust den edlen Helden Theuerdank zu verderben. Er ruft ihn und zeigt ihm einen auf einem Baume sitzenden seltenen Vogel. Der Held will, so wie er denselben erblickt hat, seine Armbrust holen, allein Unfalo bietet ihm seine eigene dar, von der er weiß, daß sie am Bügel einen Riß hatte.

Der held von Im den stahel nam
nun west Vnfalo vorhin das
der stahel ein wenig auf thun was
also wann man daraus schiessen wolt
das ein stuckh daruon springen solt.

Als nun Theuerdank losdrückt, springt der Stahl und schlägt ihm das Biret vom Kopfe und verwundet den hinter ihm stehenden Diener, wie auf dem 34. Holzschnitte dargestellt ist.

Unfalo wiederholt den Versuch, den Helden durch eine Armbrust zu tödten. Er sagt dem jagdbegierigen Theuerdank, daß in einem Gebüsch ein Wild zu finden. Theuerdank ist zu Pferde:

Der nam sein stahel her
spannet denselben auf behendt
füert den vor Im in seiner henndt
ein scharpf stral auf dem selben lag;

und so rennt er dem Wild durch den Busch nach, da traf eine Staude den Schlüssel oder Bügel der Armbrust, die er eben gerade senkrecht vor sich hielt. Die Sehne ging los und der Bolzen hätte den Helden ins Gesicht, an die Stirn oder Nase treffen können, wenn er sich nicht rasch rückwärts aufs Pferd geworfen hätte, so daß der Schuß über ihn hinweg ging, wie der 44. Holzschnitt darstellt.

Wir finden hier schon den stählernen Bügel, während die ältern von Fischbein oder von Holz waren, dergleichen eine in der Königlichen Gewehrgalerie zu Dresden aufbewahrt wird. Das Holz, das man zur Armbrust verwendete, war meist von der Eiche. Wir finden schon 1346 in Trier eigene Armbrustmacher, die mit dem Erzbischof Balduin einen Dienstvertrag eingehen, dem zufolge sie „ihm vier neue Gürtel-Armbrust und eben so viele Steierische machen, auch alle seine alten Armbroist wiedermachen und reisen, wozu sie ausser dem bedungen Jahresgelde so viel eichenes Holz erhalten, als sie bedürfen" (Meyer und Erhardt, Zeitschr. f. vaterl. Alterthumsk. I. 140 ff.).

Die Armbrust wurde mit einem Hebel aufgezogen, der ein bewegliches Knie hatte und den man oben in den am Ende des Schaftes angebrachten kleinen Bügel einsetzte, während der Schenkel desselben die Sehne in die Kerbe drückte, welche sich am Unterende des Laufes befand und wo die Sehne durch eine breite überklappende Metallplatte so lange festgehalten wurde, bis ein Druck am Bügel sie losließ. Bei den großen, den ganzen und halben Rüstungen mit Stahlbügel reichte der Hebel jedoch zur Spannung nicht aus, für diese hatte man eine eigene Winde, wie sie neben der großen,

Fig. 333.

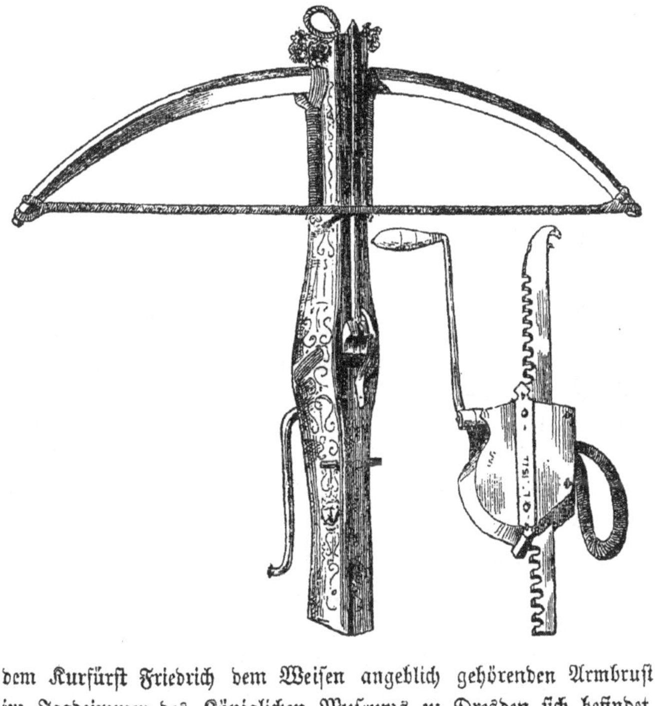

dem Kurfürst Friedrich dem Weisen angeblich gehörenden Armbrust im Jagdzimmer des Königlichen Museums zu Dresden sich befindet.

Die Winde trägt die Jahrzahl 1577 und die Armbrust dürfte wohl ebenfalls derselben Zeit angehören. Die Armbrust ist 2 Fuß 8 Zoll lang und ganz mit gravirtem Elfenbein bedeckt. Die Bahn für den Bolzen ist 13 Zoll lang, auf derselben wird der Bolzen durch einen die Kerbe überragenden Bügel festgehalten. Der Bügel von Stahl ist 3 Fuß 1 Zoll lang, $2^3/_4$ Zoll breit und dreiviertel Zoll dick. Die Sehne ist fingersdick. Der Bügel ist mit dicken gedrehten Schnuren am Kolben befestigt. (Fig. 333.)

In dieser Weise sind nun alle halben und ganzen Rüstungen gearbeitet, deren sich noch heute unsere Stahlschützen bedienen. Der Schaft, die Säule genannt, muß aus gutem, trockenen und harten Holze gemacht sein, das mit Elfenbein, Perlmutter, edlen Metallen ausgelegt wird. Zu dem Stahlbogen gehört der beste Stahl, der nach Verhältniß der Säule 6—8 Pfund wiegen kann. Er geht oben durch die Säule durch und wird mit derben Hanfschnuren daran befestigt, so daß der Bügel nicht schlottern kann. Die Sehne wird aus vielen Hanffäden zusammengedreht und dann der Länge nach mit Bind= oder Schlagfaden dicht umwunden und mit Leim oder Firniß überzogen.

Fig. 334.

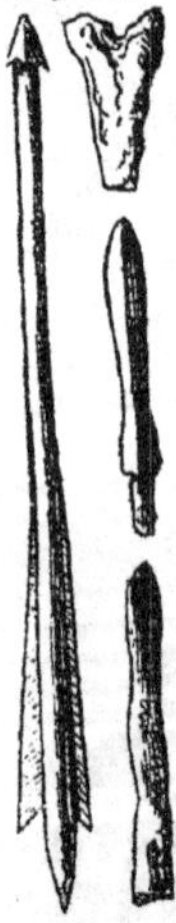

Die Bolzen sind 12—15 Zoll lang, aus festem Holze walzenförmig geschnitzt und geglättet, oben mit einer 2—4 Zoll langen eisernen Spitze versehen, die theils flach, Schlag= und Prallbolzen, spitzig, beim Stichbolzen, und zwar vier= oder dreikantig, ins Kreuz gefeilt beim Kronenbolzen erscheint. Der letztere wird zum Vogelschießen gebraucht. Die Feder ist von Holzspahn.

Unter den hier abgebildeten Bolzen stammt der in ganzer Figur dargestellte aus den Schweizerkriegen und zwar von der Schlacht von Sempach, also vom Jahre 1386. Er ist 16 Zoll lang und fünfachtel Zoll dick. Die dreikantige im Widerhaken herunter gehende Spitze ist mit der Tülle $2^3/_4$ Zoll lang, die beiden Holzfedern sind 6 Zoll lang (Nr. 979 m. S.).

Die danebenstehende vierkantige Bolzenspitze ist mit der Tülle $3^1/_2$ Zoll lang, die andere dagegen, deren Dorn in den Schaft eingelassen und mit einem Eisenring außen umgeben war, mißt nur 3 Zoll. Unter den vierkantigen Pfeilen sind die meisten mit einer Tülle versehen, so z. B. alle die, welche in dem Rathhause von

Meißen von den Hussitenzeiten her aufbewahrt wurden. Es war dieß die Form der Kriegsbolzen.

Die dritte Spitze hat jene halbmondförmige Gestalt, welche wir bei den Jagdbolzen in den Holzschnitten zum Weißkunig und Theuerdank antreffen. Das Original ist in Böhmen gefunden, 2½ Zoll lang, 1½ Zoll breit. Die Kronenbolzen für ganze Rüstungen sind 4¾ Zoll lang, wovon über 4 Zoll auf den vierkantigen in den Schaft eingelassenen Dorn kommen. Die in vier Ecken emporstehende Krone hat 1 Zoll Durchmesser.

Außer den ganzen und halben Rüstungen hat man nun auch kleinere Schnepper, aus denen Bolzen geschossen werden, die mit Gänsefedern und Stechspitzen bewehrt sind, andere haben einen überdeckten Lauf, aus welchem man Lehm-, Thon-, Marmor- und Bleikugeln abschießt.

Eine Abart der Armbrust ist die Balästér, die eine eiserne dünne Säule hat, an welcher der Bügel sitzt, dessen Sehne doppelt ist und in der Mitte ein Netz hat, in welches die zu verschießende Kugel eingelegt wird. Die Balästér wird mit dem Hebel oder der Wippe gespannt. Die Säule ist in einen hölzernen Schaft gelassen, um sie beim Zielen bequem an die Wange legen zu können.

Die Armbrust hat vor dem Feuergewehr allerdings den Vorzug, den der Bogen auch hat, daß der Schuß lautlos ist, daher sie sich denn auch lange noch im Gebrauch erhalten hat. Allein auch der Armbrustschütze ist manchem Unfall ausgesetzt. Das thüringische Sprichwort sagt von einem ungeschickten Menschen, dem seine Anschläge mißlingen und ihn beschädigen: Es ist Billmann und seine Armbst. Denn Billmann hatte eine Armbrust, deren Sehne immer riß und ihm die Nase blutrünstig schlug. Die Entschuldigungsgründe der Schützen aber schildert Seb. Brandt gar ergötzlich in seinem Narrenschiff:

Viel sind die schiessen über uß,
ein bricht der bogen, senn und nuß,
der tut am anschlag manchen schlupff,
dem ist verrückt stuhl oder schiff,
dem lost das armbrust so ers rürt
das schafft der windfad ist geschnürt,
dem steckt das ziel nit gleich als ee
und kan sein gewerk nit haben mee.

Kein schütz so wol sich immer rüst
er find allzeit das im gebrist.

Dann dies dann jenes damit er hett
ein warwort das sein glumpff errett;
wan er nit hett gefehlet dran
so hätt er frei die gab behan.

Die Armbrust finden wir vorzüglich in Europa, wo sie im 17. Jahrhundert selbst bei den Lappen neben dem Bogen gefunden wird. In Persien wird sie ebenfalls angetroffen, dort wurde sie für längere Pfeile verwendet. In China war sie bereits im 2. Jahrhundert v. Chr. sehr ausgebildet.

Die großen Geschütze der Griechen und Römer scheinen in Europa mit dem Verfall des römischen Reichs und der neuen germanischen Kriegsverfassung verschwunden zu sein. Dagegen haben sie sich im byzantinischen Reiche und im Orient erhalten und von da an treten sie auch in Europa wieder auf, namentlich in der ersten Hälfte des 13. Jahrhunderts mit dem Emporblühen der Städte und bei den Belagerungen derselben.

In der Chronik des Richard von St.-Germanus heißt es beim Jahre 1239: Ingenia, quae Biddae (Bliden) dominae et mangonelli fiunt; in den gestis Ludovici VII. Galliae regis zum Jahre 1246: Machinae eriguntur Trebucheta, petrariae, mangonelli parum proficiunt. Außer diesen werden genannt Ballisten, Katapulte, Matafunden, über deren Gestalt uns die deutsche Uebersetzung des Vegetius von C. Hohenwang, so wie Erfurter (1511) und Augsburger spätere Ausgaben keinen genügenden Aufschluß geben. Man warf mit den Mangonen oder Mangen und Mangoneum, die in den epischen Gedichten öfter vorkommen (s. m. Culturgeschichte IX. 440). Die Petraria, Pierrier, Pehedere, Pfeteräre, Peteräre schoß Steine. Man schleuderte auch Feuer, Aas und Kothfässer u. dergl. mit diesen Wurfmaschinen in die feindlichen Burgen und Städte. Mit den Ballisten aber, die auch Hornbogen hatten, warf man große Pfeile; wie die Ballisten a tour beschaffen gewesen, läßt sich nicht nachweisen. Der Driebock, Tribuccum, Trabuccus, Trabucha, Tribuculus, Tribulus, Trepget war wohl der Widder, Aries, mit dem man Balken gegen die Mauern trieb, um sie zu erschüttern und zu durchbohren (m. s. Nachweisungen bei v. Hefner-Alteneck und Wolf, Burg Tannenberg. S. 76).

Die Geschosse, welche man mit Mangen und Bliden abschoß, bestanden meist aus Stein. Die Leute, welche sie bauten und bedienten, waren die Blidenmänner, die unter einem Blidenmeister standen; in den Städten wurden die zu den Maschinen erforderlichen

Werkzeuge und Vorräthe in dem Blidenhofe aufbewahrt. Die Steinkugeln waren von 6—24 Zoll Durchmesser, die kleinern hatte man in Vorrath, die größern wurden erst an Ort und Stelle gefertigt, wenn dort geeignetes Material vorhanden war. In letzterm Falle wurde dem Heerzuge eine große Anzahl Steinmetzen unter einem oder mehrern Meistern mitgegeben. Bei dem Frankfurter Contingent des Heeres, das im Jahre 1404 die Burgen Rücklingen und Mermelus zerstörte, waren 12 Ober- und 6 Untersteinbrecher unter zwei Steinbrechermeistern, welche mit ihrem Gezeug auf fünf Karren hinter den Soldaten herzogen. Die Löhnung des Meisters betrug 8, des Obergesellen 6, des Untergesellen 4 Schilling. Sie erhielten außerdem Geld für die Schärfung und Zuspitzung des Gezeuges und Trinkgeld. Zur Aufstellung der Maschinen hatte man Zimmerleute.

Man hatte aber auch in den belagerten Orten Wurfmaschinen, mit denen man den Feinden zu schaden suchte, wie denn im Jahre 1383 Herzog Albrecht von Sachsen, als er die Burg Rücklingen belagerte, von einem aus derselben geschossenen Steine erschlagen wurde.

Alle diese Maschinen verschwinden aber, seitdem

das Feuergewehr

erfunden wurde.

Das Feuer, ohne welches wir den Menschen nirgends auf Erden auftreten sehen, wird schon früh als ein wirksames Schaden- und Zerstörungsmittel von den Völkern angewendet. Die halbwilden Amerikaner, welche die europäischen Colonisten in Brasilien wie in Florida beobachteten, warfen bei Ueberfällen feindlicher Lager Pfeile in die Hütten, deren Spitzen mit brennender Baumwolle umwickelt waren. Man zerstörte außerdem durch Brand Gras- und Getreidefelder; die Griechen und Römer schleuderten Feuerballen, Feuerpfeile und Brandfässer in die Festungen der Feinde. Das griechische Feuer war im Stande, die Schiffe unter dem Wasser anzufengen und die feindlichen Flotten in Brand zu stecken, und noch heute bedient man sich der Pechkränze, um fremde und eigene Gebäude für militärische Zwecke in Brand zu versetzen.

Die Erfindung eines Brandstoffes, der gleich dem concentrirten menschlichen Athem einen Gegenstand fortzutreiben im Stande ist, gehört den Asiaten an. Die eigentlichen Erfinder des Schießpulvers sind die Chinesen, von denen es im 7. Jahrhundert an die Türken und die übrigen Orientalen kam; die Araber Spaniens hatten dasselbe bereits im 13. Jahrhundert.

Es entsteht nun die Frage, wie der Mensch auf die Entdeckung dieser auch für friedliche technische Zwecke so wichtigen Composition gekommen sei. Adolf Erman berichtet (in s. Reise um die Erde; 1. Abth., 1. Bd. S. 504), daß in der Kirgisensteppe sich ohne künstliches menschliches Dazuthun häufig Salpeter in namhafter Menge entzündet. Die kuliwanischen Bergwerksbeamten untersuchten diesen Salpeter zu Daschkent. Das salpetersaure Erdharz setzt sich häufig auf dem verfallenen Gemäuer an und wird zur Erzeugung des salpetersauren Kali ausgelaugt und mit Asche vermengt. Wo nun der Salpeter in so großer Menge sich angesammelt, kann es leicht geschehen, daß durch Lagerfeuer Entzündungen desselben veranlaßt werden, die öfter wiederholt zu nähern Beobachtungen führen, bis endlich durch verschiedenartige Mischungen und wiederholte Versuche das Schießpulver hergestellt wurde.

Das Schießpulver wird, wie bemerkt, seit sehr alter Zeit in China bereitet, vorzugsweise aber zu Feuerwerken der mannichfaltigsten Art verwendet. Für den Kriegsgebrauch benutzte man es zur Herstellung von Signalschlägen, von Minen und dergleichen, so wie zur Speisung der Musketen, Drehbassen und Feldschlangen. Größeres Geschütz haben die Chinesen erst seit dem Jahre 1621, wo die Stadt Makao den Kaiser mit einigen Geschützen beschenkte, die auch sofort gegen die Tataren angewendet wurden, die ihre Anfälle gegen die große Mauer gerichtet hatten. Die Tataren wichen auch davor zurück. Später ließ der Kaiser durch die Jesuiten Adam Schaal und Verbiest große Kanonen gießen. In der chinesischen Armee muß jeder Soldat sich seinen Bedarf an Schießpulver selbst bereiten. Um 100 Pfund Pulver herzustellen, nimmt man 50 Pfund Salpeter, 25 Pfund Schwefel und 25 Pfund Holzkohle; der Teig wird nicht gekörnt und bildet ein grobes Pulver, das sehr leicht die Feuchtigkeit aus der Luft an sich zieht.

Die Flinten der Chinesen sind aus vortrefflichem Eisen und der Schaft, in der Art unserer Pistolen, mit kurzem stark gekrümmten Griff versehen; beim Abfeuern wird das Gewehr auf eine Schießgabel gelegt und mit der Lunte abgebrannt. Die leichten Kanonen erinnern an unsere alten Feldschlangen; die eine Art, Gebirgsspalter genannt, hat ein Rohr von 35 Zoll Länge und ein Kaliber von 25 Linien. Sie wiegt 60 Pfund, ist von Eisen und bedarf zur Ladung 3 Unzen Pulver. Das Rohr ruht auf einem

Bock mit zwei Füßen. Ein dem ähnliches Geschütz von 4 Fuß 5 Zoll Länge, von 28 Pfund Gewicht, bedarf 1 Unze Pulver und wird mit dem Luntenschloß losgebrannt. Die Chinesen haben ferner Kanonen, die auf einer Laffette mit vier kleinen Rädern ruhen und in der Form unsern Schiffskanonen ähnlich sind, sie haben über 3 Fuß Länge, wiegen 250—400 Pfund und bedürfen zur Ladung 8 Unzen bis 2 Pfund Pulver. Diese wurden 1636 von den Jesuiten gegossen. Das größte Geschütz, die Kanone „Großer Geist," hat eine Laffette von 9 Fuß Länge und 9 Zoll Breite und ruht auf zwei Speichenrädern. Das Rohr ist 4½ Fuß lang. Sie haben ferner Kanonen aus Bamburohr, die sich leicht transportiren lassen. Bienennest heißt ein Eisenrohr, welches mit 100 Kugeln 400—500 Schritt weit tödtlich trifft.

In den Kupferstichen des Kaisers Kien=long sehen wir die Kameelartillerie. Die Kanonen ruhen auf dem Rücken der Thiere, und zwar auf einem Bock, aus welchem die Kanoniere das etwa 3 Fuß lange Rohr abheben und es platt auf den Boden legen, um gegen den Feind zu feuern. Der Lauf ist mit eisernen Ringen umgeben, um das Reißen zu verhüten.

Araber, Perser, Türken, Kaukasier sind seit dem 17. Jahrhundert mit Feuergewehr versehen. Herr von Hammer theilt in den Fundgruben des Orients (I, 248) aus einem arabischen Werke, das in den Zeiten der Kreuzzüge abgefaßt wurde, folgende Beschreibung der Composition mit, welche man in die Kanonen füllt; nämlich Barduk, Pulver, 10, Kohle 2 Drachmen, Schwefel 2½ Drachmen. Man stößt dieß gut und füllt damit ein Drittheil der Kanone. Dann lasse man beim Drechsler einen Setzer nach dem Kaliber der Kanonenmündung machen und treibe es damit gewaltsam ins Rohr. Dann lege man die Kugel oder den Brandpfeil darauf und gebe Feuer auf das in der Kanone befindliche Pulver.

Pulvermühlen sah der Augsburger Arzt Rauwolf schon 1573 am Euphrat; die Pulvermischung war eine andere als die unserige; auch in Persien und Algier waren schon früh Pulvermühlen vorhanden, eben so Kanonengießereien in Constantinopel.

Die Feuergewehre der Orientalen sind nicht minder sorgfältig und schön als ihre Klingen gearbeitet. Besonders schön sind die türkischen, damascirten Flintenrohre. Der Schaft ist wie der chinesische, nicht so breit und konisch wie unsere, sondern mehr gebogen. Die Flinten der Türken, Araber, Perser hatten Luntenschlösser und nur da, wo, wie in Persien, der Türkei und Aegypten, das euro=

päische Exercitium eingeführt ist, sind auch Gewehre mit europäischer Schäftung angenommen. Die orientalischen Flinten sind länger als die europäischen, an der Mündung meist kegelförmig ausgeschweift. Beim Schießen bedient man sich eines Bocks oder der Gabel. Die Tscherkessen tragen ihre Flinten in einem Futteral aus langhaarigem Pelz auf dem Rücken. Die Patronen trägt der Schütze vorn auf der Brust in zwei auf beiden Seiten aufgenähten Taschen, oder in einer übergehängten, oft kostbar gestickten Patronentasche aus Leder oder Sammet. Das Pulverhorn ist ein sehr zusammengekrümmtes Thierhorn, dessen offenes Ende in Metall gefaßt und mit einem verschließbaren Halse versehen ist. Zuweilen ist dieses Horn mit kostbarem Stoffe überzogen und mit Metallstickerei verziert. Es wird an seidener Schnur getragen.

Die Pistolen sind mehr nach europäischer Art mit Steinschlössern versehen. Die Rohre sind meist damascirt, die Schäfte von festem, oft kostbarem Holz, Elfenbein oder auch Metall, ausgelegt, mit gravirter oder getriebener Arbeit geschmückt. Diese Pistolen sind meist 2 Fuß lang und darüber, die Schäfte weniger gekrümmt; sie werden neben Yatagan und Messer im Gürtel getragen.

Das Geschütz ist bei Arabern und Persern weniger ausgebildet als bei den Türken, die seit mehrern Jahrhunderten mit den Geschütz führenden Europäern in kriegerischer Berührung standen. Erstere haben meist Kameelartillerie. Die kleinen Kanonenröhre aus Bronze ruhen wie Drehbassen auf dem Höcker des Kameels beweglich in einem sattelartigen Gestell. Wenn geschossen werden soll, legt sich das Kameel nieder, der Kanonier ladet und zielt und feuert mit der Lunte ab.

Die Türken, deren Janitscharen das Vorbild der Lanzknechte waren, scheinen auch in der Artillerie mindestens sehr anregend auf die Europäer gewirkt zu haben. Die ersten Geschütze in Europa hatten die spanischen Mauren.

Als der maurische König von Granada Alicante belagerte, im Jahre 1331, bediente er sich einer Belagerungsmaschine, welche durch Feuer eiserne Kugeln fortschleuderte. Im Jahre 1342 wurden die Mauren von den Castilianern in Algeziras belagert. Die eisernen Kugeln ihrer Feuergeschosse hatten solch eine gewaltige Kraft, daß sie die Glieder der Menschen hinwegrissen, als wären sie abgeschnitten, und daß sie durch einen völlig geharnischten Mann drangen.

Bei den Türken finden wir das Geschütz noch vor der Eroberung von Constantinopel allgemein im Gebrauche. Als Mohamed II. im Jahre 1452 sich anschickte, die griechische Kaiserstadt zu erobern, ließ er neben andern Zurüstungen auch Geschütz gießen. Eben so ließ er die beiden Schlösser mit Geschütz versehen, die er nicht weit von Constantinopel errichtete, nachdem er die erste Belagerung aufgeschoben hatte. Dieß geschah bei der zweiten Belagerung der Stadt im Jahre 1453. In den folgenden Kriegen zeigten sich die Türken stets als tüchtige Artilleristen, sie waren mit gutem Geschütz versehen, bei dem sie ihre eigenen wie fremde Erfahrungen benutzten. In Constantinopel ist die Vorstadt Topchana, d. h. Kanonenniederlage, wo die Gießereien und Magazine beisammen sind. Die türkischen Kanonen, die bei Navarin erobert und im Jahre 1837 in München in Bronzestatuen verwandelt wurden, waren sehr zierlich gearbeitet, mit schön verschlungenen Namenszügen und Versen in scharfem Guß geschmückt. Die Türken waren Liebhaber von besonders großen Geschützen. Zur Vertheidigung der Dardanellen waren im Jahre 1836 580 Geschütze vorhanden, welche in Hinsicht auf ihre Kaliber eine Stufenfolge von 1—1000 Pfunden bildeten. Es gab darunter Geschütze, die fünf und andere, die bis 32 Kaliber lang waren, darunter türkische, englische, französische, deutsche u. a. Die meisten waren von Bronze und mittlern Kalibers; merkwürdig waren die großen Kemerliks, welche Kugeln von Granit oder Marmor schossen, die ohne Laffetten unter gewölbten Thorwegen in der Mauer des Forts auf losen Klötzen an der Erde lagen. Die größern wogen 300 Centner und brauchten 148 Pfund Pulver. Der Durchmesser des Kalibers war 2 Fuß 9 Zoll und man konnte bis zur Kammer hineinkriechen. Um den Rücklauf zu hindern, waren hinter dem Bodenstück Mauern aufgeführt, die nach wenigen Schüssen zertrümmert waren. Die Kugeln ricochettirten auf der Wasserfläche von Asien nach Europa und umgekehrt und rollten noch ein gutes Stück auf dem Lande fort (s. Briefe über die Türkei. Berl. 1841. S. 53) So gewaltig nun auch die Wirkung dieser kolossalen Geschütze ist, so unsicher ist jedoch dieselbe, da es nicht möglich ist, sie gehörig zu richten.

Die Feuerwaffen treten in Europa zu einer Zeit auf, wo bereits ein lebhafterer Verkehr unter den verschiedenen Völkern stattfand und der Handel mit dem Orient durch die süddeutschen und lombardischen Städte, so wie durch die Hansa in Gang gebracht war.

Das Schießpulver erscheint zuerst als ein chemisches Product, Roger Bacon kannte die Mischung der dasselbe bildenden Stoffe. Er sagt, daß man es in manchen Ländern zu einem die Kinder belustigenden Feuerwerk verwende. Die Tataren, die im Jahre 1241 bis Liegnitz vordrangen, hatten eine Art dämpfe- und feuerspeiender Maschinen. Dazu kam, daß in Spanien in jener Zeit von den Mauren das Schießpulver angewendet wurde, und so erhielten vielleicht auch deutsche Alchemisten den ersten Anstoß zur Nachforschung über einen Stoff, der, einmal ins Leben getreten, sich rasch zu seiner nachmaligen Bedeutung entwickelte und in dem gesammten Kriegs- und Waffenwesen eine vollständige Umgestaltung zur Folge hatte.

Die Sage nennt als eigentlichen Erfinder des Schießpulvers den Franciscanermönch Berthold Schwarz zu Freiburg im Breisgau, der bei chemischen Arbeiten zufällig in dem ersten Drittheil des 14. Jahrhunderts (zwischen 1320—1340) die Mischung gefunden habe. Er hatte Schwefelpulver zur Herstellung einer Arznei in einem Metallmörser mit andern Stoffen gemischt, diese entzündeten sich und warfen einen Stein, welchen er als Deckel obenaufgelegt, zur Seite. Berthold stellte nun anderweite Versuche an. Unter die Curiosa, welche seit alter Zeit im Königl. histor. Museum zu Dresden aufbewahrt werden, gehört eine 8 Zoll lange, unten geschlossene Eisenröhre, an welcher ein kleines Loch angebracht, durch welches eine Feile gesteckt wird, die sich hin- und herschieben läßt. Dieses eigenthümliche Instrument wird in den alten Inventarien als das älteste von Berthold Schwarz erfundene Feuergewehr bezeichnet. Es ist dieß freilich eine jener Traditionen, die eines wirklichen Beweises entbehren.

Man hat im Jahre 1853 dem Berthold Schwarz in Freiburg ein Denkmal errichtet; allein eine andere Sage nennt Mainz als seine Heimath, und noch eine andere gar Goslar, wo bereits vor ihm von den Bergleuten Sprengpulver angewendet worden sein soll. Eine andere Sage giebt dem Erfinder den Namen Constantin Anoliz und Altirel von Prag. Polidorus Vergilius, der 1555 starb, aus Italien gebürtig war und viele Reisen gemacht hatte, sagt in seinem zweiten Buch (de rerum inventoribus. Cap. II.), daß das neuerfundene, Bombarda genannte Mordinstrument, das alle frühern übertreffe, von einem Deutschen gemeiner Herkunft erfunden worden sei. Er soll es den Venetianern angeboten haben, die damals eben, im Jahre 1380, mit den Genuesern im Kriege waren. Er machte die Bedingung, daß man seinen Namen verschweige.

Indessen kommt bereits lange vor dem Jahre 1380 der Gebrauch des Schießgewehrs in Deutschland und den Nachbarlanden vor.

In Frankreich erscheint das Geschütz zuerst im Jahre 1338 bei der Belagerung von Puy=Güilham in der Bretagne. In der Schlacht von Crecy im Jahre 1346 hatten die Engländer Kanonen.

Seit der zweiten Hälfte des 14. Jahrhunderts wurden die Kanonen allgemeiner. In Nürnberger Stadtrechnungen vom Jahre 1356 werden Geschütze erwähnt und in demselben Jahre hatte der Markgraf von Meißen dergleichen ebenfalls. Im Jahre 1360 brannte ein Theil der bischöflichen Gebäude von Lübeck ab, wo die Pulvermacher unvorsichtig bei ihrer Arbeit gewesen. Im Jahre 1375 ließ der Rath von Augsburg zwanzig Geschütze gießen, wo sich von da an der Geschützguß weiter ausbildete, so daß der Herzog von Braunschweig sich dort im Jahre 1372 Geschütze gießen ließ. Im Jahre 1408 gelangte der Geschützguß nach Schweden und 1475 auch nach Rußland.

Im 15. Jahrhundert setzten sich Fürsten, Städte und sogar einzelne Edelleute in den Besitz von Kanonen, die man auch Karrenbüchsen nannte, weil sie auf Wagen gestellt wurden. Vorher wurden sie auf einen Bock mit vier Beinen gelegt und mit einer Kohle angebrannt. Ich habe im 9. Bande meiner Culturgeschichte aus der Handschrift A. 49 aus der Königlichen Bibliothek zu Dresden, die vielleicht älteste Abbildung der Kanone gegeben. Das kurze, dicke eiserne Rohr hat nach dieser Abbildung etwa 2 Fuß Länge, 1 Fuß Dicke, seine Wand ist einen Drittelfuß stark. In der Mitte des Rohrs sieht man das Zündloch. Das Rohr ist ein Cylinder und in den untern Theil desselben ist ein dicker und langer Keil eingetrieben. Das Rohr liegt auf einem Holzblock, dessen Oberfläche für das Geschützrohr besonders ausgehauen, so daß sich der Keil unten anstemmt. Dieser breite Holzblock ruht auf vier Füßen (s. Cultur=Gesch. Taf. VI. Fig. 8).

Die Handschrift, welcher diese Abbildung entnommen ist, dürfte gegen das Ende des 14. Jahrhunderts in Thüringen geschrieben sein.

Im 16. Jahrhundert wurden nun auch neben den großen Karrenbüchsen kleinere Faust= oder Handröhre gemacht, die Kanonen aber in verschiedener Größe ausgeführt. Eine interessante Notiz enthält die Limpurger Chronik (S. 414): „Ums Jahr 1393 da hatten die Städte Frankfurt vor Hatzstein große Büchsen, deren schoß eine 7 oder 8 Centner schwer, und da gingen die großen Büchsen an.“ Bei der Belagerung der Burg Tannenberg durch die verbündeten Pfälzer und Frankfurter kommen mehrere Kanonen vor, die eine sehr bedeutende Rolle spielen. Pfalzgraf Ruprecht und Erzbischof Johannes von Mainz verbündeten sich 1399 mit den Städten des wetterau'schen Bundes und mit Frankfurt. Sie zogen mit Geschütz und Leuten am 8. Juli vor die Burg, wohin die Frankfurter auch ihre große Steinbüchse zu senden versprachen. Pfalzgraf Ruprecht brachte auch eine große Büchse mit, die mit Pferden aber den Berg nicht hinaufgeschafft werden konnte, sondern durch Seile in Bewegung gesetzt wurde, die man aus Frankfurt eigens dafür herbeiholte. Die Frankfurter Büchse wurde mit unendlicher Mühe herbeigebracht, und als endlich auch Kugeln für sie aus Stein gehauen worden, mit guter Wirkung gegen die Mauern der Burg verwendet. Zum Fortschaffen der Kanone waren 32 Pferde nothwendig. Ihre Steinkugeln wogen 20 Centner (v. Hefner-Alteneck und Wolf, Burg Tannenberg. S. 16 u. 77).

Die ältesten Kanonen waren aus Eisen geschmiedet. Man schweißte Eisenstangen zusammen und umlegte sie mit eisernen Reifen, eine Art, die man noch im 16. Jahrhundert beibehielt, wie die kolossale faule Magd, die in dem Königlichen Zeughause zu Dresden noch heute zu sehen ist. Auch die Feldschlangen der ältern Zeit haben meist geschmiedete eiserne Röhren von namhafter Länge. Diese eisernen Geschosse wurden von den Schlossern gemacht. So nahm am 15. August 1489 der Rath zu Freiberg einen Schlosser von Regensburg in Bestallung, der des Seigers warten und denselben verbessern, ingleichen Büchsen und Pulver in Bereitschaft haben und Salpeter sieden müssen, dazu man ihm die bedürftigen Materien, wie auch den Kessel und Holz lieferte. Die Schlosser der Stadt drangen darauf, daß er sein Meisterstück machen und sich in die Innung aufnehmen lassen mußte (Moller, Theatr. Friberg. II. 128).

Im Hussitenkriege waren die Feldgeschütze schon sehr allgemein üblich. Kurfürst Friedrich der Streitbare nahm den Hussiten bei Brix zwei große Büchsen, zwei Feuermörser und vierzehn kleinere Geschütze ab. Sie schleppten mit ihren Wagenburgen immer Kanonen und Mörser mit sich und wurden dadurch den kleinern Orten, die mit dergleichen Waffen nicht versehen waren, um so furchtbarer. Die Städte der Lausitzen waren schon 1401 mit Geschütz versehen, als sie Drebkau in der Niederlausitz belagerten und wo man, wie ein lausitzer Zeitgenosse schreibt, als ein ungewöhnliches Ding das Summen und Brummen, den Knall und Schall zum ersten Mal angehört, welcher gegangen aus den großen Karthaunen und Mauerbrechern.

Die Metallgeschütze wurden von den Glockengießern gefertigt, daher sich denn wohl auch schon früh die Sitte findet, die Kanonen gleich den Glocken zu taufen und mit besondern Eigennamen zu belegen. So ward ein im Jahre 1477 in Dresden gegossenes Geschütz die Quedlinburgerin getauft. In Dresden besorgte damals ein Kannengießer den Guß der Geschütze, mit welchem Herzog Albrecht im Jahre 1478 einen förmlichen Contract abschloß, dem zufolge er, Heinrich Quinque, den Centner Kupfer zu zehn Gulden berechnete und sich anheischig machte, seine neuen Kanonen einer Probe durch drei Nothschüsse zu unterwerfen. Im Jahre 1481 fand eine solche Probe statt und dabei wurden aus zwölf neuen Karrenbüchsen, die Meister Heinrich, und etlichen Schlangen, die Meister Peter gegossen hatte, vier halbe Tonnen Pulver verschossen, die Tonne zu 900 Pfund. Bis zum Jahre 1479 hatte Meister Quinque geliefert: fünf Schlangenbüchsen zu 47 Centner 20 Pfund für 465 Gulden 16 Gr. 6 Pf. und sechs, an Gewicht 59 Centner, für 585 Gulden.

Neben den Gießern, welche die Rohre aus Bronze lieferten, besorgten Büchsenschmiede die kleinern Geschütze und Handrohre. 1475 nahm Herzog Albrecht von Sachsen den Büchsenschmied Conrad in seine Dienste, der sich durch einen Vertrag verpflichtete, große und kleine Büchsen zu liefern, die gut, beständig und fertig wären. Es wurden ihm Eisen und Kohlen geliefert und ihm und seinen Knechten eine Schmiedewerkstatt in dem Hofe beim Schlosse zu Dresden angewiesen. Der Gehalt war für jene Zeiten, zwölf Schock Groschen jährlich, ziemlich ansehnlich; außerdem war ein nicht unbedeutender Lohn für jeden Centner Eisen ausgesetzt, welcher verarbeitet worden war. Auch waren die Werkmeister verpflichtet, sich in Städte und Festen des Landes versenden zu lassen.

Für die Geschütze wurden nun erweiterte Zeughäuser, für das Pulver eigene Thürme erbaut. Auch die Kugeln, für die großen Geschütze aus Stein, für die Schlangen und Handbüchsen aus Metall, wurden in Vorrath gehalten (s. v. Langenn, Herzog Albrecht. S. 420 ff.).

Die Geschützkunst, Atollerie, machte seit dem Ende des 15. Jahrhunderts rasche Fortschritte. Die Gewehre wurden bequemer gemacht, Chemie und Mathematik wurden zu Hilfe genommen.

Die Feuergewehre wurden ursprünglich mit einer Kohle losgebrannt, die der Kanonier auf das Zündloch legte. Das Rohr war aus Eisen geschmiedet, in den Hintertheil ein Keil eingetrieben und das Ganze auf einer derben hölzernen Unterlage befestigt, die dem

Fig. 335.

die Schwanzschraube darstellenden Keil zur Widerlage diente. Von dieser Art ist noch die überaus schwerfällige Donnerbüchse, welche sich im Pistolenzimmer des Königl. historischen Museums zu Dresden befindet (Fig. 335). Das ganze Gewehr ist 4 Fuß 3 Zoll lang, das Kaliber hat 1½ Zoll. Am Zündloch ist ein Blatt von Eisen in das Rohr befestigt, womit man das Zündloch bedecken und das Eindringen von Feuchtigkeit verhindern kann. Es war dieses Gewehr eine Handbüchse, welche der Schütze freilich nur dann handhaben konnte, wenn er sie auf eine Gabel auflegte.

Eine kleinere, aber aus Messing und ganz von derselben Gestalt, mit achteckigem Lauf und eingetriebenem Keil, fand man in der Tiefe der Cisterne der Burg Tannenberg. Es befand sich noch die volle Ladung von Pulver und Blei darin (v. Hefner u. Wolf, B. Tannenb. S. 88).

Die Gestalt der Geschütze wurde besonders unter Kaiser Maximilian immer mehr vervollkommnet, nachdem sie ein wesentlicher Bestandtheil des Heereskörpers der Lanzknechte geworden waren. Reiche Belehrung gewähren auch hierfür H. Burgmayer's Holzschnitte zum Weißkunig. So sehen wir Blatt 15 eine kleine für den Unterricht der Kaiserlichen Prinzen bestimmte Kanone, die mit der Lunte losgebrannt wird. Sie hat eine getheilte Laffette und ruht auf zwei Rädern. Bl. 43 finden wir Maximilian in der Werkstätte der Büchsenmeister vor einem großen mindestens 6 Fuß langen Geschütz auf der Laffette und mit zwei Rädern, an welchem der Gesell noch feilt. Daneben steht ein Mörser mit der zum Richten nöthigen Vorrichtung. Kleinere Karren- und Handröhre, auch Stein- und Metallkugeln liegen umher. In dem auf dem 64. Bl. dargestellten Schlachtbilde stehen im Vordergrunde sechs von den Kanonieren verlassene längere und kürzere Geschütze auf Blocklaffetten, durchgängig mit zwei Rädern; die Rohre sind mannichfach gemustert. Dabei sehen wir außer den Kugeln und Pulverfässern auch die Ladestöcke, Wischer, Schaufeln, Hacken und andere Werkzeuge, auch ein weggeworfenes Handrohr. Auf diesem und mehrern andern Blättern, z. B. 78, 105, 112, 196, sind die Kanonenröhre nur selten glatt, alle haben angegossene Bünde oder

Reifen an der Mündung und in der Mitte, manche Rohre sind eckig, die meisten mannichfach gemustert. Oft sind die Räder der Geschütze sehr zierlich ausgeschnitzt. Wir finden namentlich bei Belagerungen (z. B. Bl. 84, 136, 137, 145) zwischen den Geschützen Schanzkörbe zur Deckung der Artilleristen aufgestellt und Kanonen von besonderer Stärke ohne Laffetten auf den Boden gelegt, deren Hintertheil eine Widerlage von Balken und Brettern hat. Auch diese Rohre sind schön gemustert.

Im Weißkunig (Bl. 100, 105, 153, 191), so wie im Theuerdank, der im Jahre 1517 gedruckt ward (Bl. 50) erscheint an den Kanonen eine ganz eigenthümliche Vorrichtung. Es erheben sich nämlich von der Laffette von den Rädern zwei nach der Mündung des Rohrs gerichtete Bügel, die einen Viertelkreis bilden, von dessen oberer Spitze Stricke nach dem Rohre herablaufen, die jedenfalls dazu dienten, den Lauf höher oder niedriger zu richten. Am Ende der Laffette findet sich zuweilen ein großer beweglicher Ring, um das Geschütz besser handhaben zu können. Die eine Kanone (Bl. 112), mit einer sich nach unten sehr verjüngenden Laffette, hat unter dieser noch ein Gestell, dessen Zweck sich jedenfalls auch auf die Richtung des Geschützes beziehen mag.

In diesen Blättern ist mehrfach die Bedienung des Geschützes, das Laden (Bl. 140), Losbrennen mittelst eines langen Stabes dargestellt. Den Transport der Geschütze vergegenwärtigt uns das 151. Blatt. Wir sehen hier ein haubitzenartiges Geschütz von zwei Pferden gezogen. Es ist aber, gerade im Gegensatz zu unserm Geschütztransport, unter der Mündung der Kanone, also am hintern Theile der Laffette, ein Räderpaar angebracht, das bei der Bedienung des Rohrs weggenommen wird. An unsern Geschützen trägt dieses Räderpaar den Protzkasten, nimmt das vordere Ende der Laffette auf und enthält zu gleicher Zeit die Deichsel. Dem Geschütze folgte der Munitionswagen, auf unserm Blatte ein einfacher vierspänniger Leiterwagen, der mit einer Leinwandplane über Reifen bedeckt ist.

Handröhre kommen im Weißkunig nur zwei vor; wir sehen in den Gefechten öfter die Infanterie mit dem Langbogen und Pfeil fechten.

Das eine Handrohr liegt weggeworfen auf dem Schlachtfelde, das andere neben Hellebarden und Schwertern dreier Kriegsleute, die zu den Füßen eines den Speer schwingenden Ritters Gnade bittend knieen (Bl. 216). Es ist ein Handrohr von mehr als

3 Fuß Länge, aber schlanker als das im Königl. histor. Museum zu Dresden aufbewahrte und oben dargestellte Gewehr.

Im Theuerdank (Nr. 79) sehen wir einen Reiter, der ein ähnliches Gewehr ganz in unserer Weise im Anschlag hält. Es ist eine Luntenflinte, das Zündloch ist an der Seite angebracht, es muß also bereits eine Pfanne vorhanden sein, in welcher das Zündpulver liegt. Heftige Bewegungen, wie solchen der Reiter ausgesetzt ist, dann Wind und Regen mußten die Schüsse mit derartigen Gewehren überaus unsicher machen. Wir finden daher nur sehr selten auf den Bildern des 15. Jahrhunderts Handbüchsen bei den Kriegern in der offenen Feldschlacht. Die Handröhre wurden daher

Fig. 336.

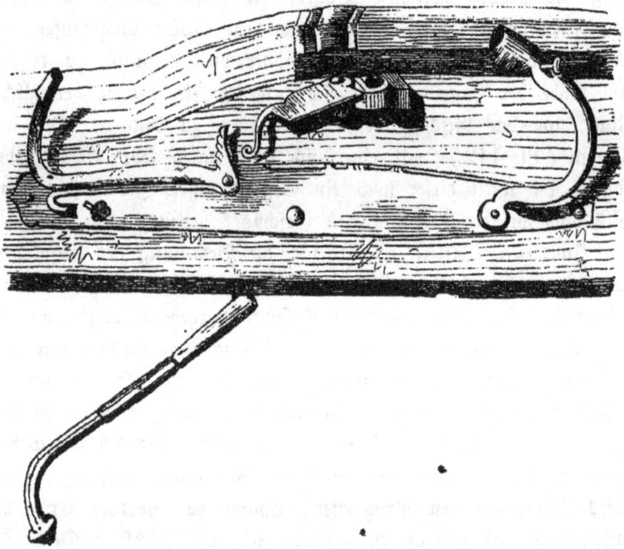

vorzugsweise von den Vertheidigern der Festungsmauern geführt, die eben vor Wind und Regen geschützt waren und zum Zielen einen ruhigen Standpunkt hatten. Man kam indessen schon im 15. Jahrhundert darauf, die Pfanne des Luntenschlosses mit einem Deckel und einer Vorrichtung zu versehen, wodurch derselbe zurückweicht, wenn die glühende Lunte auf das Zündkraut gebracht werden soll. Da jedoch trotzdem die Lunte immer noch dem verlöschenden Regen ausgesetzt blieb, sann man auf Beseitigung dieses Uebelstandes, und die Frucht dieser Bemühung war das Radschloß, das noch zu Anfang des 16. Jahrhunderts in Augsburg erfunden wurde. Das deutsche Feuer- oder Hakenschloß ist überaus künstlich eingerichtet; ein stählernes Rad reicht von unten an die Pfanne; es wird an einer starken Schlagfeder mit dem Schlüssel zweimal umgedreht und angespannt. Sobald nun der Haken oder der Hahn, der den aus Schwefelkies, Feuerstein oder Chalcedon bestehenden Stein festhält, angezogen und auf die mit Zündkraut gefüllte Pfanne aufgelegt ist, so wird durch Berührung des Abzugs das Schnellrad von der gespannten Feder gelöst, es dreht sich rasch um, reißt Funken aus dem Stein und wirft diese auf die sich öffnende Pfanne, die das Zündkraut enthält. Mit diesem Schloß wurden zuerst die schweren Büchsen versehen, die man zunächst zur Vertheidigung der Wälle und Mauern gebrauchte und mit denen man aus den Schießscharten zielte. Die Hakenbüchse, woraus die Franzosen ihre Arquebuse machten, ward aber schon im 16. Jahrhundert auch für das Fußvolk gewöhnlich. Schon unter Kurfürst Moritz von Sachsen ward sie verkleinert und zum Pistol eingerichtet.

Fig. 337.

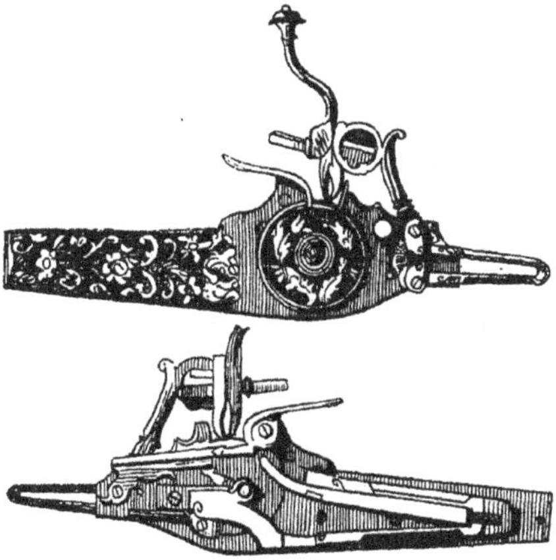

So finden wir denn bereits im 15. Jahrhundert die Gliederung des Feuergewehrs in das eigentliche grobe Geschütz und in die Handgewehre, die wir uns näher zu betrachten haben.

Die ältesten Feuerröhre waren von mittlerer Größe, 4—5 Fuß lang; die größern wurden schon früh auf Räder, die kleinern auf Gabeln oder Böcke gestellt. Die ältesten Stücke waren aus Eisenstäben geschmiedet, dann folgte der Bronze- und endlich der Eisenguß, der namentlich in Schweden mit Erfolg geübt wurde. Im Jahre 1590 besaß König Johann II. unter seinen 3459 Geschützen 2027 von Gußeisen. Karl IX. führte 1600 leichtes Geschütz aus Gußeisen bei seinem Heere ein, auch Karl XII. hatte viel Geschütz aus Gußeisen. Im Harz wurde zuerst 1626, in Preußen 1667 Geschütz aus Eisen gegossen (s. M. Meyer, Erfahrungen über Fabrikation des Geschützes. S. 13).

Da eiserne wie bronzene Geschütze schwer fortzuschaffen, so kam man schon früh darauf, einen leichtern Stoff zu ermitteln. Man machte Geschütz aus Leder. Das Rohr bestand aus Kupfer- oder Eisenblech, welches da, wo die Pulverkammer, stärker und unten mit einer metallenen Traube verstärkt war. Das Rohr wurde mit starken eisernen Ringen gezwängt. Das ganze Rohr wurde mit Kitt überstrichen, mit Pferdehaaren, Zwillich, Hanf und Leinen umwunden und zuletzt das Ganze mit Leder überzogen. Die Schweden brachten im Jahre 1627 Kanonen nach Preußen, die aus kupfernen oder eisernen Schienen zusammengetrieben und mit eisernen Reifen umschlagen waren. Darüber waren Hanfleinen gewunden, dann Gips darüber geschlagen, auf welchem der Ueberzug von Leder saß. Aehnliche hatte man 1630 in Antwerpen. Lederne Kanonen führten im Anfange des 17. Jahrhunderts die aufrührerischen Bauern im Salzburgischen unter ihrem Führer Matthias Stöckel, und es wird eine solche noch jetzt im städtischen Museum von Salzburg aufbewahrt.

Man versuchte ferner Kanonen aus Holz zu fertigen und hielt das Rüsternholz für das geeignetste. Das Rohr wurde mit Gürteln, Bändern und Friesen von Metall versehen und Kammer und Boden wurden eingeschraubt. Da sie jedoch zu wenig brauchbar waren, gab man die weitern Versuche auf.

In den europäischen Heeren hat man daher seit Jahrhunderten die Kanonen nur aus Metall und zwar vorzugsweise aus Bronze, d. h. einer Mischung von 100 Theilen Kupfer, 10 Theilen Zinn und 8 Theilen Messing, neben dieser aber auch namentlich für Festungen und Schiffe aus Eisen gegossen (s. bes. Moritz Meyer, Erfahrungen über Fabrikation und Haltbarkeit des eisernen und bronzenen Geschützes. Leipz. 1836, 8).

Was nun die Form der Geschütze betrifft, so waren die alten aus Eisenstäben geschmiedeten Geschütze meist achteckig, und nur die sie umgebenden Bänder und Friese auf der Außenfläche vollkommen abgerundet. Der in den Lauf von unten eingetriebene Pflock, die Schwanzschraube, erhielt bald eine elegantere Gestalt, ward theils abgerundet, theils traubenförmig gebildet, theils in einen Kegel verwandelt, dessen Spitze mit einer Kugel gekrönt war.

Man verfiel schon früh auf die Herstellung seltsamer Formen, und wir sehen dergleichen schon in den Abbildungen der Hohenwang'schen Uebersetzung des Vegetius und in der Handschrift des Valturius. Wir sehen hier eine Kanone, die aus zwei Röhren besteht, welche im rechten Winkel auf einander stoßen. Das horizontal liegende Rohr war mit Ketten auf einer Bohle befestigt, an welcher vier kleine Räder sich befanden; aus dem gerade aufstehenden Rohr wollte man Bogenwürfe machen. Ein Stück dieser Art stand im Zeughause von Lissabon und ward Compago und Codado genannt. Diese Geschützart konnte aber niemals allgemeiner werden.

Unter die allgemein üblichen Geschütze der alten Zeit gehörte dagegen der Doppelhaken, ein großes Rohr, das auf einem bockartigen Gestelle befestigt war, welches vorn zwei Räder hatte. Auf dem Gestelle war ein Balken befestigt, der die Stelle der Laffette vertrat. Das Rohr ruhte in einer Gabel und konnte so mit Leichtigkeit in beliebiger Richtung bewegt werden.

Aus diesen Doppelhaken, die besonders auf den Wällen und Mauern standen, entwickelten sich die langen Röhre, die man Falken, Falconet, Stoßfälklein, Drachen, Basilisken, Schlangen, Greifen, Colubrinen, Feldschlangen benannte. Es war dieß die leichteste Geschützart der Alten. In Nancy lag eine Feldschlange von 22 Fuß Länge; in Mailand standen zwei große Colubrinen, von denen die eine La Vittoria, die andere La Pimentela hieß, die erste wog 120, die andere 128 Centner und jede schoß 48 Pfund Eisen. In Herzogenbusch lag eine große Colubrine, die Teufelin genannt war, eine auf derselben befindliche Inschrift meldet, daß sie ihre Kugeln bis nach Bommel treiben könnte, d. h. drei Stunden weit. Auf einer zu Ehrenbreitstein liegenden 18 Fuß langen Feldschlange las man:

Wenn man mir giebt Ladung satt
schieße ich bis Andernat,

was drei Stunden weit davon entfernt ist. In Malta hatte man eine große Colubrine von 24 Fuß Länge und 150 Centnern Gewicht. Sie hieß Basilisk und war in der Türkei gegossen und mit Halbmond und Pfeilen verziert. Solche Feldschlangen führte man mit in die Schlacht.

Karthaunen waren kürzer und stärker, man nannte sie auch Mauerbrecher, Aufwecker, Pfeifer. Man hatte Geschütze dieser Art von kolossalen Dimensionen. 1411 ward eine Karthaune gegossen, die 187 Centner wog und zur Ladung 177 Pfund Pulver brauchte. Es waren dieß die doppelten oder großen Karthaunen. Von dieser Art war die faule Grete des Markgrafen Friedrich I. zu Brandenburg, die von einer Menge Ochsen gezogen wurde und 238 Pfund schoß.

23

Es waren dieß meist eiserne Geschütze. Doch wurden 1372 bereits Bronzegeschütze in Augsburg, später auch in Italien und Frankreich, seit 1438 gegossen. 1478 ward in Paris, Tours, Amiens und Orleans, 1498 ward für den Verkauf in Danzig Bronzegeschütz gegossen. Die erste Bronzegießerei ward 1535 in England durch Johann Owen eingerichtet. Um dieselbe Zeit ließ Kaiser Karl V. in Malaga die zwölf Apostel aus Bronze gießen. Gegen das Ende des 16. Jahrhunderts erschien im Felde meist nur Bronzegeschütz. Für das beste Geschütz galt damals das französische, dessen Herstellung zu einem Regal gemacht wurde; nach diesem ließ man dem spanischen die meiste Anerkennung zukommen. Das venetianische, auf den Verkauf gemacht, war nicht geachtet. Von deutschen Gießereien rühmte man die von Lübeck, Augsburg und Danzig; die Gießer arbeiteten zwar für den Handel, probirten aber ihr Geschütz vor dem Verkauf und verbürgten sich für die Güte desselben. Unter den übrigen deutschen Gießereien stehen die von Nürnberg, später auch die von Dresden obenan. Das englische Geschütz war sehr mangelhaft (M. Meyer, Erfahrungen über Geschütz. S. 59).

Die deutschen Kriege seit 1547 und dann die niederländischen waren besonders wirksam zur Entwickelung der Geschütze. Die Karthaunen wurden handlicher gemacht. Leonhard Fronsperger sagt in seinem ersten Buche von Kriegsregiment und Ordnung (1558), daß man vier Arten Geschütz habe, die man Mauerbrecher, und vier, die man Feldgeschütz nenne. „Ein Matzicana, den wir Deutschen ein Scharpffmetzen nennen (sagt er Fol. 12), soll ein eisen Kugel schießen, die einen Centner, das ist hundert Pfund wiegt, das ist ungefarlich das größte Geschlecht der Büchsen, damit man die Mauern fället. Ein Rana, deutsch Basiliscus, die schießt eine Kugel von 75 Pfund. Ein Duplicana, die wir in deutscher Sprache eine Nachtigall oder Singerin nennen, schießt eine Kugel von 50 Pfund. Nachtigall und Singerin sind ein Geschlecht des Geschützes, sie haben aber den Unterschied, daß die Nachtigall 2 Schuh länger ist denn die Singerin, schießen aber beide eine Kugel. Ein Quartan, so auf deutsch eine Viertel-Büchß mag genennet werden, soll 25 Pfund Eisen schießen." Aus der Benennung Quartana ist dann die von Karthaune entstanden.

Fronsperger nennt nun die andern vier Arten Geschütze, die man auf der Achse führen und schießen muß, man nennt sie Feldgeschütze. „Die erste Art derselben heißt Trackana, deutsch Notschlange, es sind Büchsen einer guten Länge, die eine eiserne Kugel von 16—18 Pfund schießen. Man braucht sie neben andern Mauerbrechern, um die Brustwehren und dünnen Mauern zu zerschießen. Schlauckana, deutsch Schlange, schießt eine Kugel von 8 Pfund. Falckana, die halbe Schlange, schießt 4—5 Pfund Eisen. Falcka, deutsch Falckonet, schießt 2 Pfund und ist gebräuchlich im Felde und in Besatzungen, da sie leicht fortzuschaffen ist."

Außer diesen acht Geschützarten macht Fronsperger aber auch noch andere namhaft, die man ebenfalls auf der Achse führt. Zunächst nennt er die Feuerbüchsen, kurze Stücke von 4 Fuß Länge mit weiten Rohren, die wohl einen Schuh Kaliber haben. Man nimmt sie mit ins Feld und schießt Feuerkugeln daraus. Man hat sie auch in Festungen, wo man aus ihnen bei Stürmen Hagel in die Stürmenden wirft. Eine andere Art heißt Mertier oder Böler, man hatte mancherlei, größere, die zwei Centner bis zehn Pfund schwere Steine oder auch Feuerwerk warfen. „Man richtet sie aber," sagt Fronsperger, „in alle Höhe und wirft die Kugeln in die Luft, also daß sie dahin gerichtet wird, daß sie am Herabfallen in die Besatzung fällt, und das macht in einer Besatzung großen Schrecken und Unruhe, sonderlich wo enge Besatzungen als Häuser und Schlösser sind. Man führt und schießt sie auch auf der Achse und in ihren besondern Gefäßen, sonderlich die großen und schweren. Aber die kleinen legt man nur schlecht auf den Boden; etwan unterlegt mans mit Sand oder Holz, nachdem der Boden fest oder luck ist. Etliche nennen dieß Geschlecht der Büchsen Narren, die weil sie wie die Narren mit Steinen werfen. — Noch ist auch ein Geschlecht des Geschützes, das man auch auf der Achse führt und schießt, das nennt man ein Orgelgeschütz, um deß willen, die weil es viel Rohre und Nachbüchsen hat, zugleich wie eine Orgel viel Pfeifen hat; man nennts auch ein Geschreigeschütz, weil es viel Schüsse thut, je nachdem es viele Rohre hat; die Schüsse zerstreut es hin und her; man nennt es auch Hagelgeschütz, weil es viele Kugeln schießt, wie ein Hagel viel Steine wirft. Es ist aber eine solche Art, daß man viele Handrohre zusammen in ein dazu dienliches Gefäß ordnet, gleich wie eine Orgel mit vielen Pfeifen. Wenn man es anzündet, gehen die Rohre eines nach dem andern los und vertheilen und zerstreuen sich in alle Orte, auch währet es eine gute Weile, bis alle losgehen. Und ist dieß Geschütz sonderlich gebräuchlich in einer Feldschlacht und in einer Besatzung, unter einer

Lücke, da man des Sturmes wartet. Es ist aber schwer und nicht so gebräuchlich."

Außerdem nennt Fronsperger noch einige kleinere Geschütze, zunächst die Kammerbüchsen; sie sind 2 — 2½ Schuh lang und schießen Kugeln von zwei und mehr Faust Größe; zu jeder hat man wenigstens zwei Ladungen oder Kammern. So wie man eine abgeschossen, wird eine andere Ladung angeschraubt. Sie werden auf niedere Räder gesetzt; man schießt auch Hagel damit und führt sie vornehmlich auf den Schiffen.

Das Scharpffentin ist 6 — 7 Schuh lang, schießt Bleikugeln von einem halben Pfunde Gewicht, liegt auf kleinen Rädern und wiegt zwei Centner und mehr. Man hat sie in Besatzungen und Schanzen. Endlich nennt Fronsperger auch die Doppelhaken und Hakenbüchsen.

Sehr namhafte Vorräthe solcher Geschütze hatte das Zeughaus der Herzöge von Sachsen zu Dresden, das sich bis auf Kurfürst August neben dem Schlosse befand.

Der kriegerische Kurfürst Moritz hielt viel auf trefflichen Waffenvorrath. Er fand bereits manch werthvolles Geschütz vor, das sein Vater hatte gießen lassen, wie den Pastor, die Melusine. Er selbst hielt Büchsenschmiede und ließ Kanonen gießen. Seine Büchsenmeister waren Caspar Voigt und Benedict Fliesen (s. v. Langenn, Kurf. Moritz. II, 73 ff.).

Kurfürst August begründete am 6. Mai 1559 das jetzige Zeughaus, welches vor dem Siebenjährigen Kriege für eins der reichsten in Deutschland galt und wo allein 1500 Geschütze standen. Darunter zeichneten sich aus zwei Doppelkarthaunen, die Rautenkränze genannt, die im Jahre 1557 für Johann Friedrich gegossen worden waren, 105 Centner wogen und 60 Pfund Steine schossen; ferner die beiden Mohrenköpfe vom Jahre 1552, 70 Pfund schwer, 60 Pfund schießend; der Höllenhund, 1572 gegossen und 80 Centner schwer; die zwanzig Crocodile vom Jahre 1568 und 1569, zu 55 Centnern; der Scheerenteufel und der Tod vom Jahre 1534, jeder 100 Centner an Gewicht und 40 Pfund schießend; die Sachsenländerin und der fliegende Feind vom Jahre 1539 und bei 90 Centner Gewicht 30 Pfund schießend. Es hatte sie der waffenliebende Herzog Heinrich gießen lassen. Von 1529 waren der Hämmerling und der Drache, von 1525 die Colubrine. Berühmt als Denkmale des theologischen Eifers des Kurfürsten August waren die Flacianer; der erste derselben, die Jungfrau genannt, war ein Orgelgeschütz von 194 Stücken und schoß 40 Pfund, man las darauf:

Ich bin ein Jungfraw wollgestalt
Küß ich ein Flacianer, er wird nicht alt.

Das Einhorn von 264 Stücken, mit der Inschrift:

Ich bin ein Einhornn
will ein Loch in die Flacianer bohren.

Der Greif von 96 Stücken:

Der Greiff von seinen Flügel schwingen
die Flacianer thut zwingen.

Der Leopard zu 237 Stücken:

Ich bin genannt der Leopartt
ich stoß die Flacianer hart.

Der Wildemann zu 202 Stücken:

Ich bin genannt der Wildemann
ich greif die Flacianer an.

Der Löwe zu 96 Stücken:

Der Lewe wil seine Klawen wetzen
die Flacianer zu uorletzen.

Der Narr zu 448 Stücken:

Ich bin ein Narr von grober Artt
ich wil die Flacianer stossen hartt.

Die Nachtigall von 80 Stücken:

Die Nachtigall bin ich genant
ich sing den Flacianern ein gesangk.

Diese Orgelgeschütze, auch Streukugeln genannt, waren in den Jahren 1570 und 1571 gegossen, wo eben die kryptocalvinistischen Streitigkeiten das protestantische Deutschland gar lebhaft bewegten.

Außerdem kommen noch folgende eigenthümliche Geschützbenennungen in jenem Zeughause vor: die zwölf Grünspechte, das Rothkehlchen, dreizehn schnelle Rößlein, der kleine Kauz, ein Alphabet von 21 Stücken, die zwölf Ordensbrüder, die zwölf himmlischen Zeichen, die zwei Gebote, die zwölf Staare, die beiden Meerlöwen. Unter den 86 Mörsern zeichneten sich Romulus und Remus aus, deren einer 310 Pfund warf, und dann zwei Lucifer, vier Vulcane, acht Donnerkeile, drei Höllenhunde, drei Drachen, vier Fledermäuse und drei fliegende Geister. Daneben fanden sich 33 Inventionsstücke, eines mit der Ladung von hinten, andere mit sieben und mit neun Mündungen. Im Ganzen standen hier 509 bronzene und 282 eiserne Kanonen.

Für die Geschützkunde des 17. Jahrhunderts ist ein im Jahre 1630 zu Zütphen in deutscher Sprache erschienenes, aus dem Spanischen übersetztes Werk des Diego Uffano wichtig, der spanischer Artilleriecapitain im Castell von Antwerpen war, und das den Titel Archetry führt. Diego Uffano theilt das Geschütz in Feldschlangen und in Karthaunen, und er führt die verschiedenen Arten derselben namhaft an, erläutert auch seine Nachrichten durch trefflich gezeichnete Tafeln. Die Feldschlangen theilt er in die doppelte, einfache, legitima, halbe Colubrine, den großen Falken, den kleinen, Falconet, den Ribadoquin, den Sperber, die große und kleine Muskete, die Büchse; alle diese Geschütze nennen die Büchsenmeister gemeine Stücken. Auf besondern Tafeln stellt er das Gewicht, die Schußweite nach den verschiedenen Elevationen dar. Das Gewicht ist von 92 Pfund bis zu 140 Centnern, die Tragweite von 892 bis 8504 Schritten.

Er nimmt ordentliche Stücke und geschwächte an, d. h. solche, die etwas geringer in der Metallmasse. Letztere heißen auch Bastardgeschütze, unter denen die erste die doppelte Bastard-Colubrine, Basilisk, die einfache Serpentina, die halbe Aspis, die viertel Pelican, besonders benannt werden; die Gewichtsverhältnisse sind bei diesen Bastardgeschützen von 50 Pfund bis zu 110 Centnern, die der Tragweite von 803—7729 Schritten.

Die Karthaunen sind minder mannichfaltig. Die alten Karthaunen, Mauerbrecher und Aufwecker genannt, schossen 96 Pfund Eisen mit 40 Pfund Pulver, waren 17 Kaliber, 14 Werkschuh lang, wogen 128 Centner und warfen nach gemeinem Visir 1200, nach höchster Elevation 7140 Schritt weit.

Die gemeine Karthaune, Pfeifer und Mauerstürzer genannt, schoß 48 Pfund Eisen mit 24 Pfund Pulver, wog 72 Centner, ist 18 Kaliber, 12 Schuh lang und trug 1000—5968 Schritt. Die halbe Karthaune warf 24 Pfund Eisen mit 12 Pfund Pulver, war 19—20 Kaliber, 10½ Schuh lang, wog 43 Centner und warf 850—5070 Schritt. Die Viertelskarthaune, Persequitor genannt, treibt 12 Pfund Eisen mit 10 Pfund gemeinem und 8 Pfund feinem Pulver, ist 24 Kaliber, 9 Schuh 9 Zoll lang, wog 27 Centner und schoß 750—4480 Schritt weit. Die Achtelskarthaune trieb 6 Pfund Eisen mit 9 Pfund feinem Pulver oder 9 Pfund Blei mit 9 Pfund gemeinem oder 7 Pfund feinem Pulder, wog 21 Centner, war 27 Kaliber oder 8½ Schuh lang und trug 640—3600 Schritt weit.

Auch die Karthaunen konnten gestärkt oder geschwächt hergestellt werden. So waren unter den Karthaunen Bastarde, die nur 13 Kaliber lang waren und Rebuffi, d. i. gestauchte Karthaunen hießen; andere halbe Karthaunen hießen Crepantes oder Praller und waren 16 Kaliber lang; Viertelbastardkarthaunen, Berracos oder Eber, ließ Don Juan Maurique de Lara 17 Kaliber lang gießen.

Derselbe Artillerist führt noch einige merkwürdige und ausgezeichnete Stücke an, z. B. den Tiro de Dio, der in Indien gegossen, wegen seiner Schönheit und Größe; er war 25 Kaliber, die 22 Schuh machten, lang, an König Sebastian von Portugal geschenkt und im Königl. Schloß S. Joao aufgestellt.

Zu Malaga stand eine große Serpentine, die 150 Centner wog, 80 Pfund Eisen trieb, die mit ihrem großen Schall und schrecklicher Erschütterung den schwangern Weibern sehr schädlich war und deßhalb nach Carthagena verwiesen wurde. In S. Jan de Almarsa stand eine Bastard-Karthaune, die 140 Centner wog und 70 Pfund Eisen trieb.

Den Mörser kennt bereits Fronsperger und es waren deren bereits in des Kurfürsten Zeughaus vorhanden. Der erste wurde im Jahre 1508 zu Herzogenbusch von einem Deutschen gegossen. Die Bomben oder gefüllten Hohlkugeln kamen erst um 1588 auf. 1634 brauchten die Engländer bereits Bomben, von denen sie die Franzosen kennen lernten.

Unter den Artilleriebüchern, die uns Aufschluß über die Fortbildung des Geschützes im 17. Jahrhundert geben, sind die von Furtenbach und Georg Schreiber zu nennen, auf die ich diejenigen Leser verweise, die mehr in die Einzelnheiten eindringen wollen.

Der Transport der schweren Stücke geschah auf eigenen Wagen mit vier Rädern, man legte die großen Röhre auf dicke Balken und spannte sehr viel Pferde vor. In einem handschriftlichen Artilleriebuche der Königl. öff. Bibliothek zu Dresden vom Jahre 1577 (C. 214) sehen wir einen Artillerietransport, dem Trommler und Pfeifer vorausschreiten, den Musketiere und Lanzenknechte decken und der von Frauen und Buben gefolgt ist. Die Kanonenrohre liegen auf den Wagen, die meist sieben Pferde Vorspann haben, auf jedem Rohre sitzt ein Artillerist, der theils Nahrung zu sich nimmt, theils nicht. Voraus fahren die Pulverwagen, ebenfalls vierspännig mit zeltartigen bunten Decken und Fähnlein geschmückt. Hinter den Kanonen folgen die Karren mit den Kugeln und der übrigen Munition.

Im Jahre 1650 erfand ein Jesuit in Warschau die Haubitze, deren Abbildung in Georg Schreiber's Büchsenmeister-Discurs zu sehen; sie wurde nach Wien gesendet und fand gar bald auch anderwärts Eingang.

Noch vor dem Siebenjährigen Kriege fand in den meisten europäischen Heeren eine Feststellung des Kalibers statt. 1732 ward dieß zuerst in Frankreich geregelt. Seit 1765 wirkte in der französischen Armee der Ingenieurgeneral Gribrounal sehr thätig in dieser Hinsicht. Er sonderte die Feldartillerie von der Belagerungsartillerie, regulirte für beide die Kaliber, bestimmte die Schußweite, die Länge und Stärke der Geschütze, erleichterte die Laffetten, vereinfachte das Zielen auf alle Grade von Elevation.

Man ahmte dieß in den übrigen Armeen nach, erleichterte das Feldgeschütz, vermehrte es aber auch beträchtlich, und schon im baierischen Erbfolgekriege traten die Armeen mit größern Massen von Geschützen auf.

Napoleon I. machte das Geschütz zu einer Hauptwaffe für die Schlachten, er ließ massenhaft, oft zu hundert Stück auf einen Punkt bringen und brachte die außerordentlichsten Wirkungen hervor.

Die Zeit nach dem Frieden von 1815 wandten die europäischen Kriegsmänner dazu an, dem Geschütz die möglichste Vollkommenheit zu geben, man machte Reihen der mannichfaltigsten Versuche, die auch die großartigsten Resultate in ihrem Gefolge hatten.

In der Bedienung und Handhabung der Geschütze fanden seit dem Siebenjährigen Kriege vielfältige Verbesserungen statt, z. B. durch die Einführung der reitenden Artillerie, deren besonderer Ausbildung namentlich Friedrich II. von Preußen sehr große Aufmerksamkeit widmete. Die Franzosen folgten 1792 seinem Beispiele, wogegen die Oesterreicher unter Joseph II. fahrende Batterien errichteten.

Wir wenden uns nun zu den Handfeuerwaffen, deren Anfänge wir bereits im 15. Jahrhundert nachgewiesen haben. Leonhard Fronsperger kennt bereits mehrere Arten derselben, die Hakenbüchse, die etwas geringer als der Doppelhaken, so daß auch ein einiger Mann damit umgehen und sie schießen mag, sie schießen Kugeln, von denen acht Stück aufs Pfund gehen. Man hatte, wie er bemerkt, auch kurze Büchsen, etwa 1½ Schuh lang, „die sollen gar dick und stark, auch für das Stoßen mit einem Ansatz, wie ein Haaken und hinten mit einem Pulversack gemacht sein, die selbigen haben ein Rohr, so groß als ungefähr ein Hennenei. Solche Büchsen ladet man mit vielen Handbüchsenkugeln, etwa 12 bis 15 auf einmal." Sie dienten der Besatzung zum wirksamen Empfang der Stürmenden.

Wir bemerkten, daß die Cavalerie des Kurfürsten Moritz von Sachsen bereits Pistolen hatte und daß bei den Landsknechten die Flügel mit Büchsenschützen besetzt waren.

Die Lanze blieb jedoch bis in die Zeiten des Dreißigjährigen Krieges Hauptwaffe der Infanterie. Gustav Adolf war der Erste, der das kleine Feuergewehr häufiger in Anwendung brachte und nicht mehr blos durch einzelne Schüsse zu wirken suchte. Er ist der Begründer des Peloton= und Rottenfeuers.

Wir finden indessen noch vor ihm bereits die Handhabung des Handrohrs geordnet. Dasselbe gliederte sich in die Hakenbüchse und in die Muskete, und so sehen wir denn bereits in dem Exercirreglement des Fürsten Moritz von Oranien beide Arten desselben angewendet. Beide führen noch das Luntenschloß, das seiner Einfachheit wegen sich lange neben dem allerdings sehr complicirten Radschloß hielt. Die Arkebusiere oder Hakenschützen führten ihr Pulver in großen, meist aus Holz gefertigten Pulverflaschen, an denen ein metallener Hals saß, der zugleich als Pulvermaß diente und wenn er gefüllt, vermittelst einer Feder von dem Inhalte der Flasche abgeschlossen werden konnte.

Das Zündkraut von feinerem Pulver führte der Schütze in einem kleinern Pulverfläschchen. Der Musketier hatte seine Ladung in kleine hölzerne Flaschen von 4 — 5 Zoll Länge vertheilt, die mit Leder überzogen waren und an einem Faden an ein von der rechten Schulter herabhängendes Bandelier befestigt waren. Jede dieser Flaschen enthielt einen Schuß. Das Zündkraut trug er in einem kleinen Pulverhorn. An Büchse und Muskete war ein hölzerner Ladestock. Jeder Arkebusier und Musketier trug eine Schießgabel.

Die Pulverhörner waren meist von Horn, platt geformt und gravirt, es kommen aber auch hölzerne und metallene zum Theil von Halbkugelgestalt vor und mit Figuren verziert. Ihre nähere Betrachtung werden wir unter den Gefäßen vornehmen.

Das deutsche Radschloß wurde für den Gebrauch im Felde nie recht heimisch. Bald nach dem Dreißigjährigen Kriege wurde das französische Schloß gewöhnlich, wo der Hahn mit dem Steine vermittelst der inwendig an eine starke Feder gelegten Nuß durch den Daumen gespannt und durch den Abzug unten im Bügel abgedrückt wird, der sodann den gut verstählten Pfannendeckel aufschlägt, wodurch die heraussprühenden Funken auf die mit Pulver gefüllte Pfanne fallen und durch das Zündloch das zuvor geladene Gewehr entzünden. Mit diesem Schloß war man im Stande, schneller und sicherer zu schießen, und so fand denn dasselbe auch gar bald bei allen europäischen Heeren Eingang. Zuerst hatte es die französische Infanterie, schon 1670; 1686 finden wir es bei dem preußischen Heere, nachdem die Pikeniere abgeschafft waren.

Seitdem suchte man die Pike bei der Infanterie durch das Bajonet zu ersetzen, welches in Frankreich 1703 allgemeiner wurde. Das Bajonet wurde zuerst in den Lauf gesteckt; dann wurde es mit einer Tülle versehen, so daß der Soldat auch schießen konnte, ohne dasselbe vom Lauf zu nehmen. Die Gestalt des Bajonets, bald zweischneidig, bald dreischneidig, mit mehr oder minder starken Graten und ausgeschliffenen Seiten, dann die Bajonetscheide und die Art, dasselbe zu tragen, hat sehr mannichfaltige Formen erhalten.

Das Bajonet gehört zur Flinte, Füsil, die in Frankreich zuerst gefertigt wurde, sie ist leichter und schlanker als die Büchse und Muskete, die fortan den Jägern im Heere, im Walde und auf dem Schießstande eigenthümlich blieb. Die Flinten wurden die Hauptwaffe für die Infanterie, doch erhielten dieselben später auch die Dragoner und Grenadiere.

Die Geschosse, welche mit Bogen oder Armbrust geworfen wurden, waren spitzig; mit der Schleuder warf man eiförmige, hinten und vorn zugespitzte Steine oder Bleie; nach der Erfindung des Pulvers wurden die Geschosse aus Stein, Eisen und Blei kugelförmig. In neuester Zeit ist man für die Flinten zur zugespitzten Eiform zurückgekehrt und die Grenadiere und Jäger schießen mit der Spitzkugel. Das französische Flintenschloß ist erst bei Jägern und Standschützen, dann seit den vierziger Jahren dieses Jahrhunderts auch in den Heeren von dem Percussionsschloß verdrängt worden, seit 1848 ist auch das Percussionsschloß von dem Zündnadelgewehr in Schatten gestellt worden.

Die Hohlkugeln, die mit Pulver gefüllten Bomben, die aus den Mörsern geworfen werden und die beim Niederfallen zerspringen und ihre Eisentrümmer umherschleudern, treten am Ende des

16. Jahrhunderts auf. Etwas später erscheint die Handgranate, die kleine 3 — 4 Zoll im Durchmesser haltende eiserne Hohlkugel, die mit der Hand fortgeschleudert wird, nachdem der Zünder in Brand gesetzt worden.

Hakenbüchse, Muskete, Flinte und Pistol haben nun eine große Menge von Formen in der Hand des Schützen angenommen. Aus der Muskete hat man das Standrohr mit 38 Kaliber oder an 5 Fuß Länge, $2\frac{1}{2}$ Centner an Gewicht gemacht, das man aber auch stärker und schwächer darstellte, dann den Pistone, $2\frac{1}{2}$ Fuß lang, mit einer $1\frac{1}{2}$ Zoll starken Kugel; aus dem Doppelhaken, den namentlich die deutsche Stadtwehr führte, entstand der zweifache Doppelhaken oder die Springarda, mit $6\frac{1}{2}$ Fuß langem Rohr, und die deutsche Pürschbüchse mit gezogenem Lauf und meist deutschem Radschloß, das sich bei Jägern und auf den Schießständen bis in dieses Jahrhundert einzeln erhalten hat und erst dem Percussionsschlosse wich. Eine monströse Abart war die neunläufige Pürschbüchse, die man namentlich auf großes Federwild, wie Trappen, anwendete. Diese, die Orgelgeschütze nachahmenden Büchsen, wurden auf einem Karren geführt, der mit Stroh bedeckt war. Die Jäger waren, um dem scheuen Wild besser nahen zu können, als Hirten, Bauern oder Weiber verkleidet. Mit diesen Büchsen konnte man 300 Schritt weit im Kernschuß schießen.

Die Pürschbüchse der modernen Jäger und Schützen, mit glattem und gezogenem Rohr, ist stark im Eisen, sehr sorgfältig, oft von damascirtem Eisen gearbeitet. Das Rohr ist meist achteckig. Die Zahl der Züge beträgt sechs bis acht, sie gehen entweder gerade, im Sternzug, oder spiralisch im Schneckenzug. Man schätzte die Büchsen von Müller, Regelin, Steiner, dann die spanischen und türkischen, so wie die von Lüttich, Celle, Suhl, Breslau.

Der Büchsenstutz, das Stutzrohr oder die Kegelbüchse wird vornehmlich von den Jägern geführt.

Die Flinte, für die seit 1698 Fürst Leopold von Anhalt den eisernen Ladestock eingeführt, ist das eigentliche Militairgewehr der neuern Zeit. Man wendet sie auch als Doppelflinte, als Vogelflinte, Entenflinte mit Schrot geladen zur Jagd an. Kaiser Joseph bewaffnete die Kroaten mit Doppelflinten.

Der Carabiner ist ursprünglich eine piemontesische Waffe und eine gezogene schwache deutsche Hakenbüchse mit deutschem Radschloß. Kurfürst Friedrich III. von Brandenburg hielt eine Compagnie von 143 Mann Piemontesen im Feldzug von 1689, die er auch mit in die Niederlande nahm. Sie dienten als Jäger. Die Carabiniers waren beritten, mußten aber gleich den Dragonern auch zu Fuß fechten. Späterhin erhielt die gesammte Reiterei, mit Ausnahme der Dragoner, Carabiner, nachdem man dazu das verkürzte Flintenrohr angewendet.

Der Musketon, Trombon, ist eine kurze Muskete mit weiter kegelförmiger Mündung.

Die Pistole führt man einfach und doppelt, man hat früh schon sechs- und mehrläufige gefertigt, die in neuester Zeit als Revolvers wieder auftauchten. Das Pistol ist sehr mannichfaltig; es erscheint als Reiterpistole, als Terzerol, Taschenpuffer. Berühmt sind die trefflichen Pistolen des Lazzarino Cominazzo, mit überaus sorgfältig gearbeiteten Läufen. In dem Pistolenzimmer des Königl. historischen Museums zu Dresden ist eine überaus reiche Sammlung dieser Waffengattung beisammen, hier werden auch die Pistolen aufbewahrt, die König Karl XII. bei der Belagerung von Friedrichshall führte.

Ein Verzeichniß der berühmtesten Rohrschmiede findet sich in J. C. Hendel's Archiv für deutsche Schützengesellschaften. Halle 1802, Th. I, S. 265—269.

Die bedeutendsten Gewehrfabriken Europas sind die von Essen, Remscheid und Solingen, die 1720 angelegten von Spandau und Danzig, die von Kleisdorf, Linz, Wienerisch-Neustadt, Ferlach, St. Blasien im Schwarzwald, Prag und Teschen, die von Suhl, Olbernhau und Chemnitz, die von Lüttich; Frankreich hatte Gewehrfabriken zu Maubeuge, Charleville, St. Etienne, Versailles, Sedan, Abbeville; Italien in Brescia, Turin, Mailand, Florenz; Spanien in Plasencia, Sililos, Oviedo, Esqualada und Toledo; England in Brimingham, London und Sheffield; Rußland in Tula; Hannover in Herzberg.

Was für die Klingen Solingen, das ist für die Gewehrfabrikation Suhla in der ehemaligen Grafschaft Henneberg, wo sich bereits seit dem 14. Jahrhundert ein bedeutender Bergbau befand, der aber im Dreißigjährigen Kriege sehr verstört wurde. Am Ende des 15. Jahrhunderts, treten in Suhl bereits Panzerer und Plattner oder Harnischmacher urkundlich auf. Später, in den deutschen Kriegen des 16. Jahrhunderts nahm die Waffenverfertigung von Suhl bedeutend zu. Die erste Innung entstand 1563 unter und durch den letzten Grafen Georg Ernst von Henneberg. Die Innung theilte sich in Schlosser, Sporer, Windenmacher und

Büchsenschmiede. Die blühendste Periode war die Zeit vom Schmalkaldenschen bis zum Dreißigjährigen Kriege; sie war die einzige Rohrfabrik in Deutschland, aus welcher die Gewehre auch über die deutschen Gränzen hinausgeführt wurden. Suhl ward damals die Rüstkammer und das Zeughaus von Deutschland genannt und öfters persönlich von Fürsten besucht. Einer der berühmtesten Gewehrhändler des 16. Jahrhunderts war Stephan Reiz, der im Jahre 1572 dem Stephan Bathory alles Geschütz nach Wilna lieferte. Die Händler Wendel und Klett schickten Gewehre nach Liefland, Preußen und Danzig. Kaiser Rudolf II. sandte Deputirte nach Suhl, welche mehrere Tausend Flinten bestellten, die zollfrei nach Wien geliefert wurden. Wenn solche Bestellungen kamen, mußten auch die Weiber mitarbeiten. Im 17. Jahrhundert gingen viele Gewehre nach der Schweiz, nach Frankreich, Italien und Spanien, so wie nach Polen. Noch im Siebenjährigen Kriege lieferte Suhl viele Gewehre. Später entstanden auch anderwärts, namentlich in Schmalkalden, Mehlis u. a. Gewehrfabriken, und so sank Suhl von seiner frühern Bedeutung. Doch waren noch im Jahre 1810 478 Personen mit der Fabrikation beschäftigt. Das Personal theilte sich in Rohrschmiede, Büchsenmacher, Büchsenschäfter, Ladestock-, Bajonet- und Maschinenarbeiter. Der Rohrschmied fertigt das Rohr aus Stabeisen theils aus freier Hand, theils auf dem Hammer; von ihm kommt es zum Rohrverschrauber, der Schwanzschraube, Korn und Hefte daran macht. Der Schleifer schleift es aber vorher trocken auf großen, vom Wasser getriebenen Granitsteinen. Der Garniturmacher liefert die Gußarbeit in Messing und Tomback, die der Garniturfeiler weiter ausarbeitet. Der Smirgler giebt mit Smirgel oder Zinnasche dem Ganzen die nöthige Politur. Der Schäfter liefert aus Nußbaumholz den Schaft, setzt das Gewehr zusammen und justirt es. Der Rappiger geht das Gewehr auf das genaueste durch und bessert nach. Jedes Gewehr geht durch 60 Hände, ehe es fertig wird. Durch Vertrag vom Jahre 1669 war die Anzahl der Gewehrhandlungen in Suhl auf neun festgesetzt; der Vertrag ward später aufgehoben.

Früher lieferte Suhl alljährlich 6000 Gewehre in das Dresdener Zeughaus; 1795 waren 20,000 Gewehre bestellt worden; außerdem versendete man 3520 Carabiner, 15,515 Infanterieflinten, 105 Jagdflinten, 661 Büchsen, 1160 Pistolen (m. s. H. Anschütz, die Gewehrfabrik in Suhl. Dr. 1811. 8.).

Die Eisenmanufactur von Schmalkalden reicht früh hinauf.

1348 kommt bereits ein Eisenhammer vor. 1408 kommen als bestehende Handwerke auch Stahlschmiede, Klingenschmiede, Messermacher, Sichelschmiede vor. 1422 auch zwei Schleifmühlen (Wagner, Gesch. von Schmalkalden. S. 380).

Endlich ist nun auch der Windbüchse zu gedenken, die bereits im Jahre 1430 ein Nürnberger, Namens Guter, zuerst herstellte. Es wird durch eine Pumpe die zum Schuß nothwendige Luft in eine, mit dem Lauf in Verbindung stehende Kugel zusammengepreßt. Die damit verbundene umständliche Behandlung des Gewehrs, der unsichere Erfolg haben die Büchse nicht allgemein werden lassen. Gute Windbüchsen fertigten die Meister Futter in Dresden, Fachter in Lüttich, Martin Fischer in Suhl, C. G. Werner in Leipzig (1750—80), Schreiber in Halle (1760—69) u. a. Man änderte immer an der innern Einrichtung, ohne jedoch ein allgemein brauchbares und zuverlässiges Gewehr zu Stande zu bringen. Im Kriege wurde sie nur einmal angewendet; die österreichischen Scharfschützen führten, jedoch nur in einem Bataillon, Windbüchsen im französischen Revolutionskriege (vergl. Hendel's Archiv. Th. I, S. 181).

So hätten wir denn die wichtigsten Waffen betrachtet, welche die Menschen von den frühesten Culturzuständen an bis jetzt unter allen Zonen gegen ihre Feinde angewendet. Es sind die Angriffswaffen.

Die Waffen zur Abwehr sind theils einzeln zur Hand genommene Stücke, wie der Schild, theils aber sind sie eigens zubereitete Kleider, wie Helm und Harnisch, die ich daher von meinem Standpunkte aus bei den Kleidern als die Kriegskleider betrachte. Hier haben wir nur den

Schild

näher ins Auge zu fassen.

Wir lernten schon oben den Kirri kennen, mit welchem die Kaffern und Betjuanen die Wurfspieße ihrer Feinde zur Seite schlagen, so wie den Wehrstock der Nubier (Nr. 307 m. S.). Dieß sind gewissermaßen Embryonen des Schildes, die jedoch den eigentlichen Schild auch bei diesen Völkern nicht überflüssig gemacht haben.

Den Schild finden wir bis zur Einführung des Feuergewehrs in allen Theilen der Erde. Sehr einfach ist der Schild der Urbewohner Australiens; er besteht aus Baumrinde. Wenn man einen Schild machen will, so wird der Umriß desselben auf den Baum gezeichnet, darauf wird dieser Umriß so tief als möglich mit einem Beile in die Rinde bis auf das Holz eingeschnitten und das Ganze zuletzt mit eingetriebenen Keilen vom Holze abgeledert. Man befestigt an der Innenseite eine Handhabe von hartem Holz und bemalt die Außenseite mit farbigen Streifen. Die Schilde sind meist eiförmig und hier und da findet man im Obertheile zwei eingeschnittene Löcher, durch welche der Krieger sehen kann, wenn er seinem Feinde entgegengeht, ohne für den Kopf die nöthige Deckung zu verlieren.

Bei den Südamerikanern fanden die Reisenden des 16. Jahrhunderts, z. B. Lery, mäßig große Rundschilde aus dem dicken Rückenfelle des Tapirussu, die sie nur zur Abwehr gegen die Pfeile ihrer Feinde gebrauchen. Aehnliche Schilde haben sich bis in die neuere Zeit bei den Mura und bei den Sencis erhalten. Die Abiponer führten gar keine Schilde, eben so wenig als die Arrowaken. Bei den Nordamerikanern fand Prinz Maximilian von Wied runde lederne Schilde. Die Assiniboins trugen dieselben buntbemalt auf dem Rücken; die Schwarzfüßer bemalen ihre Schilde mit grünen und rothen Streifen und behängen sie mit Federn und allerlei Medicin oder Zaubermitteln. In der Polarzone kommt der Schild nicht vor.

Desto häufiger und in mannichfaltiger Form erscheint der Schild bei den Afrikanern. Die einfachsten Schilde finden wir bei Kaffern und Betjuanen. Sie bestehen aus einem Grundgestelle von Holz, d. h. aus einem einfachen 5 Fuß langen Stocke, der oben und unten aus der Decke hervorragt, an welche er mit Riemen festgebunden ist. Die Decke wird aus einer Ochsenhaut gemacht, die man ausspannt und trocknet und mit gerundeten, glatten Steinen aus der Mitte nach dem Rande hin dergestalt dehnt, daß sie eine ovale, flache Schale bildet. Darauf wird der Rand beschnitten.

In meiner Sammlung (Nr. 3500 ff.) befinden sich Betjuanenschilde von anderer Art. Diese bestehen nämlich aus einem dünnen Holzspahn von 4 Fuß 11 Zoll Länge und 11 Zoll Breite, der oben und unten spitz zugeschnitten und mit dem dichtbehaarten, weiß und braunen Fell von Antilopen auf der Außenseite überzogen ist. Es sind die an und für sich nur etwas über 2 Zoll breiten Felle sehr sorgfältig und dicht neben einander geklebt. Die Rückseite zeigt, daß der Holzspahn ebenfalls aus vier mit den

Seiten dicht an einander geklebten Holztheilen besteht, die an einer Stelle noch zusammengenäht sind. Auf die Mitte der innern Holzfläche ist ein Stück starkes Leder geklebt, das 5 Zoll breit und 12 Zoll lang ist. Durch dieses gehen zwei Riemen, welche zusammengeknüpft eine Handhabe bilden, die 23 Zoll von der obern und 2 Fuß 6 Zoll von der untern Spitze entfernt sind.

Die Völker am weißen Nil, die Oberäthiopier, Nubier haben Schilde, die gleich denen der Kaffern in der Mitte durch einen Stab gesteift sind, der oben und unten vorragt. Sie bestehen aus dickem Leder und sind theils eiförmig mit scharfen Spitzen, theils viereckig. Die Mitte zeigt immer einen vorstehenden Grat, den Ausdruck des die Mitte bildenden Stabes. Ein Schild der Elliabs (Nr. 2255 m. S.) ist 3 Fuß 8 Zoll lang und 10 — 15 Zoll breit, er hat einen Stab, um welchen dicht ein Lederriemen gewickelt ist, der an sechs Stellen zweimal durch die dicke Lederdecke geschlungen ist und diese mit dem Stabe fest verbindet. Die beiden obern Ecken des Leders treten schwalbenschwanzartig nach oben heraus. Die Grundfarbe der Außenseite des Schildes ist ockerroth, über welche 22 schwarze Querstreifen gemalt sind. Von oben nach unten zieht sich auf der Außenseite ein scharfvortretender Grat hin. Ziemlich in der Mitte ist innen an dem Stabe als Handhabe ein aus Pflanzenfasern dicht zusammengedrehter Strick befestigt (s. Caillaud, voyage à Meroë. Tome II, p. 1).

Nächstdem führen diese ostafrikanischen Völker auch den kleinen arabischen Rundschild, den wir später betrachten.

Die westlichen Neger der Aequatorialzone flechten sich Schilde aus Ruthen zusammen, die ein längliches Viereck von 5 Fuß Länge und 4 Fuß Breite bilden, der obere und untere Rand ist ein wenig nach außen gekrümmt. In der Mitte ist ein Kreuz von Brett, welches dem Ruthengeflecht zum Haltpunkt dient. Darauf sitzt eine runde, erhabene, kreuzförmige Handhabe, durch welche der Arm gesteckt wird. Vornehme Neger lassen dieses hölzerne Kreuz mit dünnem Eisen- oder Messingblech überziehen. Die Handhabe wird mit roth und gelben Schnürchen, mit Schellen oder Glöckchen behängt. Die ältern Berichterstatter, W. F. Müller, Bosman, versichern, daß diese Schilde Säbelhiebe, Spieß- und Pfeilwürfe trefflich aushalten. Dieß ist der Kriegsschild, den sie aber auch auf der Löwenjagd anwenden.

In den Südseeinseln tritt der Schild nur sehr vereinzelt und durchaus nicht als allgemein übliche Schutzwaffe auf.

Im alten Aegypten finden wir den Schild dagegen als Schutzwaffe, die sämmtlichen Truppengattungen eigenthümlich ist; er erscheint meist halbeiförmig, kleiner und größer. Der gewöhnliche Schild war aus Holz mit behaarter Rindshaut überzogen. Auf einige Schilde ist mit Nägeln ein metallener Rand befestigt. An der Innenseite war ein Henkel für die Hand und ein Riemen, um den Schild beim Marsch auf den Rücken hängen zu können. Einige Schilde haben metallene Schienen, andere einen metallenen Nabel, womit man feindliche Geschosse aufzufangen sich bestrebte. Einige haben oben eine Art vergittertes Fenster oder radartiges Visir, durch welches der Soldat, wenn er sich mit dem Schilde deckte, den Gegner beobachten konnte, und solche und zwar sehr große Schilde führte die Garde Ramses II. Sie hatten einen blau, roth und gelben Rand. Die schwere Infanterie hatte durchgehends den großen, den halben Mann deckenden, halbeirunden Schild, der dem sogenannten französischen Schild in der Wappenkunst ähnelte, dessen geradlinige Basis nach unten gerichtet war. Eine schwerterführende Abtheilung der Garde trug schwarze, runde Schilde, die mit zwölf gelben Buckeln beschlagen waren. Rundschilde trug eine Art Infanterie zu kurzen Spießen und Schwertern. Auch die Wagenkrieger hatten Schilde, die bei Einigen mit Tigerfell überzogen waren; es war Sache des Wagenlenkers, seinen pfeilschießenden Gefährten mit dem Schilde zu decken (Rosellini M. C. 97).

Bei den alten Mexicanern hatte der Schild durchgehends eine kreisrunde Gestalt und war so breit als der Durchmesser eines Mannes von Schulter zu Schulter. Der Schild erscheint auf den Denkmalen stets in den buntesten Farben und den mannichfaltigsten Mustern. Jeder Schild hatte einen Rand. Man fertigte die Schilde aus einer Art Rohr, das man mit Baumwollenfäden verflocht und mit Federn ausschmückte. Die Schilde der Edelleute waren von Schildkrötenschale, mit Kupfer, mit Gold und Silber belegt und verziert. Die Schilde der Soldaten trugen das Wappen der Provinz des Reichs, der sie angehörten, wie wir auf den gemalten Verzeichnissen der Tribute der Provinzen sehen. Eigenthümlich war den alten Mexicanern der Schild mit dem Schurze; dieser Schurz fällt von dem Untertheile des Schildes etwa 1 Fuß lang herab; er war aus Zeug oder Federn und hatte die Bestimmung, auch den vom Schilde nicht bedeckten Körpertheilen einen Schirm besonders gegen die Geschosse zu gewähren. Er scheint jedoch nur an den Schildern der vornehmern Krieger angebracht gewesen zu sein.

Die Schilde der Asiaten sind meist kreisrund und von 2—3 Fuß Durchmesser; wir finden sie so im westlichen, wie im östlichen Asien. Dieser kreisrunde Schild erscheint schon auf den assyrischen wie den persischen Denkmalen; auf letztern treffen wir jedoch auch Schilde, die aus zwei halben Ovalen zusammengesetzt und mit einem breiten Rande umgeben sind.

Im Königl. historischen Museum zu Dresden befindet sich ein orientalischer Rundschild, der wohl als ein Muster der arabischen und türkischen Schilde gelten kann. Er hat 2 Fuß 4 Zoll Durchmesser und besteht aus concentrisch sehr dicht an einander gefügten Rohrstäbchen. Sie sind mit Fäden von rother Seide und Gold übersponnen oder überwebt, so daß das Rohr den Einschlag bildet. In der Mitte ist als Schildbuckel eine schön verzierte Metallplatte und nicht weit vom Rande sind acht kleine blattförmige, geschlagene Metallornamente befestigt. Um die Mittelplatte und um den Rand laufen 2 Zoll lange und buntseidene, mit Gold gemischte Franzen. Die Innenseite des schalenförmig gebauchten Schildes ist mit rothem Sammet überzogen. In der Mitte ist ein mit rothem Sammet ebenfalls überzogenes Polster, viereckig, 3 Zoll Durchmesser, angebracht, über welches die Riemen für die Arme hinweggehen und das den Druck der auf den Schildnabel anprallenden Hiebe, Schüsse und Stöße zu brechen die Bestimmung hat. Außerdem ist noch ein breiterer Riemen daneben angebracht, an welchem man den Schild über den Rücken werfen kann.

In ähnlicher Weise waren auch die Schilde, welche die Mameluken noch zur Zeit des ägyptischen Feldzugs Napoleon's führten, so sind die Schilde der Ritter, die in dem großen Fahlbuche der Königl. Bibliothek zu Dresden abgebildet sind, und die der Kurden (s. Bukingham's Mesopotamien. S. 214).

Wir finden ferner dieselbe Form in Indien wieder. Die Söldner der Radjas, die übrigens mit Luntenflinten bewaffnet sind, führen solche Schilde, die mit vier runden Buckeln aus Metall beschlagen sind, in deren Mitte ein fünfter etwas größerer sitzt. In Cutsch werden Schilde aus durchscheinender Nashornhaut gefertigt, die mit vergoldeten Blumenkränzen und Knäufen reich verziert sind.

Ein indischer Schild meiner Sammlung (Nr. 2342) aus Nashornhaut hat 2 Fuß 5 Zoll Durchmesser; er ist kreisrund und die Wölbung erhebt sich etwa 3 Zoll von der Basis. Um den Rand ist ein dünner Eisenstab gelegt und dieser ist wie der ganze Schild mit feinem Leder überzogen; so wird ein wulstartiger Rand gebildet. Die Außenseite zeigt innerhalb des schwarz und gold spiralisch bemalten Randes einen breiten reichen Blumenkranz auf dem schwarzen Grunde. In der Mitte des Schildes ist eine viergetheilte Arabeske. Sechs große platte eiserne Nagelköpfe ragen in und neben dem Ornamente hervor. Die Innenseite ist ebenfalls schwarz bemalt, auf dieselbe ein 18 Zoll langes, 4 — 6 Zoll breites braunes Leder in der Mitte aufgenagelt, das zum Schutze des Vorderarms und der Hand gepolstert ist. Da, wo die Hand ruht, ist das Polster am dicksten und schmälsten, und hier ist für dieselbe ein zollstarker, lederner, wulstiger Griff; weiter hinten sind zwei Riemen, durch welche der Arm bis an den Ellenbogen gesteckt ward. Außerdem ist aber noch ein langer, zollbreiter, brauner Lederriemen am Anfang und Ende des Kissens befestigt, der vermittelst einer Schnalle länger oder kürzer gemacht werden konnte und an welchem der Schild über die rechte Schulter gehängt ward, so daß er an der linken Hüfte herabhing.

Man hat nun außerdem in Indien noch kleinere, aus dichtem Rohr geflochtene Schilde von 18 — 22 Zoll Durchmesser, die überaus schön, meist in roth und gelb lackirt sind und einen Säbelhieb trefflich abhalten.

Die Schilde der Araber bestehen aus der dicken Haut des Flußpferdes und werden aus Zangebar eingeführt; sie sind kreisrund und bilden eine fast halbkugelförmige Schale, haben aber nur 8—10 Zoll im Durchmesser, sie reichen eben hin, die Faust zu schützen (Fraser's Khorassan. S. 51). Mit den Arabern kamen diese kleinen Schilde nach Aethiopien. Ein solcher Handschild (Nr. 2260 m. S.) ist von einer dicken Haut gebildet. Er besteht aus einer Schale von 6 — 6½ Zoll, welche an die elliptische Form streift, deren Culminationspunkt sich etwas über 4 Zoll von der Basis erhebt. Der Umkreis der Schale tritt in einen zollbreiten, horizontal abstehenden Rand heraus, der zweimal mit Lederriemen dick durchschnürt ist. Von einem Rand zum andern reicht in der Mitte der Innenseite querdurch als Handgriff ein Eisenstab von der Dicke eines Schwanfederkiels, der dicht mit Riemen umwunden ist und von dem zwei Riemen an die Decke der Schale emporreichen und dort befestigt sind. Ueber die Außenseite der Schale ist ebenfalls von dem Handgriffe aus durch den Rand gehend ein sechsfach neben einander liegender Riemen gespannt. Das Ganze, das ich der

Güte des Herrn Edm. Jomard in Paris verdanke, ist mit hellrothem Ocker überfärbt.

Der Schild der Chinesen, der namentlich von der Tigergarde geführt wird, ist ebenfalls kreisrund. Er ist von Rotangwurzeln, wozu 4 Pfund 14 Unzen Material gebraucht werden, geflochten. Er hat 2 Fuß 5 Zoll im Durchmesser. An der Innenseite sind Handhaben für den Vorderarm und die Hand angebracht. Die Außenseite ist gemalt und stellt einen Tigerkopf mit geöffnetem Rachen und Augen dar, an deren Stelle eine Quaste von dunkelrother Wolle angebracht ist. Dieser Schild kostet der Regierung 4 Livres 5 Sols 6 Den. herzustellen. Er entspricht den tigerkopfartigen Helmen dieser Garde (Amiot, art militaire des Chinois. S. 371. Taf. X.). In früherer Zeit hatten die chinesischen Krieger aber auch viereckige Langschilde, deren obere beiden Ecken spitz zulaufend einen Schwalbenschwanz bildeten. Er wurde ehedem von der leichten Infanterie geführt. Die chinesischen Reiter führen keine Schilde.

In meiner Sammlung (Nr. 3619, 3620) befinden sich noch ein ganzer und ein halber Schild, den ich durch die Güte des Herrn J. G. W. Brandt in Hamburg über London nebst zwei Panzern und einem Helm aus Eisenschienen erhalten habe, welche jedenfalls den im Norden des chinesischen Reichs heimischen Nomadenstämmen der Eleuten oder Nordmongolen angehören. Beide Schilde sind so überaus eigenthümlich, daß sie wohl eine besondern Betrachtung verdienen.

Fig. 338.

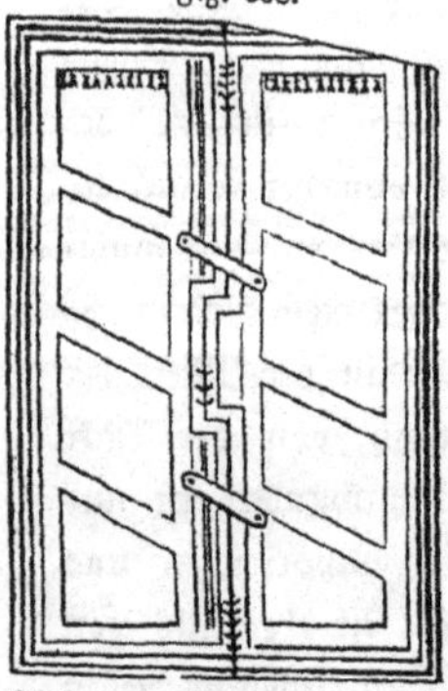

Der vollständige Schild (Nr. 3619 m. S.) besteht aus zwei Holztafeln, einer breitern und einer schmälern, deren jede 2 Fuß 5 Zoll lang ist. Die eine derselben ist 8½, die andere 7½ Zoll breit; die Dicke der Tafeln beträgt dreiachtel Zoll. Beide Tafeln sind mit einer Art Pergament von schmutzigweißer Farbe überzogen, auf der Vorderseite glatt, auf der Rückseite stoßen die Enden des Ueberzugs zusammen und sind hier die Fugen mit Streifen von weißgarem Leder überklebt. Die breite Tafel hat in der Mitte einen kleinen scharfkantigen Ausschnitt, in welchen ein von der schmalen ausgehender Vorsprung genau einpaßt. Oben und unten, so wie in der Mitte sind beide Tafeln am Rande durchbohrt und mit Lederriemen (oben und unten mit fünf, in der Mitte mit vier) locker verbunden, so daß sie sich wie eine gebrochene Thür auf einander würden klappen lassen, wenn nicht zwei 6 Zoll lange, glattgeschabte Knochenspähne ober- und unterhalb des mittlern Ausschnitts dergestalt auf die Oberfläche befestigt wären, daß ein vollständiges Zusammenklappen verhindert würde. Die beiden Tragriemen für den Arm sind auf jeder der beiden Tafeln befestigt, so daß der Arm in einer durch die Beweglichkeit der Tafeln bewirkten Höhlung ruht. Ein längerer Riemen, um den Schild auf der Schulter anzuhängen, ist an der schmalen Hälfte angebracht. Die glatte Außenseite des Schildes ist mit einem fast 2 Zoll breiten, schwarz und roth gemalten Rande umgeben, der jede der beiden Tafeln umzieht; auf jeder derselben sind drei Schrägbalken gemalt, die innen weiß und schwarz punktirt und roth und schwarz eingefaßt sind. Am obern Rande stehen vier pfeilartige Ornamente.

Der halbe Schild (Nr. 3620 m. S.) ist gleichermaßen construirt, nur 25 Zoll lang und 10 Zoll breit, auch in der Bemalung, nicht aber in den Farben abweichend. Mir sind bis jetzt derartige Schilde in europäischen Sammlungen nicht vorgekommen.

In den malayischen Inseln, auf Amboina, Timor, Ombay finden wir lange, schmale Schilde von Holz, die theils schwarz bemalt und mit Muscheln besetzt, theils aber, und dieß ist namentlich auf Borneo der Fall, mit jenen grotesken Figuren bemalt sind, die wir an den Waffen und Gefäßen der Neuseeländer und Javanen mehrfach wiederfinden. Diese Schilde sind gegen 5 Fuß lang, oben und unten zugespitzt und gewölbt, mit einem scharfen Grat, der von Spitze zu Spitze geht. Man findet deren, die mit großen Augen bemalt und mit Menschenhaaren besetzt sind, wie wir an den Exemplaren sehen, die Herr von Kessel dem Königl. historischen Museum zu Dresden übergeben hat. — Wir wenden uns nun zu den Schilden der Europäer und beginnen mit denen der Griechen. Wie jegliches Geräth und Werkzeug, wurde auch der Schild in ihrer Hand zum Kunstwerk. Eins der ältesten Denkmale der griechischen Literatur, bekannt unter dem Namen Hesiod's Schild des Herakles, schildert uns einen Schild, auf welchem die Phantasie alle Herrlichkeit der emporblühenden Kunst hervorquellen läßt:

Jetzo ergriff er den Schild, voll Herrlichkeit, welchen ihm Niemand
weder durchbräche mit Wurf noch zerschmetterte, schön zur Bewundrung.

Ganz umher war die Scheibe von Schmelz und hellem Elektron,
schimmerndem Elfenbein und feurigem Glanze des Goldes,
überstrahlt und von Streifen des bläulichen Stahles durchzogen.
Mitten drauf war ein Drache, ein unaussprechliches Graunbild,
zornig zurück mit den Augen, die Gluth ausfunkelten, schauend.

Man sah ferner Schlachtengetümmel, Verfolgung und Rückverfolgung der Männer, darauf auch droheten die Häupter zwölf gräßlicher Schlangen, welche die Erdbewohner erschreckten; man sah auch Löwen im Kampfe mit Waldebern, dann die Schlacht der Lapithen, Theseus, die Centauren; man sah ferner Ares mit seinem raschen Gespann

goldhell, drauf auch er selber, der raubbeladene Wüthrich,
seine Lanz' in den Händen gefaßt und die Streiter ermahnend,
purpurroth von Blut, als raubt er der Lebenden Rüstung,
hoch in den Sessel gestellt, doch neben ihm Graun und Entsetzen
standen entflammt von Begier in die Schlacht zu dringen die Männer.

Man sah ferner Tritogeneia, Zeus Tochter,

gleich an Gestalt wie wenn das Gefecht zu empören sie strebte,
tragend die Lanz' in den Händen, den goldenen Helm auf dem Scheitel,
und um die Schulter die Aegis, durchdrang sie die tobende Feldschlacht.

Auch der heilige Chor der Unsterblichen war zu sehen, in der Mitte Zeus und Letos Sohn, auf goldener Harfe spielend. Dann sah man einen Hafen des ungebändigten Meeres

weit umher in die Rund' aus geläutertem Zinne gebildet
mit Delphinen von Silber und ehernen Fischen und dem Fischer.
Drauf war der Danae Sohn auch geformt, der reisige Perseus,
der mit dem Fuße nicht rührte den Schild noch solchem entfernt war,
wundersam zu bemerken, denn nirgend befestiget hing er.
Also schuf ihn die Hand des hinkenden Feuerbeherrschers
hell aus Gold. Um die Füß' auch hatt' er geflügelte Sohlen;
aber die Schulter umhing mit schwarzem Hefte das Schwert ihm
an dem Gehenke von Erz; und wie ein Gedanke, so flog er.
Ganz den Rücken bedeckte das Haupt des entsetzlichen Scheusals
Gorgo, dem rings ein Beutel umherlief, schön zur Bewundrung
silbern er selbst; doch Quasten von leuchtendem Golde gebildet
hingen herab.

Man sah noch die Schicksalsgöttinnen, den Kampf, die Keren, dann aber auch heitere Feste gebildet mit Tänzern und den Aerntescenen in Feld und Weingarten, mit Jägern und den Wetteifernden in fröhlichen Kampfspielen.

Ringsher floß um den Rand der Oceanos, der, wie geschwollen
ganz den künstlichen Schild umflutete; diesem entlang dort
hoben sich Schwän' in die Luft und tönten; andere schaarweis
schwammen daher auf der Welle, von schwärmenden Fischen umtaumelt
wunderschön auch für Zeus, den Donnerer, welchem gehorsam
jenen Schild Hephästos vollendete, groß und gediegen
formend in künstlicher Hand.

In demselben Gedicht ist von dem verwundeten Schild, von dem zerbrochenen, die Rede. In den homerischen Gedichten tritt als hohes Kunstwerk uns der Schild des Achilles entgegen, der ebenfalls ein Werk des Hephästos war. Wie Hesiod's Schild ist auch dieser ein Abbild der Welt und ihres Treibens; wir sehen das Leben der Stadt im Kriege wie im Frieden, die Versammlung der Richter, die Schlacht wie den Hinterhalt, die Arbeiten der Feldbauern wie der Winzer, und das Treiben der Hirten und die Festfreude nach der gethanen Arbeit. Die Darstellung war in zwölf Felder vertheilt. Der Schildnabel oder die mittlere Wölbung des Schildes enthielt die Abbildung der Erde, des Himmels, der See, der Sonne, des Mondes, der Plejaden und Hyaden, des Orions und des Bären.

Nächst dem Schilde des Achill beschreibt uns der Dichter auch noch den des Sarpedon und des Agamemnon; dieser umwölbende, gewaltige, schöne Schild war

reich an Kunst; ihm liefen umher zehn eherne Kreise.
Auch umblinkten ihn zwanzig von Zinn aufschwellende Nabel
weiß; und der mittele war von dunkeler Bläue des Stahles.
Auch die Schreckengestalt der Gorgo drohete schlängelnd
mit wuthfunkelndem Blick und umher war Graun und Entsetzen.
Silbern war des Schildes Gehenk und gräßlich auf diesem
wand ein bläulicher Drache den Leib; drei Häupter des Scheusals
waren umhergekrümmt aus einem Halse sich windend.

Die Schilde der alten Griechen und Italiener waren vorzugsweise aus Rindshaut gefertigt, dessen mehrere Lagen über einander gelegt waren. Der Schild des Ajax bestand aus sieben Lagen von Stierhaut und darüber war eine achte aus Erz gebreitet. Dagegen war der Schild des Achilles ganz aus Metall und zwar aus zwei

Lagen Erz, zwei Lagen Zinn und einer fünften von Gold. Der Schild des Teukros bestand aus vier Lagen.

Der griechische Schild hat ganz die Form des orientalischen, er war kreisrund, schalenförmig und gewölbt. Der Mitteltheil der Oberfläche, der Schildnabel, war am stärksten und gemeiniglich von Metall und mit Bildwerk verziert. Um den äußern Umkreis lief ein erhöhter Rand. Auf den Vasenbildern sind die Schilde gar häufig dargestellt. Der Rand ist bald breiter, bald schmäler, meist wohl von Metall, die von demselben eingeschlossene Fläche meist mit den Wappen und Sinnbildern ihrer Träger bemalt, z. B. mit Löwen, Schlangen. Der Schild hatte zwei Henkel, den einen, näher dem Rande zu, für die linke Hand und den andern etwa in der Mitte für das Armgelenk. Für den Marsch war ein langer Tragriemen im Innern des Schildes befestigt, an welchem man denselben über die Schulter hängen konnte. Dieser Riemen war mit goldenen oder silbernen Verzierungen geschmückt. Der Schild konnte somit an der Seite oder auch auf dem Rücken getragen werden.

Auf den Vasenbildern erscheint auch ein Schild, den wir bei den alten Mexicanern fanden, der Schild mit dem Schurze aus einem leichten, mannichfach gemusterten Stoff, vielleicht aus Leder, der für die Beine einen, wenn auch geringen Schutz gewährte (s. Inghirami V. E. II., 168. 169).

Die spätere Zeit, die Bekanntschaft mit den Aegyptern, wirkte verändernd auf die Form des Schildes. In Athen gab Iphikrates dem Schilde eine andere Gestalt. Er schaffte die alten, ehernen, schweren Schilde ab und führte kleinere, leichtere ein. Dann trat auch eine Veränderung hinsichtlich der Handhaben ein, welche von Metall gemacht wurden. Diese neuen Schilde wurden theils eiförmig, theils viereckig, thürenförmig, wie man das nannte.

Auf den Bildwerken erscheint eine besondere Art Schilde an den Armen der Amazonen, sie ist oval mit Einbügen in dem Umriß der langen Seite.

Der römische Soldat trug schon unter Servius Tullius den Schild aus Erz, der wahrscheinlich gleich dem altgriechischen kreisrund war. Nachdem aber die Römer mit den andern Völkern Europas, Afrikas und Asiens in Verkehr getreten, erlitt der Schild mehrfache Veränderungen in der Form, für welche auch besondere Namen auftreten, wie anoile, clypeus, parma, pelta, scutum u. s. w. Auf der Trajansäule sehen wir den römischen Linien=

soldaten durchgehends mit dem viereckigen, etwa 3—4 Fuß langen, halbcylindrischen Schilde versehen, den er, wenn er beide Hände braucht, auf dem Rücken trägt. Dieser Schild war mit einem Rande versehen und die innerhalb desselben befindliche Fläche bemalt, meist mit einem Zackenblitz. Die Reiter dagegen sehen wir mit eirunden und flachen Schilden gerüstet.

Die Schilde der Donauvölker, welche auf der Trajansäule vorkommen, sind theils eiförmig, theils schmale Sechsecke.

Von den Germanen erzählt Tacitus, daß außer der Lanze auch ein Schild ihre Bewaffnung gebildet habe. Die Schilde wurden mit erlesenen Farben bemalt (Tacitus, Germ. 6), sie waren theils von Weidengeflecht, theils mit Eisen beschlagen und mit Sehnen belegt (Tacitus, Ann. II, 14). Den Schild auf der Flucht wegzuwerfen, war eine entsetzliche Schande. Der Schild war der Sarg des Germanen; auf den Schild setzten die Franken und andere deutsche Stämme den neugewählten Fürsten, hoben ihn damit auf ihre Schultern und zeigten ihn dem versammelten Volke. Die Schilde der Germanen waren sehr groß (Tacitus, Ann. II, 14). Die Arier strichen ihre Schilde schwarz an, die andern je nach den dem Stamme eigenthümlichen Farben. Im Lippe-Detmoldischen wurde ein aus Ruthen geflochtener und mit Leder überzogener, weiß und roth streifenweis gemalter Schild gefunden, der 5½ Fuß lang und 4 Fuß 4½ Zoll breit und oben und unten etwas zugespitzt war (Dorow, Opferstätten und Grabhügel. II, 94).

Unter den nordischen Alterthümern hat man bronzene große Scheiben gefunden, die jedenfalls Decken von Schilden waren. Dergleichen wurden auch in neuer Zeit im Magdeburgischen gefunden und in der Sammlung des thüringisch-sächsischen Vereins zu Halle niedergelegt. Diese Bleche haben 2 Fuß 9 Zoll im Durchmesser.

Die Schilde der Ritter des Mittelalters werden uns in den großen epischen Gedichten beschrieben und auf den Grabdenkmalen, in Handschriften und in den Siegeln mehrfach vor Augen gestellt. Sie waren durchgängig dreieckig und wurden so getragen, daß die Spitze des Dreiecks nach unten gerichtet war.

Der Name war Scilt, Schild und Buckel, woraus die französische Benennung bouclier; der Schild des Sarianten hieß Bugguler; eigentlich war Buckel der Schildnabel, die aus Metall gearbeitete, meist schön verzierte Erhöhung in der Mitte des Schildes. Mit dem Schilde schirmte sich der Ritter, den Schild trug er vor sich, der Schild war sein Dach; sie fingen damit Schwerthiebe, Lanzenstöße und Pfeilschüsse auf; vor den Hieben flogen die Scherben des Schildes (Willehalm 77, 235) und der Schild war oft durchel (durchlöchert), wie ein Sieb (Parcival 599, 4). Der Schild war verhauen, es waren von den Lanzen Fenster hineingeschnitten (Parcival 505). War der Schild verschnitten und verhauen, so waren die Schwerter ihr Schild für den Tod (Parciv. 541, 27). Es heißt auch: „Der schilt treit maneger tjoste mal;" im Erec (2821) heißt es:

> sîn schilt was so zerbrochen,
> mit speren so zerstochen,
> man hette füste dadurch geschoben.

Der Schild hing dem Ritter zu Halse, an der Borte und daran zuckte und ruckte man den Schild, warf ihn auch auf den Rücken zur Flucht oder um beide Hände zum Hauen frei zu haben. Der Schild ward dem Ritter, wenn er vom Pferde stieg, abgenommen, er war so hoch, daß man, wenn er beim Fuße mit der Spitze stand, sich auf den obern geraden Rand stützen konnte. Der Schild war, wie der des römischen Soldaten, gerundet und hohl nach der Figur des Körpers. Der Schild war der Gefährte des Ritters auch im Tode, und der ermordete Siegfried wird auf seinen Schild gelegt und auf demselben zu seiner Frau getragen.

In der ritterlichen Symbolik (l'ordre de cheualerie. F. 146) heißt es vom Schilde: Escu est donne a cheualier a segnefier office de cheualier car aussicomme le cheualier met son escu entre soy et son ennemi aussi cheualier est moyen entre prince et peuple et aussicomme le cop chiet auant sur lescu que tient deuant le cheualier aussi se doit le cheualier appareillier et prentre son corps deuant son seigneur quant il est en peril naure et pris.

Beschreibungen von Schilden finden sich häufig und mit sichtbarer Liebhaberei ausgeführt in den alten Heldengedichten, z. B. im Willehalm (59, 28):

> er vor im ligen sach,
> des werten Vivianses schilt
> uf dem was strites sus gespilt,
> hatschen, kiulen, bogen, swert,
> mit spern gein dem man tjoste gert
> gefüort an allen orten
> der marcgrave diuborten
> erkante als er geriemet was

smaragde und adamas
rubin und crisolte
druf verwiret.

Im Trojalied (14426) heißt es:

an iren wizzen schilden
was ein guldin rant
ouch man darane vant
edelsteine groz und kleine.

Wir finden ferner (Heldenbuch A. 236) goldfarbene Schilde, geziert mit Sperbern zahm und wild, und neben anderm Gebilde Leoparden. Der Schild war zuweilen auch mit vielen goldenen Schellen behangen, dergleichen zuweilen an den Kleidern des Adels und der Fürsten erscheinen (Ecken Ausfahrt 36); der Schild des Herrn Fasold (Ecken Ausf. 219) war noch nie mit Speeren durchzielt, also ganz neu, der goldene Rand war mit edlem Gesteine reich besetzt. Auf ihm war ein fürchterlicher Drache gemalt, dem eine Flamme aus dem Munde ging, von einem hellen Rubin. Die Riemen waren von arabischer Borte. Im Buch der Liebe hat der Heide Fierrabras einen mit Stahl wohl beschlagenen Schild, in dessen Mitte das Bild des Gottes Apollo zu sehen war. Besonders reich war Brunhilde's Schild (Nibel. 1753). Ihr Gesinde brachte den gewaltigen Schild von rothem Golde, mit stahelharten Spangen, die Schildfessel war eine Borte, auf welcher Steine grün als ein Gras lagen. Der Schild war unter den Buckeln wohl dreier Spannen dick und vier Kämmerer waren kaum im Stande ihn fortzutragen.

Der Schild, den die Markgräfin dem Hagen schenkte, den ehedem Nudung getragen, war sehr schön und in einen Hulft, eine Decke von lichtem Pfelle gesteckt.

Der Schild war immer dreieckig, wie wir an den Statuen der Stifter des Naumburger Domes und zahlreichen Grabsteinen sehen, die obern Ecken sind immer abgerundet, und die Breite ist gegen die untere Ecke sehr verjüngt. Mit diesem Schilde wechseln in österreichischen Siegeln gegen Ende des zwölften und in den ersten drei Jahrzehnten des 13. Jahrhunderts kürzere herzförmige Schilde.

Um 1230 tritt dort als Schildform das geradlinige Dreieck auf, dessen Seitentheile sich in der Folge mehr oder weniger ausrunden, während die Schilde immer kleiner werden. In der Tafel der Herrad von Landsberg erscheinen Schilde, die in der Mitte eine scharfe Kante haben. Die Schilde, die ein geradliniges Dreieck bilden, sind flach. Die Spitze des Schildes wurde mehr oder minder horizontal nach vorn getragen.

Die Schilde waren von Holz und mit Leder, Leinwand, Seidenstoff überzogen und bemalt. Die bunte Bemalung kommt früh vor, und noch in den Bildern der Herrad meist einfarbig, roth, grün, weiß, höchstens mit Schräg- oder Querbalken. In den Bildern zum Sachsenspiegel erscheinen bereits die Wappen, die auf den Siegeln des 13. Jahrhunderts als Schildbemalung bereits vorkommen. Die Schilde waren nun entweder bemalt oder auch gestickt, oder mit Mosaik von bunter Seide, farbigem Tuch, Metallblech, Pelzwerk belegt. Ulrich von Lichtenstein trug einen mit Hermelin überzogenen Schild, worauf die beiden Schrägbalken in schwarzem Zobel geschnitten waren und ein köstlicher Buckel befestigt war. Der Schild des Grafen von Görz war schräg getheilt; im obern Felde, blau wie ein lichter Saphir, befand sich ein aus Gold geschlagener Löwe mit einer Krone, die reich mit edlen Steinen geschmückt war. Das untere rothe Feld wurde durch darauf gelegte Streifen von Hermelin achtmal roth und weiß getheilt (s. K. von Sava, Bemerk. über Waffen, Rüstungen u. s. w. in mittelalterl. Fürstensiegeln in den Wiener Quellen u. Forschungen. 1849, S. 320 ff.).

Gegen das Ende des 14. Jahrhunderts werden die Schilde viereckig, mit einer breiten Hohlkehle in der Mitte von oben nach unten, die auf der Außenseite gratartig hervortritt. Der obere Rand ist abgerundet und die Schilde sind etwa 3 Fuß lang und gegen 2 Fuß breit. Sie sind an der Innenseite mit zwei starken Riemen für Hand und Arm versehen und mit Leder überzogen, das mit Oelfarbe gemalt ist oder mit Leinwand, die mit Bolus oder Kreide grundirt und bunt übermalt ist. Solche Schilde führten die Städter auf den Mauern, die sie mit Armbrüsten vertheidigten. Im Königl. historischen Museum sind einige solcher Schilde vorhanden, die früher mit einer großen Anzahl Bolzen auf dem Rathhause von Meißen verwahrt wurden.

Seit dem Ende des 15. Jahrhunderts erscheint in Europa aufs neue der Rundschild aus Stahl. Er ist wahrscheinlich durch die Araber an die Spanier und von diesen an die Genuesen, Italiener und Franzosen übergegangen. Der eiserne Rundschild ist selten mehr als 3 Fuß breit, mehr oder minder gewölbt, in der Mitte oft mit einer dolchartigen scharfen Spitze versehen, zuweilen glatt, zuweilen aber auch mit reichen Reliefdarstellungen von Schlachten, Turnieren u. s. w. geschmückt. Im Innern ist er gemeiniglich mit Leder, Sammet oder anderm Stoff belegt, oft läuft um den Rand, wie bei den orientalischen Rundschilden, eine Franze von bunter Seide oder Metallfäden. In der Sacristei der alten Kathedrale von Siena werden die Waffen des Christoph Columbus aufbewahrt, es ist eine Pickelhaube, eine Radschloßflinte, ein einfacher Degen und ein ganz einfacher, eiserner Rundschild. Diese Schilde wurden jedoch niemals ganz heimisch, denn als sie auftraten, war bereits bei Reitern, wie beim Fußvolk, der Schild ganz weggefallen, wie denn derselbe weder im Weißkunig noch im Theuerdank vorkommt. Das Königl. historische Museum zu Dresden hat noch mehrere treffliche eiserne Rundschilde, auf denen ganze Schlachten plastisch dargestellt sind. Sie sind schalenförmig und hohl.

Wir verlassen nunmehr die Waffen und wenden unsere Aufmerksamkeit zunächst auf

die stechenden Werkzeuge,

zu denen die Natur in den Dornen der Pflanzen, namentlich der Akanthen, Agaven, Centaureen, Cereen, Euphorbien, Gleditschien, Mimosen, Rhamnen, Robinien und andern, dann in den Stacheln mancher Insecten und Fische und den Gehörnen, Zähnen, Klauen der Thiere reichliche Modelle geliefert hat.

Fig. 339.

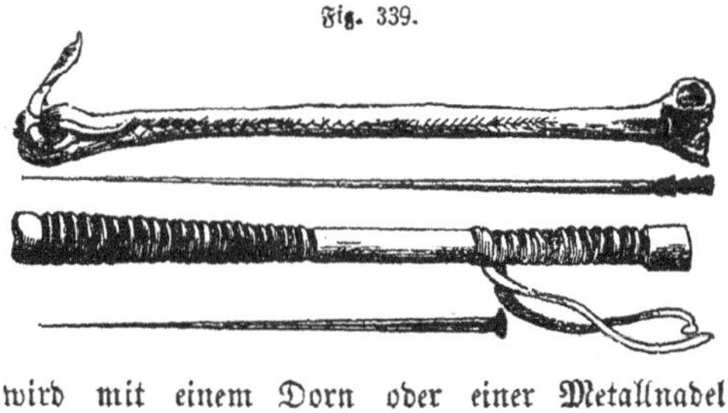

Die Nadel finden wir bei den Völkern, die sich aus Thierfellen Kleider, Mäntel zusammen nähen wollen. Der Rand der zusammenzunähenden Theile wird mit einem Dorn oder einer Metallnadel durchbohrt und der verbindende Faden mit den Fingern hindurchgesteckt.

Wir finden solche Nadeln aus Eisen noch heute bei den Kaffern und Betjuanen. In meiner Sammlung befinden sich deren acht Stück aus Eisen von $4\frac{1}{2}$—8 Zoll Länge, die Knäufe derselben sind theils wie eine Nadelkuppe gestaltet, theils ein oder mehrmals mit einem kürzern oder längern Wulst umgeben. Sechs derselben haben Lederscheiden, an denen oben ein Lederriemchen befindlich, mit dem sie an den Oberarm gebunden werden können.

Zwei stecken in runden Holzscheiden, die am obern und untern Ende mit reifenartigen Wulsten zahlreich verziert sind (Nr. 3501 ff. m. S.).

Demnächst sind zwei Nadeln aus Messing vorhanden, deren jede 4¾ Zoll lang ist und einen viermal gewulsteten Knopf hat. Diese beiden Nadeln stecken in zwei durch ein Lederriemchen verbundenen Scheiden, welche überaus sauber aus den schwarzen und lichten

Fig. 340.

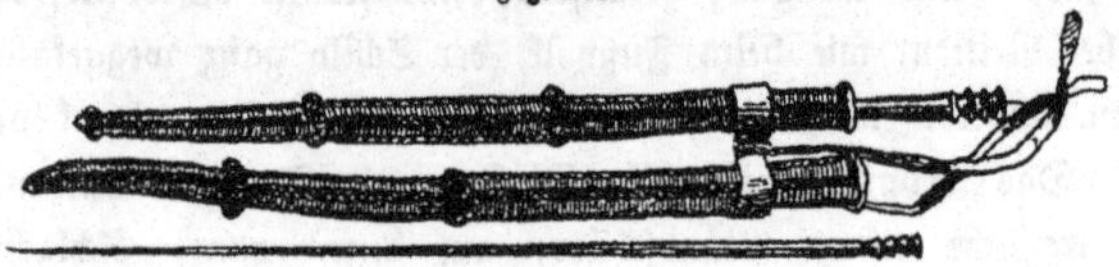

Schwanzhaaren einer Antilopenart geflochten sind (Nr. 3511 m. S.). Herr Erich von Schönberg fand bei den Kaffern solche Eisennadeln, die anstatt der Scheide in ein länglich rund ausgeschnittenes Stück Leder eingesteckt waren und ebenfalls an einem Riemchen am Arme befestigt werden konnten.

Unter den Alterthümern von Europa, in Italien wie in Scandinavien, in England wie in Frankreich erscheinen häufig solche Nadeln, Ahlen und Pfriemen, die zum Theil sehr schön und reich geschmückte kugelförmige, knaufartige, ja radförmige Köpfe haben, und gemeiniglich als Haar- und Schmucknadeln bezeichnet worden sind. Ein großer Theil derselben und namentlich die kürzern und einfachern waren gewiß nichts Anderes als solche Ahlen und Vorstecher für die Pelz- und Fellnäherinnen, wenn auch jene großen an 8—12 Zoll langen, mit den zierlichen Knäufen und Rädern aus germanischen Gräbern, oder jene in Hände, Blätter und anderes Bildwerk auslaufenden Nadeln aus italienischen Gräbern aus Bronze, Gold, Elfenbein unbestritten dazu dienten, den in einen Knoten am Hinterhaupte zusammengewundenen Haarzopf festzuhalten.

Wir haben namentlich im Burgwalle zu Schlieben und in den Grabhügeln an der schwarzen Elster kleine, 3—5 Zoll lange beinerne Ahlen, ja Nadeln gefunden, die mit einem Oehr versehen waren, die wahrscheinlich als Schnürsenkel dienten.

Die Ahlen der Schuhmacher und andern Lederarbeiter sind die noch vorhandenen Abkömmlinge dieser alten Nadeln ohne Oehr. Die eigentliche Nähnadel unserer Schneider und Frauen hat sich überaus mannichfaltig gestaltet, von der feinsten englischen stählernen Patentnähnadel mit goldenem Oehr bis zur groben Packnadel, womit man die groben Gewebe zusammenheftet, mit denen Wolle und andere Waaren zusammengenäht werden. Noch eine andere Form hat die Wundarzneikunst der Nadel gegeben, mit der Schnittwunden zusammengenäht werden.

Endlich hat nun auch der Soldat zur Nadel oder Ahle greifen müssen, um das Zündloch seines Gewehrs vom Pulversatz zu reinigen, und er trug sie dann an einem Kettchen vorn an der Brust. Die neueste Zeit hat die Nadel zum Entzünden der Zündnadelgewehre in Anwendung genommen.

Die Nadel wird nächstdem auch zum Stricken der Netze und zwar seit uralter Zeit angewendet, für Strümpfe wurde diese Art Arbeit erst seit dem 16. Jahrhundert gewöhnlich. Ursprünglich war die Stricknadel oben und unten gabelförmig und der Faden wurde durch diese Gabel von oben nach unten gewunden.

Die Ahle mußte in alter Zeit, wie noch heute bei den Kaukasiern und andern Orientalen, die Gabel vertreten. Man führte die Ahle neben dem Brodmesser in einer besondern Tasche an den Schwertscheiden. Sie war 3—5 Zoll lang, der Griff in einer dem Messergriff entsprechenden Form aus Metall, Horn, Holz, Elfenbein, Knochen, Bernstein, Corallen u. dergl. Stoffen gebildet und verziert. Solche Ahlen finden wir noch an den Schwertern und Hirschfängern des 16. Jahrhunderts, ja sie sind im 17. Jahrhundert immer noch ziemlich gewöhnlich.

Die eigentliche Gabel, der jetzige Gefährte des Messers im christlichen Westeuropa, tritt erst sehr spät und zwar, so weit meine Erfahrung reicht, nicht vor dem 17. Jahrhundert auf. Wir fanden allerdings schon auf den Anfängen der Cultur die dreischneidige Pfeilgabel der Caraiben und Arowaken, die zweischneidige der Tungusen (Nr. 3630 m. S.), die Gabelharpune der Südsee mit vier (Nr. 3128 m. S.) und der Aleuten mit neun Zacken (Nr. 2701), so wie die europäischen Fischgabeln aus Eisen, welche die alten Griechen und Römer dem Poseidon oder Neptun, dem Meergott, so wie dem Hephästos und Pluto in der Hand führen ließen. Allein die Speisegabel fehlt. Es kommen nun allerdings unter den Alterthümern hin und wieder kleine bronzene Gabeln mit langem Stiel und zwei Zinken vor. Allein sie erscheinen so selten, daß auf einen allgemeinern Gebrauch durchaus nicht geschlossen werden kann. Dagegen ist die große Gabel, die der Landmann zum Wenden und Laden des Heues und des Düngestoffes gebraucht, schon seit alter Zeit gewöhnlich; er nahm dazu ursprünglich zwieselig gewachsene Aeste, dergleichen noch heute zu Strohgabeln hier und da angewendet werden.

Die mir bekannte älteste Eßgabel ist vom Jahre 1692 und bereits oben, bei Fig. 242, abgebildet und beschrieben. Sie ist zweizinkig. Eine andere, wohl wenig jüngere, leider aber nicht datirte Gabel meiner Sammlung (Nr. 1827) ist nicht zum Gebrauch des Speisenden, sondern für den Vorschneider und Vorleger bestimmt. Sie ist im Ganzen 12½ Zoll lang, die 10 Zoll langen Zinken sind nebst der Angel von Eisen. Der Griff ist von Bein und 4 Zoll lang, er ist mit einem eisernen 1¼ Zoll breiten Ringe an die Angel befestigt; er hat eine ovale Grundfläche von 1 und 1½ Zoll Durchmesser. Er ist durch zwei dem Bergmannsleben entnommene eingeritzte und schwarz ausgefüllte Bilder verziert. Die eine Seite zeigt den Schacht in zwei Abtheilungen. In der obern ist ein Bergmann beschäftigt, den Eimer aufzuwinden, und dabei steht: „Ach her hilf mir Für den Schaden.“ In der untern Abtheilung sehen wir zwei Bergleute, von denen der eine die Hacke führt. Die entgegengesetzte Seite zeigt uns zwei Bergleute vor Ort, den einen mit der Spitzhacke, den andern mit Schlägel und Eisen arbeitend.

Ein Besteck vom Jahre 1739 hat gleichermaßen eine zweizinkige Gabel von 9 Zoll Länge, wovon gegen 4 Zoll auf den Griff mit vier abgestumpften Ecken kommen. In der Form kommt ihr die Gabel in dem Besteck der Salzburger Landleute am nächsten, die wir oben Fig. 243 kennen lernten.

Eine Gabel eigenthümlicher Gestalt ist 6 Zoll lang aus Eisen. Die gegen 3 Zoll lange breite Angel ist mit zwei Knochenschalen belegt, die angenietet und am obern abgerundeten Ende mit Silber beschlagen sind. Die Schalen sind mit kreisrunden Ornamenten versehen. Die Gabel hat zwei nicht ganz 2 Zoll lange Zinken, die aber löffelartig und hohl ausgeschliffen sind (Nr. 4757 m. S.).

Zwei in den Anfang des vorigen Jahrhunderts gehörige Bestecke (Nr. 4253 und 4265 m. S.), die ich der Güte des Herrn Directors Kraukling zu Dresden verdanke, von 6 und 7 Zoll Länge, deren Griffe mit Schildkrötenschale und Perlmutter belegt und mit Silber verziert sind, haben ebenfalls zweizinkige Gabeln. An dem einen Besteck (Nr. 4265 m. S.) sind Messer und Gabel zum Einlegen.

Gegen Ende des vorigen Jahrhunderts kam die Gabel mit drei Zinken auf und später die platte silberne Gabel mit vier Zinken, die sich bis auf den heutigen Tag erhalten hat.

Nächst den spitzigen Werkzeugen, deren sich die Bearbeiter härterer Stoffe, wie Holz, Knochen, Muscheln, Stein und Metall, bedienen, gehört hierher auch der Bohrer, die zwei= oder dreischneidige Spitze, die durch wiederholte Umdrehung in den festen Körper allgemach eingedrängt wird. Dieses Instrument, das jedenfalls aus dem ältesten Feuerzeuge entstanden ist, fanden Reisende des 17. und 18. Jahrhunderts bereits in der Polarzone vor. Es findet sich nächstdem überall, wo die Metalle im Gebrauch sind, in Asien wie in Europa, wo es in die Maschinen aufgenommen und in großem Maßstabe verwendet wird.

Ich theile hier den chinesischen Drillbohrer mit, der aus zwei Theilen besteht, dem bewegenden und dem bewegten.

Fig. 341.

Der bewegende Theil ist ein 2 Fuß 9 Zoll langer Stab mit Krücke, an welchem eine Schnur sich befindet, die um den bewegten Theil geschlungen wird. Der bewegte Theil besteht aus einer Walze von hartem Holz von 11½ Zoll Länge und 1 Zoll Durchmesser, in deren untern Theil ein eiserner, gegen 3 Zoll langer Stift mit lanzettförmiger kleiner Spitze eingelassen ist. Die Verbindungsstelle wird mit einem eisernen Ring geschirmt. Der Arbeiter stellt die Spitze auf den zu bohrenden Gegenstand und drückt mit der linken Hand dieselbe auf, während die rechte Hand den Stock und dieser mittelst der umschlungenen Schnur die Walze mit dem Stift in mehr oder minder schnelle drehende Bewegung versetzt.

Dieser Drillbohrer hat nun in den Werkstätten der Arbeiter in Holz, Knochen, Muschelschale u. s. w. die mannichfaltigsten Formen angenommen; der Stock ist bald mehr oder weniger gebogen, bald ist die Schnur ganz weggelassen und der Bogen selbst so gefaßt, daß er sich dreht.

Der Bohrer mit schraubenförmiger Spitze scheint bei weitem jünger zu sein und ist vorzugsweise dem Holzarbeiter angemessen, der die Absicht hat, zwei Hölzer durch Nägel oder Bolzen zu verbinden und diesen eine bequeme Bahn anzuweisen. Un=

ter den bronzenen Alterthümern fand man, so viel ich weiß, bis jetzt keine schraubenförmigen Bohrer, wohl aber unter den dem 17. Jahrhundert angehörenden Ueberresten in der Stadt Golsen, welche der dasige Apotheker Herr Schumann gesammelt hat.

Der Bohrer hat in den Händen der Arbeiter je nach den Zwecken derselben eine sehr mannichfaltige Gestalt angenommen, von den Garnituren der Tischler, Zimmerleute, Horndreher bis zu den kolossalen Bohrern, womit die Kanonen und Maschinentheile bearbeitet werden.

Raspel und Feile sind Werkzeuge, die wir bereits in den Händen der Bewohner der Südseeinseln finden. Man nimmt dazu die rauhe Haut der Haifische, die man über ein Holz anspannt, um Holz, Schildkrötenschale u. dergl. zu glätten. Anderwärts vertreten rauhe Steine, wie Bims- und Sandstein, diese Stelle. Nach dem Eintritt der Metalle werden diese, namentlich das Eisen, zur Herstellung der Raspeln und Feilen angewendet. Seitdem tritt eine große Mannichfaltigkeit in Bezug auf die Form je nach den Zwecken derselben ein, wie wir in jeder technologischen Sammlung und in den Werkstätten der Metallschmiede, der Tischler, Stellmacher, so wie in den großen Maschinenateliers sehen.

Der Meisel, den wir als Urvater der Art kennen gelernt, wird nach dem Eintritt der Metalle in den Kreis menschlicher Gewerbsthätigkeit theils als selbstständiges Instrument namentlich zur Bearbeitung der harten Hölzer und Steine angewendet. Der Bergmann und Steinbrecher führt ihn theils vor Ort ganz aus Eisen, mit breiter Schneide, wenn er das Loch für das Sprengpulver in den Fels arbeitet. Er schlägt dann mit dem Schlägel oder Hammer darauf; theils hat er den Meisel mit vierkantiger Spitze, durchbohrt und mit einem Stiele versehen — er nennt ihn vorzugsweise das Eisen, und Schlägel und Eisen sind das Sinnbild, das er auf Knöpfen, wie auf dem Schilde des Schachthuts trägt.

Der Steinmetz, so wie der Tischler und Holzbildhauer, faßt den Meisel in einen Stiel wie das Messer und führt seine Hammerschläge auf diesen. Wir sehen auf den ägyptischen Denkmalen die Bildhauer in voller Thätigkeit mit Hammer und Meisel.

Auf diesen erscheint denn auch der Hobel bereits in der gewöhnlichen bekannten Gestalt und in mannichfaltiger, dem Zwecke angemessener Bildung.

Bei dem Bohrer, Meisel und Hobel liegt der zu bearbeitende Gegenstand fest und das Werkzeug ist in Bewegung. Wir finden jedoch schon auf frühen Culturstufen den Versuch, den zu bearbeitenden Stoff, Holz, Knochen, in eine kreisende Bewegung zu versetzen und das die Form gebende Werkzeug daran zu halten und dasselbe so auf denselben einwirken zu lassen.

Von dieser Art ist die Drehbank der Kalmyken, über welche Pallas und Bergmann früher berichteten und deren Zweckmäßigkeit beide Reisende anerkannten.

Fig. 342.

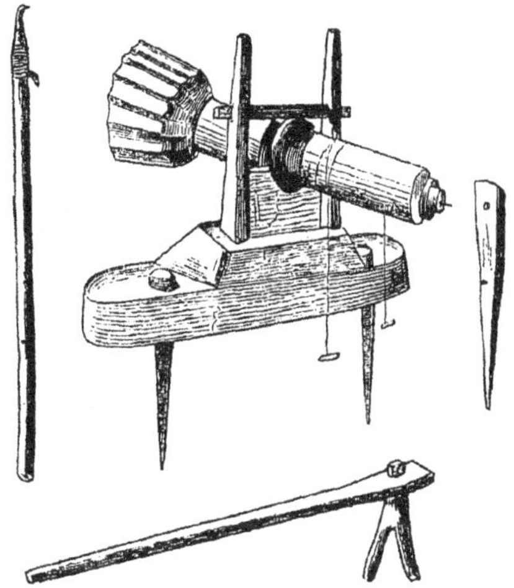

Diese Drehbank besteht zunächst aus einem tüchtigen, gegen 2 Fuß langen Holzklotze von 4 Zoll Breite, der mit zwei Pflöcken in den Fußboden angeheftet ist. Von dem mittlern Theile des Klotzes erheben sich senkrecht zwei 10 Zoll hohe Stempel, zwischen denen ein 3 Zoll hohes Brett eingezwängt ist. Auf diesem ruht der 1½ Fuß lange, 3 Zoll starke Cylinder, der durch einen zwischen den Stempeln angebrachten Querstab vor dem Ausweichen nach oben hin gesichert ist. An das eine kürzere Ende des Cylinders wird das zu bearbeitende Stück Holz angesetzt. An dem andern Ende des Cylinders ist ein Stift eingesetzt, der in einen Stempel mündet, der ebenfalls in den Boden mit seinem zugespitzten Ende gesteckt ist. Um den Cylinder ist ein Lederriemen geschlungen, mittelst dessen derselbe in kreisende Bewegung gesetzt werden kann.

Wird nun der kalmykische Drehkünstler in ein Zelt geholt,

um hier eine Arbeit zu machen, so bringt er seine Drehbank auseinander genommen unter dem Arme mit und stellt sie auf, nachdem er den Grundblock an den Boden angepflöckt, dann steckt er den Walzenstempel in den Boden, legt den Cylinder darauf, schließt ihn oben zwischen die beiden Stempel mit dem Querholz, schlingt die Schnur um und läßt seinen Gehilfen drehen. Er selbst nimmt nun den Meisel in die Hand, der mit Lederriemen an einen Birkenstock geschnürt ist, legt den linken Arm auf den kleinen Bock und die Arbeit beginnt mit frohem Muthe. Auf diesem einfachen Werkzeuge fertigen die Kalmyken ganz saubere Holzschalen aus Birkenfaser, ja sie drehen sogar sehr nette silberne Schalen, wie wir sie in dem Buddhatempel der Königl. Porzellan- und Gefäße-Sammlung zu Dresden sehen.

Diese einfache Drehbank ist aber der Embryo aller jener Drehbänke, die unsere Tischler, Horndrechsler, Elfenbeinarbeiter, Serpentindreher u. s. w. haben und die in vollster großartigster Entwickelung in den Maschinenwerkstätten, zum Theil von Dampfkraft getrieben, gesehen werden.

Wir fanden bei den Völkern, die von der Jagd sich nähren, die Keule, den Bogen und Pfeil, den Speer als Waffen, die Axt, das Messer als Werkzeug. Sie brauchen ferner zum Nähen der Felle die Ahle und Nadel. Für die Erlegung des Wildes haben sie aber auch noch mancherlei Fallen, die meist aus Hölzern oder aus Steinen gebildet werden, oder auch Schlingen, die aus Faden zusammengelegt sind, in denen das die Nahrung erspähende Wild sich einfängt.

Die den Fischfang treibenden Stämme haben Angelhaken und Netze. Erstere lernten wir bereits kennen. Sie waren durchgängig aus Holz, Knochen oder Zahn, Muschel- oder Schildkrötenschale ziemlich künstlich zusammengesetzt. Mit dem Eintritt der Metalle werden namentlich auch die Angelhaken viel einfacher; sie bestehen meist aus einem krummgebogenen, meist halbei- oder halbkreisförmigen Metallstift, dessen spitzes Ende einen Widerhaken hat. Die metallenen Angelhaken sind auch bei weitem kleiner als ihre knöchernen und hölzernen Vorbilder und Vorgänger. Wir haben in deutschen Grabstätten auch bronzene gefunden, sowohl einfache als auch doppelte, genau von der Gestalt, wie sie noch jetzt in Eisen geführt werden. Die Angelhaken werden in Steiermark, wie in Sachsen und England in großer Anzahl und mannichfaltiger Größe von einem halben bis 3 Zoll Länge gefertigt. In England versieht man sie mit künstlichen Insecten, die meist aus Federn gemacht sind und die zu gewissen Tages- und Jahreszeiten schwärmenden Insecten nachahmen, welche den Fischen eine erwünschte Nahrung sind. Eine Ausnahme von der abgerundeten in Europa und Amerika üblichen Form sind die hakenförmigen Crocodilangeln der Nubier, sie stellen eine Art Spitze vor, von welcher abwärts ein Widerhaken sich abzweigt; man bedeckt das Metall mit einem derben Stück Fleisch, welches das Thier mit dem Haken und der Leine verschlingt und woran es aus dem Wasser gezogen und todtgeschlagen wird.

Die Hirtenvölker haben meist dieselben Waffen wie die Jäger. Ein besonderes Werkzeug veranlaßt ihre Beschäftigung nicht. Die Hirten der wolltragenden Thiere brauchen die Scheere vornehmlich, ohne besondere Veränderungen damit vorzunehmen. Die Schafscheeren unserer Landleute haben meist noch die Form der alten in den Grabstätten gefundenen. Bei Betrachtung der Kleiderstoffe findet der Webstuhl Berücksichtigung, so wie auch die Spindel, die zur vorläufigen Herstellung der zum Gewebe nothwendigen Fäden gebraucht wird.

Der Landbauer braucht anstatt der Waffen, die er zur Abwehr und Minderung des Wildes wie der Feinde anwendet, mehrere Werkzeuge, vor allem den Pflug zur Eröffnung des Bodens, den wir schon oben in seinen Anfängen betrachteten. Es folgt dann auf höhern Stufen der Fortbildung auch noch die Egge, zur Zerkleinung der Erdklöse und zur Einebnung der gesäeten Felder.

Der Gartenpfleger braucht anstatt des Pfluges den Spaten, der jedoch erst nach dem Auftreten der Metalle zu einem eigenen Werkzeuge sich ausbildete. Allerdings fanden Cook und Forster denselben bereits in den Taropflanzungen der Südsee. In Amerika vertritt, eben so bei den Südafrikanern, ein Stock die Stelle desselben.

Den Spaten hatten bereits die Römer; sie nannten ihn, seinem Ursprunge gemäß, Pala; er erscheint im angelsächsischen Calender, wie in den Bildern der Handschriften, neben der Schaufel, dem Rechen und andern landwirthschaftlichen Werkzeugen; er ist theils von Eisen, theils von Holz, dessen Schneide nur mit Eisen beschlagen ist. Aus dem Spaten hat sich die Schaufel entwickelt, die als besonderes Werkzeug unter den russischen Ackerinstrumenten fehlt, wo der Spaten die Stelle derselben vertreten muß. Alle diese Werkzeuge haben seit dem Anfange dieses Jahrhunderts in

Deutschland und England mannichfaltige Formenabwandelungen erlitten.

Die Gewinnung der Steine, Thonarten und Metalle hat, wie schon erwähnt, die Werkzeuge sehr vermehrt, vor allem aber hat die Bearbeitung derselben oder das Handwerk den großartigsten Einfluß auf dieselben ausgeübt.

Wir sahen, wie der Bergmann die Axt und das Messer für seine Zwecke umgestaltet hat. Er hat auch, und dieß im alten Incalande Peru wie in den sächsischen Bergwerken, sich ein besonderes Instrument zur Auflockerung und Ablösung kluftiger Steine zubereitet. Es ist dieß der Schrämspieß, eine Metallstange, in Peru aus Kupfer, in Europa aus Eisen, von 2—3 Fuß Länge, etwas platt gedrückt und am untern Ende zugespitzt. Sie dient sowohl als Hebel, wie als Hacke. Sie findet sich in Sachsen nur noch in dem Altenberger Zinnbergwerk; in den Freiberger Werken hat man eine lange Spitzhaue daraus gebildet, deren Wirkung durch einen 3 Fuß langen Stiel sehr verstärkt wird.

Die Bearbeiter der Steinwaffen hatten nur steinerne Werkzeuge zum Zuschlagen, Glätten und Verzieren ihrer Gewerbserzeugnisse. Als die Metalle benutzt wurden, mußte man zunächst für die Gewinnung derselben die alten Werkzeuge einrichten, dann aber auch neue schaffen, um deren Bearbeitung möglich zu machen, theils um sie zu schmieden, theils um sie zu gießen.

Das Schmieden der gediegenen Metalle ging, wie es scheint, dem Gießen voraus. Zunächst bedarf der Schmied einer harten Unterlage für das Metall, welches er hämmern will; so entsteht der Ambos, der bei den Kaffern allerdings durch irgend einen Stein ersetzt wird. Dann bedarf der Schmied eines Werkzeugs, womit er das zu bearbeitende Stück Metall anfaßt, die Zange, wozu die Kaffern ein gespaltenes Stück Holz verwenden. Endlich braucht er einen Hammer, dessen Stelle bei den Südafrikanern ein anderer Stein vertritt. Mit diesen einfachen Werkzeugen machen die Kaffern jene netten Hassagaienspitzen, die wir oben (Fig. 304) kennen gelernt haben.

Die Benutzung des Kupfers und der Bronze mußte schon großen Einfluß auf die Entstehung neuer Werkzeuge üben, es entstanden Schmelzöfen, Blasebälge, wozu man Schläuche verwendete, Gußformen, dergleichen für Pfeile und Axtklingen aus Thon und Sandstein gefunden wurden. Als aber die unermeßliche Fülle des vielgestalteten Eisens zur Benutzung gezogen wurde, die über die ganze Erdoberfläche verbreitet ist, da mehrten sich die Werkzeuge sehr bedeutend. Der Ambos ward eisern, eben so Zange und Hammer, der Hammer selbst nahm verschiedene Formen an, er erhielt auf der einen Seite eine Fläche, auf der andern eine Schneide, oder auch eine Spitze, um das glühende Eisen durchbohren zu können. Man lernte das Eisen in Stahl verwandeln und verwendete diesen sparsam, um Spitzen und Schneiden der Werkzeuge härter und dauerhafter zu machen. Von den Schmieden entlehnten die übrigen Metallarbeiter, Goldschmiede, wie Zinngießer, Spängler den Hammer und gaben demselben die für ihre Zwecke taugliche Gestalt.

Die Bearbeitung der Hölzer beginnt mit der Einsammlung derselben. Zum Fällen der Bäume wird ursprünglich die Axt angewendet, zuerst die steinerne, dann die metallene, wie denn noch heutigen Tages die Zier- und Farbehölzer von Südamerika nur mit der Axt gefällt werden. Die Nordamerikaner haben derselben eine eigenthümliche Gestalt gegeben. Ihr Durchschnitt bildet ein langgezogenes Oval, während die unsere einen schmalen Kegel darstellt. Für das Behauen der Bauhölzer wird der Axt eine andere Form gegeben, sie wird länger, dem Hackemesser ähnlich.

Die Anfänge der Säge finden wir in den schartigen Steinmessern; es begegnete uns dann die Säge aus Haifischzähnen, wir lernten ferner die gezahnte Sichel kennen. Die große Säge für Holz sehen wir bereits auf den ägyptischen Denkmalen. Es ist der sogenannte Fuchsschwanz, die Säge, deren breites Blatt in eine hölzerne Handhabe endigt, welches noch heutigen Tages von den Schiffsbauern und Tischlern geführt wird. In den Wäldern finden wir die große Schrotsäge mit dem halbkreisförmigen hölzernen Bügel, während der Zimmermann und andere Holzarbeiter die mittelgroße Säge mit dem Gestell, das man anspannen kann, führen, das schon auf den Wandgemälden von Pompeji erscheint. Die Säge wird dann auch zum Maschinentheil, z. B. in den Sägemühlen, wo sie zu senkrechter Bewegung aufgestellt und der in Bretter zu trennende Holzklotz gegen ihre Schneide vorwärts getrieben wird. Die Metall- und Steinarbeiter haben der Säge ebenfalls für ihre Zwecke sich bemächtigt und ihre Gestalt mehrfach verändert.

Aus dem Meisel und Messer sind eine Menge für die besondern Zwecke dienende Werkzeuge entstanden, welche die Bearbeitung von Holz, Knochen, Metallen und andern Stoffen ins Leben gerufen hat. Der Buchbinder hat eben so wie der Lederarbeiter seine eigenthümlichen Schneidewerkzeuge, der Schreiber hat das Messer zum Schneiden der Federn, wie zum Ab= und Ausschaben der Flecke und Fehler sich eigenthümlich zugeschliffen und seine Klinge bald festgestellt, bald zum Einlegen eingerichtet.

Welche mannichfaltige Gestalt hat nicht das Messer angenommen, das in der Küche gebraucht wird, zum Abschlachten der Thiere, zum Zerkleinen des Fleisches, zum Tranchiren und Vorlegen, zum Zerschneiden der Bissen. Welchen Einfluß hat nicht die Mode auf dasselbe geübt, und wie mannichfaltig hat sie nicht an Heft und Klinge geformt und gefärbt!

Wir lernten die uranfänglichen Werkzeuge der Lederarbeiter kennen, die Steinklingen, womit die Fleischfaser von der Innenseite entfernt wird, die krummen Messer, womit man das Leder zuschneidet. Zur Entfernung der Haare von der Haut haben die Betjuanen einen gekrümmten hölzernen Bügel von 2 Fuß Länge mit einer Handhabe an jedem Ende. Die Innenseite des Bügels ist mit Harz beklebt, in welches kleine scharfkantige Kieseltrümmer eingesetzt sind, die mit ihrer Schärfe ganz geeignet sind, die Haare aus dem erweichten Fell zu ziehen. Um die Fleischfaser von der Innenseite der Haut zu nehmen, führen die Betjuanen eine kleine 6 Zoll lange, etwas gekrümmte Klinge mit langem Dorn, welche die Gestalt der Hassagaien, aber eine abgestumpfte Spitze hat. Der Dorn ist an seinem Ende umgelegt und bildet eine Oese, in welche ein Riemen zum Anhängen gezogen wird (Nr. 3489 m. S.).

Es ist nun die Aufgabe der Technologie, die gegenwärtig üblichen Werkzeuge nach den hier gegebenen Andeutungen in eine Uebersicht zu bringen.

Zum Schlusse sei noch ein Blick auf die Anfänge der Maschinen gestattet, welche die neuere Zeit namentlich seit der Anwendung des Dampfes als bewegender Kraft so sehr entwickelt hat.

Wir können wohl unter die Uranfänge der Maschinen das alte Reibungsfeuerzeug, den Drillbohrer und die Handmühle rechnen. Demnächst ist Spindel und Webstuhl, so wie die allerdings erst ziemlich spät eintretende Drehscheibe der Töpfer dabei zu beachten. Der Hebel, die Walze, das Rad, die Schraube, die als Maschinentheile so wichtig sind, finden wir lange vor dem Zusammenstellen der Werkzeuge zu eigentlichen Maschinen als Gehilfen des Menschen, eben so die Kraft der Thiere und des Wassers, so wie die Schwere größerer Körper. Die Wasserräder, die wir in Aegypten und China sehen, die Wassermühlen, ja die in Polen noch üblichen Handmühlen, die mit dem Hebelarm bewegt werden, sind schon weiter entwickelte Maschinen.

Hierher gehören nun ferner auch noch die Armbrüste, die wir schon im Nibelungenliede finden, und die Belagerungsmaschinen der Griechen, so wie die Feldgeschütze der Römer, nebst dem künstlichen Radschloß.

Die nähere Betrachtung der Maschinen ist Sache des Technologen und Technikers, und die Kenntniß ihres Baues und Gebrauches ist bereits zur Wissenschaft geworden.

Druck von F. A. Brockhaus in Leipzig.

Made in the USA
Monee, IL
07 May 2026

49711455R00223